RUDIMENT

ENCYCLOPÉDIQUE AGRICOLE

OU

PRÉCIS ANALYTIQUE D'ÉDUCATION ET D'HYGIÈNE

DES

DIVERS ANIMAUX DOMESTIQUES

ÉLÉMENTS D'AGRICULTURE PRATIQUE

COMPTABILITÉ

PAR

CH.-L. FÉLIZET

VÉTÉRINAIRE

« Le labourage et pastourage, voilà les
« deux mamelles dont la France est alimen-
« tée, les vraies mines et trésors du Pérou. »

SULLY.

EN VENTE

PARIS, LIBRAIRIE AGRICOLE, RUE JACOB, 24

ROUEN
LEBRUMENT, LIBRAIRE
Quai Napoléon, 55

ELBEUF
TOUTAIN, LIBRAIRE
Rue Impériale

1861

RUDIMENT ENCYCLOPÉDIQUE AGRICOLE

Ch^les L^ut Féligel

(C.)

RUDIMENT

ENCYCLOPÉDIQUE AGRICOLE

OU

PRÉCIS ANALYTIQUE D'ÉDUCATION ET D'HYGIÈNE

DES

DIVERS ANIMAUX DOMESTIQUES

ÉLÉMENTS D'AGRICULTURE PRATIQUE

COMPTABILITÉ

PAR

CH.-L. FÉLIZET

VÉTÉRINAIRE

« Le labourage et pastourage, voilà les
« deux mamelles dont la France est alimen-
« tée, les vraies mines et trésors du Pérou. »
SULLY.

EN VENTE

PARIS, LIBRAIRIE AGRICOLE, RUE JACOB, 24

ROUEN
LEBRUMENT, LIBRAIRE
Quai Napoléon, 55

ELBEUF
TOUTAIN, LIBRAIRE
Rue Impériale

1861

PRÉFACE.

Il y a quelques années, un cultivateur de la Bavière rhénane écrivait : « Je voudrais que *dans toutes les* « *écoles de village* on donnât aux enfants des notions « d'agriculture ; je voudrais que, par des livres élémen- « taires et des dessins, on leur apprît à connaître le « bétail et à le soigner. »

Or, cette pensée, récemment émise, il y a plus de vingt-cinq ans je l'ai eue moi-même. « De toutes « les classes travaillantes, écrivais-je en 1836, il n'en « est aucune où l'on rencontre moins de lumières « spéciales, aussi peu d'idées théoriques, autant de « routine enfin, que dans celle des laboureurs : on « dirait vraiment, en considérant combien ils sont « dénués de livres à leur portée et selon leurs besoins, « que la profession des cultivateurs n'est qu'un métier

« purement manuel ! Pourtant, est-il un art qui exige « plus de connaissance ? Est-il une science plus com- « plexe ? En même temps, est-il une industrie plus « indispensable à un empire ? Que ne leur fait-on un « rudiment particulier ! »

Je sais que des savants de *vrai bon titre* n'ont pas laissé que d'écrire sur cette matière ; mais, pour la plupart de nos fermiers français, pour nos petits propriétaires et cultivateurs, *pour ceux enfin qui véritablement nourrissent le pays*, presque tout ce qui a paru jusqu'ici est ou trop scientifique ou trop étendu, et très-peu d'entre eux ne sauraient presque pas mieux le comprendre qu'ils n'auraient le temps ou le courage de lire tout ce qu'on a publié depuis quelques années.

Un traité agricole élémentaire simple, concis, tout à fait à leur portée, et qui irait de pair, dans les écoles de village, avec la grammaire, avec l'histoire sainte, l'histoire de France, la géographie et autres classiques de sérieuse utilité, assurément ne tarderait point, sinon à amener, du moins à préparer une heureuse et nécessaire révolution dans nos campagnes.

Consultant mes moyens moins que mon courage et mon désir du bien, j'ai donc osé me mettre à l'œuvre : que si mon talent, inférieur à mon bon vouloir, ne parvient qu'à remplir imparfaitement la tâche que j'ai eu la hardiesse d'entreprendre, du moins peut-être serai-je assez heureux pour donner à plus capable et plus savant l'idée de faire quelque chose de meilleur, ce qui me sera toujours une grande satisfaction et un bon résultat.

Quant au livre que je viens offrir, j'en ai puisé l'inspiration chez le simple laboureur et chez le fermier plus important, parmi leurs nombreuses erreurs et leurs manières de faire quelquefois judicieuses; c'est pourquoi il sent plus l'homme des champs que l'écrivain de cabinet.

Donner à la jeunesse rurale un manuel scolaire qui lui apprenne à la fois à lire et à comprendre, et en même temps qui l'instruise, tel fut le but de mes premiers efforts; plus tard, de judicieuses observations m'ayant fait sentir que, sans cesser d'être à la portée des enfants, je pourrais également intéresser leur famille, si je l'établissais sur une plus grande échelle, je recommençai mon travail.

L'histoire du cheval, l'origine de ses diverses races, son éducation, son hygiène, la nécessité de le former aujourd'hui pour nos besoins actuels, l'exposé de ses vices héréditaires, etc., etc.; un précis de notions analogues sur chacune des autres espèces d'animaux domestiques, de données applicables partout, concernant également leur hygiène et leur perfectionnement avec économie; un exposé simple des principales fonctions vitales : de la nutrition, de la respiration, de la circulation, de l'action des nerfs; les terres, leur nature, leur amendement, les fumiers, les engrais, les céréales, les plantes fourragères, les racines, leur culture, leur récolte, leur conservation, leur mode d'administration le plus économique et le plus avantageux; enfin, quelques notions pratiques de comptabilité spéciale, tel est le sommaire que j'ai tâché de remplir de mon mieux. Ni plagiaire, ni compilateur, d'une part, envisageant ce qu'on fait mal, d'autre part ce qu'on pourrait faire mieux, j'ai fait moi-même tout ce que j'ai pu pour mériter à mon livre le titre peut-être un peu trop flatteur de *bon livre actuel*, dont on a bien voulu le doter.

Quoi qu'il en soit, je ne me fais point illusion, et en osant aujourd'hui aborder la publicité, je n'ai d'autre prétention que celle d'humble précurseur annonçant la venue du maître et travaillant à préparer ses voies.

PREMIÈRE PARTIE.

ÉDUCATION ET HYGIÈNE

DES

ANIMAUX DOMESTIQUES.

« Tu modo, quos in spem statuis submittere gentis.
« Præcipuum jam indè à teneris impende laborem. »

VIRGILE.

Dès leur tendre jeunesse, entoure de tous soins
Tes futurs producteurs, l'espoir de tes étables.

F...

CHAPITRE Ier.

LE CHEVAL.

SOMMAIRE.

Du cheval en général. — Origine de ses diverses races. — Influence des climats divers et des accidents de terrain sur sa conformation et son tempérament. — Principales causes de sa dégénération. — Nécessité de faire aujourd'hui des chevaux pour nos besoins actuels. — Possibilité réelle et manifeste d'y arriver facilement. — Supériorité de tempérament des chevaux français sur les chevaux anglais. — Avantages assurés pour notre agriculture et notre armée, si la guerre continue à n'acheter exclusivement que des chevaux français, et surtout si elle achète directement *et uniquement aux éleveurs.*

Le cheval est la plus belle créature de Dieu, c'est en même temps le plus beau serviteur de l'homme, celui qui mérite le mieux son affection et ses soins. Sa taille, ses formes, sa docilité qui n'a rien de servile, la gracieuse harmonie de ses mouvements, enfin les services sans nombre qu'il rend, de tous temps ont fixé sur lui les plus hautes attentions et lui méritent encore chaque jour les regrets de ceux qui ne peuvent le posséder. Pour être parfait, il ne lui manque rien que la liberté : affranchi de ses liens, il a la noble fierté du lion, et, plus justement que lui, il mérite le titre de roi des animaux.

Tous les auteurs qui ont écrit l'histoire du cheval s'accordent à dire que son pays est le plateau de la haute Asie, c'est-à-dire qu'il est originaire de cette contrée où, selon la Genèse, se sont opérés les miracles de la création.

En effet, plus on examine cet animal loin de l'Arabie heureuse, moins on le rencontre beau et parfait. Se multipliant tous les jours, les premiers hommes furent bientôt contraints de former des colonies et de quitter des lieux qui désormais ne pouvaient plus suffire à leur existence. C'est alors que le cheval a commencé à perdre de sa beauté primitive, qu'il a dégénéré en suivant son maître; qu'enfin il s'est éloigné de sa pureté originelle en descendant sous des climats plus froids et plus humides; de là les diverses races de chevaux.

Le cheval de selle, le cheval de carrosse, le cheval de poste, les massifs chevaux de rivière et de roulage, tous sont issus *du cheval arabe*, quoique infiniment plus petit qu'eux.

Si le cheval arabe a pris en Bretagne de la rondeur et du muscle, si sa croupe et sa poitrine se sont élargies, c'est là un heureux accident; il n'en est que plus apte à supporter les plus rudes travaux; si dans le Boulonnais, la Picardie, la Flandre, la Hollande, la Suisse, il a acquis un volume triple du volume de ses aïeux du désert, le roulage, le halage, le service des grandes villes sont loin d'y avoir perdu; si dans la Franche-Comté ses jarrets se sont coudés, s'ils se sont disposés en arcs-boutants, si sa croupe est devenue grosse, courte et avalée, il n'en a que plus de solidité pour descendre les côtes et retenir les pesants fardeaux qu'on lui fait traîner.

Le caractère, la conformation et le tempérament du cheval primitif se sont donc, avec le temps, adaptés aux différents climats et aux localités diverses. Mais malheureusement ces dégénérations ne sont point les seules qu'il ait éprouvées! En effet, que de chevaux rabougris, abâtardis, misérables, dont le prix vénal ou relatif ne saurait couvrir leurs frais d'élevage! que d'autres, produits à grands frais et baptisés d'un grand nom, sont encore plus inutiles!!! Et cet état de choses ne saurait être attribué qu'à l'ignorance des cultivateurs, à leur défaut d'observation et de calcul; d'un autre côté aussi, tous nos divers gouvernements, jusqu'ici, toujours se sont trop exclusivement occupés des races appelées *distinguées*, c'est-à-dire des races de sang à excès de dose, *de ces misérables lévriers chevaux*, propres seulement à de rares courses de quelques minutes par an, à peine bons pendant cinq ou six courtes parties *pour certains joueurs au turf*, et dont, en un mot, l'énergie de volonté n'est point secondée par des puissances physiques corrélatives. Jusqu'ici on n'encourageait point suffisamment l'éducation du cheval plus commun, du vrai bon cheval natif ou créé, du cheval véritable avec de l'étoffe, du membre en même temps que près de terre, et dont l'amélioration n'est point une détérioration générale, le rendant impropre à la culture, à la guerre, ainsi qu'à tout service sérieux et utile au pays.

Outre les prix de vitesse, les seuls accordés presque exclusivement partout, que l'on crée aussi des prix de force, des prix de fond, des prix de bonne conformation; que les cultivateurs de leur côté fassent mieux et plus judicieusenaîtr, qu'ils nourrissent plus au grain et n'excèdent point aussi prématurément leurs poulains par un travail outré; d'autre part encore, au lieu d'aller, comme en 1840 et antérieurement, remonter notre cavalerie à l'étranger, acheter à grands frais, et quand on voulait bien nous en vendre, des chevaux que nous pouvions avoir chez nous et de meilleure qualité, que l'on continue à n'avoir désormais recours qu'à nos produits indigènes; que les levées aussi faciles que considérables qui viennent d'être faites dans ces temps derniers nous convainquent de toute l'étendue de nos ressources; que les défectuosités d'un grand nombre de nos sujets, loin de nous décourager, ne soient pour nous qu'un stimulant qui nous porte à entretenir et à perfectionner nos meilleures races et à régénérer celles qu'on a laissé s'abâtardir; que le souvenir des misères et des privations de toutes sortes qu'ils ont si bravement endurées en Crimée et en Italie nous fasse viser à donner une taille et une conformation plus en rapport avec leur tempérament de fer à nos chevaux français!

La richesse de son sol, la douceur de son climat et sa bonne disposition topographique, certes, mettent la France à même de faire d'aussi belles et plus solides productions que nos voisins d'outre-mer, dont les bêtes, au moindre changement de climat, souffrent tant et périssent aussi volontiers; exemple les huit dixièmes des escadrons anglais, dont les ossements jonchent les plaines de Sébastopol, où la faim, le froid, les pluies et toutes les misères ont sévi d'une manière moins désastreuse sur les nôtres et nous les ont *usés* plutôt qu'elles ne nous les ont *tués!*

De plus, quelle source de prospérité pour l'agriculture française, surtout si, leur laissant tout le bénéfice de leur industrie, *la remonte achetait toujours directement aux éleveurs*, et ainsi les affranchissait des droits d'intermédiaire imposés par les marchands fournisseurs! Enfin, un dernier avantage non moindre pour l'armée, c'est que notre cavalerie, pourvue de bêtes *bien nées et bien élevées chez nous*, serait tous les jours à même de réparer ses pertes, que la bonne nature de ses chevaux, tout acclimatés, rendrait infiniment moins nombreuses encore.

CHAPITRE II.

L'ÉTALON.

SOMMAIRE.

La France commence enfin à sentir la nécessité d'améliorer ses diverses races. — Causes principales d'abâtardissement des chevaux en France. — Chevaux français avant les chemins de fer. — Nécessité de changer nos chevaux, d'augmenter leur vitesse et leur haleine, tout en conservant et même en augmentant leur stature. — Chevaux français avant Louis XIV et Louis XV. — Cheval navarrin, limousin, de la Hague, normand, percheron, breton, boulonnais. — Résultats des divers croisements. — Résultats des étalons de sang avec nos juments communes. — Résultats de juments distinguées avec de bons chevaux plus communs. — Réflexion et circonspection à apporter dans les divers croisements. — Bons résultats obtenus en alliant entre eux les meilleurs sujets de chaque bonne espèce. — Sélection. — Effets malheureux des mésalliances. — Nécessité d'améliorer par gradation. — Exemple des Anglais. — Nécessité aux cultivateurs de modifier et de changer leur système d'élevage de chevaux. — Avantages du nouveau système. — Age de l'étalon, ses qualités, ses beautés. — Sa conformation par régions et envisagée dans son ensemble. — Caractère, robe de l'étalon.

Le nom d'étalon sert exclusivement à désigner le cheval reproducteur ; on appelle taureau, bélier, bouc, les mâles destinés à féconder la vache, la brebis, la chèvre. Chose vraiment surprenante, la France, qui, en tout, presque toujours, a donné l'exemple à toutes les autres nations, la France a attendu jusqu'à ces temps derniers pour se mettre à adopter les sages principes agricoles, et surtout les bons systèmes d'amélioration et de multiplication de ses divers animaux domestiques ; il n'a fallu rien moins que le spectacle convaincant des concours universels de Londres et de Paris, pour lui faire entrevoir ce qu'elle pouvait, enfin pour commencer sa conversion et la décider à entrer en voie de progrès.

Depuis longtemps, dans beaucoup de contrées, et encore aujourd'hui, chez nous, la plupart du temps, on accouple un cheval et une poulinière sans le moindre raisonnement. L'élevage du poulain qui en provient n'est également l'objet d'aucune réflexion mieux calculée, on semble ignorer qu'un bon étalon et une bonne cavale *individuellement* peuvent fort bien ne donner qu'un produit *défectueux*, ou tout au moins *médiocre*, par cela seul *qu'ils sont mal assortis*. Assurément, une grande cause d'abâtardissement, *c'est la mésalliance*. D'un autre côté, encore qu'il soit bien né, si son éducation n'est point méthodique, un bon poulain *bien conçu* pourra fort bien ne devenir qu'un animal fort ordinaire, si son éducation laisse à désirer; donc, pour la conservation, aussi bien que pour l'amélioration des races, il n'importe pas moins *de bien élever* que *de bien faire naître*.

Avant les chemins de fer, en France, trois sortes de chevaux étaient principalement recherchées : le halage des rivières, les gros charrois utilisaient les plus hauts et les plus massifs; les diligences accaparaient ceux qui, avec moins de taille et de volume, étaient aptes à courir; les postes absorbaient les sujets qui, un peu plus petits, avaient du nerf, du trot et de l'haleine; le demi-luxe choisissait quelques bêtes d'élite parmi ces classes diverses; ensuite l'armée, puis les éleveurs écoulaient le reste plus ou moins difficilement, plus ou moins désavantageusement.

Mais aujourd'hui que le roulage est à peu près nul, que les transports du commerce sont à la veille d'être exclusivement effectués par les remorqueurs et les voies de fer, les villes d'importance seules utiliseront encore quelques grands et gros chevaux. Quant aux diligenciers, assurément leur nombre infailliblement va s'amoindrir un peu aussi, et ceux qui resteront pour ce genre de service, nécessairement devront subir une notable modification. Il y a quinze ou vingt ans, on exigeait des relais huit à dix kilomètres à l'heure ; aujourd'hui, depuis l'invasion des locomotives, la moyenne de la vitesse voulue est de douze à quinze *au moins ;* or, il est indispensable de donner aux chevaux actuels plus de vigueur, plus de membre, surtout plus de force de poumon, *et sans amoindrissement de taille ni de volume.* Avec des pères bien choisis, avec des mères bien assorties, avec un système d'élevage bien raisonné et un peu de temps, sûrement la France peut arriver à un résultat parfait.

Avant l'importation de quelques mauvais chevaux du Nord, surtout du Danemarck et du Jutland, qui, vers la fin de Louis XIV et au commencement de Louis XV, sont venus gâter nos chevaux de nos meilleures contrées de la France, chez nous on comptait cinq à six races aussi bonnes que distinctes et bien caractérisées : c'était, en bêtes nobles, le cheval limousin, le cheval navarrin, le cheval de la Hague, plus grand et plus étoffé ; puis le normand proprement dit, et le percheron ; en fait de races plus communes : le breton et le boulonnais. Telles étaient du moins nos principales races notables. Heureusement, pour nos meilleures espèces, heureusement que les bonnes intentions mal interprétées du ministre Colbert ne se sont point fixées sur elles ; autrement c'en était fait de nos boulonnais, de nos bretons et surtout de nos percherons, les premiers chevaux du monde, au dire même des Anglais, qui ne peuvent nous les pardonner !!!

Le cheval limousin et celui de la Navarre sont les premiers chevaux nobles de la France ; outre que la Navarre et le Limousin, par une certaine analogie de sol et de climat, leur ont conservé une partie des caractères du cheval primitif, leur sang de plus y a été retrempé par un nouveau contact avec leurs frères d'Orient, lors de l'invasion des Sarrasins, au commencement du VIIIe siècle et à l'époque des croisades sous le roi saint Louis.

Le goût de l'équitation s'éteignant de jour en jour chez nous, d'autre part, les grandes routes, les chemins de grande communication, les voies vicinales et communales se multipliant, s'améliorant et mettant l'usage plus commode et plus économique des voitures à la portée de tout le monde, les bêtes exclusivement de selle vont être de moins en moins recherchées; à tous titres donc, il serait bien à propos de travailler à grandir et à étoffer un peu plus nos petites races nobles, généralement un peu faibles pour la cavalerie légère, et réellement hors d'état d'être sérieusement utilisées à l'attelage de luxe comme d'utilités diverses.

Le beau cheval de la Hague avait assez de taille; généralement mieux membré et plus gros, il ressemblait assez à ce que les Anglais aujourd'hui appellent quart de sang; malheureusement la race en est à peu près éteinte; elle était pourtant bien bonne !

De tous les chevaux français, le *vrai percheron* est peut-être celui qui a conservé le plus des formes et du cachet caractéristique de l'arabe. Le climat, le régime seulement l'ont grandi dans toutes ses proportions, mais sans presque l'avoir en rien altéré du reste.

Depuis ses croisements avec des étalons du Nord, et plus tard avec des anglais plus ou moins purs, le cheval normand, proprement dit, ne se rencontre presque plus nulle part dans son pays.

En Hollande, en Allemagne, enfin dans tout ce que nous appelons le Nord, on a notablement amélioré les races avec le sang anglais; tout en conservant la taille et surtout l'étoffe, on a augmenté la vigueur, fortifié le tempérament, perfectionné les sabots et les formes générales des sujets de ces contrées. Pourtant, depuis quelques années malheureusement, le pur sang anglais semble menacer aussi les bonnes races allemandes de sa fâcheuse immixtion à dose outrée. Dieu veuille que le bon goût des éleveurs de ces pays les préserve d'un enthousiasme qui nous a coûté, à nous, presque toutes nos bonnes races indigènes.

En France, généralement, nos produits croisés laissent beaucoup à désirer. La plupart de nos anglo-français sont ou de taille médiocre ou légers, minces, grêles de membres, et ont les pieds faibles et délicats ; ou bien ils sont hauts, étroits de poitrine, décousus et presque tous sans aplomb. Est-ce défaut de combinaison, c'est à dire effet de mésalliance entre les producteurs trop dissemblables ? Les étalons anglais pur sang, avec nos bêtes très-communes, je le répète, le plus généralement ne produisent pas merveille. Les étalons de demi-sang, de quart ou simplement d'un peu de sang, avec de la taille, de l'étoffe et surtout des membres, au contraire, rarement nous donnent mauvais résultat avec celles de nos bonnes juments ordinaires, qui ont elles-mêmes une certaine taille en même temps que de la charpente et du volume ; mais très-souvent sont avantageusement remarquables les poulains issus de mères fines et d'étalons plus communs : membres, étoffe, cachet distingué, énergie, fond, aptitude à toute espèce de travail, chez ceux-ci, presque toujours, on trouve autant de qualités que de défectuosités chez ceux inversement engendrés.

Enfin, malgré quelques bons résultats, gardons-nous du fanatisme pour les croisements, et, tout en travaillant à des améliorations bien méditées et très-longuement réfléchies, choissons en même temps, dans nos bonnes races heureusement conservées, les sujets les plus purs, les plus convenables, les mieux accomplis ; allions-les avec discernement et soin entre eux, élevons leurs produits avec sagesse et principe ; en un mot, perfectionnons-les *par eux-mêmes*, et, infailliblement et très-sûrement, avec un peu de temps, nous ne manquerons point d'obtenir de satisfaisants succès.

Enfin, malgré nos justes regrets touchant certaines races plus ou moins complétement perdues, abâtardies, ou malheureusement mélangées, et bien que nous sentions la nécessité de remédier au mal, soyons prudents et circonspects. Pour arriver plus vite, gardons-nous de donner tout d'abord du pur sang à nos juments plus que communes, si nous ne voulons nous exposer à obtenir presque tous poulains bons par ici, je le répète, mauvais par là, et la plupart incapables de payer jamais leur élevage par leur travail et par une certaine valeur intrinsèque. Que de sujets trop défectueux pour le luxe, pas assez corsés ni membrés pour l'armée; en un mot, que d'animaux manqués, mal suivis et impropres à aucun service sérieux et durable, ont une semblable naissance! Que si nous voulons faire des croisements, soyons circonspects; marchons par gradation et avec sagesse : à nos juments communes, donnons des étalons de peu d'espèce. Livrons leurs produits à des sujets plus distingués et bien assortis. Enfin, visons à de la taille, à de l'étoffe, en même temps qu'aux formes, aux membres, aux moyens, aux aplombs et à l'énergie. C'est à force d'études pareilles, à force de patience, de temps et de grands soins bien entendus, que les Anglais, *nos maîtres* en élevage de toute espèce de bétail, sont parvenus à créer et à entretenir leurs diverses belles et bonnes races de toutes sortes d'animaux. Cependant, ne les flattons pas aveuglément; avouons-leur, en confidence, qu'avec leur chevaux de sang, ils sont allés trop loin, et que, pour deux sujets de mérite bien réel, on rencontre, aujourd'hui chez eux, vingt bêtes sans valeur positivement sérieuse.

Malgré la répugnance que beaucoup, sans doute, commenceront par témoigner, s'ils ne veulent éprouver du mécompte, dès aujourd'hui les cultivateurs français doivent, sans hésiter, modifier notablement leur système, c'est-à-dire remplacer la routine par le principe : deux tiers de fourrage pour un tiers d'avoine, et le poulain de hasard par le poulain raisonné. Sauf pourtant la certitude autant que possible acquise, que tel sujet commun deviendra grand, fort et bien proportionné, les élèves qu'il importe de faire désormais, tout calcul établi, ne laisseront pas que de donner un bénéfice plus certain et plus grand, en même temps que d'avoir un débouché plus facile.

Les poulains perfectionnés étant moins grands mangeurs, l'éleveur pourra en entretenir quelques-uns de plus, ce qui le mettra à même de les ménager davantage sans augmenter ses frais. Plus nerveux, plus impressionnables, plus vifs, les élèves racés demanderont à être conduits avec plus de douceur; leur peau, peut-être un peu plus fine, exigera des harnais moins grossiers; plus alertes, plus précipités dans leurs mouvements, ils devront travailler *à la tâche et non à l'heure.*

Enfin, comme pour la culture des plantes diverses, pour l'élevage des divers bestiaux, avant d'adopter telle ou telle espèce ou race, le fermier judicieux devra consulter les exigences et les ressources de son exploitation.

L'étalon, quelle qu'en soit la race, doit être arrivé à l'âge adulte, c'est-à-dire avoir atteint son complet développement. Des poulains engendrés par un père très-jeune acquièrent, il est vrai, autant et même plus de taille, mais généralement, ils passent pour avoir moins de tempérament; ils sont plus mous et se font plus longtemps attendre; c'est un fait avéré et contrôlé par l'expérience. Chez eux, enfin, comme chez tous les animaux engendrés de parents très-jeunes, il y a tendance supérieure à la graisse au détriment des os, de la chair et des nerfs, c'est-à-dire de ce qui fait la force et l'énergie.

On doit réformer l'étalon sitôt qu'il devient froid, lourd et qu'il est arrivé à un certain âge, surtout dans les espèces communes; pourtant, il y a moins d'inconvénients à employer à la reproduction un animal un peu vieux, qu'à se servir d'un poulain de deux ans; un sujet bien né, du reste, et bien élevé, ne manque jamais de vigueur par cela seul que son père était d'un âge avancé. C'est une erreur de croire qu'un cheval a la tête de vieille, les orbites prononcées, les salières creuses, l'œil triste parce qu'il est issu d'un père plus ou moins âgé. Ni les derniers rejetons du fameux *Raimbow*, ni ceux de l'immortel *Eclipse*, son aïeul, certes que l'on ait dit, n'avaient ni les salières creuses, ni l'œil morne, bien qu'issus de pères de plus de vingt ans.

Aujourd'hui que les messageries, les administrations de roulage et les divers services publics qui existent encore, correspondent tous de plus ou moins loin avec nos nombreuses lignes de fer, et partant ont subi une indispensable impulsion de vitesse, assurément on ne va plus guère rechercher que les chevaux à la fois vites, forts, et d'un fond avéré; alors plus de ces reproducteurs lourds, gros, empâtés et sans ressorts, puisant leur force autant dans le poids de leur masse à demi inerte, que dans leur énergie d'impuissante durée.

Quelle qu'en soit donc la race et l'espèce, on choisira pour étalons des sujets qui, à toutes les autres qualités voulues, réuniront une taille assez élevée; bien qu'engendrés par des pères et des mères convenablement grands, un nombre assez considérable de poulains ne devenant point aussi hauts qu'on l'aurait espéré, le nombre de petits chevaux dont on peut encore avoir besoin sera toujours suffisant. Les sujets trop petits de l'un et de l'autre sexe devront être exclus de la reproduction, surtout les femelles.

Le cheval reproducteur, quel qu'il soit, doit avoir la tête petite, sèche, légère, carrée; les naseaux minces, larges et bien ouverts; le bout du nez carré; les lèvres, surtout l'inférieure, fermes, dures et comme crispées; la bouche plutôt moins que trop fendue ; le menton ferme, la ganache ouverte et peu poilue, l'auge bien large et bien évidée, les joues musculeuses et fermes. L'œil doit être vif, sorti et hardi ; il doit exhaler la bravoure, l'intelligence et le feu ; l'oreille sera petite, mobile, peu fournie de poils, pointue à son extrémité, bien plantée et convenablement distancée ; un front grand et carré décèle énergie, hardiesse et intelligence ; une nuque large indique un caractère vigoureux, une grande aptitude à la reproduction ; l'encolure bien fournie du reste doit être plutôt un peu longue que courte ; à volonté, suivant les diverses circonstances, l'animal doit pouvoir la tenir droite ou un peu rouée ; mais, par-dessus tout, il importe qu'elle soit souple, libre et fermement musculeuse ; les crins en seront doux, soyeux et abondants sans être touffus.

Le point de réunion de l'encolure avec la tête ne doit pas être empâté, cette région doit se greffer gracieusement et en belle harmonie avec la partie antérieure du tronc. Chez un cheval bien établi, le poitrail est large, les épaules hautes, libres, obliques et sèchement charnues ; plus est longue la ligne qui va de la pointe de l'épaule à la pointe du coude, plus il y a de puissance et partant de force dans le mouvement de l'avant-main. L'avant-bras n'est jamais trop gros quand les muscles en sont durs et bien dessinés. Un beau genou est large et carré : un peu bas, il dénote condition de vitesse ; un peu haut, condition de solidité et de sûreté dans les mouvements. Les canons doivent être secs, forts et sans suros ; le tendon, vulgairement appelé nerf, doit descendre bien perpendiculairement de la région supérieure et postérieure du genou sur la région postérieure du boulet ; il doit être net, sans le moindre empâtement, sans la moindre induration.

Un boulet un peu gros sous une peau saine et bien roulante est tout préférable à un boulet plus mince : en général, des articulations régulièrement grosses sont loin d'être une défectuosité; au contraire, c'est un indice de force, un beau certificat de solidité; ni long, ni court, le pâturon sera légèrement oblique, ne présentant ni saillies antérieurement, ni duretés sur ses faces latérales, la couronne sera souple et fera continuité harmonieuse avec le sabot; plutôt un peu plus grand que trop petit, ce dernier, quand il est de couleur noire, est généralement et à juste titre plus estimé que quand il est blanc, car il est reconnu que la corne noire est toujours plus souple en même temps que de plus ferme consistance, et qu'elle tient mieux les clous. Il importe que la fourchette soit bien nourrie, que sa substance soit également ferme et souple à la fois, c'est-à-dire élastique. Les arcs-boutants et la sole de leur côté doivent pareillement être bien nourris; la face plantaire d'un beau pied formera légèrement voûte. Ni trop hauts ni trop bas, les talons seront en bonne harmonie ou corrélation avec les autres parties et régions du membre. En général, un sabot bien étoffé garantit un tempérament solide et robuste.

Les côtes ne seront ni trop rondes ni trop plates; le ventre sera cylindrique, plutôt un peu prononcé que trop remonté; le dos droit, le rein court; un beau cheval n'a que deux doigts de flanc; une croupe plus ou moins horizontale et longue, dure, bien musclée, plus ou moins arrondie ou divisée longitudinalement par un léger sillon lui-même plus ou moins prononcé suivant le plus ou moins d'espèce de sujets, mérite également d'être tenue en certaine considération; ferme, gros, bien attaché, le tronçon de la queue doit résister aux mouvements qu'on cherche à lui imprimer; de même que ceux de la crinière, les crins de la queue seront lisses et souples, plutôt garnis qu'abondants; une crinière et une queue moelleuse au toucher indiquent toujours plus ou moins de noblesse. Des hanches larges, sorties, légèrement anguleuses; une cuisse longue bien fournie, bien gigotée, ferme et dure au toucher; un jarret gros, large, sec, bien évidé, ni trop droit ni trop coudé, sont encore des points de première importance. De même que plus il y a d'espace entre la pointe de l'épaule et le coude, plus il y a de force dans l'avant-main; de même aussi dans l'arrière-main, il y a d'autant plus de puissance que la ligne partant de la pointe de la fesse ou grasset a plus de longueur elle-même, ces deux régions étant les principaux centres de puissance des membres chez les animaux quadrupèdes; quand ils sont bien sains, de même que les genoux, les jarrets et les boulets ne sont jamais trop prononcés.

En résumé, un poitrail ouvert, un garrot bien prononcé, hautement sorti et sec; des épaules longues, obliques et plus ou moins fournies, suivant le plus ou moins de race, des hanches largement charpentées et une chair dure dénotent riche fond et grande puissance d'action ; enfin, quelles qu'en soient la race et l'espèce, tout étalon, avant d'être admis à reproduire, devrait avoir été essayé à son genre de service propre, c'est-à-dire avoir fait ses preuves.

Quant à ses qualités morales, l'étalon doit être gai, vif en même temps que docile, souple et doux ; comme la pétulance de ces animaux dégénère volontiers en irascibilité ou colère, on doit les gouverner avec une sage sévérité pour qu'ils ne deviennent point méchants. Les accidents graves ou même funestes dont sont assez fréquemment victimes les palfreniers d'étalons ne sauraient être en grande partie attribués qu'à leur brutalité envers ces bêtes ou à leur incurie.

Quelle qu'elle soit, une robe bien accentuée, fortement nuancée, de tous temps et par tous les connaisseurs a été préférée à un pelage fade et plus ou moins lavé. Il est vraiment bien regrettable qu'à la robe grise pommelée, *si peu durable*, on ait généralement sacrifié, *presque partout*, la robe baie, la baie brune, la grise de fer et surtout la noire franche et jais.

CHAPITRE III.

VICES HÉRÉDITAIRES.

SOMMAIRE.

A plus ou moins haut degré, tous les vices sont héréditaires. — En France, l'inadvertance et la cupidité des éleveurs jusqu'ici leur ont fait fermer les yeux sur ce point de première importance. — Possibilité d'éliminer certains vices inhérents aux localités par des choix raisonnés de producteurs appropriés. — Poulains de quatre mois outrés-poussifs congénialement. — Moyen d'entraver et de détruire les vices congénieux en même temps que d'encourager la reproduction par des sujets de vrai bon titre. — Enumération des principaux vices héréditaires.

Un point de première importance et qui de tous temps aurait dû fixer l'attention du véritable homme de cheval, c'est l'étude des vices possiblement transmissibles par voie de congénialité. En thèse générale, *tous les vices, quels qu'en soient le siége et la nature, sont susceptibles de se transmettre par hérédité, et cette hérédité a lieu d'autant plus volontiers qu'ils sont plus anciens dans la famille de l'animal qui en est entaché.*

En France, *dans tous nos principaux pays d'élève*, une jument est-elle poussive, a-t-elle un éparvin indolent ou même douloureux, est-elle devenue aveugle par suite de la fluxion, a-t-elle les talons bas, les pieds plats, en un mot, a-t-elle un vice qui amoindrit son prix ou empêche sa vente, sans scrupule on en fait un poulinière ! ! !

De son côté, que l'étalon soit corneur, qu'il ait des formes ou toute autre tare, pourvu qu'il ait de la taille, du bouquet et une belle robe, peu importe le reste, tous les propriétaires de juments l'admettent volontiers ; on vendra sous la mère le poulain obtenu, à cinq ou six mois le vice ne sera point apparent encore, *tant pis pour ceux qui l'élèveront !*

Pourtant, un cheval bien né et bien élevé est une si bonne chose ; d'autre part, un cheval coûte si cher, que par tous moyens possibles on ne saurait trop s'évertuer à en augmenter la durée et toutes les autres qualités.

Assurément, de toutes les questions en matière d'élevage, l'une des plus importantes à approfondir, sans contredit, c'est celle des vices héréditaires. Si la pousse est aussi commune en Normandie, si la fluxion périodique affecte autant de chevaux dans le Poitou, dans la Bresse, dans la Franche-Comté, les Vosges et le pays des Langres ; si les formes rendent boiteux un aussi grand nombre de sujets dans le Perche, on ne saurait s'empêcher *de l'attribuer en grande partie à l'hérédité.*

Malgré l'influence locale bien évidemment prédisposante, qu'on donne, soit dit en passant, aux juments vasgiennes, courtoises ou bressanes, non prises de fluxion, des étalons du Boulonnais, du Perche ou de la Normandie ; que ces étalons aient l'œil grand, bien ouvert, sorti et bien organisé, assurément, avec du temps et une intelligente persévérance, le mal ne tardera point sinon à disparaître, du moins ses tendances à très-considérablement s'amoindrir ; de même pour les autres cas.

En 1830, chez les parents d'un de mes camarades d'études, j'ai vu un poulain aveugle-né ; sa mère et son père eux-mêmes, aveugles dès l'âge de trois ans par suite de la fluxion, étaient issus l'un d'une mère borgne, et l'autre d'une jument aveugle également après plusieurs accès d'ophthalmie périodique.

Il y a peu d'années, j'ai rencontré sur le champ de foire de Bourg-Achard, dans le département de l'Eure, un jeune poulain de cinq mois *poussif outré ;* sa mère, âgée de cinq ans, était poussive ; en suivant la généalogie maternelle de ce jeune animal, j'ai acquis la certitude que son aïeule et sa bisaïeule étaient elles-mêmes affectées de la pousse à un tel degré, qu'elles étaient hors d'état de travailler aucunement; mais qu'eu égard à leur belle, bonne et riche conformation et aux magnifiques proportions de leurs poulains fort recherchés et toujours vendus très-cher, on avait encore grand bénéfice à les entretenir. Que de chevaux parfaitement sains de flanc jusqu'à quatre ans, se dédisant tout à coup au moment d'être sérieusement utilisés, ont eu une semblable naissance! Un de mes amis, auquel je montrais des poulains viciés congénialement, me disait : *On devrait punir les propriétaires de mauvais producteurs comme des fabricants de fausse monnaie!*

Que le gouvernement veuille s'y prêter, que des lois sévères régissent la matière, que tous les chevaux destinés à la procréation soient obligatoirement jugés et reconnus capables par un comité spécial, que leurs propriétaires soient munis de titres authentiques; que, de leur côté, les juments ne puissent être présentées aux étalons de haras ou de particuliers qu'après avoir été elles-mêmes préalablement contrôlées et titrées également par les membres du même comité chargé d'admettre les étalons; que tous les poulains nés illicitement de parents tarés soient marqués d'un signe ostensiblement visible et indélébile à la région de leur corps où chez le père ou la mère siége le vice imputé; que les mâles frauduleusement accouplés soient châtrés aux frais, risques et périls de leurs propriétaires; qu'en outre, ces derniers soient frappés d'une amende sérieuse, et sous peu de temps les chevaux *de mauvaise naissance* deviendront rares comme *les monnaies de faux métal.*

En résumé, dans chaque canton ou tout au moins dans chaque arrondissement, il serait aussi utile que facile d'établir un comité spécial composé de *vrais connaisseurs*, qui seraient chargés : 1° de dresser un état de toutes les juments destinées et reconnues aptes à la production; 2° de délivrer à leurs propriétaires des cartes ou permis de saillie; 3° d'accorder des primes d'encouragement aux particuliers qui présenteraient les bêtes les plus accomplies; 4° d'assigner, ou tout au moins de conseiller aux propriétaires de chacune d'elles, les étalons qui leur conviendraient le mieux; 5° de recevoir les étalons de particuliers; 6° de demander aux haras de l'Etat ou aux dépôts les mâles de race, de caractère et de conformation le plus en rapport avec les juments de la circonscription. Tel pourrait être, en attendant mieux, un moyen d'améliorer nos chevaux français qui pèchent généralement moins par le tempérament et par le cœur, que par les vices d'ensemble, par le défaut de taille, par une naissance sans calcul et par un élevage sans principes comme sans règles.

Avec cette méthode, qui causerait de moindres préjudices aux intérêts des propriétaires et moindre atteinte à leurs droits, assurément on arriverait plus sûrement à améliorer nos diverses races, que par la castration obligatoire de tous les sujets non appelés à reproduire, ainsi qu'on l'a proposé.

Les vices qui se transmettent le plus volontiers par hérédité sont : tous les tics, la fluxion périodique, l'amaurose, la cataracte, le cornage, la pousse, l'épilepsie ou mal caduc, les épaules chevillées, les tendons faillis, les genoux creux, les suros, les formes, les pieds plats et encastelés, mauvais en un mot, les éparvins, les courbes, les jardons; on pourrait ranger en seconde ligne : les allures défectueuses, une mauvaise conformation générale ou partielle, le défaut de taille, la méchanceté, les maladies constitutionnelles, telles que les eaux aux jambes, les affections vermineuses, les mélanoses, un tempérament lymphatique, mou, etc., etc.

CHAPITRE IV.

DE LA POULINIÈRE.

SOMMAIRE.

Pourquoi l'étalon est-il l'objet de toute attention, et pourquoi la poulinière n'est-elle considérée que fort secondairement? — Age de la poulinière. — La poulinière interrompue et les juments d'âge qui n'ont pas encore produit conçoivent moins volontiers que les jeunes bêtes et les poulinières rapportant tous les ans. — Beautés de la poulinière. — Moyen de se procurer de belles poulinières à bon marché. — Qualités de la poulinière. — Les bêtes de trop riche nature sont plus volontiers stériles et généralement moins bonnes laitières que les autres. — Les petites femelles avec de grands mâles donnent le plus souvent des rejetons de taille inférieure et inversement les petits mâles avec des femelles plus grandes. — Le premier mâle qui féconde une femelle vierge imprime à tous les petits qu'elle donnera ultérieurement un cachet particulier de sa configuration propre, quels que soient les mâles appelés à la féconder, et quelles que soient leur espèce et leur race.

D'acquisition et d'entretien un mâle coûte généralement beaucoup moins cher que les soixante à quatre-vingts femelles qu'il peut annuellement féconder; d'autre part, c'est principalement par les pères que l'on travaille le plus souvent à améliorer les diverses espèces d'animaux domestiques, de là sans doute l'examen trop exclusif des étalons, et le trop peu d'attention accordé aux poulinières. En effet, que ces dernières soient petites ou grandes, que leur conformation soit riche ou médiocre, ou mauvaise, on ne considère guère que l'étalon auquel on a résolu de les soumettre; dans lui seul, tant est grande la force de l'habitude, dans lui seul, malgré de très-nombreuses déceptions, on prévoit le poulain qui doit naître, comme si la mère ne devait compter ni entrer pour rien dans le résultat à obtenir !

Non plus que l'étalon, la jument ne doit être ni trop

vieille ni trop jeune; Bourgelat voulait que les bêtes communes ne fussent saillies qu'à leur quatrième année révolue, et celles d'espèce un an plus tard. Quand elle est bonne mère, quand elle se nourrit bien, quand on la sait bonne laitière, il y a moins d'inconvénient à faire pouliner une jument, vieille qu'à mettre en fécondation une pouliche de deux ou trois ans. Dans le Perche, comme dans toute la Normandie, très-souvent à deux ans, sans manque à trois, on fait concevoir toutes les femelles, ce qui cause le plus grand préjudice à leur qualité; énervées par une fécondité prématurée, épuisées par l'allaitement et un régime le plus souvent sans ton; amollies par l'engraissement qui précède leur vente, beaucoup de ces bêtes, qui primitivement étaient bonnes, excellentes même, beaucoup se font longtemps attendre chez leurs acquéreurs, beaucoup ne reviennent jamais et les meilleures ne valent jamais ce qu'elles auraient valu. Quant aux poulains qui en proviennent, de leur côté, jamais ils ne valent ceux de mères plus âgées; s'ils sont aussi vifs d'abord, arrive le moment d'être sérieusement utilisés, ils sont plus mous et moins résistants, quoiqu'aussi grands. On a observé qu'une jument d'âge qui n'a jamais produit, et pareillement qu'une poulinière interrompue durant une ou deux années, ne concevaient pas aussi sûrement qu'une cavale de cinq ou six ans livrée à l'étalon pour la première fois.

Par sa conformation, la poulinière doit se rapprocher le plus possible de la conformation du beau cheval; pourtant, quand une jument a eu plusieurs poulains, son ventre est développé, son dos plus ou moins creux, ses flancs vastes, son ensemble enfin ne présente plus cette belle régularité primitive des diverses régions s'harmonisant gracieusement. Néanmoins, un œil bien exercé toujours sait reconnaître les traces d'une belle et bonne organisation à travers les diverses déformations survenues par suite de plénitudes plus ou moins nombreuses.

Que de juments magnifiques, généralement encore jeunes, se trouvant épuisées prématurément par un service outré sur le pavé des grandes villes, on pourrait convertir en superbes et excellentes poulinières à bon marché en même temps qu'en parfaites bêtes de culture! Que de juments de guerre on vend en réforme et que le gouvernement ferait bien mieux *de donner comme poulinières, en pur don et à titre d'encouragement* aux vrais et sérieux éleveurs!

Outre une bonne conformation et une taille convenable, les qualités essentielles et indispensables pour qu'une poulinière soit réputée bonne sont: qu'elle ait beaucoup de lait, qu'elle l'ait bon et le garde longtemps. Ces qualités sont assez généralement transmissibles de la mère à la fille ; il n'importe pas peu non plus que son tempérament soit ferme et qu'elle se nourrisse bien; la poulinière en plus doit être douce, nullement chatouilleuse et beaucoup aimer sa progéniture.

On a cru observer que les juments de trop riche nature, c'est-à-dire rondes dans leur conformation et ayant tendance à l'embonpoint, étaient plus volontiers stériles et moins bonnes laitières; au contraire, que celles à charpente un peu anguleuse conçoivent plus facilement et sont meilleures nourrices. Il est d'observation encore qu'un étalon d'une taille moyenne accouplé avec une femelle plus grande, généralement donne un produit plus staturé que celui obtenu d'une femelle plus petite avec un mâle plus grand, ce que l'on peut expliquer jusqu'à un certain point: 1° par la quantité plus considérable de matériaux que nécessairement doit fournir une mère plus haute et plus étoffée; 2° par le plus grand espace dans lequel le petit peut se développer plus grandement; 3° enfin, par la tendance native à de grandes proportions, tendance que généralement chez les animaux les mères impriment assez volontiers à leur progéniture: exemple, les mulets de forte espèce issus de la jument et du baudet, et le bardof, résultat de l'accouplement de l'ânesse avec le cheval.

Une autre observation que j'émettrai sans plus d'explications ni commentaire, mais qui, journellement, fixe l'attention des véritables éleveurs, c'est qu'une femelle, à quelque genre, quelque race, quelque ordre ou espèce qu'elle appartienne, communique toujours un certain cachet de ressemblance avec son premier fruit de fécondation à tous ceux qu'on lui fait produire ensuite, quels que soient la distinction ou le type plus ou moins commun ou remarquable des mâles consécutifs ; c'est ainsi qu'une pouliche qui aura commencé par être fécondée en premier rut par un baudet donnera, même avec des étalons de la plus belle conformation et si régulièrement conformée qu'elle soit elle-même, *tous produits subséquents* ayant *tous* quelques airs frappants du baudet ou mieux du mulet. J'ai vu une magnifique épagneule, dont la première fécondation avait été opérée par un chien de berger, donner en portées ultérieures de vrais et presque purs chiens de berger, quoique couverte par un épagneul pure race. J'ai possédé une truie augeronne qui, après avoir été en premier lieu emplie par un newleycester, a subséquemment donné avec des verrats augerons purs des porcelets que de sérieux et habiles connaisseurs ont jugé newleycester purs. J'ai fait de semblables observations chez des lapines et même, ce qui est plus étonnant, chez des poules et des canes.

CHAPITRE V.

DE LA PLÉNITUDE.

SOMMAIRE.

Danger de soumettre une bête pleine à l'étalon. — Signe de la plénitude. — Gouvernement de la poulinière. — Avortement, ses causes principales. — Travail excessif exigé des juments, ses suites. — Repos absolu des étalons. — Ses conséquences.

On désigne ainsi l'état d'une femelle qui, ayant été fécondée, porte en elle un petit qu'elle doit mettre bas à une certaine époque déterminée suivant son espèce. Dans le commencement, il n'existe pas de signes bien certains indiquant cet état : la cessation du rut n'en est pas toujours une preuve, de même aussi sa réapparition n'annonce pas infailliblement que la bête n'a point conçu ; dans ce cas, si de nouveau on la livre au mâle, rarement elle le laisse arriver complétement à ses fins, et si, par surprise ou par crainte, il y parvient, son approche, dans les grandes femelles du moins, est presque toujours funeste au petit sujet qu'on appelle fœtus, surtout à une époque un peu avancée. J'ai vu beaucoup de juments pleines de trois, quatre et cinq mois avorter par suite de semblables circonstances.

Ce n'est guère qu'à cinq mois que l'on peut avoir des données à peu près positives de la plénitude des juments.

Leur ventre prend du développement, il devient large vu par dessous, il est tombant; de plus en plus les flancs se creusent; la pointe des hanches, le haut de la croupe, la base de la queue font saillie; la bête pleine, petit à petit, devient ensellée et perd de ses formes premières; on dit également que la cavale en gestation boit plus que d'habitude. Bientôt elle devient plus lourde en tous ses mouvements de gaîté, qui eux-mêmes arrivent de plus en plus rarement.

Mais de tous les signes auxquels on juge qu'une jument est définitivement pleine, il n'en est pas de plus certains que ceux fournis par le petit lui-même; les mouvements qu'il exécute dans le ventre de sa mère sont assez marqués au cinquième mois pour qu'on puisse les apprécier. J'ai rencontré des éleveurs qui, par le simple toucher, savaient le sentir au plus à cent vingt jours. C'est au-dessous du flanc, en avant des mamelles, et surtout pendant que la bête rentrant du travail boit de l'eau froide, qu'il vient battre plus ou moins fort à la main. Enfin, la cavale devient de plus en plus lente et presque impotente; son ventre, quand elle marche, éprouve une sorte de balancement, ses mamelles s'emplissent; le plus souvent, quand elle ne sort pas, ses membres postérieurs s'engorgent, elle éprouve fréquemment le besoin d'uriner, sa vulve devient grande, molle, pendante, flasque; il est d'observation que le pis, dans le commencement qu'il prend du développement, revient sur lui-même pendant l'exercice, ce qui n'a plus lieu aux derniers mois, et surtout aux dernières semaines de la gestation.

La jument pleine demande d'autant plus de ménagements qu'elle est plus vive, qu'elle a plus d'espèce et qu'elle approche davantage de son terme; un travail exagéré serait préjudiciable à la mère et au poulain. L'avortement est souvent occasionné par la violence des mères trop brutales à l'ouvrage; pourtant on ne doit pas inférer de là, que les poulinières doivent être tenues au repos absolu; sur les derniers moments, ce repos leur serait peut-être aussi préjudiciable qu'un travail modéré est salutaire.

Que les femelles plus ou moins communes travaillent suivant leur pouvoir jusqu'aux derniers instants, il n'y a pas le moindre inconvénient; quant aux bêtes de race, on devra les promener plusieurs heures tous les jours; ou bien, si on a un lieu convenable, et si elles ne sont point trop fougueuses, on les lâchera en liberté pendant les plus beaux et les meilleurs moments de la journée.

En résumé, un exercice approprié aux circonstances et à la position des bêtes ne saurait être trop recommandé; il tempère la vivacité des juments, il excite leur appétit et facilite leur digestion; les fonctions de la peau, si essentielles chez tous les animaux, ne s'en accomplissent que mieux aussi; de son côté enfin, quand le moment en est venu, la parturition ne s'en opère que plus heureusement.

Un autre point non moins important doit également fixer l'attention des éleveurs : c'est le régime des poulinières. Quand une bête ne travaille guère ou pas du tout, on doit la nourrir avec circonspection; les bêtes grasses, en général, amènent des produits moins forts que celles en simple bonne condition. D'ailleurs, l'excès d'état gêne le travail de la mise bas, et même l'obésité peut occasionner l'avortement. Cet accident peut encore être attribué à plusieurs autres causes : ainsi l'eau, plus ou moins froide, prise en certaine quantité et avec avidité quand la mère est échauffée; d'un autre côté, les fourrages poudreux, moisis, nuisent aussi, et par leur mauvaise qualité et par les quintes de toux qu'ils déterminent, ces dernières faisant éprouver de violentes secousses au petit sujet; la peur, par le trouble qu'elle apporte dans le système nerveux et la circulation, et aussi par les mouvements brusques et subits qu'elle suscite chez la jument mise en émoi, peut encore être une cause plus ou moins directe d'accident semblable; de même une indigestion, une saignée trop abondante ou intempestive, etc., etc.

Généralement en France, ou tout au moins dans certains pays, les juments travaillent trop, et les étalons sont tenus à un repos trop absolu. Par un semblable état de choses, on épuise le tempérament des mères, qui donnent des poulains moins bons; de leur côté, les mâles, plongés dans une inertie plus ou moins complète, passent pour être moins prolifiques, on dit même leurs produits moins robustes à la fatigue. Je sais un étalonnier dont les chevaux font deux et quelquefois trois saillies par jour durant toute la saison, ce qui ne les empêche pas de travailler cinq ou six heures, et d'être continuellement dispos et en bonne condition, ainsi que d'engendrer considérablement et de durer fort longtemps. Des fermiers champenois de ma connaissance ont un usage dont j'ai pareillement été à même d'apprécier l'heureux résultat: au lieu d'avoir recours aux étalons publics, ils achètent un bon cheval de quatre ans qu'ils mettent en cohabitation avec leurs juments dès le commencement de février; ce cheval, qu'on affecte au service du limon durant les moments de charrois, tous les jours travaille à tout service en compagnie de la première poulinière pleine, et féconde, à moment voulu, celles qui ne le sont pas encore, sans que son caractère éprouve la moindre surexcitation. Il est, de cette façon, fort rare que toutes les juments qu'il couvre ne rapportent pas. Tous les ans ou tous les deux ans, on le remplace avec un certain bénéfice de vente.

CHAPITRE VI.

DE LA PARTURITION OU MISE BAS.

SOMMAIRE.

Combien portent les juments. — Signes de la mise bas prochaine. — Assistance à porter à la poulinière en parturition ordinaire.— Danger de temporiser.

Sauf exception, c'est entre la fin du onzième et la première quinzaine du douzième mois que les juments mettent bas ; il est d'observation assez générale, que les poulains mâles naissent volontiers quelques jours et même quelques semaines plus tard que les pouliches.

Le moment arrivé, d'abord la poulinière paraît inquiète ; puis, tout à coup, elle cesse de manger; puis, oubliant ses douleurs, elle se remet à tirer au râtelier ; cependant l'instant définitif positivement venu, la bête s'appuie tantôt sur un pied de derrière et tantôt sur l'autre, elle exécute des mouvements de queue assez fréquents ; chez les juments qui ont déjà rapporté, le lait s'échappe des mamelles : alors on peut être certain que tout prochainement le poulain va arriver. En effet, de vraies coliques, des tranchées sérieuses ne tardent point à se manifester ; la jument se couche, se relève, témoigne de vives souffrances et se met à faire des efforts. Soudain une masse blanchâtre ou d'un bleu clair se présente, petit à petit augmente de volume et, le plus souvent, ne tarde pas à se percer tout à coup d'elle-même ; soudain les eaux jaillissent et bientôt des pieds apparaissent.

Quelquefois les enveloppes gonflées par les eaux fœtales forment une saillie et semblent ne pas devoir s'ouvrir de suite : sans pourtant trop se hâter, il ne faut pas non plus trop attendre pour les déchirer ; la jument, plus qu'aucune autre femelle domestique, demande à être promptement secourue en cas de parturition difficile ; plus vigoureuse, plus irritable que la vache, elle se livre à des mouvements désordonnés, souvent funestes à son poulain et quelquefois à elle-même. D'un autre côté, chez elle aussi, à la suite d'efforts prolongés, le passage ne tarde pas à s'irriter, à s'enflammer, à se gonfler, et partant son diamètre à se rétrécir, ce qui augmente encore les difficultés.

Quand donc le moment est arrivé, quand la nature a développé toutes ses puissances et que rien ne marche, sans plus tarder il faut agir, toute temporisation deviendrait dangereuse. Alors, ou la parturition est simple et naturelle, seulement elle languit, il ne s'agit que d'y apporter un peu d'aide avec intelligence et de prudence et tout ne demande qu'à bien aller; ou la position du fœtus est vicieuse, et il est nécessaire de se livrer à des manipulations particulières; sans plus tarder, il importe à l'instant d'avoir recours à un homme spécial.

CHAPITRE VII.

PREMIER RÉGIME ALIMENTAIRE.

SOINS A DONNER AU POULAIN QUI VIENT DE NAITRE. —ALLAITEMENT. — ADMINISTRATION DES POULINIÈRES.

SOMMAIRE.

Louable habitude de certains propriétaires. — Pratique dangereuse de quelques autres. — Procédé recommandable. — Surveillance du poulain qui vient de naître. — Aide et soins particuliers à lui donner quand il commence à essayer à teter. — Propriété du premier lait. — Accidents qu'il peut occasionner chez les poulains de quelques mois. — Soins particuliers à donner à la cavale. — Gouvernement du petit. — Danger que courent quelques poulains nouveau-nés, soins à leur donner. — Aliments les plus convenables aux poulains. — Epoque à laquelle une poulinière entre en nouveau rut. — Avantages du régime de pâture pour la mère et le poulain. — Poulains de mères tenues exclusivement au sec, de mères tenues exclusivement au vert. — Avantages du régime mixte quand il est possible. — Bonne habitude des Anglais, qui donnent de l'avoine dès les premières semaines de la naissance.

Que la mise bas ait été facile ou laborieuse, sitôt que le poulain est né, on a l'usage de le saupoudrer de farine, ou plus volontiers de son ou même de sel, pour exciter la mère à le lécher; c'est une louable pratique : la peau du nouveau-né ainsi léchée par la mère, d'abord est plutôt sèche ; en outre, chaque coup de langue est en quelque sorte un coup de bouchon qui réchauffe le jeune animal et excite la circulation; il serait donc fâcheux de s'opposer à cet instinct de nature. Mais une pratique assurément que l'on ne saurait trop blâmer, c'est d'écraser dans la bouche du petit un ou plusieurs œufs, qu'on lui entonne, coque, jaune et blanc, coutume absurde et souvent funeste ! Avec un peu de vin généreux et un ou deux jaunes d'œuf battus ensemble, souvent j'ai rappelé à la vie des poulains nés mourants.

Qu'on juge à propos ou non de leur faire avaler quelque chose, ou qu'on les abandonne à eux-mêmes, ce n'est pas une mauvaise pratique, sitôt la naissance, que de leur passer le doigt dans la bouche, d'en retirer le plus de glaires possible et ensuite d'y insuffler, à deux ou trois reprises, de l'air avec la bouche. Presque aussitôt qu'il est né, le jeune poulain, à peu près sans mouvements d'abord, tout à coup fait deux ou trois fortes inspirations, puis secoue la tête, ce qui est un excellent signe de viabilité.

Pendant que la mère le lèche encore, il commence déjà à chercher à se lever ; le plus souvent, au bout de peu d'instants et après plus ou moins de tentatives, il finit par y parvenir de lui-même, ou avec un tant soit peu d'aide. C'est tout d'abord du côté de la mamelle que son instinct le dirige; beaucoup saisissent le trayon du premier coup; il en est certains autres, surtout parmi les poulains de jeunes bêtes, qu'il faut aider. La jument primipare assez communément est un peu chatouilleuse ; d'un autre côté, la faiblesse rend quelquefois le poulain maladroit; dans ce dernier cas, il est bon de traire la mère dans un vase tiède, et immédiatement, en lui donnant le doigt à sucer, de faire boire tout ou une partie de ce lait au nourrisson ; de cette manière on excite ses forces en même temps qu'on l'habitue à teter seul.

Mais quand il est assez vivant, que sa maladresse seule l'empêche de saisir convenablement le trayon, on peut le laisser un peu jeûner; ensuite, quand il est assez affamé, on l'approche du pis, et en même temps qu'on lui introduit le mamelon dans la bouche on en exprime le lait tout doucement; de cette façon, on l'accoutume promptement à parfaitement teter de lui-même.

C'est une erreur, bien qu'en ait dit Buffon, de croire que le lait nouveau, parce qu'il n'est pas tout d'abord aussi blanc et aussi bon qu'il doit être un jour, puisse nuire au poulain; c'est, au contraire, par une sagesse admirable du créateur qu'il en est ainsi; par ses propriétés légèrement purgatives, le colostrum ou premier lait débarrasse les intestins du jeune animal des matières brunâtres et poisseuses qu'ils contiennent et qui leur servaient de lest durant la vie utérine; il déblaie, il dispose ces organes, dont les fonctions vont commencer positivement.

S'il est nécessaire que les sujets naissants boivent le premier lait de leur mère, on n'en saurait dire autant de ceux plus âgés, qui teteraient une jument nouvellement poulinée; leur santé pourrait en éprouver un certain dérangement.

La cavale qui vient de mettre bas, généralement, ne réclame aucun soin particulier pour elle-même. Seulement, si le temps est froid, humide ou pluvieux, il sera prudent de la tenir à l'écurie, et de lui donner, durant quelques jours, de l'eau blanche un peu tiède. Le reste de son régime ne subira aucune modification. Si le poulain est faible, s'il boit difficilement, s'il a peu d'appétit, on tiendra la mère à la diète, afin de modérer chez elle la fougue de la sécrétion laitée. Si, au contraire, le petit est dans de bonnes conditions, et que, de son côté, la mère soit débile, souffrante ou médiocrement laitière, on donnera à celle-ci une nourriture fortement substantielle et abondante, mais à rations fractionnées et répétées. Il serait sage également, dans cette circonstance, soit qu'on le sépare, soit qu'on le musèle ou bien qu'on l'attache à distance, de ne laisser boire le poulain qu'à de certaines heures, au moins pendant le jour, et cela jusqu'à ce que la mère soit un peu remise. Par là, on soulagerait la jument et on favoriserait l'abondance de son lait, dont la sécrétion ne serait point sans cesse troublée.

Assez souvent, il m'arrive d'être appelé pour de très-jeunes poulains, et même des veaux, qui, après avoir été gais et bien venants pendant les deux ou trois premiers jours de leur naissance, tout à coup sont devenus tristes, roides dans leurs mouvements, et qui sans cesse, ou du moins très-fréquemment, font de vains efforts expulsifs; leur introduire dans le rectum l'index préalablement bien huilé, en extraire les matières marronées, dures et conglomérées par une substance muqueuse et collante, leur administrer quelques petits lavements à l'eau de mauve ou de lin rendue laxative au moyen d'un peu de sel ordinaire, telle est une méthode bien simple à l'aide de laquelle j'ai rétabli nombre de petits sujets qui auraient infailliblement et très-promptement péri, pour la plupart, si on les eût abandonnés à eux-mêmes.

Les pois, les féverolles, l'orge concassés passent pour donner beaucoup de lait, surtout quand préalablement on les arrose d'eau bouillante et que les juments les mangent tièdes. Le son, quand il est gras, est également aussi une excellente nourriture; il est préférable de le donner mouillé plutôt que sec. Les carottes, surtout les jaunes, le trèfle, la luzerne, viennent en première ligne comme aliment après les moutures.

On a observé que les juments, ainsi que la plupart des autres femelles domestiques, *reconçoivent* d'autant plus volontiers qu'on leur permet l'approche du mâle à une époque moins éloignée du moment de leur mise bas. Quand donc une jument a eu une heureuse délivrance, qu'elle est bien rétablie, que son poulain tette franchement, que le lait est abondant et qu'il a acquis toutes ses qualités, il n'y a point d'inconvénient à la soumettre de nouveau à l'étalon. C'est ordinairement du neuvième au quinzième jour qu'elle en témoigne le désir. Un signe presque certain qu'une poulinière nourrice est en nouvelle conception, c'est l'état de malaise plus ou moins manifeste et la diarrhée plus ou moins marquée dont se trouve pris pendant deux ou trois jours le poulain qu'elle allaite.

Une jument pleine et nourrice demande un régime excessivement substantiel, surtout quand en outre on la fait plus ou moins travailler : dans ce dernier cas, tant pour le bien-être du petit né que de celui à naître et pour la conservation de la mère, le service exigé devra être très-modéré.

Comme les juments mettent bas ordinairement au commencement de la belle saison, dans les vrais pays d'élève on les laisse habituellement courir les herbes avec leur petit; les plantes nouvelles constituent la nourriture la plus convenable, tant pour la qualité que pour la quantité du lait; outre ce premier avantage, le jeune poulain respire un air vivifiant, il galope, il gambade autour de sa mère ; cet exercice salutaire fortifie ses membres, développe ses muscles, assouplit ses articulations et en perfectionne la régularité ; d'un autre côté, les fonctions de sa peau sont excitées et l'appétit, ainsi que la digestion, tout n'en est que meilleur. Enfin, un autre avantage encore, c'est qu'invité, engagé par l'exemple de sa mère, le jeune nourrisson ne tarde point à s'habituer à brouter : de là sevrage plus facile.

Il est certaines contrées où les poulinières vont peu aux herbes et même quelques localités où elles n'y vont point du tout ; alors, tant qu'il ne peut se passer d'elle, on laisse à l'écurie la mère avec son élève ; mais, au bout d'une ou deux semaines au plus, on remet la jument à son service habituel ; quant au poulain, ou bien on le tient enfermé pendant que la mère est au travail, ou bien il vague libre dans une cour sèche ou dans un parc plus ou moins restreint, où il s'exerce et *ne prend que de l'air, du soleil et des mouches.*

On a observé que les sujets élevés exclusivement dans les herbages étaient moins fermes et se faisaient plus longtemps attendre ; au contraire, que ceux entretenus exclusivement à l'écurie avaient toujours plus de nerf, plus de vigueur et plus de tempérament; qu'en même temps ils étaient plus précoces ; que les premiers avaient plus de liant, plus de souplesse dans leurs mouvements ; que leurs aplombs étaient plus corrects. Corriger ces deux systèmes l'un par l'autre, ou mieux les combiner, serait une chose bien avantageuse. Les chevaux anglais, qui ont tant de cœur, d'énergie et de fond, et qui vivent si longtemps, mangent, en même temps que de l'herbe, de l'avoine dès leur première jeunesse. Et pour que ce grain leur soit plus facile à digérer, ne les incommode point et leur profite parfaitement, on le leur donne concassé.

CHAPITRE VIII.

SEVRAGE, ÉDUCATION MORALE DES POULAINS.

SOMMAIRE.

Les poulains habitués de bonne heure au grain souffrent moins du sevrage. — Pour diverses raisons, on ne peut assigner une époque fixe de sevrage. — On doit se garder du sevrage brusque. — Le moment du sevrage définitif arrivé, on devra isoler à certaine distance la mère du petit. — Surveillance, soins à donner à la mère. — Commerce des poulains de lait. — Conduite blâmable des marchands de jeunes poulains et des propriétaires qui ont fait naître ces derniers. — Pratiques aussi louables qu'inusitées que pourraient tenir les éleveurs, les marchands et les acheteurs de ces intéressants petits animaux. — Conséquences fâcheuses du sevrage brusque et des fatigues excessives des poulains de lait du commerce. — Pratique aussi avantageuse que facile et peu coûteuse conseillée aux cultivateurs qui achètent des poulains de cinq à six mois pour les élever. — Nécessité d'un régime rationnel. — C'est une erreur de croire que les poulains qui ont souffert dans le premier âge doivent valoir mieux un jour que ceux qui ont été jusqu'alors en bonnes conditions.— Maladies vermineuses des jeunes poulains.— Quelques conseils et recettes à ce sujet.— Education morale des poulains.— On ne doit pas les faire travailler prématurément.— Il est bon d'atteler les jeunes poulains de trait avec des adultes de franchise avérée.— Les poulains de race, surtout les carrossiers, peuvent sans inconvénient être soumis aux travaux agricoles.— Mieux vaut faire travailler plus tôt et bien nourrir que faire travailler plus tard ou laisser à ne rien faire et mal nourrir.— Le véritable éleveur de chevaux.

Les poulains que l'on a de bonne heure accoutumés à manger de l'herbe, du fourrage sec et surtout de l'avoine, ne s'aperçoivent que fort peu du sevrage ; à cette époque, un petit surcroît de grain, quand ils en ont l'habitude, leur fait très-volontiers et très-promptement oublier leur mère et les indemnise du lait dont ils se trouvent privés. On ne saurait préciser d'époque pour le sevrage des poulains ; leur santé, leur force, la quantité du lait de la jument, le besoin que l'on peut avoir de cette dernière, sa santé, sa plénitude nouvelle sont autant de points déterminants.

En général, c'est vers le sixième mois qu'on sépare la cavale de son poulain ; si pourtant cette dernière avait beaucoup de lait encore, si elle n'était point redevenue pleine, et si elle n'avait guère à travailler, il y aurait tout avantage à sevrer plus tard. Enfin, quand le moment en est décidé et arrivé, tant pour la mère que pour le nourrisson, il ne faut pas brusquement interrompre tout rapport entre eux; d'abord, au lieu que le poulain tette continuellement, on ne lui permettra l'approche de sa mère que deux ou trois fois par jour; petit à petit on arrivera à leur interdire tout accès mutuel. Autant que possible alors, on devra les isoler, de telle sorte qu'ils ne puissent ni se voir ni s'entendre.

Quand la mère est grande laitière, que sa mamelle se gonfle et se durcit au point de déterminer de la souffrance, il est indispensable de la traire, mais avec la précaution de ne le faire qu'incomplétement et à des moments irréguliers, ce qui trouble et amoindrit la sécrétion du lait. Si par ce moyen, néanmoins, on ne pouvait arriver à la tarir, on amoindrirait sa ration, on augmenterait son travail et plusieurs fois, durant le jour, on lui lotionnerait le pis avec un mélange très-liquide d'argile ou de craie râpée et de vinaigre, plus une légère addition de sulfate de fer ou de couperose verte; quand la poulinière a conçu de nouveau, promptement on réussit; mais si elle n'est point rentrée en plénitude, si elle a de l'état et peu de travail, lui pratiquer une saignée de trois ou quatre litres est un usage approuvable et assez usité par les éleveurs.

Sur plusieurs points de la Normandie, dans le Perche, dans le Boulonnais et bien d'autres contrées, c'est une industrie assez en usage que de faire naître des poulains; à l'âge de quatre à six mois, ces jeunes animaux, quittant les lieux de leur naissance, vont se faire élever dans des localités plus ou moins éloignées. Des marchands qui, de septembre à janvier, font commerce spécial de ces petites bêtes, non-seulement les séparent tout à coup des mères sans lesquelles ils les achètent à domicile ou en foire, mais encore ils les mettent immédiatement en route et leur font parcourir trente, quarante et même cinquante kilomètres par jour, et cela durant des semaines entières. Tant que dure leur première vigueur, ces pauvres petits animaux, accouplés deux par deux, hennissent sans cesse, sans cesse se tourmentent les uns les autres, et le plus souvent, en outre, sont plus ou moins brutalisés par leurs conducteurs. Tout à coup, l'avoine, le fourrage sec remplacent le lait dont on les a brusquement privés, ainsi que de l'herbe des prairies, qui leur allait si bien; à ceux dont les cailloux ont offensé les pieds, on applique des fers, nouvelle source de mal-être; heureux encore quand ils n'ont pas, en outre, à endurer la pluie et les autres injures du temps et à être harcelés sur cinq à six marchés, plus ou moins distants, avant de trouver maître. Aussi, combien succombent entre les mains des marchands, combien plus encore viennent périr de courbature chez les cultivateurs qui ont eu le malheur de les acheter !

Si ceux qui les font naître commençaient leur sevrage en les habituant au grain, si les marchands leur faisaient parcourir quotidiennement moins de chemin, s'ils les conduisaient moins brutalement, si tous les soirs à l'étape ils leur donnaient une petite ration de lait en arrivant, si les acheteurs, de leur côté, pendant quelques semaines encore, continuaient aussi à suppléer au lait de la mère absente par un peu de lait de vache, que d'accidents funestes seraient conjurés ! Plus de ces inflammations gourmeuses malignes si difficiles à guérir, plus de ces fluxions de poitrine devant lesquelles échouent les médications les plus rationnelles et les plus habilement conduites !

D'un autre côté, que de chevaux adultes succombent à des affections que, d'abord, on n'avait pas considérées comme graves et qui n'ont fait périr que parce que les organes où elles se sont manifestées avaient été déjà le siége de lésions latentes datant des misères du premier âge !!!

Enfin, que les jeunes poulains soient sevrés par gradation dans leur ferme de naissance, ou que, matière de transactions commerciales, ils passent de main en main durant le commencement de leur sevrage et soient l'objet de plus ou moins de soins et d'attention, quand on leur cesse totalement le régime du lait, il importe de leur donner en quantité suffisante les aliments de la meilleure qualité en même temps que les plus toniques et les plus substanciels, et sous un volume modéré.

C'est une bien excellente et bien louable, mais malheureusement trop rare pratique, que de mettre en cohabitation avec les vaches, *en compartiment particulier*, les jeunes poulains durant leur premier hiver. D'abord, et le fait est avéré par l'expérience, l'air des vacheries bien tenues est sain à respirer ; d'autre part, en leur donnant à sucer les sceaux à traire au fond desquels on a laissé à dessein quelque peu de lait mêlé aux rinçures des différents vases de service, on apprivoise, on familiarise ces petits êtres précieux, on leur fait oublier leur mère et en même temps on conjure nombre de maladies graves.

C'est à tort que, chez tous les cultivateurs, sans exception à ma connaissance, sitôt leur arrivée, tous les jours, souvent quel temps qu'il fasse, on lâche *à la masure* les jeunes poulains nouvellement achetés pendant au moins six ou huit heures, sous prétexte de les exercer et de les endurcir ; sitôt qu'ils ont cessé leurs évolutions, qu'ils ne s'occupent plus à paître, il serait on ne peut plus rationnel de les rentrer.

Basse, froide, humide, sans air et sans lumière, et en outre le plus souvent mal orientée, leur habitation, vulgairement *et parfaitement* nommée *cabane*, *barraque* aux poulains, ne leur offre pas non plus des conditions fort hygiéniques.

Si j'ai bien observé, les jeunes mâles dans le premier âge sont infiniment plus délicats que les pouliches ; la gourme, chez eux, est également toujours beaucoup plus sérieuse ; ce phénomène, que je n'entreprendrai point d'expliquer, est commun, du reste, aux jeunes poulains, avec tous les autres jeunes mâles, quels qu'en soient l'ordre, la race et l'espèce ; cette règle s'étend même jusqu'aux enfants, d'après les statistiques de mortalité. J'ai observé encore que, quel que soit leur sexe, chez ceux qui, dès les premiers mois, sont soumis à un certain pansage à la main, les affections gourmeuses étaient généralement plus bénignes ; ce dont, au reste, il est très-facile de se rendre compte par l'excitation des fonctions de leur peau.

Qu'on me permette de le répéter, avec des étalons parfaits, avec des poulinières accomplies et bien alliées, on n'obtiendra que des produits plus ou moins manqués, sans une alimentation convenable. Depuis l'époque du sevrage jusqu'au moment où il est devenu capable de rendre des services, le poulain devra donc être soumis à un régime bien calculé; de même qu'il serait irrationnel de le nourrir incomplétement, parce qu'il ne fait encore rien, de même on devra se garder de lui laisser prendre trop d'embonpoint; il est d'observation qu'un jeune animal, quel qu'il soit, quand il est entretenu trop gras, ne se développe pas aussi grandement que si on l'eût maintenu *en simple bonne condition*, et qu'un poulain *manqué dans son début* est manqué à toujours, ou du moins s'en ressent toute sa vie. C'est une grande et bien positive erreur de croire que plus il aura été malheureux dans sa première jeunesse, meilleur il devra être plus tard. Quelle que soit la superbe apparence d'une maison, jamais elle ne peut être de solide durée quand on a épargné la quantité et surtout la qualité des matériaux de sa base. De son côté, quand un élève, durant ses premières années, n'a pas reçu une alimentation suffisante, et surtout quand, en même temps, on l'a épuisé par excès de travail prématuré, ses organes se durcissent avant le temps, deviennent désormais hors d'état d'admettre toute la somme de sucs assimilables qu'en vain on s'efforce de lui donner plus tard. Animal comme plante, tout être qui a pâti à son début, demeure à tout jamais au-dessous de ce qu'il aurait dû devenir.

De même que chez les enfants, chez les poulains, jusqu'à l'âge de deux à quatre ans, mais surtout pendant les quatre ou cinq mois qui suivent le sevrage, les maladies vermineuses occasionnent des ravages et des mortalités que les éleveurs et les vétérinaires ne se sont point encore assez appliqués à étudier et à conjurer. Que de sujets, en effet, superbes pendant l'allaitement, et qui, sitôt séparés de la mère, prennent un poil long, gros et terne; chez qui l'œil s'assombrit, la gaîté première et la vigueur primitive s'éteignent petit à petit; que d'élèves, enfin, on voit se dédire à partir du sevrage, malgré certains soins dont il sont l'objet, et malgré un certain régime encore à peu près convenable! Les vers intestinaux seuls sont la cause de ce changement fâcheux et quelquefois subit. Plus que tous les autres, les poulains de race commune, et surtout ceux nés en vallées, sont fort sujets à ces affections.

Les vers non-seulement troublent actuellement l'organisme et révolutionnent l'harmonie des fonctions, mais encore, quand on n'y porte point de suite remède, le tempérament, à tout jamais, se ressent de leur pernicieuse influence. Pour le bien-être et la conservation des animaux en général, s'il importe de prévenir les maladies, celles occasionnées par les vers doivent, à ce point de vue, plus encore que toutes les autres fixer les attentions. Outre qu'ils irritent les intestins par leurs piqûres et en entravent le rôle, les vers, d'un autre côté, qu'on ne l'ignore pas, vivent du meilleur suc des aliments. Une ration quotidienne de grain d'autant plus abondante que les jeunes élèves sont plus lymphatiques, une petite ration de son gras avec huit à douze grammes de sel écrasé bien fin, suffisent souvent pour conjurer l'invasion des vers.

Que l'on soit convaincu de leur présence, ou que l'on n'en ait qu'un simple soupçon, tous les mois administrer à jeun, suivant l'âge, de quinze à vingt grammes d'huile empyreumatique, vermifuge héroïque et inoffensif, telle est ma recommandation de tous les jours à mes clients. La recette suivante m'a toujours donné les plus satisfaisants résultats ; après quelques heures de diète, je fais administrer :

Huile empyreumatique rectifiée.	15	grammes.
Graine de tanaisie concassée. .	25	—
Sabine hachée bien menu	5	—
Aloès	5	—
Gousses d'ail.	15	—

Le tout trituré et malaxé ensemble dans un mortier avec un peu de miel et de poudre de gentiane est converti en quatre à cinq pilules que je fais avaler en un seul matin si le poulain est grand, et en deux ou trois matins ou plus, s'il est de petite taille ou très-jeune. En outre, pour complément de cette médication, je conseille de donner de temps en temps et pendant cinq à six jours consécutifs, une bonne jointée de seigle préalablement trempé durant dix à douze heures, soit dans du vin ou du cidre ; je fais saupoudrer cette espèce de provende tonique, avec également une forte pincée à trois doigts de sabine verte hachée menu ; si le poulain la refuse ou la mange mal, au moyen d'un peu d'avoine ou de son, promptement on l'y détermine assez volontiers.

Depuis le sevrage des poulains jusqu'au moment de les utiliser, on ne doit point cesser tout rapport avec eux, sans quoi ils deviendraient sauvages et même farouches. Chaque fois donc qu'on les aborde, soit pour leur donner leur ration, soit pour nettoyer leur écurie, il faut les toucher, les caresser, les habituer à se laisser lier, conduire et lever les pieds ; c'est là ce qui constitue en partie leur première éducation morale proprement dite. Que de chevaux quinteux, difficiles à aborder, irritables, refusant de se laisser ferrer et même simplement toucher les membres ; enfin, que de sujets irascibles, méchants et dangereux auraient été des bêtes douces et dociles, si on ne les eût négligées, si de bonne heure on les eût cultivées, si enfin on eût corrigé leurs premiers caprices. Le cheval naturellement est une excellente créature dont le fond est parfait; avec un peu de patience, de la douceur et des bons procédés, on en vient toujours plus ou moins promptement à bout.

En France, dans presque tous les pays où on élève des chevaux, on les fait travailler trop tôt; à peine ont-ils quatorze ou quinze mois qu'on les soumet à des services excédants. S'il importe de bien faire naître les poulains, de les bien nourrir, de les bien élever enfin, il n'importe pas moins de les ménager avec sagesse dans leur premier âge. Combien de sujets ne répondent point à ce qu'ils avaient promis dans le principe, et cela parce qu'ils ont été épuisés par des travaux accablants et prématurés.

Quand on attèle un jeune poulain pour la première fois, autant que possible il faut l'associer à des camarades d'une franchise avérée, charger légèrement, arrêter quelquefois, puis repartir; l'exemple des autres, la conscience instinctive qu'il acquiert de ses propres forces l'excitant, il finit promptement par se plonger avec hardiesse et bravoure dans le collier.

Loin de nuire aux chevaux de selle un peu étoffés et surtout aux carrossiers, les travaux de ferme ne font que développer leur vigueur et affermir leur constitution, sans détériorer leurs formes ni vicier leur aplomb; leur travail, en outre, indemnisant de leurs frais premiers et payant au-delà ceux du moment, l'éleveur n'en est que plus disposé à les bien nourrir.

Un travail un peu précoce, mais modéré, avec un bon régime, est préférable à une inertie plus ou moins absolue, avec un régime sans ton et insuffisant. Dans le premier cas, on aura des sujets durs à la fatigue et tout de suite prêts, arrive le moment d'être mis en service sérieusement; dans le second, avec un tempérament pauvre ou douteux, sûr il se feront longtemps attendre, si même ils ne tournent pas mal.

En résumé, bien faire naître, bien élever, bien nourrir, faire travailler suivant l'âge et les forces, voilà tout l'art d'élever de bons chevaux.

CHAPITRE IX.

DE LA CASTRATION.

SOMMAIRE.

But de la castration. — Ses effets. — Abus de cette opération. — Ses conséquences suivant l'âge des sujets qu'on y soumet, suivant la saison à laquelle on la leur fait subir. — Avantages et inconvénients de la castration des très-jeunes poulains. — Quels sont, dans l'espèce chevaline, les sujets qui supportent et le plus longtemps la misère et qui ont le plus de fond.

Un complément de l'élevage du cheval, complément aujourd'hui aussi indispensable qu'au fond, avouons-le, il est fâcheux, c'est la castration. Cette opération, fort ancienne, quelquefois nécessaire absolument pour certaines classes de chevaux, souvent dégénère en abus, a dit d'Arboval.

Le but qu'on se propose en châtrant le cheval est de modérer son impétuosité, de le rendre plus souple, plus docile, plus soumis; souvent l'irascibilité, la méchanceté de certains sujets *mal nés* ou plutôt *mal élevés*, ne sauraient être domptées que par la castration. Si j'en juge par quelques juments auxquelles j'ai fait subir la castration, l'irritabilité de caractère disparaît plus volontiers chez elles que chez les mâles.

Des connaisseurs de mérite ont cru observer que le cheval châtré durait davantage *bon serviteur* et vivait plus longtemps, que même il était moins maladif que le cheval entier, ce que l'on pourrait expliquer probablement par son état de calme plat, par sa tendance au repos, suite de l'extinction de tout sentiment génésique : travailler sans fougue, savourer paisiblement la jouissance de sa ration, se reposer avec profonde quiétude ou dormir, telle est désormais l'existence d'un animal qu'auparavant tout distrayait, excitait ou passionnait à la moindre occasion. Mais si cette opération a quelque avantage, si elle est, en certaines circonstances, une nécessité, elle a bien aussi son mauvais côté : pour être parfois bonne ou même indispensable, elle ne devrait pas être ni aussi communément, ni aussi inconsidérément pratiquée.

S'il est vrai que le cheval hongre vive plus longtemps et même soit moins maladif, on ne saurait, d'autre part, se dissimuler qu'il soit moins vigoureux, moins énergique et même moins fort; que, comme cheval de selle surtout, il a le pied moins sûr, moins solide, et qu'il est moins léger à la main. Des maîtres de poste, des relayeurs, des entrepreneurs de voitures, des chefs d'administration que jai consultés, se sont tous accordés à me dire que, pour le service au trot, les entiers valaient mieux, répondaient mieux aux difficultés et duraient infiniment plus; qu'au pas, les gros chevaux hongres faisaient aussi bien et duraient davantage, en outre qu'ils étaient moins sujets à accidents; mais, d'un autre côté pourtant, qu'ils étaient plus grands mangeurs; de plus, que, pendant l'hiver, leur long poil touffu était une éternité à sécher.

Comme argument d'excuse de la castration, il faut avouer, que généralement le cheval de plus ou de moins d'espèce ne serait pas d'un usage sans danger, s'il n'était opéré; enfin il est de notoriété évidente que la castration calme, dompte, en un mot refroidit considérablement plus le cheval commun que le cheval de plus ou moins de sang.

Suivant l'âge auquel on la lui fait subir, après la castration, le cheval éprouve dans son ensemble physique et dans son moral des modifications manifestes et bien tranchées. Une chose vraiment singulière, c'est que l'avant-main du cheval hongre, surtout au point de vue de la solidité et des formes, éprouve de plus notables changements que l'arrière-main, et même subit les plus manifestes détériorations, quelles que soient la race et l'espèce des sujets.

Le poulain opéré sous la mère devient mince, moins fourni dans ses diverses régions, moins fortement membré et plus élagué ; son tempérament est moins robuste ; il a l'œil moins hardi, moins décidé ; sa fierté, sa noblesse, son assurance ne sont plus désormais qu'une faible image de ce qu'elles auraient été sans l'opération ; ni cheval, ni jument, l'animal châtré à lait n'est plus à tout jamais qu'un être en quelque sorte hors nature.

Celui au contraire qui n'a été opéré qu'à l'âge de quatre ou cinq ans, c'est-à-dire après son complet développement acquis, *conserve toujours* beaucoup plus de ses caractères de cheval entier ; il demeure plus alerte, plus vif, ses formes restent plus mâles, plus étoffées, il a plus d'encolure, ses épaules sont moins émaciées, sa poitrine est plus large, ses hanches plus prononcées sont plus charpentées, plus musculeuses surtout ; il a moins de tendance à l'obésité ; sauf quelques exceptions enfin, le cheval châtré adulte exhale plus de vigueur et reste doué de plus de force et de plus de fond que celui châtré en naissant. Cette opinion, quoique franchement et sincèrement émise, je le sais d'avance, rencontrera de nombreux opposants : si elle semble paradoxale d'abord, pourtant elle n'est point hasardée; elle a pour base *plusieurs centaines de sujets opérés de mes propres mains, à divers âges, et que j'ai suivis comparativement, observés avec attention et la plupart pendant de longues années.*

On a dit, et avec raison, que les mâles bistournés, chevaux comme bœufs, conservaient plus de vigueur que ceux opérés avec ablation immédiate de leurs organes sexuels : le bistournage ne pouvant guère être pratiqué et généralement ne s'effectuant que quand les animaux *sont plus ou moins adultes*, pour quiconque veut se donner la peine de réfléchir, *l'âge auquel ils ont été opérés* est la seule cause de la différence observée ; en effet, chez l'animal réellement bistourné, l'influence sexuelle étant devenue aussi nulle que chez celui émasculé aux casseaux ou par tout autre procédé et aussi immédiatement et aussi complétement nulle, toute autre explication serait sans fondement. C'est encore pour la même raison que la viande des bœufs bistournés est moins bonne que celle des bœufs opérés par arrachement ou par ablation nette et à un âge moins avancé ; elle sent plus le taureau, elle est moins transformée, sa fibre est demeurée plus ferme, plus résistante, plus dure, ce qui véritablement constitue la supériorité d'énergie, de force et de fond dont restent doués les animaux émasculés vieux.

On a dit encore à l'appui de la castration des très-jeunes poulains qu'en Angleterre on pratiquait le plus généralement cette opération de la naissance à six mois, au plus tard à un an ; encore une fois, qu'on ne perde point de vue la bonne naissance des chevaux d'Angleterre, le grain qu'on leur donne dès les premiers mois, en un mot tout les soins qu'on en prend même avant qu'ils soient nés, comparativement aux conditions dans lesquelles naissent et sont élevés nos poulains racés comme autres dont beaucoup ne connaissent point encore l'avoine à trois ans. Pour couper court à toute autre discussion, j'inviterai mes contradicteurs à comparer entre eux des mâles de différentes races et espèces, les uns châtrés dans leur première année et les autres à quatre ou cinq ans, toutes les autres conditions du reste ayant été identiques. Le cerveau, le cœur, les poumons, les os et les muscles ont d'autant plus de volume et de poids, j'en ai fait l'expérience, quand les mâles, quels qu'ils soient, ont été châtrés à une époque plus éloignée de leur naissance.

Si l'âge de l'animal que l'on châtre influe sur sa conformation, sur ses muscles et sur son moral, l'influence de la saison à laquelle on lui fait subir cette opération n'est pas moins frappante et remarquable non plus : ainsi, de deux chevaux en toutes conditions absolument identiques que l'on châtrerait, l'un à la fin de mai et l'autre à la fin d'octobre, aux yeux de vrais connaisseurs le premier vaudrait beaucoup mieux que le second. Est-ce le régime différent du printemps ou de la fin de l'automne ? Est-ce la différence de la constitution atmosphérique ? Je l'ignore totalement et je me contente de me renfermer dans l'existence d'un fait réel que j'ai observé et cru devoir signaler.

Si la castration altère moins les qualités des adultes, si elle paralyse le développement des très-jeunes poulains les mieux nés, il est d'observation avérée qu'elle hâte la ruine des vieux chevaux sur lesquels on est obligé de la pratiquer pour cause de maladies particulières et surtout pour cause de méchanceté.

Le seul avantage de la castration des poulains au premier âge, c'est de pouvoir laisser pêle-mêle et si tard qu'on veut les mâles et les femelles dans les herbages. Mais d'un autre côté, que de beaux sujets sous la mère ne font plus tard que de médiocres reproducteurs, et, par-dessus tout, que de bons étalons on sacrifie parce que leur développement un peu tardif les a condamnés à la castration ! Si *Eclipse*, qui a gagné plus d'un million, tant comme coureur que comme étalon ; si *Eclipse*, qui ne s'est développé que fort tardivement, fût né chez la plupart de nos éleveurs normands, il n'aurait fait tout au plus peut-être qu'un fort médiocre cheval hongre, à peine bon pour un médecin de campagne.

Dans l'espèce chevaline : 1° quels sont les sujets qui supportent le mieux et le plus longtemps la misère? 2° quels sont ceux qui sont susceptibles de rendre les plus sérieux et les plus longs services? Si le cheval entier, avec sa pétulance bruyante, semble ne devoir jamais s'abattre ; si le hongre, avec son calme flegmatique, passe pour ménager plus sagement ses puissances, assurément on ne saurait nier que la jument, avec sa placide énergie, endure plus longtemps la faim, la fatigue et toutes les vicissitudes fâcheuses, en même temps qu'elle est douée d'un fond infiniment supérieur à celui de tous les autres. Je laisse aux vieux cavaliers qui restent encore de 1812 et à ceux de Crimée et de Piémont la solution de la première question; que les relayeurs, que les maîtres de poste, que les rouliers, que tous les vrais hommes de cheval, *humbles ou grands*, décident la seconde; pour plus ample édification encore, s'adresser au Bédouin, à l'Arabe du désert qui perd tous ses chameaux, tous ses chevaux, toutes ses femmes, et qui bénit encore *Allah* quand il conserve sa cavale, dont la vitesse et la durée d'haleine sont égales à son besoin de fuir son ennemi ou à son désir d'atteindre sa proie!

CHAPITRE X.

DE LA FERRURE.

SOMMAIRE.

Importance de la ferrure. — Les vétérinaires devraient, entre autres bons principes d'hygiène, répandre et propager de tout leur pouvoir, de toute leur influence, tout ce qui a trait à l'art de ferrer les chevaux. — Effets pernicieux de la ferrure vicieuse. — Quelques idées touchant l'élasticité du pied. — Inconvénients inévitables du ferrage, même le plus méthodique et le plus rationnel. — Nécessité d'établir des cours publics de maréchalerie théorique et pratique. — Quelques conseils aux amateurs de chevaux et aux ferreurs en attendant un bon manuel sur cette importante matière. — La fourchette, ses fonctions, son importance. — Considération qu'elle mérite. — But du ferrage. — Ferrage différent, suivant les différents services des chevaux.— Le cheval ne sera jamais bête de boucherie.—Parti avantageux à tirer de la chair des chevaux morts ou hors de service.

Un point de la plus haute importance, on ne saurait en disconvenir, et qui se rattache indispensablement à l'éducation et à l'hygiène du cheval, c'est la ferrure. La plupart des vétérinaires, cédant à un faux sentiment d'amour-propre, a dit Huzard, croient devoir dédaigner comme avilissant tout ce qui a trait à la forge. Quant à ceux qui ont un atelier de maréchalerie, si chez eux on trouve un peu plus de propreté, un peu plus d'apparence de goût peut-être, au fond, leurs ouvriers ne se distinguent, en bonne réalité, ni par plus d'art, ni par plus de science, ni par plus de savoir-faire enfin que ceux des campagnes les plus reculées, où même on estropie beaucoup moins de chevaux que dans les villes. Au lieu de répandre de sages idées pratiques et des principes raisonnés concernant la ferrure, les vétérinaires, qui devraient être les apôtres de tout ce qu'il y a de bon et de bien relativement aux chevaux, ainsi que le vulgaire, ne considèrent l'art du ferrage que comme un métier et abandonnent à leur stupide routine une classe d'hommes dont ils pourraient faire une classe utile et digne de considération. La généralité des éleveurs eux-mêmes, pas assez pénétrés de l'indispensable nécessité d'une ferrure rationnelle dès le moment où l'on commence à ferrer les poulains, n'y prennent un peu garde qu'au moment où ils se disposent à mettre leurs chevaux en vente, et même, parmi eux, combien n'y entendent rien!

Pourtant, que d'animaux une ferrure méthodique peut redresser ! Que de chevaux une ferrure irrationnelle met hors de service et tue prématurément !

En France, un cheval à neuf ou dix ans est défleuri ; à onze ou douze, tout le meilleur en est pris, comme on le dit ; à treize ou quatorze, il est ruiné ou mort, ou en veille d'entrer dans le chantier de l'équarrisseur. Que si, s'armant de courage, on va dans nos foires et sur nos marchés, et qu'on examine ces pauvres bêtes, rebutées et attendant le couteau de sacrifice, comme vieux chevaux, on verra que la majeure partie d'entre eux ont encore tous les autres organes parfaitement sains ; que beaucoup ne manquent que par les pieds, et consécutivement par les rayons détachés des membres. Assurément, on ne saurait nier pourtant que le travail immodéré que nous exigeons de nos chevaux entre pour beaucoup aussi dans cette usure prématurée, et que sur vingt de ces bêtes, mises hors de service par la pousse outrée, douze au moins sont issus de parents poussifs. Faisons donc mieux naître nos poulains, élevons-les plus au grain, ferrons nos chevaux plus rationnellement et plus méthodiquement, et nous ne tarderons point à voir leur durée augmenter d'un tiers, sinon plus !

Le pied du cheval est élastique, c'est-à-dire qu'il s'élargit lors de l'appui sur le sol, et qu'il revient sur lui-même quand il est levé. Or, le fer dont on le garnit pour en préserver l'usure et pour lui donner plus de force et de consistance, ne s'y adapte et malheureusement ne peut s'y adapter que quand il est dans son plus petit diamètre ; d'un autre côté, les clous qui fixent ce fer, bien que brochés le plus possible vers la partie antérieure du sabot ou la pince, ne laissent pas non plus que de tendre aussi à amoindrir en partie le jeu dont il a besoin ; en troisième lieu, le cheval boit, mange, travaille, se repose et dort tout ferré ; enfin donc, partout et toujours un fer emprisonne son pied et en neutralise plus ou moins les mouvements d'expansibilité, même quand il est aussi convenablement adapté que possible.

Cependant, malgré tous ces inconvénients avérés, avec nos routes pierrées, avec nos lourdes charrettes et nos diligences, nous ne pouvons nous dispenser de ferrer nos chevaux ; mais si d'un côté la ferrure est un mal et un mal nécessaire, de l'autre on devrait tâcher d'en amoindrir le plus possible les funestes effets.

On fait dans certaines grandes villes des cours publics de langues, des cours de dessin, d'horticulture, etc., etc.; si dans chaque chef-lieu de canton on faisait également un cours de maréchalerie théorique et même pratique où seraient admis tous les maréchaux et ceux qui se destinent à cette méritante profession, ainsi que tous les propriétaires et amateurs de chevaux, on ne tarderait point à voir cet art éprouver à son tour une bien désirable révolution. Comme complément et comme complément nécessaire, que l'on mette en concours un manuel touchant la matière; que pour première condition on exige qu'il soit net, court et écrit à la portée de toutes les intelligences; que des dessins bien figurés y parlent aux yeux et aident à l'esprit; éleveurs, amateurs de chevaux, maréchaux, vétérinaires, que tout le monde soit admis à concourir; qu'un comité d'examen, qu'un jury vraiment savant, spécial et impartial soit appelé à juger les productions de chacun; que si aucune n'a parfaitement atteint le but proposé, qu'on fusionne ce que chacune d'elles peut avoir de bon; qu'on le réunisse, qu'on le coordonne, qu'on en fasse enfin un bon traité de maréchalerie, et bientôt le métier de ferrant, converti en vrai art, viendra se mettre en alignement avec toutes les sciences en voie de progrès.

En attendant cet heureux et souhaitable changement : 1° maintenir le pied du cheval dans un volume et des dimensions en harmonie de proportions avec les membres;

2° ne point paralyser son élasticité par une ajusture trop prononcée, non plus que par des clous brochés trop haut ni trop postérieurement; 3° ne point surexciter sa sensibilité en le chauffant longuement par l'application d'un fer plus ou moins rouge; 4° se garder d'en râper à vif toute la périphérie, pratique inutile et pernicieuse, qui détermine la dessiccation de la corne et son resserrement en favorisant la volatilisation des sucs destinés à l'entretien de sa souplesse; 5° surtout respecter la fourchette et bien se garder de la détruire comme inutile ou nuisible à la marche, tels sont les principaux préceptes dont tout chef d'atelier doit être intimement pénétré.

La fourchette : 1° favorise l'élasticité du pied ; 2° elle en amortit les percussions trop dures; 3° en s'aglutinant au sol elle empêche les animaux de glisser comme il arrive si volontiers sur le pavé des villes, surtout quand la tête des clous est rasée; 4° enfin, la fourchette donne aux chevaux la conscience des terrains divers qu'ils foulent, elle est leur principal organe de tact. Si l'homme, dont le centre de gravité est si facile à perdre, ne fait pas plus de chutes, indubitablement on ne peut que l'attribuer au tact de ses pieds auxquels les chaussures les plus grossières n'enlèvent point la conscience des chemins qu'il parcourt.

Loin donc de détruire, d'enlever la fourchette du pied qu'il ferre, le maréchal doit au contraire en l'ébarbant et par tous les moyens possibles, en conjurer la destruction : *dépassât-elle d'un travers de doigt et plus au moment du ferrage, qu'on la laisse;* elle s'usera bientôt au niveau du fer neuf; quand elle est saine ainsi que tout le reste du pied, jamais elle n'occasionne de boiterie; de plus, qu'un clou ou tout autre corps offensif vienne à s'y implanter, d'abord quand elle est inctacte, il y pénètre moins facilement, puis tandis qu'il traverse la couche de corne respectée par le boutoir et plus ou moins croûteuse, il ne s'enfonce point aussi avant dans les parties plus profondes et plus vivantes.

En résumé, conserver au pied sa normalité de forme et de proportions, le préserver de l'usure et des divers accidents auxquels les exposent les pierres de nos grandes routes et le pavé de nos villes; en outre, donner au pied, plus ou moins mal conformé ou malade, une disposition qui le rapproche autant que possible de sa normalité, tel est, en abrégé, l'art, ou mieux, disons le mot, *la science du ferreur*.

Une autre observation encore bien à propos ici, c'est que tous les chevaux ne doivent point être *pareillement* ferrés; autre ferrure pour le gros cheval de trait, autre ferrure pour le cheval de diligence, et également pour le carrossier, et surtout pour le cheval de selle. Au cheval de charrette, au camionneur, employés à traîner de lourds fardeaux et n'allant qu'au pas, qu'on applique de lourds fers *tout plats*, ils n'en prendront que mieux pied, ils ne se cramponneront que plus facilement et seront moins sujets à glisser et à tomber sur le nez en tirant; ils n'en agiront enfin qu'avec plus de solidité et plus de force; si parfois ils buttent avec semblable ferrure, eu égard à la lenteur de leur mouvement, rarement ils tomberont.

Le cheval de selle, au contraire, n'ayant aucune résistence à vaincre, et étant soumis à des allures vives, devra porter des fers plus légers et surtout plus relevés en pince; par là on augmentera autant sa solidité et sa vitesse qu'on amoindrirait l'une et l'autre si on le ferrait lourdement et à plat, surtout du devant. Le cheval qui travaille pieds nus a la pince tronquée; l'Arabe, avec ses instincts d'homme primitif et observateur, de tout temps a jugé bon, *et à juste titre*, d'appliquer à sa cavale des fers à pince carrée ou relevée. Suivant donc que des chevaux se rapprocheront plus ou moins de l'un de ces types par leur genre de service, de même ils devront s'en rapprocher plus ou moins par leur mode de ferrage.

Quel que soit le genre de service et le mode de ferrage des divers chevaux, depuis la dernière étampure jusqu'à l'extrémité de l'éponge, *les branches de fer doivent être laissées absolument plates.* Sur dix chevaux encastelés, huit au moins doivent leur fâcheuse infirmité à l'ajusture routinière de leurs fers jusqu'en éponges, en même temps qu'à l'ablation de leur fourchette. Règle générale : *sans exception, le fer doit être fait pour le pied, et jamais le pied pour le fer.*

Quand on ne le ruine point avant le temps par un service excessif, quand *surtout, par une ferrure vicieuse,* on n'altère point prématurément les ressorts de ses membres, à vingt ans et plus, un cheval bien né et bien élevé est encore capable de bons et sérieux services.

Dans ces temps derniers, et même depuis longtemps déjà, on a prôné la viande de cheval comme matière alimentaire pour l'homme. Pour bien des raisons, le cheval ne deviendra jamais animal de boucherie : 1° à cause de l'élévation toujours croissante de son prix, conséquence du perfectionnement progressif de ses diverses races ; 2° d'un autre côté, les bons chevaux accidentés sont trop rares pour qu'on prenne l'habitude de cette viande ; 3° les chevaux usés coûteraient trop à engraisser ; 4° la chair du cheval qui a beaucoup souffert et travaillé n'est ni d'assez bon goût ni d'assez facile digestion pour que l'usage s'en répande ; 5° enfin, si j'en juge par l'état d'échauffement cutané et intestinal qui généralement se manifeste chez les chiens d'équipage *nourris au cheval tué et même convenablement cuit*, cette viande véritablement n'est pas de salubrité réelle ; pour plus complète édification, qu'on demande aux vieux soldats qui ont subi des blocus. Enfin, on pourra faire de beaux discours *et citer des grandes dames et des demoiselles délicates* qui ont mangé du cheval comme et pour du bœuf ; mais jamais on ne fera ni de bonne soupe, ni de bon bouilli, ni de bon rôti, non plus que de savoureux biftecks avec du cheval, même jeune et non excédé.

Qu'on élève moins de chevaux, qu'on les élève meilleurs, qu'on élève plus de bœufs et de vaches, ainsi que de moutons, et on obtiendra la même somme de travail, en même temps que plus de viande de la meilleure qualité, *et sans plus de frais*. Qu'avec la chair des chevaux morts on fasse, l'été, des verminières pour les volailles; que, comme provisions d'hiver et d'été, on convertisse celle des sujets usés en sorte de cretons cuits et assaisonnés pour la nourriture des cochons, des poules et des canards; en un mot, qu'on opère la transubstantiation en chair de porc et de volailles du goût de tout le monde et d'une salubrité incontestable, et bientôt ceux qui regrettent de voir les chevaux hors de service jetés en pure perte, et ceux auxquels il répugnerait encore plus d'en manger, chacun y trouvera compte et satisfaction.

CHAPITRE XI.

DE L'AGE DU CHEVAL.

SOMMAIRE.

Nécessité de savoir préciser l'âge des chevaux.— Les dents seules en fournissent des signes certains. — Configuration diverse des dents incisives aux divers âges du cheval. — De combien les dents du cheval usent par année.— Pourquoi les dents des chevaux hors d'âge s'usent moins que celles des plus jeunes. — Composition physique et disposition des éléments constituants des dents. — Coupe transversale d'une dent d'adulte en divers points. — Coupe longitudinale.— Signes indiquant l'âge depuis la naissance jusqu'à la vieillesse, d'après l'inspection des dents incisives. — Dessins de mâchoires depuis huit jours jusqu'à vingt ans. — Chevaux, ânes et mulets bégus. — Signes de l'âge tirés de la figure et de la robe. — La pratique et l'habitude sont les meilleurs guides en cette matière.

La connaissance de l'âge du cheval est de première importance, tant pour statuer son prix que pour apprécier la durée des services dont il est capable. L'inspection de ses dents seule fournit les signes au moyen desquels on peut le préciser d'une manière assez exacte. L'éruption des dents incisives, leur configuration aux diverses époques de sa vie ont depuis longtemps fixé les attentions. Les dents incisives, au nombre de six à la mâchoire inférieure et six à la mâchoire supérieure, sont les seules que l'on puisse invoquer sûrement pour cette appréciation; suivant la place qu'elles occupent, on les distingue en *pinces*, *mitoyennes* et *coins*.

De cinq à sept ans, les incisives ont une forme méplate d'avant en arrière; de sept à neuf, elles prennent une configuration plus ou moins irrégulièrement ronde; de dix à onze ans, cette forme s'accentue davantage; de douze à seize, elles deviennent de plus en plus triangulaires, et de seize à vingt, elles sont aplaties latéralement et le deviennent de plus en plus jusqu'à leur ébranlement et leur chute, qui arrive rarement, le plus souvent l'animal étant mort ou sacrifié avant cette époque.

De cinq à onze ans, les incisives supérieures et les incisives inférieures se trouvant à peu près en rapport perpendiculaire les unes au-dessus des autres, s'usent environ de six millimètres par an. Si, plus tard, elles deviennent plus longues, malgré la moindre dureté de leurs diverses substances constituantes, il ne faut l'attribuer qu'à leur direction de plus en plus oblique, et partant à leur frottement, moins appuyé et moins perpendiculaire les unes contre les autres.

Les dents incisives du cheval sont composées extérieurement d'une couche d'émail d'autant plus mince qu'on l'examine plus inférieurement vers la pointe de la racine. Cette couche émailleuse dans l'incisive vierge, c'est-à-dire dans la dent qui n'a point frotté encore, se réfléchit supérieurement de haut en bas dans le centre de cet organe, en forme d'un cornet dont l'ouverture est supérieure et la

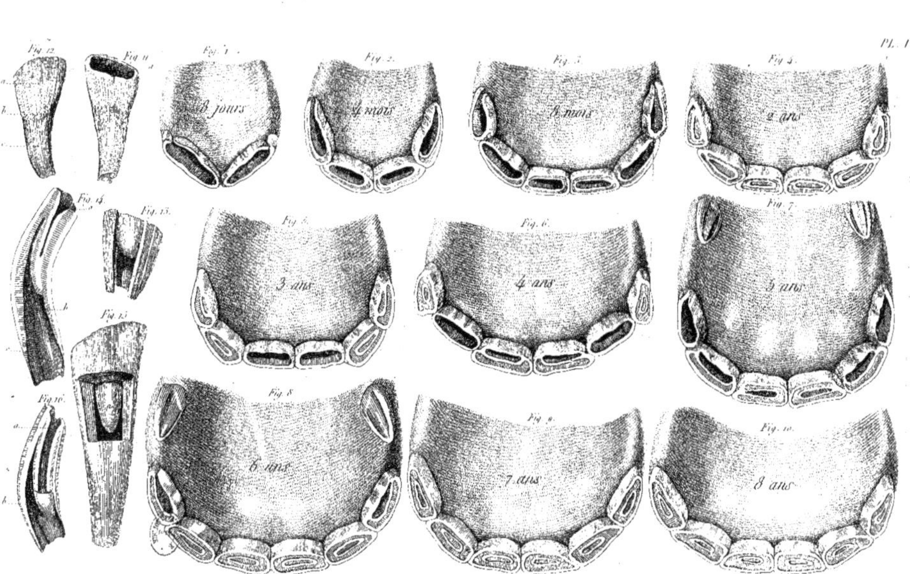
Pl. I.
Fig. 12
Fig. 11
Fig. 1
8 jours
Fig. 2
4 mois
Fig. 3
8 mois
Fig. 4
2 ans
Fig. 14
Fig. 15
Fig. 5
3 ans
Fig. 6
4 ans
Fig. 7
5 ans
Fig. 13
Fig. 16
Fig. 8
6 ans
Fig. 9
7 ans
Fig. 10
8 ans
ssiné d'après nature par Rigot Professeur à l'École Vétérinaire d'Alfort
Gravé par Rigot

PL. II.

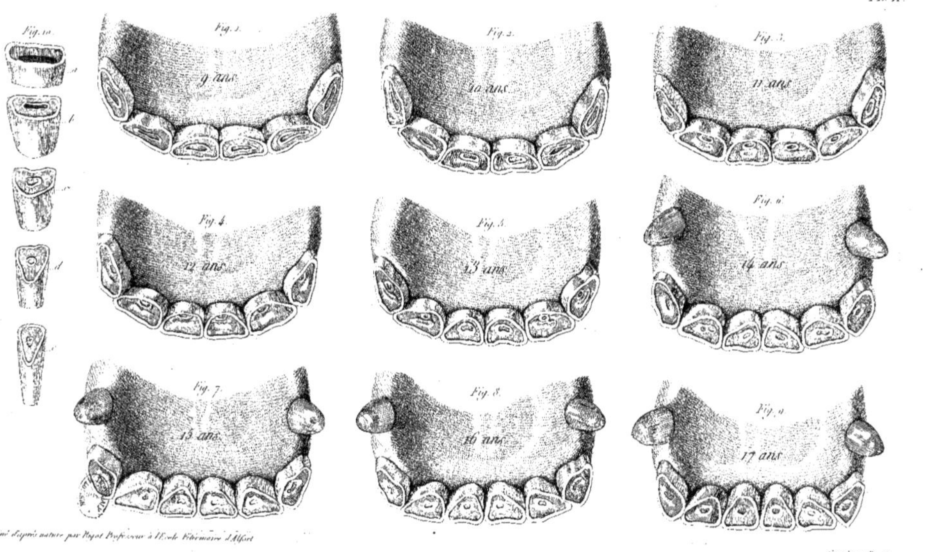

Dessiné d'après nature par Pagot Professeur à l'École Vétérinaire d'Alfort

Gravé par Pagot.

pointe inférieure. Cet émail central a la même épaisseur à peu près dans toute sa longueur et ne descend guère plus bas que le tiers supérieur de la dent, considérée dans son complet développement. Les dents appelées mitoyennes et les coins subissent les mêmes phases et sont pareillement composées, c'est-à-dire qu'extérieurement elles sont également revêtues d'émail, que leur centre offre aussi un cul-de-sac ou cornet d'émail et que le reste est de l'ivoire plus ou moins osséiforme.

Les poulains presque toujours naissent avec quatre dents, deux en haut et deux en bas; de cinq à six mois, les mitoyennes apparaissent; à huit, toutes les incisives ont fait leur éruption; ces premières dents s'appellent caduques, parce qu'elles doivent tomber alternativement de deux ans et demi à cinq ans, pour faire place aux dents de remplacement qui apparaissent alternativement aussi et doivent durer autant que la vie de l'animal.

La physionomie, l'air, l'ensemble du poulain d'un à deux ans et l'époque à laquelle on l'examine, indiquent autant son âge que l'inspection de ses dents. Mais passé la première jeunesse, c'est-à-dire après deux ans révolus, l'examen des dents du jeune cheval présente des indices bien plus certains : de deux ans et demi à trois ans, les jeunes caduques tombent et font place aux pinces de remplacement; de trois ans et demi à quatre ans, les mitoyennes, et de quatre à cinq les coins font également leur éruption; chez les mâles, les crochets n'apparaissent guère avant cette dernière époque, surtout chez les hongres.

De six à dix-huit ans, c'est encore par les incisives que l'on arrive plus ou moins approximativement à apprécier l'âge des chevaux. La précocité du sevrage, les aliments plus ou moins secs et durs, les travaux plus ou moins excessifs ou prématurés sont autant de causes qui peuvent hâter la dentition des adultes et faire paraître le cheval

5

d'un certain âge plus jeune ou plus vieux qu'il n'est réellement; mais, avec un peu d'habitude, rarement on commet des erreurs considérables. Il est aussi commun de voir des chevaux qui avancent, qu'il est rare d'en voir qui retardent.

Les chevaux de race, les ânes et les mulets ayant les dents (ivoire et émail) beaucoup plus dures, et par conséquent plus longues par suite de leur usure plus tardive, paraissent toujours plus jeunes au premier aspect; mais en réduisant par l'idée les dents de la mâchoire qu'on examine, à la longueur qu'elle doivent avoir naturellement, on arrive à rectifier assez justement l'erreur qu'on avait pu commettre d'abord.

Ce n'est guère que vers l'âge de treize à quatorze ans que les chevaux commencent à porter la marguerite, c'est-à-dire que leurs orbites, puis leurs salières, commencent à grisonner; de seize à dix-huit, le grisonnement gagne le front; de dix-huit à vingt et plus, les quatre membres chez les chevaux de couleur, notamment les plis des genoux et des jarrets, affectent la même nuance; mais tous ces signes, indiquant un cheval très-vieux, ne désignent nullement son âge au juste, ni même à des années près. L'étude de la mâchoire des sujets d'âge divers et bien connu, en définitive, est le meilleur livre et le meilleur maître à consulter.

CHAPITRE XII.

DES ÉCURIES.

SOMMAIRE.

Vices des écuries en général. — Les écuries des régiments, des postes et des grandes administrations sont les principales sources de la morve. — Explication théorique de cette opinion. — Curage hebdomadaire des écuries. — Dans les fermes, où les écuries sont encore moins bien tenues et moins bien conditionnées que dans les quartiers de cavalerie, pourquoi la morve est-elle infiniment plus rare? — Chez les maîtres de postes et les relayeurs, mêmes conditions, mêmes résultats que dans les régiments. — L'air et sa pureté sont plus importants que les aliments et leur qualité. — L'orientation des écuries à l'ouest est la meilleure. — Curer et ventiler les écuries pendant que les animaux sont au travail. — Influence vraisemblablement salutaire des boucs sur les chevaux.

A en juger par la disposition vicieuse et la mauvaise tenue des écuries en général, le bien-être des chevaux, en vérité, semble n'occuper que très-secondairement la plupart des propriétaires; on serait même tenté de croire, que non-seulement les plus communes règles de l'hygiène leur sont inconnues, mais encore qu'ils ont pris à tâche de les enfreindre. Basses, mal aérées, mal orientées, presque partout les écuries réunissent toutes les conditions voulues pour faire contracter aux animaux des maladies plus ou moins dangereuses et souvent rendues plus terribles encore par les caractères de contagion que certaines affectent; ainsi la morve, qui nous coûte annuellement tant de chevaux de guerre, doit compter au nombre de ses principales causes l'air vicié de la plupart des écuries de garnison.

Si on mettait les chevaux dix par dix, dans autant de compartiments séparés, hauts et bien aérés; si on ne faisait point tous les jours sécher la paille saturée d'urine et de jus de crottin, pour la remettre de nouveau en litière, si l'hiver on ne laissait point quotidiennement grelotter dehors pendant deux longues heures d'un pansage insignifiant les chevaux de troupe, si on les laissait moins de temps à l'écurie, si on les exerçait davantage et si en même temps leur ration était un peu plus copieuse et de qualité meilleure, assurément l'armée aurait moins de morveux. Par tous ces moyens simples, les masses étant moins grandes, la fermentation stercorale qui vicie l'air et le charge d'ammoniaque serait assurément bien moindre aussi. Dans les casernes, le pansage réglementaire effectué, les chevaux dont les fonctions cutanées viennent d'être suspendues et la sécrétion urinaire augmentée d'autant, les chevaux, dis-je, à peine rentrés sur leur abondante paille déjà imprégnée plusieurs fois d'excréments liquides et plusieurs fois resséchée, immédiatement la mouillent de nouveau et la remettent en fermentation la plus méphitique; par là, la pituitaire ou membrane qui tapisse depuis le nez jusqu'aux plus petites ramuscules des tuyaux pulmonaires, s'enflamme plus ou moins sensiblement; à cette première cause, qu'on ajoute l'air incomplétement oxygéné que pendant environ *vingt heures sur vingt-quatre* le cheval d'armée est, en temps de paix, condamné à respirer, et l'on comprendra l'invasion de la morve et ses ravages dans notre cavalerie, où la contagion de son côté ne tarde pas à venir seconder encore, sans nul doute, les causes évidemment trop prédisposantes de ce terrible fléau.

Dans les exploitations agricoles, où les écuries sont encore infiniment moins convenables, si la morve se manifeste plus rarement, on ne saurait l'attribuer qu'au séjour moins prolongé des chevaux dans leur habitation, à leur nombre bien moindre, surtout à l'air pur qu'ils respirent durant la plus grande partie de la journée, à une transpiration modérée, à un pansage moins exagéré et presque suffisant, enfin à la litière fraîche et abondante qui concentre ou absorbe les exhalaisons viciées.

Que, si on se reporte chez les maîtres de poste, chez les relayeurs et dans les grandes administrations diverses, à la suite des mêmes causes que dans les régiments, on observera les mêmes effets : économie de paille, litières imprégnées de matières putréfiables, écuries peu aérées, mal tenues, souvent recevant le relai qui arrive à la place de celui qui part; en outre, travail excessif pendant quatre à cinq heures environ, puis stabulation de dix-neuf ou vingt heures continuelles dans une atmosphère corrompue. Aussi, dans les postes, chez les relayeurs comme dans les régiments, que de chevaux périssent de la morve et de maladies des voies respiratoires !

L'amoncellement des fumiers à l'entrée des écuries porte également préjudice à la santé des chevaux, en s'opposant à la libre circulation de l'air et en le viciant avant son arrivée dans le foyer de leur respiration. « *Aer pabulum vitæ,* » a dit un savant trappiste; en effet, l'air est plus nécessaire à la vie que la nourriture elle-même : à preuve, on se passe plus longtemps de manger que de respirer. Un homme, un cheval, peuvent durer des jours sans manger; que pendant quelques minutes seulement on les empêche de respirer, et ce sera bientôt fini d'eux.

Il est chimiquement démontré qu'un cheval altère dix mètres cubes d'air à l'heure; s'il était hermétiquement enfermé dans un cube de dix mètres, bientôt il y éprouverait une gêne manifeste, puis un malaise insupportable, puis enfin il succomberait. En posant hermétiquement sous un grand verre de table une petite partie de bougie allumée, on ne tarde pas à voir sa flamme, d'abord franche, petit à petit diminuer, puis pâlir, puis s'éteindre, image frappante de la vie d'un animal enfermé dans un espace d'air parfaitement limité; à la place d'une bougie, que l'on mette une souris, et les mêmes phénomènes, avec des phases analogues, seront d'un manifeste non moins frappant. L'air usé par la respiration des animaux n'en devient que plus propre à la végétation des plantes, qui, par une admirable combinaison des sages desseins du Créateur, lui rendent ses qualités vitales primitives.

De même que l'air est plus nécessaire que les aliments,

de même sa qualité est également plus importante que la qualité du foin et de l'avoine dont on nourrit les chevaux. Un brave campagnard, auquel un jour je m'évertuais à inculquer ce sage principe, me refusait toute croyance : pour unique raisonnement, je lui appliquai vigoureusement une main derrière la nuque et l'autre sur le nez et la bouche : *Nom de tous les diables !* (texte très-dénaturé) voulez-vous donc m'étouffer, me dit-il, après quelques secondes d'un supplice plus persuasif et plus convaincant assurément que tous les raisonnements les plus logiques? — Non, mon ami, lui répondis-je avec calme, mais j'ai voulu vous prouver qu'on vit moins longtemps sans respirer que sans manger. A ma première visite chez mon brave homme, j'eus la satisfaction de voir que la pioche avait joué de place à autre dans les murs de ses étables, et que j'avais gagné un adepte aux bonnes règles de l'hygiène vétérinaire.

L'orientation au levant, et encore plus celle au couchant, sont les meilleures pour une écurie ; le midi les rend trop chaudes et l'air n'en est pas fort sain, le nord les rend trop froides ; il est prouvé que les vents d'ouest sont les plus purs. Pour être saine, une écurie doit prendre des jours en divers points opposés, afin que durant l'absence des chevaux on puisse y établir de vifs courants. C'est une erreur blâmable que de respecter les toiles d'araignées qui s'appendent aux planchers des écuries; elles empêchent la libre circulation de l'air et elles retiennent les miasmes.

C'est une excellente pratique certainement, que d'enlever les fumiers pendant que les chevaux sont sortis et de ne rabattre les litières qu'une heure au moins avant leur retour; en y rentrant, ils n'y respirent ni gaz délétère, ni odeur insalubre. Ce n'est pas non plus un moins louable usage que de badigeonner au moins une fois par an tout l'intérieur des écuries, planchers comme murailles, avec une très-forte eau de chaux additionnée d'un peu d'essence de térébenthine : malpropreté, insectes nuisibles, par là on conjure, on détruit tout; d'un autre côté, l'action bienfaisante de la lumière, si manifestement indispensable aux animaux comme aux végétaux, se trouve considérablement augmentée.

Quant à ses dispositions générales, d'abord une écurie doit être en contre-haut du terrain sur lequel elle est assise; ensuite, elle doit mesurer : élévation de sol à plancher, trois hauteurs de cheval; profondeur, trois longueurs de cheval; largeur de chaque stalle, une longueur de cheval. Un béton composé de moyen galet, d'argile, de chaux hydraulique, de craie, de gros sable et de chaux ordinaire, le tout modérément détrempé et mélangé, puis bien battu, est infiniment préférable sous tous rapports au dallage qui est glissant, au briquetage qui s'use vite, ainsi qu'au pavage qui est trop dur. Il importe de donner une légère obliquité pour l'écoulement des urines et des eaux du lavage qu'il est bon de faire quelquefois.

Dans beaucoup d'établissements particuliers où des animaux étaient réunis en grand nombre, on avait, il y a des années, l'habitude d'entretenir dans chaque écurie un ou plusieurs boucs; on a blâmé cet usage comme puéril; pour mon compte, je dois avouer que je n'ai jamais vu de chevaux affectés du tétanos ni d'aucune maladie du système nerveux là où on entretenait des boucs; bien plus, quand je suis appelé à donner des soins à un cheval tétanique ou vertigineux, autant qu'il m'est possible de m'en procurer, je place un bouc auprès de mon malade. Dois-je attribuer à l'action salutaire particulière du musc hircin le résultat heureux que j'obtiens assez volontiers dans le traitement de ces affections graves? Je livre cette opinion pour ce qu'elle est et n'entends la cautionner que pour ce qu'elle vaut.

CHAPITRE XIII.

L'ANE ET LE BAUDET.

SOMMAIRE.

L'âne se plaît de préférence dans les climats chauds ou tempérés. — S'il a dégénéré chez nous, néanmoins jamais nulle part il n'a été sous aucun rapport ni égal ni supérieur au cheval. — L'âne est aussi utile que bonne créature; de bât et de trait; il serait moins récalcitrant si on l'élevait mieux, si on le brutalisait moins. — Gestation de l'ânesse. — Cause du bon tempérament des ânes. — Leur sobriété. — Effets de la castration sur les ânes. — Diverses maladies des ânes. — Les ânes peuvent contracter la morve par simple cohabitation avec des chevaux affectés de gourme maligne. — Soins à prendre de l'ânesse pleine. — Age de l'âne, signes pour le connaître. — La chair du jeune ânon est d'excellent goût. — Du baudet ou âne de grande taille pour engendrer des mulets avec des juments. — Son caractère. — Son prix ordinaire. — Difficulté de l'élever. — Cause probable de cette difficulté.

1° De même que le cheval, l'âne se rencontre d'autant plus accompli qu'on l'examine davantage vers les contrées plus orientales ou vers le sud-est; comme le cheval, il a dégénéré au fur et à mesure qu'il s'est éloigné du berceau du monde; non-seulement il s'est abâtardi dans les contrées froides, mais même on ne les rencontre pas dans l'extrême nord.

Tout récemment, je lisais dans un journal un article concernant la détérioration des végétaux et des animaux par suite d'une longue expatriation; on citait les pommes de terre devenues plus petites que celles importées d'Amérique sous Louis XVI, et prise d'une maladie aujourd'hui que l'on ne pense pouvoir faire disparaître que par l'importation de tubercules neufs récoltés dans le Nouveau-Monde; l'auteur du même article disait également que parmi les animaux, l'âne, qui chez nous est une bête lourde et disgracieuse, dans les contrées arabiques, est un animal fringant, fier et rivalisant de fond et de vitesse avec les meilleurs chevaux. Quoi qu'il en soit, sans nier la dégénération de l'âne dans nos contrées, sous l'influence de notre climat et surtout par suite du peu de soin que nous en prenons, il sera permis de douter que cet animal ait jamais eu nulle part la prétention de jouter avec le cheval; s'il a autant d'énergie musculaire et autant de poumon, la charpente de son corps et surtout de ses membres lui garantit toute chance de non réussite en cas de lutte.

Quoique moins fier, moins beau, moins gracieux que le cheval, et surtout moins pétulant, l'âne pourtant n'en est pas moins en France un animal bien précieux. Patient, sobre, infatigable et toujours prêt à toute espèce de travail, jamais il ne répugne à rien; serviteur par excellence, de somme et de trait, c'est le cheval du malheureux. Sur sa figure humble et résignée, on semble lire qu'il ne demande que du travail, un peu de nourriture et moins de coups. De tous les animaux domestiques, l'âne commun est celui qui possède le plus grand fond de bonnes qualités; ni méchant ni vindicatif, patient et semblant mépriser les railleries, les sarcasmes et les quolibets dont on l'accable partout à son passage, rarement il se met en colère. S'il était moins bonne créature, s'il rendait moins de services, s'il était plus exigeant, si enfin il était moins l'animal de tout le monde, probablement on le considérerait davantage. Tout ce qu'on peut lui reprocher, a dit Buffon, *c'est d'être un peu têtu;* encore cela tient-il plus à la mauvaise éducation qu'il reçoit généralement, qu'à son caractère propre. De tout temps bête de somme, depuis quelques années devenu en outre presque partout bête de trait, l'âne, en plus de ses nombreux titres à notre considération, est doué d'une longévité particulière; à vingt ans et plus, il rend encore des services considérables, quand on l'a un peu nourri et pas trop excédé dans sa jeunesse. Ce n'est guère que vers l'âge de deux ans et demi que l'on commence à faire travailler les ânons; à trois ans et demi, bien qu'ils n'aient pas encore atteint leur entière croissance, ils sont en plein service.

L'ânesse porte le même temps que la jument; elle est moins sujette à l'avortement, ce qu'il faut attribuer à ses allures moins brusques et à son travail ordinairement plus paisible. Le plus souvent elle est bonne laitière, je veux dire que la durée de son lait est égale à sa qualité et à sa quantité, ce qui ne contribue pas peu sans doute au bon tempérament et à la longévité de ces animaux, dont le régime ne laisse rien à désirer. J'ai donné à un poulain jumeau assez faible, deux ânesses pour nourrices; il est devenu de première vigueur et en tout supérieur à son frère, né infiniment plus robuste, mieux constitué et nourri par sa propre mère.

Sitôt qu'elle cesse d'allaiter, l'ânesse tarit, bien que l'on continue à la traire et à la fortement nourrir; si quelques-unes le conservent en plus ou moins grande quantité, leur lait, néanmoins, perd ses propriétés salutaires.

Les ânes sont de taille variable; quant à la couleur, on en trouve de gris, de noirs et de roux plus ou moins ardent; il en est, surtout parmi les noirs, qui sont marqués en tête comme les chevaux. Les gris sont ordinairement moins grands que les noirs; ils ont également le poil plus ras, mais en revanche, ils sont plus durs de fatigue, plus vifs, plus nerveux et moins sujets à maladie. Les noirs, généralement les plus hauts, ont également les oreilles plus longues, et ils les portent moins bien; chez eux, la face interne des cuisses, le dessous du ventre et le bout du nez sont d'un blanc mat; ils sont plus mous, moins forts proportionnellement, et plus grands mangeurs. Les ânes rouges ou roux ne sont pas aussi communs que les gris et les noirs; bons de tempérament et durs de travail par-dessus tous les autres, ils passent pour avoir le caractère plus récalcitrant et plus irritable; aussi dit-on en proverbe : *méchant comme un âne rouge.* Tous les ânes, gris ou roux, portent une croix sur le dos; chez les noirs eux-mêmes on la distingue également aux poils plus fortement nuancés que sur le reste du corps. Beaucoup d'ânes, surtout parmi les gris, ont les membres zébrés; c'est une bonne marque et un signe de solide nature et de vigueur; il trompe rarement.

Si l'âne n'a pas une valeur vénale supérieure, cela tient au peu de frais qu'occasionne son élevage. Compagnon infatigablement laborieux du pauvre, il supporte tout sans se plaindre et sans répugnance; les privations ne paraissent rien lui coûter; il se trouve heureux quand, après un travail accablant, on le laisse quelques heures à lui-même. Grâce aux herbes insipides des carrefours et aux chardons épineux du grand chemin, son repas est bientôt trouvé et ne tarde pas à être pris. C'est presque un signe de maladie chez lui quand, aussitôt débarrassé de son bât, il ne se roule pas dans la poussière.

Si l'âne n'est pas difficile sur le choix de sa nourriture, il n'en est pas de même pour sa boisson; sous ce rapport il est d'une délicatesse outrée. L'eau la plus pure, la plus claire, la plus limpide est la seule qu'il se décide à boire. Cet animal craint beaucoup l'humidité et la boue, on dirait qu'il a peur de se salir les pieds; ce n'est qu'avec beaucoup de peine qu'on parvient à lui faire franchir un mauvais pas. La pluie également semble beaucoup l'incommoder; mais par-dessus tout, ce qu'il redoute le plus, c'est le froid.

Si l'ânesse est plus lascive que la jument quand elle devient en chaleur, jamais, comme cette dernière, le désir du mâle ne la rend ni méchante ni furieuse; mais l'âne qui rencontre des femelles est beaucoup plus difficile à maintenir; pourtant il n'est point aussi turbulent et ne se révolte point comme le cheval, ou du moins pas aussi brutalement contre son conducteur.

Chez l'âne, comme chez le cheval, la castration altère les formes et neutralise aussi quelque peu les forces et l'ardeur; pourtant, le tempérament vigoureux dont la nature l'a doué, fait qu'il ne s'en ressent pas d'une manière trop fâcheusement marquée ; néanmoins, l'expression de sa physionomie ne laisse pas non plus que d'être assez manifestement modifiée à la suite de cette opération.

Comme pour le cheval, l'époque où l'âne *a atteint sa complète crue*, est égalcment l'instant le plus propice pour le soumettre à la castration. Châtrés sous la mère, les ânons, ainsi que les poulains, deviennent plus élagués, plus sveltes, moins robustes, moins bien proportionnés, moins forts.

Ainsi que tous les animaux à oreilles longues, de sa nature l'âne est très-peureux ; on a observé que ce défaut augmentait sensiblement encore quand on le frappait ou qu'on l'effrayait pour le faire relever immédiatement après avoir été châtré. C'est une erreur de croire qu'un âne ou tout autre animal châtré maigre reprend plus difficilement de l'embonpoint, et même demeure toute sa vie maigre. Durant la première semaine qu'il a été émasculé, l'âne est assez sujet au tétanos. Dans un pays vignoble, où j'avais annuellement beaucoup de ces animaux à opérer, je me trouvais fort bien, sitôt la levée des casseaux, d'oindre les plaies et toute leur circonférence avec du populeum laudanisé; l'opium, par ses propriétés calmantes et la graisse, en mettant les cicatrices à l'abri du contact de l'air, contribuaient sans doute à conjurer chez mes sujets les accidents assez fréquemment éprouvés par les vétérinaires et châtreurs voisins.

C'est à tort que l'on dit qu'un âne n'est jamais malade que pour mourir ; il est de remarque pourtant que, si ces animaux sont peu maladifs, chez eux les dérangements de santé prennent volontiers un caractère grave et rebelle à la médecine. Malgré tout, pourtant, j'ai traité avec succès considérablement des maladies de poitrine, des affections intestinales et même des cas de tétanos. Depuis vingt-cinq ans, je n'ai jamais eu occasion d'observer ni farcin, ni crapaud, ni eaux aux jambes chez les ânes ; la gourme, que presque tous les jeunes chevaux subissent, atteint rarement les ânons ; mais, en échange, ces derniers contractent très-facilement des fluxions de poitrine ou mieux des congestions pulmonaires ; ils sont très-impressionnables au froid.

Les ânes adultes sont sujets à deux sortes d'indispositions susceptibles de prendre un caractère sérieux : je veux parler de ces plaies ulcéreuses qui leur attaquent le pli des jarrets et surtout des genoux, puis de certaine maladie qui se manifeste à la couronne et que l'on appelle *teigne, peigne ou mal d'âne*. La première de ces affections se déclare plus volontiers l'été et surtout à l'automne ; le mal de couronne est plus commun durant l'hiver ; l'une et l'autre reconnaissent pour cause principale le défaut de soin et la malpropreté. Dans le début, avec quelques lotions émollientes et quelques embrocations graisseuses, quatre ou cinq fois alternativement répétées, on triomphe facilement du mal ; mais quand il y a invétération, souvent il résiste fort longtemps à la médication la mieux appropriée.

La fluxion périodique n'est pas rare non plus chez les ânes, surtout chez les noirs. Depuis qu'on les attèle, la pousse de son côté commence aussi à devenir assez fréquente chez eux ; je n'ai jamais vu d'âne tiqueur ; mais une chose qui chez ces animaux, par-dessus tout, a fixé mon attention, c'est la facilité terriblement fâcheuse avec laquelle ils contractent la morve : nombre de fois j'ai vu des ânes mourir en quelque jours de la morve aiguë pour avoir *seulement* cohabité quelques heures avec des chevaux affectés de morve chronique, même peu prononcée. Cinq ou six fois aussi, depuis que j'exerce la médecine des animaux, j'ai été à même de voir périr *de morve aiguë* des sujets qui avaient *simplement* séjourné à côté de poulains affectés de pure gourme maligne *avec terminaison heureuse.*

L'âne a la corne généralement aussi bonne que le pied sûr ; à moins qu'il ne soit astreint à un service excessif, on peut se dispenser de le ferrer ; il suffit de lui tailler l'ongle de manière qu'il ne prenne point une direction vicieuse ; pourtant, il en est quelques-uns auxquels on est obligé d'appliquer des fers.

Tous les ânes, quand ils sont bien faits, assez grands et sans vices, peuvent être employés à la reproduction. Chez eux, comme chez les chevaux, on a observé que les mâles soumis au travail étaient plus prolifiques que les étalons proprement dits.

De même que l'âne auquel on la soumet, l'ânesse doit être saine ; elle doit avoir du membre, du coffre, de la charpente en même temps que de la taille. L'ânesse, une fois fécondée, ne redevient jamais en chaleur. Ainsi que toutes les femelles en gestation, elle demande d'autant plus de ménagement qu'elle approche davantage de son époque ; de toutes les femelles de reproduction, c'est peut-être l'ânesse pour laquelle je suis le moins souvent appelé à cause de parturition laborieuse. Après la mise bas, elle ne demande pas plus de soins que la jument, tant pour elle-même que pour son petit ; seulement l'une et l'autre sont plus impressionnables au froid et à la pluie, et, en outre, le petit sujet au mal de gorge, qui souvent le fait périr. D'après les chimistes, le lait d'ânesse a la même composition à peu près que celui de la femme, ce qui sans doute le rend si propre à restaurer les tempéraments délabrés ou délicats.

On connaît l'âge de l'âne aux mêmes signes que chez le

cheval ; néanmoins, de même que chez le cheval de race, et surtout le cheval arabe et le mulet, la dent étant plus dure et usant moins, il paraît toujours plus jeune ; aussi, chez les chevaux de sang, les ânes et les mulets, faut-il une grande habitude pour bien en préciser les années et ne point juger ces animaux plus jeunes qu'ils ne sont réellement.

La chair du jeune ânon est fort tendre, fort succulente et d'un goût délicieux ; dans certains pays on la sert dans les auberges, assaisonnée en daube, sous la dénomination *de trottin;* pourtant, on ne mange guère que ceux qui naissent mal conformés ou en mauvaise saison.

2º Il est une autre espèce d'âne qui ne sert exclusivement qu'à la reproduction, c'est l'âne du Poitou, plus généralement connu sous le nom de baudet. La taille moyenne de ces animaux est d'un mètre quarante-six à un mètre cinquante-deux centimètres. Ce n'est point autant une taille excessive que de grosses articulations, d'énormément forts membres et des oreilles démesurément longues que l'on recherche ; un rein court, un flanc presque nul, une croupe large, des hanches vastes, une côte ronde, des cuisses grosses et une poitrine ample, ne sont point tenues en moindre considération non plus. La plupart sont noirs ou bruns, il en est également de gris ; chez les uns et les autres les poils sont démesurément longs et traînent presque jusqu'à terre.

Les mâles de cette espèce, non-seulement couvrent leurs femelles, mais encore sont employés à la monte des juments avec lesquelles ils engendrent les mulets de grande taille ; on n'en exige aucun autre service. Ils ne sortent jamais de leur écurie que pour saillir ; à quelques-uns même on ne lâche que suffisamment de longe pour qu'ils puissent monter les femelles que l'on introduit dans leurs stalles. Pourtant, dans certains ateliers, ainsi s'appellent les haras à baudets, une fois par jour, pendant deux ou trois heures, on laisse, chacun à leur tour, ces animaux se promener dans une cour de dix à douze mètres carrés, c'est là leur seul exercice. Tous sont presque méchants; il en est même dont le caractère exhale une certaine férocité.

Les femelles, quoique grandes, bien membrées et fortes en apparence, sont impropres au moindre travail un peu sérieux; aussi ne servent-elles également elles-mêmes exclusivement qu'à la procréation.

Le prix moyen de ces baudets est de 3 à 6,000 fr.; les baudettes sont beaucoup moins chères. Le baudet poitevin est plus recherché pour faire des mulets de trait; celui de Gascogne, qui a le poil ras et qui est moins corsé, moins membré, plus haut et surtout plus gracieux, donne de meilleures bêtes de monture.

Les jeunes baudets poitevins, surtout les mâles, sont très-délicats et fort difficiles à élever; il en périt au moins un tiers, ce qui ne contribue pas peu à augmenter le prix de ceux qui viennent à bien. Mâles comme femelles, si ces animaux étaient exercés davantage et exposés à la lumière et au grand air, peut-être les premiers seraient-ils plus doux, les baudettes plus cœureuses et leurs petits plus faciles à élever. Les maladies auxquelles ces animaux sont le plus sujets au premier âge, ont la plupart leur siége dans les organes respiratoires et notamment dans les poumons.

De même que la jument s'accouple assez volontiers et peut facilement concevoir avec le baudet, de même l'ânesse de son côté peut être fécondée par le cheval. Le produit de ces accouplements s'appelle mulet dans le premier cas et bardot dans le second.

CHAPITRE XIV.

LE MULET.

SOMMAIRE.

Supériorité des mulets sur les chevaux à bien des égards. — Impuissance des mâles. — Stérilité des femelles, sauf rares exceptions. — Des juments. — Robe des mulets. — Tempérament délicat des jeunes muletons. — Soins qu'ils exigent. — Santé, maladies, sûreté de pied des mulets adultes. — Caractère des mulets et des mules. — Les mulets datent des premiers âges du monde. — Les mulets sont indispensables dans certains pays. — Vanité des mulets. — Ferrage, âge de ces animaux.

Le mulet ressemble plus au cheval, le baudet tient davantage de l'âne; le mulet et le baudet ont le nerf et la vigueur de l'âne; en outre, ils craignent moins le froid. Arrivés à l'âge adulte, ils sont plus sobres, plus robustes, plus forts et moins maladifs que le cheval; ils redoutent également moins le chaud et suent moins; ils ont également le pied plus sûr et supportent plus longtemps la fatigue et la faim. Ces animaux, en outre, sont doués d'une longévité remarquable. Un mulet né et élevé dans de bonnes conditions, peut être encore un excellent serviteur jusqu'à vingt-cinq ans; on en a cité qui en ont vécu quatre-vingts et plus.

Les mulets et les mules ne reproduisent pas plus entre eux qu'avec des sujets d'espèces différentes; pourtant, il est quelques exemples de mules fécondées par le cheval. Certains mulets ont la voix rauque, sourdement sonore, mal accentuée et se rapprochant plus ou moins du mugissement des bœufs; d'autres ont la tête garnie de longs poils frisés qui leur cachent les yeux et semblent leur élargir le front. Une monstruosité encore assez commune chez ces bêtes, c'est d'avoir la mâchoire inférieure proéminente : ce sont là sans doute des causes à la croyance erronée aux jumarts, c'est-à-dire aux mulets issus d'une jument et d'un taureau. D'après les naturalistes, pour que des animaux d'espèce différente puissent produire ensemble, il est nécessairement indispensable qu'il y ait chez eux similitude de conformation dans les pieds et le système digestif, ce qui, certes, n'a point lieu entre le taureau et la jument.

La robe des mulets varie moins que celle du cheval, mais plus que celle de l'âne; les mulets bais bruns, les noirs mal teint, les isabelles et les souris plus ou moins fortement nuancés, sont les plus communs; les alezans et les rouans sont les plus rares; les gris pommelé et les gris sale se rencontrent assez communément; il est fort rare d'en voir de gris de fer et plus rarement encore de pies.

Les mulets ont la queue plus fournie que les ânes, celle des bardots y ressemble davantage; les mulets, non plus que les ânes, n'aiment point qu'on leur touche les oreilles.

Baudets comme juments, les sujets destinés à la reproduction de la mulasse, doivent être, les uns et les autres, exempts de tout vice transmissible par voie congéniale et notamment de la fluxion périodique aux causes de laquelle ils sont très-impressionnables. Plus une jument est membrée, forte en articulations, en un mot, plus elle est doublée, plus elle est estimée comme mulassière; elle doit également avoir le pied grand et bien fait.

Plus délicat que l'ânon, et surtout que le jeune poulain, le muleton doit teter le plus longtemps possible; il ne se décide qu'assez tard à paître. Autant il saura demeurer longtemps sans manger quand il sera grand, autant il y aurait de danger pour son développement et son tempérament à ne pas le soumettre à un bon régime dans son premier âge. De même qu'il vit plus longtemps, de même il est plus longtemps que le cheval à prendre son complet accroissement.

Ainsi que l'âne, auquel il ressemble le plus par sa nature, le mulet est exposé à moins de maladies que le cheval. Les affections des organes de la respiration sont plus fréquentes chez les jeunes muletons, celles du système nerveux chez les mulets adultes. Les mulets, ainsi que les ânes, sont sujets aux maladies de la couronne et du sabot, mais pourtant à un moindre degré. Arrivés à l'âge de quatre à cinq ans, ces animaux sont aussi nerveux, aussi robustes, aussi infatigables et aussi sobres que les ânes; ils ont la même sûreté de pied. Si, moins volontiers que le cheval, ils sont susceptibles d'avoir des eaux aux jambes, la fourchette chez eux se pourrit au moins aussi volontiers et peut devenir le siége de crapauds.

Le mulet entier est très-libidineux, très-irascible et vindicatif; il sait parfaitement reconnaître, même après des années, celui qui l'a maltraité; aussi le proverbe dit-il: *Rancune de mulet.* C'est pour conjurer ces vices de caractère que l'on châtre presque tous les mulets et les baudets. Ainsi que le cheval et l'âne, pour qu'il se conserve aussi bon que possible, on ne doit opérer le mulet *qu'après son entière croissance*, à moins de nécessité particulière.

Les mules, de leur côté, sont également fort lascives; elles ont peut-être encore plus de disposition que les mâles à la méchanceté et à la vindication. Le meilleur moyen de les dompter, c'est de soigneusement les soustraire à toute approche des mulets entiers et des chevaux. D'autre part, si on ne veut s'exposer à les rendre terribles, il importe d'opposer beaucoup de douceur et de patience à leur irritabilité; avec de mauvais traitements, on gâterait tout; même quand elles ne sont point en chaleur, il est bon de s'en défier.

Le mulet est un assemblage des qualités physiques de l'âne et du cheval, ainsi que des défectuosités morales de l'un et de l'autre. Cet être contre nature, que les premiers peuples aussi bien que nous savaient faire naître et dont ils appréciaient les immenses services, est un heureux mélange de l'âne et du cheval. Quoique combinés intimement, les deux êtres ne laissent pas néanmoins que de pouvoir être facilement analysés : d'une part, entêtement, sobriété, robusticité, longévité, solidité des jambes, désir immodéré pour la copulation et vigueur inépuisable ; de l'autre, taille, étoffe, force, épaules, crinière ; la queue et la voix sont mixtes ; pourtant on ne peut s'empêcher de reconnaître que le mulet ainsi que le bardot ressemblent plus à l'âne qu'au cheval dans leur configuration générale.

Cheval et âne tout ensemble, le mulet peut très-avantageusement être attelé à la charrette, tirer la charrue ou bien encore porter des charges sur son dos ; dans les pays de montagnes, les mules surtout sont fort recherchées comme montures ; elles ont le trot plus doux et la bouche infiniment plus sensible que les mulets. D'un autre côté, outre que les mulets cheminent presque aussi vite que les chevaux, de l'autre, les sentiers les plus escarpés rarement les embarrassent quelque temps, et jamais n'interrompent leur marche : qu'ils les aient parcourus une seule fois, ils les savent à tout jamais et les passent avec sûreté et franchise ; il ne s'agit que de les laisser faire.

Si on a dit que le chameau était la diligence du désert, avec autant de justesse on peut appeler le mulet la voiture des montagnes. Le mulet est moins apte à la course que le cheval ; il n'a qu'un faible déploiement d'épaules ; ainsi que l'âne, il se sert beaucoup du genou, et par conséquent répète ses mouvements. Cet animal néanmoins a beaucoup d'haleine ; il s'essouffle difficilement et tombe moins volontiers poussif que le cheval. De sa nature, le mulet est capricieux ; bien qu'il s'habitue assez volontiers à tirer, il n'est pas d'une franchise aussi durable que le cheval ; il se rebute plutôt. Quand il veut la déployer, la puissance musculaire de cet animal est très-considérable. Un mulet de moyenne taille peut, sur une route ordinaire, traîner de douze à quinze cents kilogrammes au moins. Trois mulets ordinaires rendent aisément autant de services que quatre bons chevaux et dépensent à peine autant que deux.

Par nature, le mulet est fort vaniteux, un harnais élégant avec des couleurs vives l'excite et lui donne de la fierté; les larges plaques de cuivre brillant, les grosses houppes de laine rouge et surtout les grelots resplendissants et bruyants dont les muletiers des Pyrénées, de l'Espagne et du Forez se plaisent à parer ces animaux, leur donnent un air visiblement satisfait et orgueilleux.

Le mulet de trait se ferre beaucoup plus large que celui de bât et de selle; le pied de cet animal étant très-petit, on augmente par là sa surface de frottement, et, par conséquent, la somme de ses forces. Dans les terres meubles, dans les chemins boueux et pierreux, des fers aussi démesurés offriraient d'immenses inconvénients.

L'âge du mulet se reconnaît aux mêmes signes que chez le cheval et l'âne; de même que l'âne et le cheval de race ont la dent plus dure, plus conservée, et partant paraissent plus jeunes aux yeux inexpérimentés, de même le mulet peut également être jugé, à première vue, moins vieux qu'il n'est réellement et pour la même raison.

Plus que l'âne, le mulet est sujet à la fluxion périodique; il tient sans doute cette prédisposition fâcheuse autant de la jument qui l'a conçu que des vallées et des prairies marécageuses où la plupart de ces animaux naissent et passent les premiers mois de leur vie. Comme chez le cheval, c'est de trois à cinq ans que cette terrible maladie se manifeste le plus ordinairement.

CHAPITRE XV.

CAS RÉDHIBITOIRES.

QUELQUES CONSEILS AUX ACQUÉREURS DE CHEVAUX.

SOMMAIRE.

Conseils importants à quiconque veut acheter un cheval. — L'amateur de chevaux. — Le connaisseur. — Vices rédhibitoires. — Délai de garantie pour chacun. — Mise en mesure. — Il y aurait avantage à faire nommer immédiatement trois experts.

Quand on veut acheter un cheval, avant tout, il faut :

1° Bien savoir et positivement se définir ce que l'on veut;

2° Avoir son chiffre arrêté approximativement, être au courant des prix actuels, puis se connaître en chevaux;

3° Ne s'en point laisser imposer par les protestations ni les assourdissantes brailleries des vendeurs, non plus que par la belle apparence apprêtée des animaux; en un mot, on doit se posséder froidement, y voir seul, n'écouter que soi-même et les quelques personnes éclairées qu'on a cru devoir investir de sa confiance;

4° Au lieu de boire avec les marchands, qui n'ont d'autre but que d'étourdir et de mieux surprendre leur homme, mieux vaut dépenser quelques litres d'avoine pour la bête que l'on convoite : *Franc mangeur; franc travailleur*, dit un sage proverbe. D'un autre côté, énergie, caractère, santé, tout se dessine aux yeux de qui sait le reconnaître, chez le cheval mangeant de l'avoine;

5° De préférence acheter à gens connus et bien famés;

6° Garder ou consigner le prix de l'animal jusqu'à expiration de la garantie, quand on traite avec un vendeur inconnu, ou douteux, ou mauvais;

7° Si on n'est point édifié sur le cours actuel, bien choisir ce dont on a besoin et l'acheter *à bénéfice de facture*, avec la précaution de bien soigneusement prendre le nom et l'adresse du vendeur primitif de la bête dont on juge à propos de faire acquisition ;

8° Si, sous tous rapports, on croit devoir se défier de ses connaissances propres : 1° acheter à profit ; 2° désigner pour quel service ; 3° se faire garantir tous les vices rédhibitoires *et autres*, pouvant porter préjudice positif et sérieux *aux vues que l'on a sur l'animal acheté ;* 4° garder ou consigner le prix ; 5° enfin, tirer un écrit bien motivé et rédigé en bonne et due forme. Un vrai marchand de chevaux, dit-on, volerait *un huissier de Basse-Normandie ;*

9° Enfin, se défier des conseils des amateurs, souvent aussi nuisibles et importuns qu'ils se croient importants, et experts. L'amateur de chevaux est au vrai connaisseur ce qu'un mauvais sou de cuivre est à une vraie pièce d'or. Tels sont, entre autres, les principaux avertissements à donner à quiconque songe à se pourvoir d'un cheval.

On appelle rédhibitoires des vices dont l'existence, prouvée par experts, met le vendeur dans l'obligation de reprendre l'animal qu'il a vendu et d'en restituer le prix à l'acheteur *dûment en mesure.*

Aujourd'hui, ces cas sont au nombre de onze. Une loi spéciale, en date du 20 mai 1838, les spécifie nominativement. Les vices qui peuvent entraîner la rédhibition concernent indistinctement le cheval, l'âne et le mulet.

Au-dessous de 50 fr., il n'y a point lieu à invoquer la loi.

Parmi les onze cas prévus, deux ont un privilége de trente jours de garantie. Ce sont :

1° La fluxion périodique des yeux ;

2° L'épilepsie ou mal caduc.

Neuf n'ont que neuf jours de garantie seulement. Ce sont :

1° La morve ;

2° Le farcin ;

3° Les maladies anciennes de poitrine ou vieilles courbatures ;

4° L'immobilité ;

5° La pousse (cas le plus commun de tous) ;

6° Le cornage chronique ;

7° Le tic sans usure de dents ;

8° Les hernies intermittentes ;

9° Les boiteries intermittentes pour cause de vieux mal.

Le jour de la livraison de l'animal en litige n'est point compris dans le délai de garantie, c'est-à-dire que ce dernier ne part que du lendemain de la livraison. Ainsi, un cheval acheté le 1er mai paraît poussif à son nouveau maître le 10, ce dernier peut encore se mettre en mesure de plein droit.

La mise en mesure provoquée par l'acheteur doit être signifiée au vendeur avant l'expiration du délai de garantie. Cependant la loi qui régit cette matière accorde à l'acheteur autant de jours en plus *pour signifier ses diligences*, qu'il y a de fois cinq myriamètres entre son domicile ou bien le lieu où se trouve l'animal et celui de son vendeur. En d'autres termes, on a autant de jours pour dénoncer ses poursuites qu'il y a de fois douze lieues et demie entre la résidence du vendeur et la résidence de l'acheteur. Les fractions de distance ne sont tenues en nulle considération.

La mise en mesure consiste : à présenter au juge de paix du canton du lieu où se trouve l'animal, une requête indiquant les prénoms, nom et titres de l'acheteur, puis les prénoms, nom, domicile et profession du vendeur appelé en cause ; de plus, l'espèce et le prix de l'animal en litige, le lieu où le marché a été effectué, le prix payé ou promis, enfin le vice imputé.

Dans le but assurément bien louable d'économiser les frais, le plus souvent les juges de paix ne nomment qu'un expert. Bien qu'au premier aperçu il semble plus coûteux d'en nommer trois tout d'abord, souvent cependant il y aurait économie et solution plus prompte de l'affaire entamée, trois opinions venant frapper simultanément le perdant et lui suscitant de sérieuses réflexions.

CHAPITRE XVI.

LA VACHE.

SOMMAIRE.

Ressources offertes par la vache. — Juste affection du petit particulier pour ce précieux animal. — Ignorance et incurie de la plupart des cultivateurs relativement à l'éducation des vaches. — But de l'éducation de ces animaux. — Vache de travail. — Avantages que fourniraient les bœufs de travail dans les pays de grande culture. — Vache à lait. — Ses caractères. — Vaches les meilleures laitières. — Flamandes, Hollandaises. — Cotentines. — Qualités et défauts de ces dernières. — Signes d'une bonne vache à lait. — M. Guénon. — Son système connu avant la naissance de son auteur. — Castration des vaches. — Ses avantages au point de vue du lait. — Quelques conseils aux propriétaires qui font châtrer des vaches pour le lait. — Vaches Durham. — Circonspection à apporter dans les croisements. — Amélioration des vaches par voie de sélection. — Exemples des Anglais. — En France, généralement, nos vaches pourraient valoir mieux. — Conduite irréfléchie et insuccès consécutifs de quelques *cultivateurs amateurs*. — Scandale de leur conduite en agriculture. — Avec des producteurs indigènes bien choisis, avec des racines, des prairies artificielles on arrive toujours sûrement à bien et à meilleur compte. — Principales causes de dégénération des vaches.

Si le cheval noble est agréable au riche, si les hommes qui réfléchissent apprécient tous les jours le cheval plus commun pour les services qu'il rend à l'agriculture, aux transports et aux administrations diverses, il est aussi pour le pauvre deux sortes d'animaux bien chers et bien indispensables à son existence, à savoir : l'âne et la vache.

On ne saurait s'imaginer de quelle ressource est une vache pour une maison de malheureux ! Aussi, de quelle sollicitude, de combien de sentiments affectueux même, n'est-elle point entourée ! elle a son nom *qu'elle sait* et auquel elle répond ; le matin elle est l'objet des premiers soins, le soir on ne saurait s'endormir sans l'avoir visitée, elle est comme de la famille ; est-elle malade, on la veille ; meurt-elle, on la pleure autant que la valeur qu'elle représente !

Chez le fermier moins soucieux, chez le cultivateur plus à son aise, s'il n'en est point tout à fait ainsi, on n'en sent pas moins tout le mérite d'un animal aussi précieux et qui assurément le serait encore bien davantage, si son éducation était mieux entendue. En effet, si les bonnes règles, les vrais principes et de justes calculs remplaçaient la routine, ainsi que les pratiques erronées, bientôt que de bêtes d'un mérite avéré viendraient remplacer ces produits chétifs, rabougris, malheureux ; *ces vieux veaux* enfin, que l'on rencontre si communément chez le petit laboureur, qui perd presque autant à les entretenir qu'il gagnerait à faire du bon bétail.

Les animaux du genre vache s'élèvent pour le travail et pour le lait ; les uns et les autres, quand leur but primitif est rempli, sont mis à l'engrais et livrés à la boucherie : troisième but qu'on a sur eux en les faisant.

Toute vache que l'on destine à la reproduction des bœufs de travail, doit être assez haute en même temps que trapue et bien étoffée ; une tête courte, carrée, un front large, une encolure raccourcie et épaisse, un garrot, des épaules, un poitrail large, sont pareillement à tenir en très-grande considération ; ces signes, qui indiquent la vigueur, l'énergie et un bon tempérament, plus tard fixent également l'attention du boucher. Dans une bête de travail, la rondeur des côtes, le développement de la poitrine, un arrière-main bien charpenté, ouvert, bien fourni, sous tous rapports méritent également d'être considérés ; en un mot, une vache destinée à la production des bœufs de joug, doit, le plus possible, présenter l'ensemble de qualités qu'on recherche dans les travailleurs.

En France, l'éducation et l'emploi des bœufs de travail ne sont pas assez généralement répandus; dans les contrées où l'on fait spéculation de produire des poulains et de les élever jusqu'à six mois, combien ces derniers seraient meilleurs, si les mères travaillaient moins pendant la gestation et l'allaitement! Dans les pays où l'on poursuit l'éducation des chevaux, depuis le sevrage jusqu'à l'âge adulte, combien les cultivateurs les livreraient plus beaux, plus neufs, meilleurs, en un mot en meilleure condition, si, secondés par les bœufs, ces animaux n'avaient point été épuisés par un travail excessif et prématuré.

D'un autre côté, que de propriétaires et de fermiers en Brie, dans la Beauce et le Soissonnais, par exemple, achètent à grand prix, pour leur exploitation, des chevaux qui se déprécient tous les jours, et avec qui périt tout le capital qu'ils représentent quand ils arrivent à la vieillesse; combien mieux vaudrait, pour leurs intérêts et l'avantage de la société tout entière, que ces cultivateurs fissent leur travail, autant que possible, avec des bœufs dont le prix, vers huit ou neuf ans, serait supérieur à celui qu'ils auraient coûté à trois! Certes, bien des fois mieux vaudrait aussi que, dans la Normandie et le Perche, on fît naître et qu'on élevât moins de poulains, et qu'on les fît plus accomplis.

Des bœufs qui travailleraient autant, qui coûteraient beaucoup moins à élever ainsi qu'à entretenir, certainement seraient bien plus productifs que des chevaux plus ou moins manqués; d'un autre côté, que de viande de plus pour la consommation, et qu'elle masse d'engrais plus abondants et d'une qualité supérieure pour la terre!

Ayons un quart, même un tiers moins de chevaux, et le nombre en sera encore suffisant, s'ils sont bons; remplaçons par des bœufs, avec qui rien n'est perte, ces êtres manqués, opprobres de leur espèce et qui n'ont avec le vrai cheval rien de commun que le nom!

Plus sobre, de moindre entretien et incontestablement moins maladif que le cheval, si le bœuf est moins vif, moins pétulant, moins gracieux, en échange il supporte mieux la fatigue et se rebute moins volontiers; de plus, il se détériore très-rarement. Avec de l'herbe en été, l'hiver avec du fourrage plus grossier et suffisamment abondant, un peu d'avoine concassée et fermentée légèrement, lors de pénibles travaux, puis le temps de ruminer, le bœuf est content et toujours en bon état.

Avouons pourtant, en passant, que les bœufs les plus rustiques et les meilleurs de travail, arrivés à neuf ou dix ans, engraissent plus difficilement que les autres, et que leur viande est moins délicate; telle est l'observation du moins qui m'a été faite et dont j'ai été à même de contrôler la justesse, surtout dans le Morvau, pays du vrai bœuf de travail. De son côté, la mère des bœufs travailleurs le plus souvent aussi est très-médiocre laitière, sinon pour la qualité de son lait, du moins pour sa quantité et sa durée. En résumé, qu'on ait ensemble des bœufs et des chevaux; que suivant, les exigences des terres, le nombre des uns ou des autres prédomine, en un mot, comme pour tout, avant tout que l'on consulte son exploitation, sa nature et ses ressources.

Les caractères extérieurs de la vache entretenue pour le lait sont tout différents : sa conformation dégagée, la faiblesse de ses membres, la minceur de son cou, ses cornes grêles assez peu solides, et la maigreur de ses épaules ainsi que de ses hanches la rendent tout à fait impropre au joug comme au collier; sa tête est effilée, son corps allongé, ses flancs grands, son ventre volumineux, sa croupe anguleuse et sa peau très-fine. L'état de maigreur plus ou moins prononcé de la vraie bonne laitière ne saurait être attribué qu'à une sorte d'épuisement occasionné par son rendement excessif en lait.

La flamande et la hollandaise, comme vaches étrangères, sont les premières laitières connues; chez nous, les cotentines, beaucoup moins grandes, beaucoup mieux faites et d'un entretien notablement moindre, toutes proportions gardées, ne leur en cèdent guère; malheureusement ces bêtes ont une tendance considérable à tomber taurellières; incontestablement leur lait est le plus riche en matière butireuse et en caséum. Une autre qualité chez elle, c'est d'engraisser très-facilement ensuite, et de fournir d'excellente viande. Les bœufs cotentins sont eux-mêmes également les plus estimés par les bouchers. Cependant, un reproche fondé qu'on leur adresse généralement, c'est d'avoir une ossature trop considérable.

Chez les bonnes vaches à lait en général, le pis est volontiers pendant, sans pourtant être trop *décroché;* quand il est vide, il ressemble à un amas de peaux plissées et flottantes, leurs trayons sont régulièrement espacés, perpendiculaires, gros, longs, élastiques et comme spongieux. Sous leur ventre, on voit à droite et à gauche serpenter deux énormes veines tortueuses, qui plongent et se perdent chacune dans un trou d'autant plus marqué que le vaisseau a plus de développement; le pis lui-même est sillonné de ramifications vasculaires très-prononcées et comme variqueuses; en outre de la vulve aux faux trayons, la peau tombe presque pendiculairement. Chez les très-bonnes vaches, assez communément aussi, on aperçoit une artère du calibre d'une forte plume d'oie, qui descend de la base de la vulve et vient se perdre à dix ou douze centimètres au-dessus du pis. Le cuir d'une bonne laitière est mince, souple, élastique ; les poils en sont doux, fins et peu abondants. La mère des bœufs de travail, au contraire, a le cuir fort, les poils rudes et épais, ses trayons sont peu développés, sa mamelle velue ; non-seulement on ne voit pas de veines lui sillonner le dessous du ventre, mais même c'est à grand'peine qu'on parvient à les trouver avec la main. Chez la vache à lait, comme chez celles destinées à donner des bœufs de travail, la peau ne doit point être sèche ni adhérente, mais douce et moelleuse, et le fanon peu descendu.

Il y a des années, un homme s'est rencontré et qui a sinon inventé, du moins mis au grand jour et converti en système ingénieux une série d'observations tendant à faire distiguer les bonnes bêtes d'avec celles d'un produit médiocre ou inférieur, tant sous le rapport du rendement en lait et de la richesse butireuse de ce dernier, que sous celui de sa durée. Mais déjà fort longtemps avant M. Guénon et la publication de son travail, néanmoins bien méritant, les marchands de vaches du Cotentin et de la vallée d'Auge avaient l'habitude de raser depuis la vulve jusqu'aux mamelles postérieures le pis des vaches qu'ils exposaient en vente ; bien plus, après cette première opération, ils lotionnaient la même région avec une forte décoction de carottes, de soucis, de safran et d'un peu de gomme pour lui imprimer le reflet *jaune indien* depuis longtemps vaguement apprécié et récemment vulgarisé par l'observateur citoyen de Livourne ; chez les bêtes qui étaient peu velues, les maquignons normands se contentaient tout simplement de tondre la queue, afin de mettre en plus grande évidence la rareté du poil et la finesse de la peau de l'entre-cuisse ; en un mot, afin de découvrir l'espèce de bande d'étendue et de configuration particulière sur laquelle M. Guénon a su trouver la majeure partie des signes qui constituent son système, dans lequel malheureusement il a admis trop de divisions, de subdivisions et sous-subdivisions aussi inutiles qu'embrouillantes.

Un bien grand avantage de la découverte Guénon, malgré tout, il faut l'avouer, c'est de faire distinguer dès le moment de leur naissance les bêtes d'avenir d'avec celles un jour sans rendement en lait.

En résumé, d'après les observations antérieures à M. Guénon, et d'après ce praticien recommandable lui-même, outre les signes généraux tirés de l'ensemble de la bête, de la souplesse de sa peau, du développement et des sinuosités de la veine mammaire, plus la peau du pis est fine, mince et dépourvue de poils, plus les poils *implantés de bas en haut* sont fins, rares et soyeux, plus l'espèce de bande qu'ils représentent entre les cuisses est large et haute, plus la vache est laitière ; plus cette même bande est jaune et furfuracée, plus le lait est riche en beurre ; plus cette même bande est sans œillets ou écussons, plus longtemps la bête garde son lait.

Un vétérinaire distingué de la Suisse, et avant lui des Anglais en Amérique, ont préconisé la castration des vaches comme moyen de prolonger considérablement la durée du rendement des laitières ; on a même été jusqu'à dire que les bœuves ou vaches châtrées en donnaient toute leur vie. D'un autre côté aussi, cette opération n'a pas laissé que d'avoir ses détracteurs. Pour mon compte, j'ai châtré et observé nombre de vaches de diverses races, de différents âges et en toutes conditions : plusieurs ont donné du lait fort longtemps et en bonne quantité : l'une d'elles, châtrée en 1843, donnait encore, après cinq ans d'opération, plus de dix-sept litres de lait ; mais j'en pourrais citer beaucoup d'autres aussi, qui ont tari au bout de trois ou quatre mois, malgré des espérances fondées sur un abondant rendement antérieur après un précédent vêlage. Voici, en deux mots, le résumé de mes observations : les vaches laitières sont de deux sortes : les unes, toujours plus ou moins maigres, fondent en lait et en donnent d'autant plus qu'on les nourrit plus amplement ; les autres, de meilleure nature, c'est-à-dire ayant de plus grandes tendances à prendre de l'embonpoint, commencent par augmenter un peu si on augmente leur régime ; mais bientôt la viande et la graisse arrivent et le lait disparaît. Que si donc on châtre des vaches de chacune de ces deux classes différentes et qu'après leur rétablissement on les nourrit l'une et l'autre à discrétion, malgré son manque de disposition à l'engrais, la première ne manquera pas de prendre de l'état et baissera de lait ; de son côté, la seconde tarira encore plus promptement et bientôt tout à fait, puis après cent cinquante à deux cents jours au plus du régime des bons nourrisseurs, toutes deux seront plus ou moins sèches de lait et fondantes de graisse.

Or, quand je suis appelé à châtrer une vache dont on veut tirer parti comme laitière, je commence par examiner sa nature, sa constitution, son tempérament, en un mot ; est-elle grande mangeuse et de grand rendement, est-elle toujours plus ou moins maigre, qu'on la nourrisse à discrétion tant que son lait ne diminuera pas et qu'elle ne marquera pas tendance à engraissement ; si, au contraire, la bête que l'on me confie à opérer est naturellement viandée, si elle a le cuir un peu maniant, si enfin tout étant laitière de certain titre elle sent la bête d'engrais, dès son rétablissement je la fais tenir à un régime modéré. En principe général, pour qu'elles conservent leur rendement, six vaches châtrées doivent dépenser un peu moins que cinq vaches entières.

Le lait de vaches châtrées est considérablement plus riche que celui des autres ; avec quinze litres de lait de *bœuve*, généralement on obtient autant de beurre qu'avec vingt litres provenant de vaches non opérées, toutes les autres circonstances étant les mêmes de part et d'autre. Le lait de vaches châtrées est plus sain, plus uniformément régulier dans sa composition physique et chimique, n'étant point influencé ni par le rut ni par la gestation. On a dit que le rut non satisfait était une cause de la pommelière ; un fait que l'on peut soutenir avec exemple à l'appui, c'est que les bœuves saines au moment de l'opération ne deviennent jamais tousseuses et que jamais on ne trouve de tubercules dans leurs poumons.

Parmi les inconvénients de la castration des vaches, l'un des principaux, c'est l'enlèvement incomplet des ovaires; ce cas, avouons-le, assez commun et qui a fait discréditer l'opération, deviendra de plus en plus rare, même bientôt nul, avec l'expérience et des instruments mieux pecfectionnés.

En bons pays, aussi faciles à nourrir que nos vaches ordinaires, les bêtes durham offrent, dit-on, de grands avantages. Mais c'est principalement pour la boucherie qu'elles sont recommandables : appétit assez sobre, précocité et abondance de viande (proportionnellement moins pesante pourtant), tels sont leurs principaux titres à notre recommandation. Cependant on a reproché à la bête durham d'être volontiers stérile, de paraître plus grasse en apparence qu'en réalité, enfin de ne pas tomber en suif; on a dit aussi, que la viande du bœuf durham n'avait pas le bon goût, la finesse et le tendre du bœuf cotentin et surtout du charollais, vrai durham de France, par ses os petits, sa précocité et sa modeste dépense. Un cinquième blâme adressé à cette race, c'est qu'elle a peu de lait, c'est qu'elle n'est pas travailleuse, qu'elle gaspille beaucoup, que son suif rend beaucoup de creton, qu'elle n'a pas l'arrière-main largement charpenté, qu'elle a tendance manifeste et continuelle à dégénérer, qu'elle coûte très-cher, qu'enfin, pour ceux qui savent compter, calculer et comparer, tout bien considéré, la généralité de nos cultivateurs français fait bien mieux de s'en tenir à nos bonnes races indigènes que d'adopter les durham, bons peut-être dans les contrées à herbages gras et vastes; encore même, dans les riches localités, serait-il sage de ne commencer à les admettre qu'en croisement circonspect et uniquement en vue d'obtenir de la viande.

En fait de vaches comme en fait de chevaux, soyons circonspects et prudents; tout en opérant des croisements et malgré quelques succès plus ou moins certains, donnons-nous de garde d'abandonner nos bonnes races françaises; en même temps que nous nous livrerons à des croisements, améliorons nos meilleures espèces par elles-mêmes à l'aide de toutes sortes de bons et intelligents soins, par l'observation, par l'étude, par le choix de sujets les plus accomplis et surtout par le meilleur régime possible. Les Anglais, que nous pouvons facilement imiter et atteindre, rient sous cape en nous voyant leur payer presque au poids de l'or des taureaux, des béliers et des porcs qu'ils ont su créer de toute pièce, sans le moindre emprunt de sang étranger.

Assurément, ces magnifiques sujets, que nous tirons de la Grande-Bretagne et qui pour la plupart viennent se dédire dans nos conditions ou trop chiches ou mal entendues et très-souvent fort coûteuses, tout comme eux nous pouvons les obtenir avec du temps, de l'étude et des soins. Dieu a fait les animaux, les climats ont fait les races, le calcul, l'observation des hommes, le bon et sage régime font les belles espèces, qu'on le sache bien. Au lieu d'acheter à prix ruineux des durham, des dishley, des new-kent, etc., etc., ingénions-nous à savoir comment s'y sont pris les créateurs de ces bêtes et imitons-les; par là, si nous arrivons peut-être plus lentement, du moins nous arriverons plus sûrement, plus économiquement, d'une manière praticable à tout le monde et suivant le gré et les puissances de chacun, ainsi que suivant les ressources de chaque localité diverse; enfin, soyons moins anglomanes, soyons un peu plus de chez nous, invoquons aussi nos races avec lesquelles certes nous pouvons faire également quelque chose de bon; suivons les principes, les exemples et les recettes des Anglais, mais de grâce, surtout, cessons de les enrichir avec reconnaissance de sommes que nous pouvons nous économiser. Chevaux, vaches, moutons, porcs, volailles, tous chez nous ne demandent qu'un peu d'étude, meilleure nourriture et quelques soins plus intelligents pour effacer ou tout au moins pour égaler leurs productions merveilleuses que Dieu ne nous refuserait pas plus qu'à eux si nous voulions les lui demander comme il faut; sélections raisonnées, sages appariements, bon régime, hygiène, soin et amour des bêtes, telle est la principale prière à lui adresser à cet effet.

A part quelques contrées, généralement chez nous les vaches ne sont ni aussi grandes, ni aussi fortes, ni aussi belles, ni aussi productives quelles pourraient ou mieux qu'elles devraient être assurément.

Ne s'inquiétant point si elles s'y conviendront, si chez eux elles conserveront toute leur pureté, beaucoup de cultivateurs aisés ou riches, plus que réfléchis, achètent fort cher tout ce qu'ils rencontrent de plus beau; mais le climat nouveau, mais les nouvelles circonstances et conditions n'étant plus les mêmes, leurs bêtes ne tardent pas à se dédire et à dégénérer; d'autres, ou par insouciance et souvent aussi découragés et scandalisés par le grand sacrifice et le triste résultat de leurs voisins inconsidérés, sèvrent les premiers veaux venus, les élèvent suivant leur mérite, c'est-à-dire négligemment, et n'obtiennent que des produits sans valeur; aussi, dans combien de localités, de contrées même où l'on pourrait rencontrer des bêtes de bon cachet, ne trouve-t-on que des animaux tombés dans un abâtardissement ignoble. On a mal calculé, mal raisonné, ou mieux on a agi sans calcul ni raisonnement, de là des pertes réelles à la place de bénéfices encourageants et assurés. Un de mes clients me montrant un jour avec enthousiasme des porcs mâles et femelles, des taureaux et des vaches, ainsi que des volailles dont il avait fait acquisition en 1860, à Paris, à son peu de satisfaction, je ne pus m'empêcher de lui dire : *Toutes vos bêtes sont bien belles assurément, mais vous avez omis une chose, vous auriez dû apporter chez vous leur pays avec elles et surtout le génie qui a inspiré leur élevage.*

Que l'on s'adonne à la culture des racines et des prairies artificielles, et on ne tardera point à être en mesure d'acclimater facilement les meilleurs reproducteurs étrangers de mérite réel, ainsi que de grandir et de perfectionner nos races indigènes les plus méritantes, par un régime plus convenable et plus copieux, en même temps que par des choix et des croisements plus judicieux. C'est en choisissant bien leurs sujets, c'est en les alliant sagement entre eux et en les nourrissant convenablement, c'est avec leurs propres espèces *primitivement moins bonnes* que les nôtres, c'est avec du temps et de la persévérance que les Anglais sont parvenus à créer et à former ces belles et surtout ces bonnes races qui excitent à si juste titre notre admiration et notre envie.

De même que les vaches, les taureaux destinés à engendrer des animaux de travail, de simple herbage ou des bêtes laitières, doivent être de caractères différents : dans le premier cas, ils devront avoir au moins trois ans, parce qu'il est d'observation que, comme les chevaux, les bœufs issus de père et mère trop jeunes sont moins rustiques et moins forts; mais, d'un autre côté, plus sont jeunes les parents d'un sujet que l'on veut simplement nourrir et faire croître jusqu'à cinq ans, puis engraisser et envoyer à la boucherie, plus ce sujet grandit et engraisse vite, et meilleur est son abat.

Que la vache laitière naisse de père et de mère jeunes ou vieux, pourvu qu'ils soient sains, peu importe le reste; cependant, quel que soit le rôle primitif qu'ils auront à remplir, comme tous les animaux du genre vache doivent tous finir par l'abattoir, sans porter préjudice aux vues premières que l'on a eu sur eux, il importe de les faire naître tels que leur fin soit aussi profitable que possible.

La dégénération des vaches reconnaît plusieurs causes, dont les principales sont : 1° le régime mauvais ou insuffisant des élèves; 2° la fécondation prématurée des génisses; 3° le nombre trop considérable de femelles pour un seul mâle; 4° une autre cause bien sérieuse et je crois bien ignorée d'abâtardissement, c'est de faire engendrer toujours ensemble des sujets d'une même famille; s'il importe au cultivateur de ne pas toujours mettre des semences de son propre crû dans ses terres, il importe encore plus à l'éleveur de changer de temps en temps le sang de ses bêtes par des importations étrangères; les bêtes, avec du sang étranger à leur famille, sont plus robustes, moins sujettes à la pommelière, et conçoivent plus volontiers; leur chair également est plus pesante et surtout de meilleur goût. Un dernier avantage enfin des importations étrangères, c'est de pouvoir éliminer certains défauts et d'introduire diverses qualités.

CHAPITRE XVII.

GESTATION DE LA VACHE.

SOMMAIRE.

Procreation à volonté de mâles ou de femelles. — Les vaches sont moins volontiers stériles que les juments. — Vaches taurel-

lièrées. — Premiers signes de la plénitude. — Signes de la plénitude avérée. — Avortement, ses principales causes. — Pourquoi la vache met bas moins facilement que la jument. — Signes de vêlage prochain. — Assistance à donner à la vache. — De la parturition. — Position normale du veau. — Différentes positions vicieuses.

La vache porte neuf mois, il est d'observation que les vieilles passent plus volontiers leur terme que les jeunes ; les veaux mâles, dit-on, naissent assez souvent aussi quelques jours plus tard que les femelles. Un éleveur irlandais a écrit, qu'à volonté on pouvait obtenir des taurillons ou des vêles : soumettre au mâle la vache avant de la traire, c'est-à-dire quand elle a les mamelles les plus distendues possible par le lait, telle est la recette qui presque toujours détermine la conception d'une femelle.

On voit moins de vaches que de juments stériles, ce qui tient probablement à ce qu'elles ont moins d'embonpoint, à ce qu'elle ne travaillent point et par-dessus tout à ce qu'on les fait rapporter chaque année. Il est assez rare de voir des vaches pleines redemander le taureau sérieusement ; pourtant, j'en ai vu quelques-unes qui en subissaient les approches jusqu'à la veille du vêlage.

Un défaut assez commun chez la vache, c'est de devenir taurellière ; ce vice a son siége dans les ovaires *exclusivement*, du moins si j'en juge par les lésions morbides constantes que j'ai toujours rencontrées chez toutes les vaches taurellières que j'ai châtrées ; c'est donc à tort qu'on les saigne, qu'on leur cautérise la vulve, etc. Le seul vrai remède, c'est la castration.

L'un des premiers signes auxquels on peut supposer qu'une vache a conçu, outre la cessation des chaleurs, c'est le lustre prononcé de son poil, qu'elle lèche souvent, et sa tendance à prendre de la condition ; ce n'est donc point sans raison qu'on a l'habitude de faire féconder les vaches destinées à l'engrais. Une fois qu'elle est pleine de cinquante à soixante-dix jours, la vache diminue plus ou moins de lait, prend de l'état et du corps, le taureau ne la regarde plus. Des ménagères jugent leurs vaches pleines à certains caractères fournis par le lait et surtout à une difficulté momentanée d'en tirer le beurre; d'un autre côté, souvent aussi le lait d'une vache en commencement de conception tourne au feu.

Mais, comme chez la jument, de tous les signes auxquels on peut le plus positivement ajouter foi, il n'en est pas de plus certains que ceux fournis par le petit lui-même. Ce n'est guère que vers quatre à cinq mois qu'on parvient à le distinguer. En appuyant la main au-dessous du flanc droit, on sent une masse dure, flottante, et qui ne tarde pas à répondre aux secousses qu'on lui imprime, par des mouvements plus ou moins saccadés; cette perception est beaucoup plus manifeste quand la femelle a été agitée et qu'elle boit de l'eau un peu froide.

Bien que les vaches pleines, la plupart du temps, ne soient soumises à aucun travail, l'avortement chez elles est peut-être encore plus fréquent néanmoins que chez les juments. Cet accident peut dépendre de plusieurs causes : durant l'hiver, en général partout ces bêtes sont à peu près tenues continuellement à l'étable et au régime plus ou moins exclusivement sec; de là des indigestions, de là des digestions pénibles, des réplétions, des constipations opiniâtres; en second lieu, de la température tiède de leur étable sans air, deux ou trois fois par jour, quels que soient le temps et ses rigueurs, elles sortent pour aller s'abreuver aux mares; l'air froid qui les frappe, l'eau plus ou moins glacée dont elles se gorgent, déterminent en elles un saisissement subit et tellement pernicieux, qu'il n'en faut pas davantage pour tuer leur petit. Les mouvements impétueux auxquels se livrent certaines mères une fois dehors, leurs provocations mutuelles, les attaques qu'elles se présentent et soutiennent, les glissades, les cornades, etc., etc., peuvent encore être autant de causes d'accidents de cette nature.

L'usage plus répandu des carottes, des betteraves, des navets, des choux et autres provisions vertes d'hiver, ainsi que du sel en nature ou dissous dans une certaine quantité d'eau, dont on aspergerait les fourrages secs avant de les administrer aux animaux, en rendant la digestion plus facile, conjurerait les constipations pénibles et amoindrirait la soif, causes principales de semblables accidents.

Quand la saison est rigoureuse, au lieu de rompre à la pioche, au moment de lâcher boire les bestiaux, la glace qui recouvre les abreuvoirs, qu'on entretienne dans des baquets, à l'abri de la gelée, l'eau nécessaire pour le moment, et moins de vaches avorteront et toutes auront plus de lait, ne seront point exposées à des indispositions et à des maladies souvent funestes.

Les mauvaises odeurs peuvent également, dans certaines circonstances, déterminer l'avortement. Je ne puis même, à ce sujet, m'empêcher de relater un fait que j'ai noté il y a quelques années : dans une ferme, deux vaches, après un vélage à terme, n'avaient point délivré; on n'y avait d'abord nullement pris garde; dépérissant de jour en jour et mangeant de moins en moins bon appétit, ces bêtes devinrent fort maigres; elles rendaient des matières infectes. Au bout de vingt jours, deux génisses à droite et à gauche des bêtes en question avortèrent aussi et à sept ou huit mois. On n'y fit pas plus attention encore; mais trois nouveaux cas n'ayant pas tardé à se manifester successivement et à des époques assez rapprochées, on finit par s'alarmer et s'en prendre à un maléfice jeté; malgré l'exécution bien *religieusement ponctuelle* de tout ce qui se pratique en pareille circonstance, le mal néanmoins allait toujours son train. Les nouvelles avortées ne se purgeant pas non plus, le foyer d'infection n'en devenait que plus grand, et les progrès du mal plus marqués. Enfin, consulté à mon tour, je fis séparer les bêtes pleines qui restaient de celles qui avaient avorté; je fis mettre ces dernières à part; je délivrai celles que je pus et les traitai toutes selon leur état. L'étable fut lavée et désinfectée au chlore. Des douze bêtes pleines qu'on y rentra, une seule avorta encore. Aussitôt, je la fis retirer, et les onze autres vêlèrent heureusement et à terme. De ce moment, le malin esprit fut conjuré et sa fatale influence anéantie.

L'excès d'embonpoint, des rations trop abondantes, administrées à de trop longs intervalles; une saignée trop copieuse, de mauvais aliments, la peur peuvent aussi être autant de causes de parturition prématurée; une maladie grave survenue à la mère peut également, soit par elle-même, soit par le traitement qu'elle nécessite, entraîner la mort du fœtus.

Une remarque sans doute qui ne m'est point particulière, c'est que les juments ont moins souvent besoin d'être assistées que les vaches à l'époque de la mise bas, et que, pour ces dernières même, on appelle bien plus souvent le vétérinaire en hiver qu'en été; ce qui prouve, chose du reste bien connue, que l'exercice rend les accouchements infiment plus faciles.

Que la vache soit à terme ou qu'elle veuille avorter, une fois le moment venu, elle paraît inquiète, se tourmente, va, vient si elle est dehors; elle ne demeure point en place, elle se retourne à droite, à gauche, si elle est attachée dans son étable, elle lève la queue, urine par petites quantités, elle fait entendre une sorte de mugissement particulier, trépigne des pieds, ses yeux sont vifs, animés, elle mange par moments, cesse pour ruminer, puis reprend des aliments qu'elle mâche ou rejette; quelquefois tout disparaît et le calme se rétablit pour plus ou moins de temps. Mais soudain tous les symptômes reparaissent avec intensité, la vache se livre à de nouveaux efforts; enfin la poche des eaux se présente au bord du passage et apparaît bientôt au dehors. La vache étant moins nerveuse, moins violente et ses mouvements en pareille circonstance étant moins désordonnés que ceux de la jument, il n'est pas nécessaire d'agir avec autant de hâte. La masse blanchâtre qui fait saillie, par sa forme conique, dilate doucement le détroit vaginal et prépare la voie ; c'est le travail de la nature, il faut bien se garder de le troubler par des manipulations intempestives et trop précipitées.

Enfin, quant à travers la membrane transparente qui contient les eaux on aperçoit des pieds, il est temps d'agir. Une fois les eaux percées, on explore pour reconnaître la position du petit et l'aider à venir. Les veaux, comme les poulains, comme tous les jeunes animaux, viennent le plus souvent les membres antérieurs les premiers et la tête allongée sur les avant-bras. Quand l'arrière-main se présente au passage, ce qui n'est pas rare encore, souvent les pieds se trouvent repliés sous le ventre. Si, malgré le temps et les efforts de la mère, le travail languit et que rien n'avance, il importe sans différer davantage d'introduire la main et de chercher à reconnaître l'obstacle. Souvent les deux membres antérieurs seuls se présentent et la tête, comme on le dit vulgairement, demeure tombée dans la mamelle : attacher une corde à la mâchoire inférieure, y faire opérer une traction plus ou moins forte, repousser doucement les pieds dans la matrice, après toutefois se les être bien assurés au moyen également d'un bon lien bien fixé, puis ramener la tête dans le vagin, ensuite alternativement chaque membre au moyen du cordeau dont préalablement il est pourvu, et rarement le veau tarde à reprendre sa position normale et à arriver. Si, avec la tête, un seul pied apparaît, avant de tirer, on va chercher celui qui est replié. Quand la queue se présente la première avec un seul pied, ou seule, le premier soin consiste à aller chercher et à amener les deux pieds au dehors et à rabattre la queue sur le jarret ; dans cette position, le veau sort toujours plus difficilement, attendu qu'il y a moins facile glissement et que les poils éprouvent un rebroussement qui fait résistance.

Quand les eaux sont échappées depuis longtemps, que la peau du petit est sèche et que les parties sont plus ou moins gonflées, une pratique dont je me trouve très-bien, consiste à injecter une décoction fortement mucilagineuse d'eau de lin dans la matrice ; la surface du corps du fœtus et les parois vaginales ainsi lubrifiées, la parturition marche à souhait. En général, beaucoup de prudence et de circonspection dans ces sortes de manipulations.

Vache, ânesse, jument, quand une femelle est en parturition et qu'il y a position vicieuse du petit, ou bien quand le travail se prolonge au delà du temps ordinaire, au lieu de se livrer à des manœuvres barbares, brutales ou inconsidérées, on ne saurait trop se hâter de requérir des soins intelligents.

CHAPITRE XVIII.

SOINS A DONNER AUX VEAUX ET A LA MÈRE.

CHOIX DES DIVERS ÉLÈVES.

SOMMAIRE.

Pratique salutaire pour le veau qui naît. — Premiers soins au nouveau-né. — Usage vicieux. — Corrélation entre la composition du lait de la mère et les organes digestifs du petit. — Danger de ne point laisser, au moins quelque temps, le petit avec sa mère. — Avantage de laisser teter les veaux. — Dangers que courent les veaux nourris au baquet. — Idées du vétérinaire Chabert, touchant l'amélioration des races. — Les bouchers préfèrent les veaux nourris au baquet. — Choix des mâles destinés à donner des bêtes à lait. — Epoque de naissance, régime, âge de reproduction des génisses. — Veau d'engrais, ses caractères. — Gouvernement, hygiène du veau d'engrais. — Succédanés du lait pour engraisser les veaux. — Remèdes efficaces.

Insuffler de l'air dans le gosier du nouveau-né, en retirer avec les doigts les mucosités glaireuses qui l'obstruent, saupoudrer la surface de son corps avec du son ou du sel dans le but d'exciter sa mère à le lécher, tels sont les premiers soins que réclame le petit. La mère, avec sa langue, l'échauffe, le sèche, excite en lui la circulation et le fortifie. Sans en donner plus grande explication, j'ai cru observer que les vaches qui léchaient leur veau délivraient mieux et plus promptement que celles auxquelles on l'enlevait sitôt la naissance.

De même que le petit poulain, sitôt né le veau cherche à se mettre sur pied, et à peine y est-il, que son premier instinct le dirige vers le trayon de sa mère. Le plus souvent d'abord il est assez maladroit à le saisir, il le lâche volontiers; mais bientôt il sait parfaitement le prendre et encore mieux le sucer.

C'est à tort que presque partout, sitôt le vêlage effectué, immédiatement on s'empresse de traire la vache et de lui faire avaler son premier lait : c'est pour le petit qu'il est fait; de droit, c'est à lui qu'il doit revenir; il n'appartient qu'à lui seul. Ce premier lait, eu égard à sa composition chimique, étant très-purgatif, a pour destination de déblayer les intestins du jeune sujet des excréments poisseux et collants qu'ils contiennent; ces excréments, en se concrétant, obstrueraient les voies postérieures, littéralement boucheraient le veau, qui ne tarderait pas à succomber, ce qui n'est pas fort rare, surtout chez les jeunes poulains.

Au bout de quelques heures de naissance, il est bon d'attacher le veau à côté ou tout au moins en vue de sa mère et de ne le laisser teter qu'à des moments voulus. Si la vache est délicate, faible, souffrante ou peu laitière d'abord, il importe d'y suppléer par une autre vache la plus nouvelle vêlée qu'on pourra se procurer.

Soit qu'on veuille les élever, soit qu'on veuille en faire des veaux gras, dans beaucoup de pays on a l'habitude, aussitôt leur naissance, de séparer les veaux de leur mère ; on se donne même bien garde que ces dernières les lèchent et même les voient du tout. De cette pratique tout à fait contre nature peuvent résulter de nombreux inconvénients : d'abord, la vache ne donne pas aussi volontiers son lait, souvent elle n'en donne qu'une partie et même quelquefois point du tout ; de là, des empissements, des laits gourmés, des trayons qui s'obstruent ; en un mot, diverses maladies pouvant être suivies d'altération du pis, des mamelles ou du lait, dont la quantité et la qualité elles-mêmes peuvent être amoindries pour toujours. D'une autre part, il ne se passe pas d'années que je ne sois appelé pour des vaches en grand péril subit, après avoir eu pendant plusieurs heures toutes les apparences d'un vêlage le plus heureux : séparées brusquement de leur petit dont elles étaient plus ou moins amoureuses, ces bêtes s'agitent, se tourmentent, s'exaltent et retiennent plus ou moins leur lait ; puis, tout à coup elles se mettent à chanceler, semblent sans force dans les reins et les membres postérieurs, puis enfin tombent sur la litière et n'exécutent plus que de rares mouvements saccadés et convulsifs. Leur respiration devient forte et profonde ; leur œil fixe, terne ou fermé, elles ne s'occupent plus de rien, pas même de leur veau, si on leur ramène ; enfin, quoi qu'on fasse, souvent elles meurent dans les quarante-huit heures. A l'ouverture, constamment j'ai trouvé le cerveau plus ou moins congestionné de sang ou même ramolli, ses enveloppes et celles de la moelle épinière toujours contenant de l'eau rousse plus ou moins sanguinolante, outre les lésions du cerveau ; constamment aussi, dans cette circonstance, j'ai observé simultanément une inflammation très-intense de la matrice dont les membranes constituantes étaient devenues rigides et épaisses et dont la face interne était elle-même irritée, rouge et dépourvue de ces matières glaireuses que toujours rend plus ou moins abondamment chaque femelle sortant de parturition, toutes conséquences de la perturbation morale chez la bête brusquement arrachée à sa progéniture. Ce qui me porte à émettre cette opinion en toute conviction, *c'est que jamais* je n'ai eu semblables phénomènes à observer chez aucune vache nourrice libre de son veau.

Non-seulement, il n'y a aucun inconvénient d'aucune sorte à laisser teter le veau, mais encore ce dernier en les suçant forme et développe les trayons, il les rétablit même s'ils sont détériorés, il en rouvre les conduits lactifères. On a même dit qu'il y avait toujours notable différence de rendement entre deux génisses de titres pareils, mais dont l'une aurait allaité et l'autre aurait été immédiatement séparée de son veau sitôt le vêlage. En habituant la vache à se laisser manier les mamelles et en achevant de la traire chaque fois après que son veau est repu, au moment du sevrage de ce dernier, que petit à petit on isole, elle est aussi douce, aussi docile qu'une vache vieille vêlée, et aussi commode que si tous les jours on l'eût traite.

En Auvergne, où tous les veaux sont élevés à la mamelle, durant les premières semaines on permet au petit libre accès aux trayons de sa mère, dont on épuise ensuite le lait qu'il a laissé; au bout de douze à vingt jours, après que, peu à peu, on les a habitués à vivre de temps en temps séparés, on ne leur permet communication que lorsque la vache est traite à fond de deux ou trois trayons; dans ce pays, pas plus qu'en Suisse, où l'on a à peu près les mêmes usages, rarement les vaches sont difficiles à traire, et jamais le conduit des mamelles ne s'oblitère, comme il arrive si communément, en Normandie surtout.

Quant au veau qu'on prive de tout rapport avec sa mère, et auquel on présente deux ou trois fois par jour, dans un vase, sa ration de lait plus ou moins refroidie, il se jette avidement dessus, il s'engorge avec gloutonnerie, il avale en quatre ou cinq minutes ce qu'il aurait mis un quart d'heure à sucer, et en s'y reprenant à plusieurs fois. De là, ces digestions difficiles, mauvaises; ces indigestions, ces maladies d'intestins; ces diarrhées et ces morts si nombreuses, qu'on ne sait souvent à quoi attribuer, et dont la cause est si palpable pourtant.

Quand un veau de lait tombe malade, il importe d'en rechercher la cause, et quelle que soit cette dernière, on commence par amoindrir au nourrisson ses rations; un autre soin, non moins sérieux, c'est d'étudier l'état et le régime des vaches, ainsi que la qualité de leur lait. Dans une ferme où l'engraissement des veaux est une spéculation spéciale et assez productive, j'ai conseillé à la maîtresse, sitôt qu'un ou plusieurs élèves semblent indisposés, de mettre une vache à ample ration de chicorée sauvage, et d'en consacrer le lait aux sujets souffrants. Sans d'autre soin ni médication, par là, le plus souvent, on coupe court à tout événement grave. Le lait d'une ou de plusieurs vaches en rut suffit quelquefois pour déterminer des diarrhées dont on cherche partout ailleurs les causes. Un peu de lait gommé et étendu d'égale partie d'eau de riz, quelques lavements à l'eau blanchie à l'amidon ou à la farine de seigle, tel est le complément d'une recette qui rarement trompe mes espérances.

Quand le lait de la mère ne suffit point au veau qu'on laisse teter, il est aussi facile qu'avantageux de le présenter à une autre vache que l'on achève de traire sitôt qu'il est repu; loin de nuire à la sécrétion du lait de sa nourrice supplémentaire, il l'avive et l'augmente.

De tous les moyens, les deux meilleurs, a dit Chabert, pour grandir les races, c'est de laisser teter longtemps les veaux d'élève, de les faire teter abondamment et de les bien nourrir, surtout à leur début. Chevaux, vaches, moutons, volailles, plantes, mis en bonne condition dès le principe, infailliblement prospèrent, se développent et acquièrent les plus grandes et les plus belles proportions en quelques générations, même quelle que soit l'infériorité de leur provenance et pour peu que ne soit point trop chiche toutefois leur régime de second âge. Au contraire, quelle qu'en soit la magnifique et riche origine, tous ne tarderont point à se dédire, à se rabougrir, à s'abâtardir avec un allaitement trop parcimonieux et un premier régime avare. Si, malgré tout ce qu'ils ont pu endurer dans le principe, quelques sujets arrivent à bien, jamais néanmoins ils ne deviennent ce qu'ils auraient été avec de meilleures conditions premières.

Des bouchers m'ont assuré sérieusement que les veaux engraissés à la mamelle ne valaient jamais, et à beaucoup près, ceux élevés au baquet; qu'ils étaient moins blancs, et surtout jamais aussi viandés ni aussi gras. Je ne sais jusqu'à quel point ce fait pourrait supporter le contrôle de l'expérience, ni trop comment l'expliquer. Peut-être pourrait-on dire : 1° que les veaux affamés se fatiguent moins à boire au baquet, *et prennent plus de lait* que si on leur donnait une ou successivement plusieurs vaches à teter; 2° que dans cette dernière circonstance, moins repus, ils dorment moins, et qu'ils sont plus tôt stimulés par une faim que toujours on ne satisfait pas de suite; 3° qu'enfin, ils absorbent moins de nourriture. Néanmoins, on ne peut s'empêcher d'avouer ici, qu'avec le régime au baquet, les diarrhées sont plus fréquentes et qu'on perd plus de sujets qu'à la mamelle. Il est on ne peut plus facile de conjurer tout inconvénient en multipliant davantage les repas.

1° Selon que l'on veut faire des bêtes laitières ou des bêtes de travail ou simplement des animaux de boucherie, les caractères des sujets que l'on choisit doivent varier :

la vêle, destinée à donner un jour du lait, d'abord devra descendre généalogiquement de bonnes laitières, et *d'un père dont la mère elle-même* ainsi que *les aïeules*, autant qu'on pourra s'en assurer, se seront fait de leur côté remarquer avantageusement sous ce rapport; ce sont autant de points très-esssentiels, dont en général on ne tient pas assez compte; elle devra également déceler dans sa configuration les signes caractéristiques annonçant cette qualité future. Ces marques aujourd'hui pouvant très-facilement se reconnaître dès le premier âge, grâce à M. Guénon, les sujets de réelle espérance désormais n'iront donc plus à la boucherie à la place de ceux plus ou moins médiocres ou sans titres. Outre les caractères spéciaux indiquant un bon produit à venir, le veau qu'on aura résolu d'élever devra réunir toutes les conditions de santé, de taille et de conformation, en un mot tout ce qui peut faire espérer un bel animal, un sujet pouvant à la fin arriver également avec profit à l'abattoir, après avoir donné préalablement un bon rendement en lait et en veaux ou en travail.

Pour qu'un élève bien né et bon se conserve pur de tout abâtardissement, on doit lui donner à satiété du lait pendant au moins deux mois, et ne lui retrancher ensuite cette nourriture primitive que graduellement, au fur et à mesure qu'il s'habituera de mieux en mieux à manger de l'herbe ou du fourrage. Eu égard à la conformation particulière de ses intestins et surtout de son estomac, il y aurait plus de danger de sevrer brusquement un veau qu'un poulain; non habitué à ruminer, il serait exposé à des indigestions plus graves à cet âge qu'à l'âge adulte: ce cas échéant, deux ou trois verres de vin un peu salé et chaud administrés en deux ou trois fois dans la journée, donnent presque toujours un bon résultat.

Autant que possible, quand on veut faire des élèves, on doit s'étudier à les faire naître en mars ou avril au plus tard ; l'époque de leur sevrage arrivant au moment de la verdure, ils s'aperçoivent moins du changement de régime. Durant leur premier hiver, le foin doux, les carottes, un peu de son, de la paille de blé fine et chargée de bonnes herbes, sont le meilleur aliment pour les jeunes veaux ; les betteraves crues sont trop froides ; elles peuvent donner la diarrhée, et à grandes rations occasionner un commencement de pourriture. On corrigerait sensiblement la froide crudité de ces racines en les mêlant avec du son, du foin, ou même un peu de paille hachée fin. Pas plus avant qu'après le sevrage, il faut se garder de tenir les veaux d'élève en trop florissant état : par là, d'une part, on amoindrirait leur disposition à croître ; d'un autre côté, on a remarqué aussi que les génisses, habituellement trop grasses, conçoivent plus difficilement quand l'époque en est arrivée.

On ne devrait soumettre les génisses au taureau qu'à deux ans les plus fortes et à deux ans et demi celles qui sont moins développées ; celles que l'on fait concevoir à douze et quinze mois deviennent moins belles, durent moins et ne sont jamais aussi bonnes que si on les eût attendues quelque temps de plus.

2° Les veaux destinés à l'engrais au lait et ceux exclusivement élevés pour la boucherie à l'âge adulte aussi bien que les sujets pour le travail, tous doivent présenter un pareil ensemble de qualités physiques : tête forte et refoulée, corsage allongé, côtes assez fortes et rondes, membres bien développés, articulations grosses, croupe large, queue bien fournie à sa base et longue, reins, hanches et poitrine larges ainsi que le garrot, tel est le sommaire des points à tenir en principale considération dans les jeunes animaux de l'une et de l'autre de ces classes ; quand le cerveau, les poumons et les intestins sont amplement développés, infailliblement il y a du tempérament et de la robusticité. On prétend aussi, et je me range de cet avis, que les veaux aussi bien que les bêtes d'âge dont le muffle est rosé, sont plus tendres d'engrais que les autres.

Pour faire un bon veau gras il faut du bon lait et en quantité suffisante. L'opération de l'engraissement devant durer de soixante à quatre-vingt ou cent jours, on doit commencer par ne nourrir le veau que suffisamment pour qu'il grandisse et demeure en bonne condition ; quand il a acquis déjà certain développement, alors on augmente son régime; enfin, quand il est convenablement grand et viandé, que sa chair est ferme, on le pousse, on le fleurit et puis on se hâte de le vendre, car le veau d'engrais, passé un certain moment, coûte plus qu'il ne produit, si même il ne perd point.

Un fait d'observation positive et qui peut-être jusqu'ici a pu fixer les attentions, c'est qu'un veau *né à l'étable et nourri au lait de sa propre mère* vient mieux, tombe meilleur et est moins sujet à accident que celui importé et nourri au lait d'une vache étrangère, ce qui prouve bien qu'après la naissance, immédiatement tous rapports ne sont point entièrement interrompus entre la mère et son petit.

L'engraissement des veaux est une industrie qui, comme toutes les autres, demande une certaine tactique dont il importe de savoir et d'observer les règles. Le veau à l'engrais demande à être tenu *proprement*, *sèchement* et *chaudement* avec suffisante quantité d'air. Des nourrisseurs de veaux sentant la nécessité indispensable de toutes ces conditions, tiennent leurs élèves sur des espèces de claies ou grilles garnies d'abondantes litières et élevées de quinze à dix-huit centimètres au-dessus du niveau du sol bien battu et pourvu lui-même de rigoles d'égout pour l'écoulement des urines.

Eu égard au calme dans lequel elle plonge tous ses sens, l'obscurité convient parfaitement au nourrisson ;

n'ayant aucune source de distraction, une fois repu il dort. Si le jeune élève cherche à manger, il importe de l'en empêcher en lui enfermant toute la partie inférieure de la tête dans un panier à jour, en fer ou en bois. Bouchonner vigoureusement une ou deux fois par jour ces petits animaux et notamment après leur repas, est un usage des plus recommandables. Dès l'âge de quatre à cinq semaines, certains jeunes mâles à l'engrais témoignent déjà des désirs génésiques et s'échauffent, c'est-à-dire profitent mal et rougissent; à certains cultivateurs de mon intime connaissance j'ai conseillé la castration des sujets d'avenir et méritant être poussés au dernier point; arrivée plus prompte, blancheur supérieure, poids plus considérable, tel est notre résultat immanquable.

Pour suppléer au lait, on a conseillé de donner aux veaux d'élève des infusions de foin coiffées d'un peu de lait et épaissies avec de la farine torréfiée; mais ou bien on perd beaucoup de sujets ou l'on n'obtient que des êtres chétifs qui se ressentent toute leur vie du triste régime de leur premier âge.

Pour faire des veaux d'engrais, on a essayé des bouillies de farine de grosses fèves, de farine d'orge passée au four; mais par aucun de ces moyens on n'a su parvenir encore à remplacer le vrai lait de vache.

Aussi bien ceux qu'on élève à vie que ceux destinés à la boucherie à deux ou trois mois, tous les jeunes veaux, voire même, quoique plus rarement, ceux qui tettent, tous sont sujets à la diarrhée : avec un régime plus modéré et quelques verres d'eau de riz et de tête de pavot, puis quelques lavements avec le même liquide, quand on n'attend pas trop, rarement les sujets témoignent souffrir longtemps, rarement même leur indisposition dure au-delà de trois ou quatre jours et plus rarement encore elle les fait périr.

CHAPITRE XIX.

DE L'ENGRAISSEMENT.

SOMMAIRE.

Routine des cultivateurs. — Culture fanatiquement aveugle du blé. — Pourquoi les cultivateurs redoutent l'engraissement des bestiaux de boucherie. — Bénéfice de cette industrie. — Les Anglais, leur territoire. — Chez eux trois têtes de gros bétail par hectare. — Rendement double des céréales. — Engraissement à l'étable. — Engraissement à l'herbage. — Améliorations possibles, avantageuses et simples à établir dans les bouveries-herbages. — Engraissement à l'auge, ses avantages. — Règles générales pour les divers engraissements. — Castration des vaches d'engraissement, ses avantages.

Malgré la grande et sérieuse tendance que notre agriculture française manifeste vers le progrès, la plupart des petits cultivateurs qui, chez nous, font le plus grand nombre, sont presque aussi routiniers, n'observant et ne calculant guère mieux que leurs trisaïeux, surtout pour ce qui concerne le bétail; poulains, génisses, moutons, peu importe la race, le lieu et le mode de provenance, ils achètent leurs sujets au hasard et en poursuivent plus ou moins irrationnellement l'éducation; quant à l'engraissement, surtout l'engraissement à l'étable, non-seulement ils ne s'y adonnent point, mais encore ils se gardent même d'y penser; le blé est le seul et unique objet de leur préoccupation, comme si on ne mangeait que du pain, comme si la viande ne faisait point pareillement partie essentielle et indispensable de la nourriture de l'homme, comme si le blé n'épuisait pas la terre outre mesure et ne demandait pas des frais immenses, comme si la viande n'était point une source certaine de grands bénéfices, comme si le blé seul se vendait toujours cher, comme si la viande tombait souvent à vil prix, comme si les plantes sarclées et fourragères en restaurant la terre ne la purgeaient point en même temps des mauvaises herbes ou même la salissaient, comme si la production de la viande enfin, ne mettait pas le cultivateur à même, tout en lui donnant du grain, d'obtenir des céréales plus belles et plus pesantes, par la prodigieuse quantité d'engrais que fournit cette industrie! comme si enfin avec six bonnes récoltes et plus de bétail on n'obtenait pas plus de blé qu'en huit ou dix avec un bétail moins nombreux. Durant les années intercalaires le sol se restaure tout en produisant du fourrage et des racines. De toutes les denrées alimentaires, la viande est peut-être celle qui éprouve les moindres et les plus rares baisses de prix; 1850 est une exception dont la boucherie et les consommateurs se souviendront longtemps, ainsi que les engraisseurs!

Il est vrai que quand on considère l'irrationnalité des pratiques usitées dans les fermes, l'administration mal calculée des aliments, enfin les méthodes vicieuses, on comprend l'aversion des cultivateurs pour une industrie en réalité aussi ruineuse qu'elle leur serait lucrative s'ils l'entendaient bien et la pratiquaient mieux. Pourtant, d'après le livre-journal et les comptes balancés de certains nourrisseurs de ma connaissance, une vache de 250 à 300 kilogrammes, convenablement engraissée et préalablement bien élevée du reste, donne un bénéfice, en moyenne, de 60 à 80 fr. au moins, plus une quantité considérable de fumier de première qualité.

Si les Anglais cultivaient comme nous, s'ils ne faisaient pas plus de fumier que nous, si en un mot ils n'étaient point *industriels-cultivateurs*, où en seraient-ils avec leur territoire restreint et presque partout de nature considérablement plus maigre que le nôtre. Si chaque hectare de notre bon sol de France en général produit moitié moins que celui de nos voisins, et si les bien moins fertiles plaines d'outre-Manche rendent communément autant que nos meilleures contrées de Beauce ou de Brie, il ne faut pas en chercher d'autres causes, sinon qu'en France nous ne comptons pas généralement plus de deux tiers de têtes de gros bétail par hectare, tandis qu'en Angleterre, la moyenne est de près de trois têtes pour une égale superficie de terrain.

On distingue deux sortes d'engraissement, ou deux manières d'engraisser le bétail de boucherie, notamment le bœuf et la vache, savoir : l'engraissement à l'herbage et l'engraissement à l'auge. Dans certaines contrées de la Normandie, du Poitou, du Charollais et de la Vendée, où les prairies sont plus ou moins basses et surtout fort étendues, et où l'on ne saurait tirer du foin un parti très-avantageux, on fait naître, on élève ou on achète et on engraisse du bétail. En Normandie, les animaux que l'on se dispose à engraisser dehors pendant la belle saison prochaine passent l'hiver qui précède dans les herbages en plein air; quand les plantes sont devenues trop rares, ou bien quand la terre est couverte de neige, on leur jette du foin. Une fois les herbes poussées, l'herbager divise ses bêtes par classes, suivant leur état et suivant la nature de ses prairies. Là, malgré les mouches et les injures du temps, elles arrivent à acquérir un bel état d'embonpoint en quatre ou cinq mois, souvent en moins.

Assurément pendant l'hiver, et surtout durant les grandes chaleurs de l'été, ce bétail ne souffrirait pas autant et profiterait mieux, si dans les herbages on établissait avec économie des hangars plus ou moins hermétiquement clos, où les animaux viendraient, suivant le temps, chercher abri contre le froid, la pluie, et surtout contre l'ardeur du soleil et les mouches qui, les harcelant, leur font perdre avec les pieds une grande quantité d'herbe. Attenante à chacune de ces bouveries que l'on viderait selon le besoin, devrait exister une fumière dont le contenu, bien consommé, serait transporté et répandu dès leur épuisement sur les points plus faibles, dont il ranimerait la végétation; les herbes mauvaises ou trop dures, dédaignées par les bêtes, seraient utilisées comme litière.

Pour éviter la construction toujours coûteuse de bouveries à demeure, on pourrait en établir de mobiles, en poteaux et en panneaux qui se relieraient entre eux par des chevilles et des crochets, et que l'on pourrait transporter d'herbage à autre, comme des barraques de marchands forains.

Il est d'observation que les animaux qui ont passé l'hiver dehors, et que pour cette raison on appelle *trembleurs*, reprennent plus vite et font mieux que ceux qui sortent des étables, arrivent les herbes nouvelles; ce qui est dû sans doute à leur moindre impressionnabilité aux injures de l'atmosphère et aux attaques des insectes.

Sauf qu'ils ne cultivent point leurs prairies par de bons hersages, au moins tous les deux ans, aux premiers beaux jours de février ou de mars, sauf qu'ils n'en régénèrent point le plant par des semences d'herbes appropriées à leur sol, sauf qu'ils ne répandent point les bouses assez soigneusement, et qu'ils n'arrosent point avec des engrais liquides les parties moins bien venantes de leurs pâtures autant qu'ils le devraient, je suis loin de blâmer ces industriels; il serait à souhaiter que le fermier, que le cultivateur proprement dit, que celui enfin qui laboure la terre, fût aussi ingénieux, aussi habile, aussi capable, aussi appréciateur que l'herbager, et qu'il se rendît assez volontiers aux bons conseils et aux bons exemples, enfin surtout, qu'il connût et soignât aussi bien le bétail, et qu'il sût aussi bien calculer ses opérations!!!

Avec l'engraissement à l'herbage, on réalise moins promptement : le suif du bœuf d'herbe est plus mou et souvent moins abondant, moins lourd; sous un volume donné, sa chair est moins pesante et moins ferme. Certains gourmets prétendent qu'elle a meilleur goût que celle des animaux nourris à l'étable; d'un autre côté, les premiers n'exigent pas de soins réguliers et quotidiens pendant les cent cinquante à deux cents jours que dure l'opération de leur engraissement; mais, en échange, par l'engraissement à l'auge, on fait presque durant le même espace de temps deux bêtes pour une; en outre, pouvant observer isolément chaque sujet tous les jours, on est à même de le soigner, d'en modifier le régime, de le gouverner selon sa position particulière, et par là d'éviter des accidents ou des pertes encore assez fréquentes dans les herbages. Par-dessus tout enfin, un avantage incalculable, qui paie bien des fois la main-d'œuvre, c'est le fumier, base de la véritable et bonne culture, et condition indispensable de réussite pour le cultivateur. Pourtant, l'engraissement à l'herbe et l'engraissement à l'étable ont chacun leur raison d'être : le premier utilise les produits d'été, le second les provisions d'hiver; celui-là convertit avec immense profit et presque sans frais des prairies et des vallées dont les récoltes à la fois coûteraient énormément, et dont on ne saurait guère que faire; celui-ci, met le cultivateur de plaines à même de tirer, avec ample bénéfice, la quintescence de ses terres; ici encore, c'est à la sagacité de chacun de méditer son exploitation, et de combiner ses produits et ses ressources avec ses débouchés et son genre d'industrie.

Que l'on veuille faire du gras d'herbe ou d'étable, il est certaines règles qu'il importe de connaître et par-dessus tout de bien observer :

1° Tout sujet que l'on voudra mettre à l'engrais devra être châtré si c'est un mâle; le taureau devenu bœuf ne songeant plus qu'à la jouissance de sa ration, profitera notablement plus à l'herbage comme à l'auge; dans l'un et dans l'autre cas, il devra être opéré plusieurs mois avant d'être mis en nourriture; si on pouturait à l'étable un taureau immédiatement après la castration, son engrais marcherait moins vite et sa viande, n'ayant pas eu le temps de se modifier, serait de qualité très-inférieure ; dans les herbages, le taureau nouvellement châtré se bat avec les entiers, avec les bœufs, il tourmente les vaches et se fatigue avec elles autant et plus même que s'il était en état de féconder.

2° La vache, que de son côté on a résolu de préparer à la boucherie, devra également être châtrée ou fécondée à sa première demande du mâle ; n'éprouvant plus de désirs, ne provoquant plus les autres, réduite enfin au plus grand calme aussi, elle deviendra également une sorte de machine à suif et à viande et elle paiera plus généreusement sa dépense.

Il est fâcheux que jusqu'ici les instruments employés pour la castration des vaches ne soient pas plus précis et cette opération pas plus répandue ! Suif et viande, chez les vaches châtrées, tout arrive plus promptement à heureuse maturité ; quant à la qualité du suif, à sa finesse et au goût de la viande, j'en appelle à ceux qui ont travaillé l'un et goûté de l'autre. Par la castration, les vaches taurellières, dont personne ne se soucie, deviennent des bêtes de premier ordre et pour la promptitude d'arrivée et pour la qualité de l'abat.

Le taureau châtré, si bien qu'on le nourrisse, ne commence à *faire* qu'après au moins deux mois d'opération ; au bout de huit jours, la vache opérée témoigne déjà de la condition et tout en donnant autant de lait. Néanmoins, il y a différence énorme dans la promptitude de l'engraissement d'une vache opérée tout récemment et de celle dont la castration date de quelques mois.

Si la vache pleine devient calme et engraisse plus promptement, jamais elle ne devient aussi calme et jamais elle n'arrive aussi vite ni aussi bien que la *bœuve ;* outre que son suif est moins blanc et sa viande moins ferme, ce qu'elle fait pour son veau, d'un autre côté, est au détriment de tous ses produits à l'abattoir, on ne saurait révoquer le fait en doute. Un autre point à envisager, c'est que la vache châtrée dépense notablement moins que l'entière.

3° Les bêtes d'engrais ne doivent être ni trop jeunes, ni surtout trop vieilles; les bêtes avec excès d'âge sont dures d'amendement; néanmoins, j'ai observé que de très-vieilles vaches, après avoir subi la castration, engraissaient presque aussi bien et aussi promptement que *de beaucoup plus jeunes non opérées*. Quand une bête d'engrais est très-jeune, elle grandit tout en engraissant; à moins qu'on ne l'entretienne longtemps, elle donne plus de viande que de suif, mais sa viande est de première qualité. Il est d'observation générale que les bœufs comme les vaches dont le cornage est d'un jaune blanchâtre sont de plus facile engrais que celles à cornes marbrées de vert, et également que les bêtes à pelage noir sont plus dures que celles couleur froment.

4° Les bœufs excédés, épuisés de travail, déchus enfin, doivent être préparés par un repos de plusieurs mois et un certain régime convenable; les herbes leur conviennent parfaitement, même à ceux destinés à l'embouche ou engraissement à l'auge. Les vaches en plus ou moins mauvaise condition donneront également plus de bénéfice, préalablement si on les soumet à un régime préparatoire.

5° Règle générale, tout animal destiné à l'engrais doit être d'une organisation saine.

6° Comme le calme et le repos sont des conditions indispensables pour l'engraissement, on ne devra point tourmenter les animaux dans les herbages; ces derniers devront être pourvus d'ombrage et d'abris où les bêtes pourront venir chercher refuge contre les mouches, les ardeurs du soleil et les plus fortes injures du temps. Les sujets nourris à l'étable seront, de leur côté, tenus dans une température un peu tiède, proprement et hors de tout bruit; on ne les troublera point non plus par des visites intempestivement réitérées; leurs repas seront à heures fixes.

7° Enfin, s'il importe de bien choisir et préparer les sujets, de les disposer et gouverner avec intelligence et calcul, il n'importe pas moins de bien choisir également et administrer les aliments : les navets, les carottes, les pommes de terre, le grain, les fourrages de diverses essences et la bonne paille, telles sont les denrées dont il faut être approvisionné pour arriver à bon résultat en fait d'engrais d'étable. En bonne théorie, et d'après la pratique, les racines cuites, les grains plus ou moins grossièrement moulus et arrosés d'eau bouillante, engraissent plus vite qu'à leur état de nature; au lieu de les donner tels qu'on récolte, si on hachait les fourrages, si on les faisait préalablement tremper pendant plusieurs heures avant de les administrer, on en dépenserait considérablement moins pour arriver à plus prompt et meilleur résultat.

Si mon observation ne m'a point trompé, chaque ration de bonne paille hachée et mélangée d'un cinquième ou d'un quart de foin également haché, quand elle a trempé pendant quelques heures avant d'être administrée aux bêtes, et qu'on l'a assaisonnée seulement de trois à quatre litres de son maigre par tête, nourrit au moins à l'égal du seigle donné en vert; les moutures, les racines cuites que l'on y mêlerait seraient un excellent et actif condiment; une légère addition de sel exciterait l'appétit et favoriserait la digestion, tout en donnant de la qualité aux divers produits de la bête.

De même que l'herbageur livre d'abord ses herbes les plus grossières, les moins savoureuses, en un mot, les moins appétissantes et les moins bonnes, et qu'il réserve pour la fin les plus délicates, de même le cultivateur qui fait industrie d'engraisser à l'étable doit donner ce qu'il a de moins bon en premier lieu et réserver pour les derniers temps tout ce qu'il a de meilleur. Sans trop pourtant les multiplier, il importe de donner des rations moins abondantes et de les répéter plus souvent, surtout vers la fin; par ce moyen les animaux mangent davantage, de meilleur appétit et gaspillent moins; c'est également une louable méthode que de varier le régime.

Quelques petites saignées, surtout aux bêtes d'étable, ne sont point sans certain bon résultat; elles calment les animaux, elles favorisent et activent l'assimilation, et partant l'engraissement. Les bêtes d'étable, vers les derniers temps, ne doivent plus sortir; on ne doit plus les abreuver qu'à l'eau blanche tiède, et même rationner celles qui boivent trop; une bête qui boit moins profite toujours mieux que celle qui boit davantage.

S'ils calculaient bien, s'ils faisaient des opérations comparatives, certains emboucheurs qui traient leurs vaches en engrais, ne tarderaient point à reconnaître leur erreur et à couper de lait immédiatement les bêtes qu'ils ont résolu de nourrir.

Sans nuire à leur santé, ni à leur qualité, un peu d'ivraie enivrante, administrée aux animaux trop pétulants surtout, les calme et favorise leur embonpoint; pour les porcs, j'ai vu chez mon père employer cette graine avec grand avantage, surtout en mouture.

Malgré que les bœufs et les vaches mâchent deux fois leurs aliments, il importe de ne jamais leur donner de grains en nature, attendu qu'ils en rendent *toujours au moins un tiers* complétement intact. On a expérimenté et reconnu que six litres de grains, après avoir passé au concasseur, nourrissent et engraissent autant que neuf en nature; cette différence indemnise donc largement des frais de main-d'œuvre.

CHAPITRE XX.

DE L'AGE DE LA VACHE.

SOMMAIRE.

L'âge des vaches se connaît à l'inspection des dents. — On le connaît plus sûrement aux cornes. — Les vaches de vallées paraissent plus jeunes, celles des montagnes plus vieilles qu'elles ne sont réellement. — Durée moyenne de la vie de la vache.

Comme chez tous les autres animaux domestiques, chez le bœuf et la vache, l'âge se connaît aussi à l'inspection des dents. Avant deux ans, il est difficile d'assigner un âge précis à ces animaux. La mâchoire supérieure des ruminants est dépourvue d'incisives; mais, en revanche, l'inférieure en porte huit qui ont une forme toute différente de celles du cheval. Le bœuf, comme la vache et la brebis et tous les animaux de leur ordre, entrent en marque vers vingt mois; de deux à cinq ans, chaque année, ils perdent deux dents caduques; jusqu'à six ans, on peut donc savoir et spécifier au juste l'âge de ces animaux. Mais passé cette époque, même avec une grande habitude, on ne peut guère le préciser exactement. En effet, en pâturages humides ou simplement bas, à neuf et dix ans et même plus tard, les dents paraissent toutes jeunes; sur les bruyères, dans les plaines arides, à cinq ans, elles sont rasées aussi bas que chez les vieilles bêtes.

Depuis l'âge de trois ans jusqu'à dix-huit ou vingt, quand elles sont conservées naturelles, les cornes indiquent aussi exactement que possible l'âge des vaches; en effet, chez ces animaux, à l'âge de trois ans révolus, on aperçoit un cran à la base de chacune; à partir de cette époque, tous les ans un nouveau cran se dessinant très-net, on peut donc facilement, en comptant ces cercles,

Pl. III.

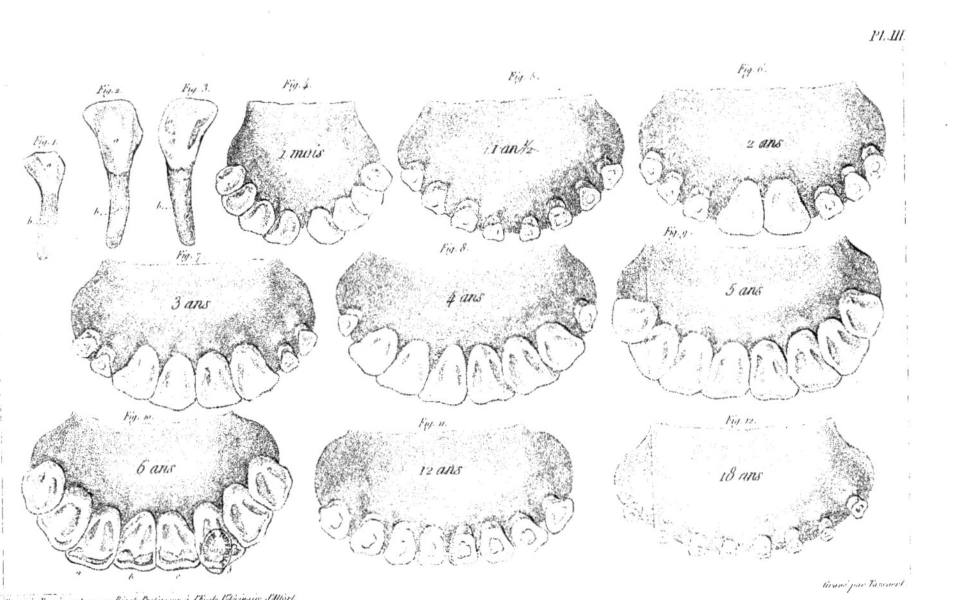

Dessiné d'après nature par Rigot Professeur à l'Ecole Vétérinaire d'Alfort.

Gravé par Tavernet.

le premier pour trois ans, et chacun des autres pour un an, dire l'âge au juste, à quelques mois près. Mais assez souvent le joug et ses lanières effacent en bonne partie ces signes chez les bœufs de travail, comme les longes de l'étable et le râcloir des marchands les font disparaître chez les vaches.

La vache peut vivre vingt à vingt-cinq ans; mais vers l'âge de dix à douze, on devrait la réformer, à moins de considérations particulières.

CHAPITRE XXI.

VACHERIES. — ÉTABLES.

SOMMAIRE.

Orientation, aération des vacheries et étables. — Quelques idées touchant le lait des vaches phthisiques. — Troubles et changements fâcheux qu'il peut déterminer sur la santé de l'homme et surtout des femmes et des enfants.

On désigne par la dénomination d'étable, l'habitation destinée aux bœufs de travail; celle de vacherie est plus spécialement comparée à l'habitude des vaches laitières. On doit observer dans la construction et la disposition des étables et vacheries les mêmes règles que pour les écuries. Une bonne orientation, de l'air et de la lumière à volonté, telles sont les principales conditions. Le sol doit en être ferme comme celui des écuries.

Quand on a des vaches avancées de veau ou nouvellement vêlées, il est prudent d'entretenir beaucoup de litière et même du fumier sous leur arrière-main, afin de conjurer les renversements de vagin ou de matrice chez elles très-fréquents dans ces circonstances. Les vacheries, comme les étables, doivent être pourvues d'auges et de râteliers; seulement les premières seront plus larges et plus basses et les râteliers également moins élevés et leurs barreaux moins écartés que pour les chevaux.

Sans toutefois être étouffées, les vacheries demandent à être plutôt un peu plus chaudes que trop froides; les portes en seront larges, le seuil peu élevé.

La principale cause de la pommelière *après l'hérédité*, c'est le manque d'air dans les étables; bien que cette maladie semble être une conséquence de la surabondante sécrétion lactée déterminée elle-même par la domestication, par la mulction et les divers soins dont on entoure les vaches, enfin, ce qui revient au même, bien que les meilleures bêtes à lait y soient infiniment plus sujettes que les autres, les cas en seraient notablement plus rares et moins marqués, si les vacheries étaient moins étouffées; en un mot, si les animaux avaient un air meilleur et plus abondant à respirer.

C'est une mauvaise méthode que de lier les vaches par les cornes; par le cou, elles ne sont point suffisamment assujetties; un bon chevêtre comme en portent les chevaux, est tout ce qu'il y a de plus convenable sous tous rapports.

Je ne saurais terminer l'article vache sans émettre une idée que d'autres sans doute ont déjà eue avant moi et qu'ont approuvée des gens spéciaux auxquels je l'ai soumise. Quand on veut donner à un enfant une nourrice étrangère, celle-ci, et à très-juste titre, est l'objet d'une étude la plus minutieuse. Il est reconnu qu'une femme phthisique donne sa maladie à l'enfant qu'on lui confie, quelque bien né que soit ce dernier; or, pour peu qu'on doute de sa santé, du bon état de sa poitrine surtout, on se garde bien de l'admettre. Pourquoi ne pas en faire de même des vaches à lait, dont les poumons sont malades plus ou moins évidemment? Si ces dernières, quand elles en sont infectées, peuvent communiquer certaines maladies à l'espèce humaine, pourquoi, quand elles ont en elles une affection telle que la phthisie tuberculeuse ou pommelière, ne craindrait-on pas de les voir en communiquer le germe aux jeunes enfants comme à tous ceux qui font du lait leur nourriture plus ou moins exclusive? Un fait que de plus savants chimistes que moi ont dû reconnaître encore mieux, c'est que le lait de vache phtisique offre dans sa composition de grands caractères différentiels avec le lait de vaches fondamentalement saines; la chair de vaches affectées de pommelière, de son côté, quoi qu'en aient dit des savants, doit être assez insalubre aussi. Je laisse aux docteurs, aux savants, aux sociétés de salubrité, l'approfondissement d'une question aussi sérieuse et toute au-dessus de la portée d'un obscur vétérinaire de campagne.

CHAPITRE XXII.

VICES RÉDHIBITOIRES.

SOMMAIRE.

Les démarches et formalités pour intenter l'action rédhibitoire sont les mêmes que pour le cheval, l'âne et le mulet. — Enumération des vices rédhibitoires de la vache, leur délai de garantie.

Si les vices pouvant entraîner la rédhibition sont moins nombreux que pour le cheval, les démarches à faire, d'un autre côté, sont tout absolument les mêmes néanmoins.

Ces vices, dans l'espèce bovine, sont au nombre de quatre, savoir :

1° La pommelière ou phthisie tuberculeuse;

2° Les suites de la non délivrance; } après le part chez le vendeur.

3° Le renversement du vagin ou de l'utérus; } après le part chez le vendeur.

Ces trois cas ont une garantie de neuf jours, non compris celui de la livraison;

4° L'épilepsie ou mal caduc; ce dernier cas comporte un délai de trente jours, également non compris celui de la livraison.

CHAPITRE XXIII.

LA BREBIS.

SOMMAIRE.

Au détriment de ses autres bestiaux, le cultivateur français s'occupe trop de sa bergerie, et encore le fait-il souvent sans combinaison, sans jugement.—L'étude de l'exploitation devrait entrer pour le choix du troupeau. — On doit n'avoir que des bêtes dont la race et le tempérament soient en rapport avec la nature du sol. — La brebis est un animal de la création tout comme les autres, et nullement formé par la domestication. — Moutons mérinos.—Solognots.—Nécessité, avantages des croisements. — Moutons anglais importés en France en 1834. — Comment les Anglais font de superbes bestiaux. — Race berrichonne. — Encore un mot sur la race solognotte.

Tout en approuvant le zèle qu'ils apportent à vouloir améliorer leur bergerie, il est néanmoins à regretter que la plupart de nos cultivateurs négligent trop leurs autres bestiaux; sans consulter ni sa localité, ni le système de culture qu'elle comporte, presque tout le monde aujourd'hui veut du gros, presque tout le monde veut du fin, comme si les bêtes de taille et de volume devaient prospérer partout, comme si partout les bêtes fines pouvaient se plaire et tourner infailliblement à bénéfice.

Cependant que de fermiers remplaceraient avec grand avantage par des bêtes un peu moins fortes et surtout un peu plus communes leurs races trop distinguées et trop délicates ! Comme pour les autres animaux, avant de se livrer soit à l'élève, soit à l'entretien des bêtes à laine, on doit, avant tout, consulter et étudier très-mûrement sa localité. Aux bêtes corsées et d'étoffe, les plaines bien égouttées et riches ; sur les cailloux, dans les sables, en coteaux, les petites bêtes fines prospèrent ; le solognot, plus ou moins grandi, plus ou moins affiné, réussira dans les vallées plus humides, pour peu qu'on sache l'administrer et le gouverner.

Ainsi que la vache et la chèvre, la brebis est un animal ruminant. Certains naturalistes ont avancé qu'elle n'était autre qu'un mouflon dont le poil demi-laineux avait été assoupli et la conformation modifiée par la domestication ; cependant, d'après Homère et la Bible, les plus anciens livres du monde, dès les premiers âges, il y avait *des pasteurs de brebis.*

Les principales races que l'on rencontre aujourd'hui en France sont : en première ligne, la race mérinos plus ou moins pure, plus ou moins métissée ; ensuite, la race berrichonne, la plus estimée avant l'importation des mérinos, en 1776, par le vétérinaire Gilbert, et conformément aux ordres de Trudaine, alors intendant des finances. Il est une autre race malheureusement trop dédaignée et qui pourtant, avec quelques soins, ne tarderait point à acquérir un certain mérite, c'est la race de Sologne : dure, robuste, trouvant sa vie partout, la bête solognotte prospère où toutes les autres dépérissent ou meurent.

Avec sa tête jaune ou brune, avec ses pattes de même nuance et dépourvues de laine, avec son ventre presque nu, le mouton de la plaine de Caen, dont toutefois le volume est au moins triple, ressemble beaucoup à celui de la Sologne. On a reproché au mouton canais d'être grand mangeur ; cette incrimination est plus spécieuse que réelle. D'abord, qu'on lui donne moins ample pâture, il saura s'en contenter ; il deviendra moins grand, il sera plus tôt mûr, et voilà tout ce qui arrivera, sans que son tempérament en souffre; d'autre part, aux détracteurs de cette vraiment bonne race, même la meilleure de toutes pour le goût, pour la quantité et toutes les autres qualités de sa viande et de son suif, on peut répondre, qu'elle ne vit que des restes des bœufs d'engrais, des vaches et des chevaux d'élève, en un mot, qu'elle ne vient qu'en troisième et souvent en quatrième lieu dans les herbages; enfin, qu'elle trouve encore surabondamment à broutter là où les animaux qui l'ont précédée finissaient à ne plus avoir suffisante paisson; qu'à proprement parler, elle ne vit que d'herbes qui seraient perdues et qu'elle utilise à grand profit. Les races cauchoises et picardes, comme bêtes françaises encore, ne laissent pas assurément non plus que d'avoir aussi leur mérite.

De même qu'au moyen des mérinos on est arrivé à affiner nos anciennes laines communes, au moyen de la race canaise, qui est de premier tempérament et assez bien habillée, pourquoi ne pas chercher, dans certaines contrées basses, à affermir la nature de races plus délicates. Plus de tempérament, plus de chair, de la laine pour autant d'argent, tel serait pourtant le résultat qu'obtiendraient bientôt les fermiers de nos vallées humides, qui ne gagnent rien à élever du trop petit et se ruinent en donnant dans la première finesse.

Si le mouton de la Sologne n'était doué d'autant de rusticité, s'il n'était à toute épreuve contre la pourriture, sa laine est si grosse, sa taille est si petite, qu'il serait déraisonnable de l'admettre dans aucune exploitation. Quand on les compare, on ne peut s'empêcher de considérer le mouton de Caen absolument comme n'étant autre que le solognot grandi par le régime meilleur et plus de soins. Peu difficile sur le choix des aliments, jouissant de la qualité quand il la rencontre, de la quantité quand il la trouve, la race solognotte, pour prospérer, ne demande presque aucune attention. Qu'on affine sa laine tout en la rendant plus abondante, qu'on grandisse sa taille par de sages croisements, en d'autres termes, qu'on donne son tempérament, presque inaltérable, à des bêtes plus grandes et mieux lainées, et on aura bénéfice notable et assuré, surtout en pays un peu bas.

Quelle qu'en soit la race, le mouton n'aime pas les alternatives de disette et d'abondance, difficilement il engraisse deux fois, *jamais trois*.

En 1834, le gouvernement français envoya chercher en Angleterre une race de brebis remarquables par la longueur de leur mèche, par la grosseur de leur corps, la petitesse proportionnelle de leurs os et principalement par leur merveilleuse facilité à prendre graisse. Cette race est à la brebis ordinaire, ce que la vache durham est à la vache commune; ce que le cochon anglais est au cochon français, sauf pourtant que les cochons anglais engraissent vite avec peu et sans gaspiller beaucoup, tandis que les moutons dishley, les new-kent dépensent encore assez et surtout gaspillent considérablement. Les bêtes connues sous la dénomination de dishley, d'un autre côté, ne se plaisent bien que dans les plaines où l'herbe pousse abondamment; de plus, si elles sont moins sujettes à la pourriture que nos bêtes ordinaires, d'un autre côté, elles ne sauraient, comme elles, parcourir une grande étendue de terrain pour y chercher leur vie. Chez ces bêtes le volume de la graisse est presque aussi considérable que le volume de la chair, un peu fade, soit dit en passant.

Les blackfaced, les southdown, les new-kent, comme bêtes étrangères; les meanchamp, comme bêtes de fabrication française; enfin tous ces animaux créés, croisés ou perfectionnés, qui figuraient au concours universel de Paris et aux divers concours régionaux, sont autant de preuves de ce que l'on peut faire avec de l'*étude*, de l'*intelligence*, de la *persévérance* et des *soins;* tel est le secret, telle est la recette des Anglais, qui ont émerveillé toutes les nations par la supériorité incontestable de leurs superbes produits en bestiaux de toutes sortes. Au lieu d'aller chercher hors de chez eux et à des prix fabuleux des producteurs qu'ils auraient eu de la peine à acclimater, ils ont fait plus sagement et mieux, ils ont eu recours à leurs propres ressources ; ils ont choisi des sujets d'élite dans leurs propres troupeaux, ils les ont élevés avec soin, ils les ont observés avec attention, ils les ont judicieusement alliés, soit entre eux, soit avec des sujets d'autres familles; puis ils les ont parfaitement nourris. C'est ainsi qu'ils sont parvenus à une supériorité digne de notre envie.

Tout en leur empruntant ce que l'étude et la sagesse nous conseilleront, suivons leur exemple, et par-dessus tout n'oublions pas que c'est par une bonne alimentation et un bon choix de producteurs, plus que par tout autre moyen, que nos voisins d'au-delà du détroit se sont fait ce qu'ils sont. C'est en alliant, pendant plusieurs générations, les frères avec les sœurs, que Backwel a obtenu sa race si riche en chair et en graisse, en même temps que de faible ossature. Ajoutons en même temps, que le bon et abondant régime n'a pas, de son côté, contribué pour peu non plus à l'heureuse solution du problème qu'il s'était posé, et qu'il a presque eu le bonheur de voir résolu avant de mourir.

Les mérinos sont originaires d'Espagne. Les uns ont des cornes, les autres en sont dépourvus. Leur taille varie de soixante-six à soixante-dix centimètres. Leur caractère distinctif consiste dans la finesse, l'abondance et l'élasticité de leur laine. On les a divisés en deux types ou espèces : l'espèce trapue et l'espèce légère. Mais, à bien considérer, la seconde n'est qu'une dégénération de la première. Plus mince, plus élancée, la tête et les pattes nues, meilleure marcheuse et plus dure d'engrais, la race légère n'a de rapport avec la vraie race, que par la finesse de sa mèche. Ici, comme toujours et partout, c'est encore le climat, les pâturages, le régime qui ont apporté de la modification.

Une maladie très-commune en France dans nos troupeaux, et qui, sans occasionner de mortalités, néanmoins cause de grandes pertes aux cultivateurs, c'est le piétain. Cette affection a été importée chez nous tout vraisemblablement par les mérinos, puisque nous ne la connaissions point avant l'introduction de cette race. Un fait certain, du moins, c'est qu'elle sévit d'autant plus et d'autant plus opiniâtrement, que les bêtes ont plus de finesse :

1° Pratiquer sur la partie la plus propice de la cour d'exploitation un défoncement de la profondeur d'un fer de bêche et de deux mètres de largeur sur quatre à cinq de longueur; 2° en battre fortement le fond et les bords à plusieurs reprises; 3° éteindre dans cette espèce de bassin une partie de chaux vive sur quinze ou vingt parties d'eau, de manière à l'emplir aux deux tiers environ; 4° y projeter de la longue paille de céréales ou de colza, de manière que les pieds des bêtes ne baignent point à eau libre; 5° disposer de chaque côté des claies de parc, soutenues au moyen de leurs crosses et formant un couloir évasé à ses extrémités; 6° enfin, faire passer et repasser plus ou moins souvent, suivant son état, le troupeau dans le bain, que, de temps en temps, on a soin de raviver ou de changer, tel est un procédé que j'ai essayé et employé avec avantage dès le début de ma pratique, et avant que personne en ait aucunement parlé.

La véritable race berrichonne, depuis l'importation des mérinos, a presque entièrement disparu, même de son propre pays. Cette race est très-bien faite, mais de petite taille; elle a la jambe mince et dépourvue de laine, ainsi que la tête; son museau est un peu allongé et camus. La brebis du Berri est vive, alerte et surtout habile à chercher sa vie; elle trouve de l'herbe là où on en voit à peine;

on dirait, à la voir manger gloutonnement en plaine aride, qu'elle invente sa nourriture au fur et à mesure de son besoin. Sa laine est tassée, frisée et passablement fine, mais malheureusement peu longue; il faut un bon mouton berrichon pour en donner deux kilogrammes à la tonte. Le mouton berrichon engraisse facilement. Avec sa bonne nature et un instinct qui lui fait trouver partout de quoi subsister, il est susceptible de prospérer où le mérinos souffre, languit et tourne à perte. Plus robuste, moins sujet à la pourriture, à la gale et au piétain, exigeant beaucoup moins de soins, cette espèce indigène serait avantageusement introduite dans beaucoup d'exploitations demi-convenables aux mérinos, et où l'on pourrait augmenter sa laine et grandir sa taille par un métissage gradué et bien calculé avec le sang espagnol.

Au lieu d'importer dans leur exploitation des animaux étrangers, délicats et quelquefois aussi mal appropriés que de grand prix, si certains cultivateurs adoptaient et perfectionnaient la race berrichonne ou toute autre race française, en choisissant et entourant de bons soins les meilleurs sujets nés dans leur troupeau ou chez leurs voisins, et en les alliant soit entre eux, soit avec de bons sujets étrangers, ils arriveraient souvent plus heureusement qu'en brusquant une acclimatation mal calculée ou incompatible avec leur sol et leur système de culture. Backwel, pour créer sa belle et bonne race si riche en laine, et surtout en suif et en viande, Backwel n'est point allé chercher de producteurs hors de son pays, ni même hors de son propre troupeau primitif; il a travaillé à utiliser ce que Dieu lui avait mis en main.

Le véritable type solognot est généralement peut-être un peu plus grand que celui du Berri; comme ce dernier, il a la tête et les jambes nues, à l'exception, pourtant, que ces régions, chez lui, sont couleur noisette et quelquefois brunes, ce qui, joint à la vivacité naturelle, lui donne un véritable air sauvage. Son ventre inférieurement est également dépourvu de laine. Sa toison est blanche, peu tassée, peu frisée; à peine si elle est enduite d'un très-léger suint; elle contient beaucoup de longs et gros poils nacrés connus sous le nom de jarre; enfin, elle est d'un poids fort médiocre; mais en revanche, cet animal est doué d'une santé et d'une robusticité peu commune, *c'est la vie incarnée.*

Si les troupeaux de Sologne sont plus que les autres sujets au sang de rate, il ne faut l'attribuer qu'à l'alternative de disette et d'abondance, de maigreur et d'état que subissent ces animaux; c'est même là la seule cause des pertes désastreuses qui parfois ruinent le métayer solognot. Qu'on règle le régime d'été, que l'on fasse plus de provisions pour la saison d'hiver et surtout pour le commencement du printemps, et bientôt, malgré la mauvaise influence irrécusable du sol de cette contrée, la maladie, qui ne laisse pas que de se distinguer par un certain caractère particulier, ne tardera pas à s'amoindrir, peut-être même à cesser entièrement ses ravages.

En résumé, malgré sa toison pauvre et grossière, la bête de Sologne ne saurait être méprisée : qu'on la grandisse par des béliers de race plus forte, qu'on affine sa laine par des sujets étrangers plus ou moins affinés eux-mêmes, qu'on lui conserve son tempérament surtout, en même temps qu'on la soumette à un régime meilleur et plus régulier, qu'on égoutte, qu'on écibue, qu'on assainisse les plaines humides qu'elle parcourt, et cette race ne tardera pas à produire beaucoup plus d'excellente viande et une laine plus abondante et moins dédaignée : *tout est dans tout*, me disait un jour un sage et savant maître dont je me souviens souvent.

Qu'on ne m'impute pas un faible quand même pour les races berrichonne et solognotte à l'exclusion des mérinos et autres bonnes races; si j'ai insisté un peu sur l'amélioration possible des bêtes de Sologne et du Berri, je n'ai eu d'autre idée ni intention que d'engager beaucoup de fermiers à faire à leurs véritables intérêts un certain petit sacrifice d'amour-propre; n'eût été la crainte de froisser certaines susceptibilités, d'une part j'aurais nommé des propriétaires malheureux de troupeaux distingués, d'autre part j'aurais cité des succès et des chiffres de rendement plus que d'instantes exhortations, capables d'attirer des prosélites à ma manière de voir. Assurément, quand les circonstances le permettent, il y a plus d'avantage à cultiver de la finesse que du commun; ici encore, comme en tout et partout, préalablement il faut étudier, supputer et faire des balances de comptes avant de rien entreprendre définitivement. Autant que qui que ce soit, je suis *partisan du beau;* mais, par-dessus tout pourtant, je suis encore plus *partisan du bon*, c'est-à-dire de tout ce qui offre chance de réussite et bénéfices assurés.

CHAPITRE XXIV.

ACCOUPLEMENT DES BÊTES A LAINE.

AGE DE REPRODUCTION. — MISE BAS.

SOMMAIRE.

Buts multiples de l'élevage des moutons. — Avantage de l'emploi de reproducteurs jeunes. — Les premiers agneaux qui viennent sont le plus généralement des mâles, et les derniers des femelles. — Qualités et caractères du bélier. — Avantage de faire naître les agneaux dans un court délai. — Les agneaux précoces valent mieux que ceux de naissance plus tardive. — Divers systèmes pour la fécondation des brebis. — Gouvernement

des béliers quelque temps avant la monte. — Gouvernement des brebis pleines. — Quelques conseils aux bergers en cas de mise bas difficile.

Les brebis s'élèvent pour la chair et pour la laine ; on pourrait, même on devrait ajouter : *et pour le fumier*. La taille et le volume des sujets engendrés par des parents jeunes deviennent remarquables, le fait est avéré ; leur laine également n'en a que plus de finesse. Quelle que soit la race, il y a donc avantage positif à faire procréer la jeunesse. Cependant, bien qu'on n'en exige aucun déploiement de forces, aucun travail enfin, on ne doit pas oublier qu'une certaine dose de vigueur est nécessaire, surtout aux espèces appelées à parcourir les plaines plus ou moins étendues et à y chercher leur vie durant la majeure partie de l'année. En outre, l'expérience a démontré que des fécondations successives trop précoces sont une cause infaillible de dégénération.

A dix-huit mois, la jeune brebis qui a toujours été dans de bonnes conditions est capable de concevoir un agneau vigoureux et de l'allaiter convenablement. Pour les béliers, eu égard au nombre toujours assez considérable de femelles qu'ils sont appelés à féconder, il doivent avoir au moins trente mois pour être avantageusement employés à la monte. Pourtant, considérant les beaux produits que des *béliers agneaux* lui donnaient, un agronome a dit que rien *n'était beau comme un agneau né agneau*. Assurément, si un bélier ne saillissait qu'une seule fois chaque brebis et s'il n'en avait que deux ou trois par jour, il n'y aurait pas grand inconvénient à l'utiliser très-jeune ; mais ces animaux par nature étant très-lascifs, et les brebis ne se mettant en chaleur souvent que les unes après les autres ; d'autre part, les mâles couvrant nombre de fois la même femelle, ils ne tardent point à s'épuiser. On a observé que les agneaux conçus au commencement de la lutte sont en majorité des mâles et qu'ils sont plus vigoureux ; au contraire, que ceux conçus à la fin sont plus délicats et en majeure partie des femelles, ce qu'on peut vraisemblablement attribuer à l'épuisement du bélier vers la fin de la monte · il est de remarque générale, en effet, que de deux êtres de sexe différent qui sont appelés à procréer ensemble, presque toujours le plus vigoureux se reproduit. Si les animaux de l'espèce ovine, quoique bien nés et bien élevés, tendent toujours à pécher par défaut de tempérament, on ne saurait trop s'ingénier à leur donner de la robusticité par tous les moyens possibles.

En résumé, si dans les reproducteurs, en général, on doit rechercher la santé la plus ferme, à plus forte raison, quand il s'agit d'une espèce qui a une si grande propension à se détériorer, doit-on être plus scrupuleux. Un bélier sain et vigoureux marche la tête haute, il mange avec appétit ; le saisit-on par la jambe, il fait éprouver de violentes secousses au bras qui le retient; dans le moment du rut, tout chez lui respire la pétulance et l'ardeur ; santé, vigueur, finesse et poids de la toison, telles sont, en deux mots, avec une bonne conformation et une taille voulue, les qualités d'un bon bélier, quelle que soit l'espèce. Les brebis qu'on lui destine, de leur côté, doivent être vigoureuses elles-mêmes, en même temps que bien faites et convenablement habillées.

Quand on se livre à une spéculation aussi productive quand elle est sagement conduite, que ruineuse si on la dirige mal, il n'est si minutieux détail dans lequel il n'importe d'entrer. Toutes les bêtes d'un même troupeau, s'il était possible, devraient être fécondées dans la même semaine ; naissant ensemble, tous les agneaux seraient à peu près d'égale force ; au contraire, quand la monte traîne et se prolonge, les agneaux viennent à la longue, les plus vieux étant toujours plus vigoureux, frustrent les plus jeunes du lait de leur mère ; le moment de leur donner du grain et de la nourriture au râtelier étant également arrivé, les premiers nés encore conservent toujours le dessus, tandis que des derniers, qui n'ont jamais que des restes gaspillés plus ou moins, languissent, viennent mal, et même beaucoup finissent par succomber tôt ou tard, après avoir coûté.

Les brebis entrent habituellement en chaleur dans le courant d'août; comme elles portent cinq mois, elles mettent donc bas dans le courant de janvier. Bien que cette saison paraisse peu favorable, on a observé néanmoins que les agneaux qui naissent à cette époque sont les meilleurs, quand on nourrit convenablement les mères; d'un autre côté, si pour reculer les naissances en mars, on ne mettait les béliers que deux mois plus tard parmi les brebis, beaucoup de ces dernières manqueraient leur année.

Un usage que l'on ne saurait trop recommander, quand la saison de la monte est venue, c'est de lancer dans le troupeau, après les avoir munis de tabliers bien adaptés, quelques mauvais mâles entiers. Attaquant, harcelant, provoquant toutes les femelles, ils ne tardent point à les mettre toutes en rut: arrivant à leur tour dans le troupeau et après que les *agneaux* en sont retirés, les vrais béliers, trouvant un grand nombre de brebis prêtes à la fois, ne suivent pas longtemps la même et en peu de temps en fécondent par conséquent un nombre plus considérable tout en s'épuisant beaucoup moins.

Toutes ou la plupart des brebis étant préparées par les *boute-en-trains*, il est deux méthodes d'accouplement : la première consiste à mettre les béliers chacun à leur tour parmi les brebis; par là, on évite des combats acharnés, souvent funestes et qui, en outre, paralysent ou retardent le travail; la seconde, qui est bien préférable, est d'attendre la nuit et de lâcher pêle-mêle tous les béliers à la fois. Ne se distinguant pas, ils ne peuvent se battre; toutes ou la majeure partie des brebis étant prêtes ensemble, les mâles, ne peuvent s'en prendre longtemps à celle qu'ils viennent de saillir et préfèrent s'attaquer à une nouvelle ; de cette manière, la besogne marche grand train, les béliers ne se mettent point à bout et tous les agneaux naissent vigoureux et à peu de temps les uns des autres. Avec la précaution de retirer les béliers sitôt le jour et de les bien soutenir par du grain et des fourrages substantiels, ce procédé est préférable à tout autre, attendu en outre qu'il leur laisse un bon temps de repos.

Si, comme il arrive assez fréquemment, surtout au mérinos, durant le jour quand ils sont réunis et séparés des brebis, ces animaux se battent entre eux, on devra soit leur masquer les yeux, soit les enfermer chacun dans un compartiment spécial. J'ai vu en Champagne des fermiers bien avisés qui s'entendaient entre eux et mettaient leurs béliers en commun pour faire féconder alternativement leur troupeau à tour de rôle.

Quand on n'a qu'un bélier et qu'il est de grand prix, quand d'un autre côté, le nombre des femelles à féconder est considérable, il existe en Allemagne un moyen bien ingénieux en quelque sorte de le multiplier : ce moyen consiste à tenir cet animal dans un habitacle isolé; d'autre part, mis en plus ou moins grand nombre avec les femelles dont on veut obtenir produit, leur poitrail et leur gorge ayant été préalablement rougis avec une dissolution d'ocre dans de l'huile, en montant et descendant, des faux béliers marquent les brebis en rut; alors au fur et à mesure on prend chacune d'elles et on la présente au bélier d'élection qui ne la saillit qu'une seule fois, ce qui est suffisant. Par là, sans s'épuiser, un mâle à lui seul féconde et en peu de temps autant de brebis que trois ou quatre auraient pu faire en liberté et moins promptement.

Durant la monte, il importe de donner aux béliers tout ce qu'il y a de meilleur en nourriture : les pois, la vesce, un peu d'avoine, du bon fourrage arrosé d'eau salée et à boire à discrétion, telle doit être la composition de leur régime.

Dans la monte ordinaire, la plus vicieuse de toute assurément, un seul bélier ne peut qu'à grand peine suffire à soixante ou soixante-dix brebis; deux sont grandement assez pour deux cent cinquante bêtes préparées par les boute-en-trains et livrés la nuit seulement; par le système de la monte à la main, un seul mâle peut emplir trois cents femelles et plus dans sa saison.

Dans un troupeau bien administré, six semaines au moins avant l'époque de la monte, on doit préparer les mâles par une nourriture tonique et en même temps les séparer du troupeau, afin d'empêcher d'une part la fécondation prématurée de quelques brebis plus précoces, ou d'autre part de conjurer de vaines mises en rut qui, le plus souvent empêchent les vraies chaleurs au moment de la lutte.

Dans les premiers mois de la plénitude, les brebis ne réclament aucun soin spécial; mais cinq à six semaines avant leur terme, on doit commencer à les surveiller un peu; tous les jours régulièrement on leur donnera à boire, car si on les laissait endurer la soif, quand elles rencontreraient de l'eau, elles s'engorgeraient avec avidité et pourraient se faire du mal tant à elles-mêmes qu'à l'agneau qu'elles portent. Quant à leur nourriture, elle ne doit être ni trop chiche, ni trop abondante. Dans le premier cas, les bêtes dépériraient et n'amèneraient qu'un petit faible, chétif, mal développé, mal venant. Les mères de leur côté, épuisées qu'elles seraient elles-mêmes, ne leur fourniraient que fort peu de lait; d'autre part, un régime trop copieux augmente la masse du sang; la circulation par là devenant plus difficile, il pourrait s'ensuivre des accidents d'un autre ordre. Enfin, il est remarquable que les bêtes trop grasses mettent bas moins facilement et moins heureusement que celles en simple bonne condition, et que leurs agneaux sont moins gros et moins bien venants.

Les pâturages humides, dangereux en tout temps pour les bêtes à laine et surtout pour les bêtes fines, le sont encore bien plus dans cette circonstance. Fort sotte et fort peureuse, la brebis souvent avorte sans autre cause qu'une simple frayeur.

La brebis le plus souvent met bas sans secours, ce qui, on ne saurait en douter, tient à l'exercice journalier qu'elle prend; cependant il arrive quelquefois que la nature demande à être aidée. Malheureusement le plus grand nombre des bergers, dépourvus de la prudence et de l'intelligence nécessaires dans une circonstance aussi délicate, sans le moindre examen, sans la moindre réflexion préalable, se livrent tout à coup à des manœuvres barbares qui n'aboutissent souvent qu'à un résultat doublement fâcheux.

Mettre l'agneau dans une position convenable, seconder les efforts de la mère et surtout ne point précipiter les choses, telles sont les principales règles. La nature est riche en ressources, quand on sait l'observer et l'attendre; avec de la réflexion et des manipulations sages, rarement les choses tournent mal. Bien saisir la position du petit sujet, reconnaître s'il se présente la tête la première, ou bien s'il ne se dispose point à sortir à rebours. Dans le premier cas, aller chercher les pattes, si elles ne se présentent point, allonger la tête sur les avant-bras, puis tirer doucement et avec prudence à chaque effort de la mère; dans le second, saisir les deux pattes de derrière, les allonger, rabattre la queue sur les fesses, attendre les contractions de la mère, les seconder, et la plupart du temps tout arrive à souhait. Chez la brebis, comme chez la vache, comme chez toutes les femelles, on ne doit pas précipitamment prendre la résolution de morceler le fœtus, à moins qu'il ne soit gonflé et décomposé, ou bien de conformation monstrueuse ou démesurée.

CHAPITRE XXV.

SOINS APRÈS LA PARTURITION.

SOMMAIRE.

Des triquets, leurs avantages.—Avantage du grain dès le bas-âge. — L'avoine est préférable à l'orge. — Sevrage des agneaux. — Précautions à prendre. — Ne donner qu'avec circonspection le trèfle rouge aux jeunes agneaux. — Castration des agneaux. — Age et moment auxquels il convient de la pratiquer. — Procédé généralement usité en Champagne et en Brie pour cette opération.

Dans certaines exploitations bien tenues, il existe un usage des mieux imaginés ; on commence à le rencontrer chez beaucoup de fermiers ordinaires, et même chez quelques petits particuliers : il consiste à diviser une certaine partie de la bergerie en un nombre plus ou moins considérable de petites loges ou cases communément appelées *triquets*. Aussitôt qu'une brebis a agnelé, aussitôt on l'enferme avec son petit dans un de ces retranchements. Cette mesure est aussi admirable dans ses résultats que simple dans son exécution ; elle compte de nombreux avantages : une mère, comme il arrive assez souvent, surtout aux jeunes bêtes primipares, se soucie-t-elle peu de sa progéniture, elle est forcée de s'en occuper ; une autre est-elle peu laitière, faible, fatiguée, malade, on peut lui donner des soins particuliers ainsi qu'un régime spécial; un troisième avantage non moins grand, c'est de mettre les nouveaux-nés faibles à l'abri de la gloutonnerie de leurs camarades plus âgés et plus forts. Il n'est pas nécessaire d'avoir autant de triquets que de portières; au fur et à mesure que les agneaux premiers venus ont acquis suffisamment de force, que les mères s'en occupent bien, ont assez de lait et sont rétablies, on les met pêle-mêle dans la bergerie commune, après, toutefois, les avoir elles et leur petit marqués d'un chiffre correspondant. Par là, du premier coup d'œil, le berger voit ce qui se passe et peut aider facilement aux mères à trouver leur élève. Une vingtaine de cases suffit pour une bergerie de soixante à quatre-vingts brebis. La construction en est peu dispendieuse : quelques pieux et des bouts de planches ou simplement des claies en gaulis qui durent autant qu'elles coûtent bon marché, en forment tous les matériaux ; pourtant, il faut les disposer avec assez de solidité pour que les mères ne se blessent point en les renversant, et que les petits ne puissent s'en échapper.

Les bêtes à laine fine passent et avec raison pour avoir l'instinct maternel beaucoup moins développé que les bêtes plus communes ; c'est ainsi que la brebis mérinos, tant qu'elle a du lait, admet tous les agneaux qui se présentent. Les cases ou triquets sont donc indispensables dans les exploitations où on se livre à leur éducation.

Les pois, la vesce, le trèfle, la luzerne passent pour donner aux brebis beaucoup plus de lait que toutes les autres denrées. Dès l'âge de six semaines, même avant, on voit les jeunes agneaux s'essayer à manger. Le lait de leur mère ne tardant point à leur devenir insuffisant, il faut songer à y suppléer par quelque aliment approprié à leurs organes encore faibles, à leurs dents à peine sorties et à la force naissante de leur petite mâchoire.

Ainsi que les jeunes poulains et veaux, les agneaux, dès leur première jeunesse, seront mis avec avantage au régime du grain. Les Anglais, maîtres passés en fait d'éducation de bestiaux de toutes sortes, donnent du grain à tous leurs jeunes animaux, sitôt qu'ils peuvent en manger. Comme leur mâchoire est peu forte et leur grain assez dur, c'est une bonne et même bien excellente pratique que de le leur concasser ou même de le leur moudre. Beaucoup de cultivateurs donnent à leurs agneaux de l'orge préférablement à de l'avoine. Si l'orge nourrit et engraisse, il est certain que l'avoine, qui nourrit bien aussi, donne plus de vigueur et affermit le tempérament mieux que tout autre grain. Le sel conseillé pour tous les bestiaux devrait aussi assaisonner les aliments des agneaux de premier âge; il exciterait leur appétit, il favoriserait leur digestion.

C'est ordinairement quand ils ont quatre à cinq mois que l'on songe à sevrer les agneaux; la nature n'aimant point les transitions brusques, il ne faut donc point tout à coup condamner ces jeunes animaux à un sevrage définitif, il en pourrait résulter des accidents graves, surtout pour ceux auxquels le lait très-substantiel et très-abondant de la mère suffisait presque exclusivement jusqu'alors. Il est sage de commencer par ne plus mettre les agneaux avec les mères qu'à de certaines heures de la journée, puis à des moments inégaux; enfin, on ne sévrera complétement que quand la majeure partie du jeune troupeau mangera convenablement bien.

Quand le moment du sevrage définitif est décidé, c'est un très-bon usage que de tenir les brebis à une telle distance de leurs petits, que ces derniers ne puissent les entendre. Cette précaution est plus importante qu'elle ne semble d'abord : l'agneau, qui n'a pas perdu l'habitude de teter, bêle sans cesse dans le commencement pour appeler sa mère; quand il ne l'entend point lui répondre, il se décide plus tôt à l'oublier et ne dépérit point autant.

Si quelques agneaux souffraient pourtant un peu trop du sevrage, si certaines brebis étaient incommodées par l'abondance de leur lait, assurément et sans hésiter il faudrait les rapprocher de temps en temps. Généralement après trois ou quatre semaines, il y a oubli complet de part et d'autre.

Pendant l'époque critique du sevrage des agneaux, il

importe de leur donner la nourriture de la meilleure qualité; de petites rations souvent répétées sont préférables à des rations plus abondantes et plus distancées. Les jeunes agneaux devront avoir continuellement de l'eau à leur disposition; buvant moins à la fois et plus souvent, ils ne seront point exposés à se faire de mal. Comme dans une bergerie bien administrée, la majorité des élèves naît de la dernière quinzaine de décembre à la première quinzaine de janvier, on peut adoucir la rigueur du sevrage par des pâturages précoces. C'est ainsi qu'en Champagne on sacrifie aux jeunes sujets certains champs de seigle mal venants ou semés à dessein, qu'en Brie on leur laisse brouter la pointe des blés trop forts, ce qui ne nuit aucunement à la récolte à venir; après ces premières douceurs viennent les lupulines, les trèfles rouges; mais cette dernière plante, excessivement aqueuse, peut dit-on gravement prédisposer les agneaux à la pourriture, s'ils en faisaient un usage exclusif ou simplement un peu prolongé; un fait certain et que j'ai été à même de reconnaître, c'est que le trèfle rouge donne le gros ventre aux lapins.

Pendant que les agneaux mangent toutes ces herbes plus agréables que nourrissantes, durant les premiers temps du moins, il faut bien se garder de leur supprimer le grain; plus tard on est amplement indemnisé de ce sacrifice par le bon tempérament, la bonne venue, enfin par la prospérité des élèves. Une poignée d'avoine par jour, depuis la naissance jusqu'au sevrage, et deux poignées depuis le sevrage jusqu'à six ou sept mois, telle doit être la ration d'un agneau.

C'est ordinairement vers l'âge de deux mois que l'on songe à châtrer les agneaux mâles. Pour cette opération, on doit choisir un temps doux et légèrement pluvieux plutôt que sec. La castration fort douloureuse pour ces petits animaux, à en juger par l'abattement et la tristesse profonde qui en sont la suite immédiate, ne laisse pas néanmoins que d'être bientôt oubliée; quand elle est habilement faite, rarement elle est suivie d'accidents.

Le jeune animal étant assis sur la croupe, entre les genoux d'un aide, les pattes de derrière légèrement écartées et ramenées sous son poitrail, exciter d'un seul coup de bistouri l'extrémité des deux bourses, par une légère pression du pouce et de l'index de chaque main, faire sortir les deux organes à la fois, les saisir alternativement avec les dents, les tirer fortement en faisant contre-appui sur les enveloppes avec les doigts, arracher ainsi chaque cordon aux deux tiers, achever l'ablation de chaque testicule par une section nette avec un bistouri ou des ciseaux, recoller les lèvres de la plaie avec une simple pâte composée de beurre frais et de cendres bien tamisées, tel est le procédé communément usité et le meilleur.

La castration, qu'à mon avis il est bon d'ajourner autant que possible chez les animaux destinés à déployer un jour une grande somme de forces, est indispensablement de rigueur chez les très-jeunes agneaux, à cause de leur précocité génésique; il est rationnel de la pratiquer quelques semaines avant le sevrage.

CHAPITRE XXVI.

DU MÉTISAGE.

SOMMAIRE.

Pourquoi on effectue le métisage plus volontiers par les mâles. — A la quatrième génération les métis ont un cachet indélébilement contracté. — Danger d'allier longtemps ensemble les frères avec les sœurs. — Le métisage par femelles vierges est préférable à celui par femelles ayant déjà rapporté.

On entend par métisage l'accouplement d'animaux de même espèce, mais de race différente. Quand on veut donner à une race plus commune des qualités d'une autre race plus distinguée, plus précieuse, c'est le plus ordinairement par les mâles que l'on travaille à ces améliorations. Les principaux motifs de cette conduite sont : qu'il est moins coûteux de se procurer un mâle de belle race pour cent femelles communes, que cent brebis distinguées pour un bélier commun ; d'autre part, dit-on, il est préférable de croiser par les mâles plutôt que par les femelles, attendu que les agneaux provenant d'un bélier fin avec des brebis ordinaires, tout en acquérant une partie des qualités de leur père, conservant plus de la force de tempérament de leur mère et supportant presque aussi bien qu'elle les vicissitudes de l'acclimatation et des localités plus ou moins dures ; ensuite, il est plus facile et moins coûteux de soigner minutieusement un bélier non acclimaté que cent brebis étrangères aux diverses conditions d'une exploitation où on les importe.

Il est reconnu que par un métisage bien dirigé, on finit par obtenir, après la quatrième génération, des produits absolument semblables à la race pure, en ayant toutefois le soin d'accoupler les femelles métisées avec de *nouveaux mâles pure race*. En alliant immédiatement entre eux les frères avec les sœurs métisées, d'abord on entraverait le progrès désiré, ensuite on nuirait au peu de résultat déjà obtenu. D'après Morel de Vindé, au bout de treize ans de semblable entretien, une race perfectionnée n'a pas plus de tendance à se dédire que la race pure elle-même ; alors on peut impunément allier les métis entre eux. Consécutivement à cette observation, la vie moyenne de la brebis étant de douze à treize ans, on pourrait donc établir en principe, *que pour imprimer aux métis obtenus un caractère vraiment ineffaçable, il importe d'en entretenir le sang en améliorant durant un temps proportionnel à la durée moyenne de l'existence des animaux en métisage.* Des porcs, des volailles, des lapins sur lesquels j'ai fait semblable expérience, m'ont confirmé dans sembable conviction.

Il est bien fâcheux qu'on ne s'adonne pas chez nous, ou mieux qu'on ne cherche pas à faire aussi selon ce principe des races de chevaux, à l'exemple des Anglais, qui ont si avantageusement appliqué ce système à leurs taureaux, à leurs béliers, à leurs porcs. Soit dit en passant, si au lieu d'accoupler une belle jument boulonnaise avec un pur sang, puis la pouliche qui en proviendra avec un percheron, puis, par pur caprice, les descendantes avec un carrossier, un étalon de selle ou tout autre sujet de fantaisie; si, dis-je, aux filles, petites-filles et arrière-petites-filles, accomplies d'une belle boulonnaise ou percheronne avec un bon demi-sang ou trois quarts de sang, si on continuait toujours à donner des étalons de demi-sang ou trois quarts de sang, on finirait par opérer à résultat presque certain, sinon à coup toujours sûr. De même pour toutes les autres races et espèces diverses plus ou moins fines ou plus ou moins étoffées que l'on jugerait à propos ou que l'on serait à même de créer.

Qu'une race soit pure ou métisée, dans l'espèce du mouton comme dans toutes les autres, il importe de ne point accoupler ensemble les sujets d'une même famille, pas plus les frères avec les sœurs que le père avec les filles, ni la mère avec le fils. Tous les deux ou trois ans au plus, il est indispensable d'en changer le sang, si on ne veut s'exposer à la voir dégénérer, c'est-à-dire qu'il faut y introduire des mâles étrangers ou des femelles. Par l'accouplement des frères avec les sœurs on obtient, dit-on, des toisons plus fines; mais, encore une fois, bientôt on altérerait singulièrement la taille, le tempérament et toutes les autres qualités du troupeau, si on ne s'arrêtait à temps. Ces accouplements contre nature, du reste, répugnent aux instincts que Dieu, dans sa sagesse, a donnés à tous les êtres animés.

Pourtant, c'est en accouplant entre eux les frères avec les sœurs, avec circonspection toutefois, pendant plus ou moins de temps, je le répète, et en soignant parfaitement les produits obtenus, qu'en Angleterre on est arrivé à faire des sujets très-précoces, très-charnus et d'une ossature infiniment réduite.

Comme, d'après l'observation, tous les rejetons que doit produire la mère, infailliblement porteront plus ou moins évidemment imprimé un certain cachet de ressemblance avec le premier mâle qui l'aura primitivement fécondée, on arrive donc à un métisage d'autant plus complet et plus prompt, que les femelles qui devront la donner auront été primitivement fécondées par des sujets ayant davantage des caractères du mâle avec lequel on aura résolu de les accoupler; le résultat désiré serait même bien plus tôt obtenu, si au bélier adopté on soumettait des brebis n'ayant jamais rapporté. Chez un cultivateur de mes amis, j'ai livré, par expérience, à un rambouillet, comparativement six jeunes canaises vierges et six brebis de même race ayant déjà été trois fois mères avec des béliers de leur espèce; la configuration disparate des agneaux des unes et des autres de nos portières fut tellement frappante, que nous-mêmes nous étions tentés de les juger d'un métisage différent, tant les premiers étaient fins et se rapprochaient des mérinos, tant les autres n'en avaient que des caractères à peine accentués et tant enfin ils ressemblaient à des canais presque purs.

CHAPITRE XXVII.

RÉGIME ORDINAIRE DES MOUTONS.

SOMMAIRE.

Importance et mérite d'un bon berger. — Le troupeau doit sortir autant que possible.— Principes de conduite du berger.— Mouche œstre.— Du tournis vrai.— Du tournis faux.—Remèdes curatifs. —Administration du troupeau durant l'hiver. — Avantages incontestables de l'usage du sel. —Tenir continuellement de l'eau à la disposition des bêtes à la bergerie.—Bons effets de la ferraille dans l'eau destinée aux brebis.

Incontestablement, le régime qui convient le mieux aux moutons, c'est de parcourir les plaines et d'en brouter les herbes plus ou moins abondantes. La profession de berger n'est point un simple métier, mais bien un art qui demande un bon sens et un raisonnement que malheureusement on ne rencontre point chez tous ceux qui l'exercent. Assurément, les sujets capables seraient moins rares si, au lieu de les presque mépriser, nous les instruisions, et si nous avions le bon esprit de baser notre considération sur le mérite intrinsèque, plutôt que sur la profession, quelle qu'elle soit; il n'y a de vraiment méprisable, a dit Bougelat, que *l'homme vain, ignorant et inutile.*

A moins d'empêchement majeur, tous les jours les moutons demandent à être sortis, ne dussent-ils presque rien trouver à paître, tant l'exercice et le grand air leur sont indispensables. Dans une plaine libre, le berger doit se garder de tenir ses bêtes continuellement rassemblées les unes contre les autres; il devra, au contraire, les laisser s'isoler à leur gré. Instinctivement, les brebis qui broutent s'appellent de temps en temps, et, sans se regarder, elles se suivent de plus ou moins près à la voix, si éparpillées qu'elles soient.

Mais si l'herbe est très-abondante, comme il arrive en avril, mai et juin, par exemple, dans les champs de seigle, de minette, de trèfle rouge ou de trèfle d'hiver que l'on sacrifie aux troupeaux, tant de peur d'accident que pour prévenir le gaspillage, il importe de tenir les bêtes très-concentrées et de ne leur livrer le terrain que pied à pied.

Dans la belle saison, on peut sortir le menu bétail dès le lever du soleil, pourvu qu'il n'y ait ni rosée ni fort brouillard. Sitôt la grande chaleur, les brebis cessent de manger aux champs, même quelle que soit leur faim : outre l'incommodité sensible que l'ardeur du soleil leur fait éprouver, elles sont encore harcelées par les insectes volants, et notamment par une espèce de mouche brune de moyenne grosseur, et dont les ailes sont bigarrées de jaune, de blanc et de noir mal teint; c'est surtout pour se soustraire aux attaques de cet ennemi aussi terrible qu'opiniâtre, qu'elles se tiennent serrées les unes contre les autres, le museau presque dans la poussière.

Cet insecte, que les naturalistes appellent mouche œstre, est le même qui dépose ses larves ou œufs dans la peau du dos de certaines vaches, d'où, au printemps, ils s'échappent sous forme de vers bruns de la grosseur et de la longueur de la première phalange d'un doigt d'enfant; leur tête est munie d'un crochet double à l'aide duquel ils adhèrent soit au fond de la cavité qui les loge dans la peau, soit à la membrane des intestins, ainsi qu'à l'anus des chevaux qui en sont envahis; c'est cette même larve, nouvellement pondue, qu'à la fin de l'été on remarque autour des avant-bras des chevaux et surtout autour de leurs genoux et de leurs canons qu'on dirait avoir été flamblés. Après l'avoir ainsi déposée et fixée à l'extrémité des poils, l'œstre, par instinct, pique les animaux à la même région, dans le but de leur occasionner de la démangeaison et de les forcer d'y porter la bouche; en se léchant et grattant avec les dents, ceux-ci avalent un plus ou moins grand nombre de larves que leur salive a la propriété de décoller et qui, arrivés dans la panse, ont l'instinct de s'y fixer et d'y demeurer jusqu'à leur complet développement, qui n'a lieu qu'après sept à huit mois de séjour ; telle est l'origine de ces sortes de mans, pareils à ceux du dos des vaches, et que l'on observe au printemps soit dans leurs excréments, soit à la mage de l'anus des chevaux, où ils adhèrent très-fortement. Les mans du dos des vaches proviennent d'un pareil œuf déposé directement par l'œstre mère dans le tissu de la peau, où leur développement suit les mêmes phases. Si les bonnes vaches à lait en ont plus volontiers que les bêtes de travail, il ne faut l'attribuer qu'à ce qu'elles ont la peau plus fine; rarement on en voit sur le dos des vieux bœufs.

Chez les brebis, ce n'est ni sur le dos, ni aux pattes que cette mouche cherche à déposer ses œufs, mais bien plus ou moins avant dans les cavités nasales, au fond desquelles, sitôt sa conversion en insecte, la larve monte et vient se fixer également pendant sept à huit mois.

Si la vache sur le dos de laquelle elle se développe, si le cheval dans l'estomac duquel on en compte quelquefois plusieurs centaines, n'en paraissent nullement incommodés, on n'en saurait dire autant du mouton, dans le fond des naseaux duquel il m'est arrivé d'en trouver jusqu'à quinze ou vingt. Que de bêtes on a sacrifiées comme affectées du tournis et dont le mal ne reconnaissait pas d'autres causes que la présence d'œstres au fond des sinus ou cavités du nez !

Le mouton affecté du tournis par suite de la présence de larves, morve plus ou moins abondamment, souvent il s'ébroue et rend quelquefois des matières sanguinolentes; souvent il se frotte le nez contre ses camarades, contre les murs, les arbres, contre ses pattes de devant, contre la terre, signes que n'offre jamais l'animal pris du vrai tournis. Souvent, j'ai sauvé des bêtes précieuses qu'on allait sacrifier ou qui étaient sur le point de périr, soit en leur injectant très-profondément dans les naseaux, pendant plusieurs jours consécutifs, de l'huile empyreumatique étendue d'huile commune ou d'eau de lin, soit en leur faisant des fumigations avec le même médicament, projeté par cuillerée sur une pelle chauffée au rouge brun.

Chez la vache, chez le cheval, qui ne s'aperçoivent point de leur présence, chez le mouton abandonné à lui-même et qui parfois n'en périt point, les larves, arrive le printemps, se détachent, tombent, roulent et vont se blottir sous une motte de terre, sous les tiges et feuilles tombées de diverses plantes, sous une pierre, et là s'achève leur métamorphose. L'été venu, elles sortent de leur état de chrysalide et s'échappent dans l'air mouches semblables à celles qui les ont produites et semblables à celles qu'elles produiront à leur tour avant de terminer leur existence de quelques mois.

Mais c'est en hiver surtout, que l'administration du troupeau devient plus compliquée, c'est alors que la profession de berger non-seulement est pénible et fatigante, mais encore que le vrai pasteur doit montrer du jugement, doit déployer de l'intelligence, doit donner preuve de savoir-faire. Une fois les mauvais jours arrivés, la végétation se ralentit et s'arrête; alors il faut avoir recours aux provisions qu'il importe de distribuer avec discernement et prudence. De tous les animaux, le mouton, sans conteste, est celui que le régime sec exclusif accommode le moins; il est fâcheux vraiment que tous les propriétaires, curieux du bien-être de leurs animaux et de leurs propres intérêts à la fois, ne s'adonnent plus aux plantes à végétation tardive, ne s'occupent pas davantage de celles à végétation précoce, et surtout qu'ils ne cultivent pas en même temps plus en grand les racines, telles que navets, betteraves, carottes, ainsi que diverses espèces de choux, dont l'hiver ne suspend presque aucunement la végétation.

Il n'est pas moins à regretter que la levée de l'impôt sur le sel ne soit pas mieux appréciée et que cette substance ne soit pas d'un usage plus répandu. Presque indispensable à l'entretien de la santé de tous les animaux, et surtout des ruminants, le sel, en outre, donne à leur chair un poids, un goût, en un mot une qualité remarquables. Le sel peut se donner soit en nature, comme dans la Suisse, où les bouviers appellent chaque vache par son nom et lui en déposent par terre une poignée qu'elle dévore avec avidité pendant qu'ils la traient ou lui donnent quelque soin particulier, soit en dissolution parmi les divers aliments.

Le sel favorise la digestion toujours plus ou moins pénible chez les ruminants au régime sec. Le sel excite l'abondance de la salive et des mucosités intestinales si essentielles à une bonne digestion. On ne saurait attribuer qu'au sel contenu dans les plantes qu'ils mangent journellement, la supériorité des animaux élevés dans les marais salants et sur le littoral des mers. On évalue à trois cents grammes la quantité de sel nécessaire par jour à cinquante moutons, et à trente-cinq à quarante grammes la dose nécessaire à une vache. Si les animaux soumis au régime du sel, dans le commencement, semblent boire un peu plus que les autres, il n'en résulte aucun inconvénient, et leur soif ne tarde pas à se régler.

Que les animaux soient tenus continuellement à la bergerie pour cause de mauvais temps, ou qu'ils sortent plusieurs heures ; enfin, quel que soit leur régime, pendant l'hiver, ils doivent avoir continuellement de l'eau à leur disposition dans des baquets isolés du fumier et pas trop profonds. C'est une excellente pratique que de jeter des vieilles ferrailles dans la boisson des moutons. La rouille qui se développe, et dont se charge le liquide, conjure les maladies du sang et la pourriture ; elle anime le tempérament des bêtes ; en un mot, elle fait autant de bien qu'elle coûte bon marché et demande peu de soins de préparation. Des vétérinaires et des agronomes, quoique partisans de l'eau ferrée, ont conseillé de n'en pas donner, par crainte de la proportion assez notable d'arsénic contenu dans la plupart des fers. Il est démontré que cette substance, vénéneuse il est vrai, n'y entre en alliage que pour une faible quantité, et, d'autre part, qu'elle est salutaire à tous les animaux, et surtout à ceux dont la poitrine est quelque peu délicate.

Aussi bien sur la quantité et la qualité de la laine que sur la qualité et la quantité de la viande, le régime des moutons a une influence manifeste :

1° Avec une alimentation très-substantielle, on allonge la mèche des bêtes à laine courte, et inversement, avec un régime chiche, on raccourcit la mèche des bêtes à laine longue; 2° le troupeau est-il soumis à un régime insuffisant, la laine manque de nerf et de force; 3° si on interrompt le bon régime habituel pour le rendre au bout de plus ou moins de temps, ou bien si les bêtes subissent une maladie, à la tonte on découvre dans la mèche une sorte de cicatrice amoindrissant singulièrement la qualité de la toison; 4° un régime habituellement trop substantiel grossit la laine à tel point, qu'après trois à quatre générations, une race surfine devient méconnaissable : d'où il faut conclure, qu'il importe de ne point donner une nourriture excessivement abondante ni trop riche aux reproducteurs exclusivement entretenus pour la finesse de leur toison.

CHAPITRE XXVIII.

DES BERGERIES.

AGE. — VICES RÉDHIBITOIRES DES MOUTONS.

SOMMAIRE.

Disposition d'une bonne et saine bergerie. — Les bergeries doivent être aérées plus qu'aucun habitacle à bestiaux. — Age du mouton, les dents seules l'indiquent. — Vices rédhibitoires des moutons, délai de garantie.

1° On appelle bergerie, l'habitation destinée aux moutons. De même que les écuries et les vacheries, les bergeries doivent être aérées. Le mouton étant plus chaudement couvert qu'aucun autre animal domestique, il est le moins sensible au froid. D'un autre côté, il use plus l'air : à preuve, qu'on mette un cheval poussif outré, une vache phthisique au suprême degré dans une bergerie peu aérée, ou même, qui plus est, simplement au milieu d'un parc en plein vent, et on les verra ne point tarder l'un et l'autre à témoigner leur gêne, sinon même suffoquer et périr. Dans une atmosphère concentrée, la brebis est mal à l'aise et ses poumons deviennent bientôt le siége de maladies graves. La bergerie, en outre, doit être vaste, attendu que les animaux qui l'habitent, par instinct, aiment à changer souvent de place.

Dans une bergerie bien établie, les murs du pourtour doivent intérieurement être munis de râteliers *perpendiculaires autant que possible*, et pourvue d'auges assez larges pour recevoir le grain ainsi que les débris d'herbes fines et de fourrage qui y tombent. Des râteliers trop obliques ont de nombreux et graves inconvénients; d'abord la tête, le cou et même les épaules des bêtes sont salies par mille ordures qui d'abord nuisent aux animaux et déprécient leur laine; de plus, le meilleur des denrées qu'on leur donne à fourrager est perdu, surtout quand il n'y a point d'auges, ou que ces dernières sont trop étroites. Pour éviter que les râteliers ainsi que les auges, suivant qu'il y a plus ou moins de fumier, ne soient ou trop hauts ou trop bas, certains propriétaires bien inspirés asseyent ces meubles sur des montants à crémaillère, de manière à pouvoir les élever ou les descendre à volonté.

Les bergeries doivent être disposées de telle sorte que pendant que les moutons y sont renfermés, ils y aient à respirer un air pur, sec et même vif; pendant que le troupeau est aux champs, on doit pouvoir y établir des courants qui en renouvellent complétement l'atmosphère. La laine des bêtes renfermées dans une bergerie chaude et sans air est dépourvue de cette souplessse, de cette élasticité, de ce nerf, de ce moelleux aussi nécessaire au fini qu'à la qualité du tissu. La chair des bêtes ayant manqué d'air est également plus molle et moins savoureuse; leur santé ayant été fondamentalement plus ou moins altérée. Les murs, supérieurement, seront pourvus de grands vasistas; inférieurement, on y ménagera des couleuvrines assez larges, hautes et nombreuses; au moyen d'une planche glissant de haut en bas dans une espèce de coulisse toute simple établie avec deux tasseaux latéraux, scellés ou cloués, on en renouvelera également l'air par en bas.

Les bergeries destinées aux mères pleines ou suivies de jeunes agneaux peuvent être un peu plus chaudes; surtout les portes en seront très-larges, de peur qu'en sortant ou rentrant avec précipitation les bêtes ne se blessent ou ne se fassent avorter. Des portes à deux battants, chacune de deux parties superposées, sont le plus généralement adoptées et à tous justes titres. La lumière, les rayons du soleil aussi bien que l'air doivent avoir ample accès dans les bergeries ainsi que dans les écuries et étables; l'air et la lumière, qu'on ne le perde pas de vue, font partie des conditions indispensables à l'entretien de la santé chez les animaux.

2° *Age des moutons.* De tous les animaux domestiques, il n'en est point dont passé cinq ans, plus que chez le mouton, il soit aussi difficile d'assigner l'âge. Chez eux les dents sont les seuls organes que l'on puisse consulter à cet effet; mais que de bêtes déchaussent avant ce temps, que d'autres ont éprouvé une usure prématurée sur les bruyères et les terrains arides ! D'un autre côté aussi, quand un troupeau n'a presque parcouru que des prairies grasses, les dents paraissent toujours sinon vierges, du moins très-fraîches malgré l'âge. Enfin, comme les animaux de cette espèce vont généralement à la boucherie avant l'âge de cinq à six ans, il importe moins de savoir très-minutieusement leur âge, que s'il s'agissait de bêtes de travail ou de rendement, telles que le bœuf, le cheval et la vache.

Pour les bêtes de race précieuse destinées à la procréation, si on ne peut en connaître l'âge bien au juste, au moins importe-t-il de s'assurer de la solidité et de la bonne conservation de leur denture.

La brebis marque absolument comme le bœuf; tous deux ont une conformation de mâchoire identique; supérieurement les incisives sont remplacées par un bourrelet excessivement dur; inférieurement on compte huit dents tant au premier âge qu'à l'âge adulte. A deux ans, les deux pinces du milieu tombent et font place à deux pinces de remplacement plus solides et surtout plus grosses et plus larges; de deux ans et demi à trois ans, les deux premières mitoyennes tombent à leur tour et sont pareillement remplacées; de trois ans et demi à quatre, les deux secondes mitoyennes, et enfin à cinq ans les coins. Le bœuf, le mouton, la chèvre, comme tous les ruminants, sont donc pourvus de huit incisives à la mâchoire inférieure et commencent à déchausser un an plus tôt que le cheval, l'âne et le mulet, c'est-à-dire à deux ans.

Vices rédhibitoires du mouton. Deux cas seuls ici peuvent autoriser l'acheteur à intenter l'action rédhibitoire contre son vendeur, ce sont :

1° La clavelée, }
2° Le sang de rate, } avec neuf jours de garantie.

La clavelée entraîne la rédhibition de toutes les bêtes achetées, quand même un seul sujet en serait atteint, pourvu que toutes portent encore la marque qu'elles avaient au moment de la vente.

Le sang de rate n'entraîne la rédhibition de tout un troupeau qu'autant que, dans le délai de la garantie, la perte constatée s'élèvera au moins à une quinzaine de bêtes achetées; dans le cas contraire, les bêtes mortes seules restent dans les vues de la loi, c'est-à-dire que le prix en est restitué par le vendeur.

CHAPITRE XXIX.

DE LA CHÈVRE.

SOMMAIRE.

La chèvre commune. — La chèvre d'Angora. — La chèvre du Thibet. — La chèvre du Mont-Dore. — Avantages donnés par la chèvre commune dans une ferme.— *Id.* chez des malheureux trop pauvres pour se procurer et entretenir une vache, et qui peuvent entretenir plusieurs chèvres sans beaucoup de frais. — Etable à chèvres.

Ainsi que la vache et la brebis, la chèvre est un animal ruminant, c'est-à-dire qu'après avoir rempli sa panse plus ou moins complétement, elle fait revenir toutes ses bouchées les unes après les autres dans sa gueule pour les mâcher de nouveau et plus parfaitement. Si le tempérament de la chèvre est plus sec, plus nerveux que le tempérament de la vache et de la brebis, son organisation intérieure n'en est pas moins absolument pareille au point de vue anatomique.

On distingue quatre espèces principales de chèvres : 1° la chèvre commune; 2° la chèvre d'Angora; 3° la chèvre du Thibet ou de Cachemire; 4° la chèvre du Mont-Dore.

La chèvre commune est la vache du pauvre; très-laitière, très-facile à nourrir, elle est la plus précieuse dans nos contrées, aussi est-elle la plus répandue. On en trouve de noires, de blanches, de pies, de grises, de cendrées, etc.; les unes sont très-poilues, les autres ont le poil ras, celles-ci ont des cornes, celles-là en sont dépourvues : les chèvres à cornes passent pour donner un lait sentant plus ou moins le bouc et sont moins douces, dit-on aussi.

La chèvre se nourrit absolument comme la brebis; comme cette dernière elle aime peu être renfermée; elle craint davantage le froid et la pluie. Cet animal est très-indocile et très-vagabond, aussi est-il difficile de le conduire en troupeau, si ce n'est dans les pays montagneux et dans les contrées à vastes plaines. La chèvre a un goût de prédilection pour les bourgeons, les tiges nouvelles et l'écorce de jeunes arbres; elle est la peste des bois et surtout des taillis de première et deuxième pousses.

Isolément la chèvre ne se rencontre guère que chez les malheureux hors d'état d'acheter et encore moins d'entretenir une vache. Une bonne chèvre peut donner par jour quatre litres de lait, si on la nourrit bien et surtout si on la fait paître; il n'est guère de plantes dont cette bête ne mange.

Ce n'est guère avant l'âge de trois ans qu'elle a atteint son entière crue; pourtant, sans inconvénient, on peut la faire concevoir dès l'âge de vingt mois. Généralement c'est en octobre et novembre que les chèvres, vieilles comme jeunes, entrent en rut. Comme les brebis, elles portent cinq mois; le plus souvent elles portent deux petits, rarement trois; quelquefois un seul, surtout en première portée. La chèvre pleine est fort sujette à avorter, les moindres causes peuvent déterminer cet accident chez elles. Ainsi que la brebis, le moment arrivé, cette bête met bas presque toujours sans avoir besoin qu'on l'assiste.

L'amour maternel, chez la chèvre commune surtout, est porté à un degré extraordinaire; dévouée à ses petits, elle témoigne beaucoup de sollicitude même pour ceux d'espèces différentes; aussi, dans beaucoup de fermes, entretient-on des chèvres tout exprès pour élever les agneaux dont les mères sont trop jeunes ou trop faibles, ou malades, ou pas assez laitières.

Non-seulement la chèvre se prodigue à ses petits et adopte volontiers ceux d'autres femelles, mais encore bien souvent, à la campagne, elle sert de nourrice aux enfants auprès desquels elle accourt sitôt qu'elle est libre; en est-elle tenue séparée à petite distance, elle répond à leurs vagissements par autant de bêlements répétés et amoureux.

Le lait de la chèvre est assez riche en beurre, il est en même temps celui qui contient le moins d'eau.

La chair de la chèvre qui a rapporté est plus ou moins dure; bien qu'assez nourrissante, elle a peu de saveur; celle du jeune chevreau est plus délicate, mais pourtant un peu fade aussi.

Si bien nourrie qu'elle soit, la chèvre commune paraît toujours maigre, ce qui est dû à sa charpente osseuse très-prononcée et à pièces saillantes. Le foin, la paille, l'herbe, les racines, les choux, les branches d'arbres sèches ou vertes, tout lui est bon, tout lui convient; elle est également fort avide de son, dont l'usage, ainsi que chez les autres femelles, augmente considérablement la quantité de son lait.

Si la chèvre a ses caprices, si son entretien n'est pas toujours sans quelque inconvénient, en un mot, si elle demande une certaine surveillance, eu égard aux quelques dégâts qu'elle peut occasionner, d'un autre côté elle n'est pas sans de grandes qualités qui la recommandent. Que de malheureux, au lieu de les laisser vagabonder, feraient bien mieux d'occuper leurs enfants trop jeunes pour être mis en profession, à la garde, à la conduite et même à la gouverne de quelques chèvres. Le goût du travail se substituant aux habitudes de paresse, de fainéantise et de désœuvrement, on verrait la jeune famille du pauvre artisan, sans pour cela abandonner l'école et les instructions, à ses moments perdus, de bonne heure se mettre à faire quelque chose, commencer à se rendre utile sous les yeux des parents, et ainsi déjà en alléger sensiblement les charges.

Il n'est faubourg de ville, il n'est village surtout qui n'ait dans ses alentours des sentiers, des chemins, des routes où les chèvres ne puissent aller brouter tant qu'il fait bon, et des bois, des bruyères, des forêts, des champs où l'on ne puisse également trouver pendant les beaux jours d'hiver des plantes vertes, des ronces, des joncs-marins, pour suppléer aux provisions que l'on a déjà pu y ramasser durant l'été.

La chèvre d'Angora et la chèvre du Thibet ou de Cachemire ne sont entretenues que pour leur poil fin et soyeux. Toutes deux sont beaucoup plus petites que la chèvre commune ; très-délicates de tempérament et très-maladives, elles ne sont jamais bien acclimatées en France, si ce n'est peut-être dans le Midi ; mais encore, malgré les soins minutieux dont on les a entourées, elles n'y ont jamais bien réussi ; la gale, les poux n'ont jamais manqué de les attaquer, en un mot, jamais chez nous elles n'ont payé leurs frais et les soins qu'on en a pris autrement que par de fâcheux résultats et même de désastreux mécomptes.

Il est une quatrième espèce qui ne semble être que la chèvre commune grandie par le régime, c'est la chèvre du Mont-Dore. Son poil est grossier comme le poil de la chèvre ordinaire ; comme cette dernière, elle a un tempérament sec et nerveux, mais, plus volontiers qu'elle, elle s'habitue bien à être continuellement à l'étable ; en outre, elle est fort laitière. La chèvre du Mont-Dore est généralement sans cornes, ainsi que très-familière et très-douce.

L'étable de la chèvre doit être chaude en même temps que bien aérée ; cet animal étant très-propre de sa nature, on doit toujours le tenir sur une bonne litière bien sèche ; on lui enlèvera souvent son fumier ; que sa porte soit au levant, au midi ou au couchant, elle n'y fait nulle attention ; il n'en est pas de même de son orientation au nord. Comme tous les animaux domestiques, la chèvre aime le soleil et la lumière dans son habitacle.

La chèvre est d'un meilleur tempérament que la brebis ; aussi est-elle sujette à moins de maladie. Son indisposition la plus commune c'est l'indigestion ; pourtant la chèvre n'est pas gloutonne ; aussi cet accident le plus souvent n'est-il occasionné que par la mauvaise administration du régime ou par des aliments inconvenables.

L'âge de la chèvre se reconnaît aux dents, absolument comme chez la vache et la brebis.

CHAPITRE XXX.

LE COCHON.

SOMMAIRE.

Le cochon se rencontre partout. — La viande de cochon est très-saine. — Le cochon et le sanglier sont deux animaux qui ont toujours été distincts. — Le cochon est très-propre par nature. — Le cochon est très-précoce et très-fécond. — Avantage d'enployer des producteurs jeunes. — Nombreuses races, espèces et variétés de cochons. — Les petits et grands cochons, leurs avantages et inconvénients. — Caractère d'un beau verrat et d'une belle truie. — Surveillance des truies en parturition. — Soins à donner aux petits. — Régime des petits. — Augets à porcelets. — Porchers communs. — Les bois pourraient impunément et même avec avantage être livrés en parcours aux cochons. — Régime animal, régime mixte. — Quelques conseils aux éleveurs de cochons. — Nécessité de peser de temps en temps les élèves. — Salaison au sel en nature. — Salaison au sirop de sel.

Un animal que l'on rencontre partout, dans toutes les contrées, sous toutes les latitudes, sous tous les climats, c'est le cochon. Vivant de tout, se contentant de tout, trouvant tout bon, le cochon festoye et s'engraisse avec ce que tous les autres animaux dédaignent. Si l'usage de sa chair a trouvé des détracteurs, si certains peuples, si certaines sectes religieuses l'ont prohibée et rejetée comme incommode et insalubre, il faut moins s'en prendre à ses qualités pernicieuses intrinsèques proprement dites, qu'à l'ignorance et à l'inobservance des règles de l'hygiène concernant le porc, ainsi que son éducation et sa multiplication.

Herbes, graines, racines, fruits, basses viandes, débris de cuisine, il se repaît de tout, il sait tout promptement convertir en graisse aussi saine qu'utile et en viande que ne dédaignent pas les plus fins gourmets.

De tous les animaux domestiques, le cochon est le seul qui ne se recommande par aucune qualité morale, par aucune forme gracieuse, par aucun instinct d'affection; enfin, il semble n'avoir été créé que pour exister peu de temps, croître vite et être sacrifié jeune pour être mangé.

Parmi toutes les viandes que l'homme a choisies, celles du cochon, par ses nombreuses préparations possibles, s'adapte le mieux aux différents goûts et se conserve le plus longtemps.

On a dit que le cochon n'était qu'un sanglier rendu domestique; en effet, il y a entre ces deux animaux la plus grande analogie d'habitudes, d'instincts et de conformation ; en outre, la truie et le sanglier, comme aussi la laie et le verrat, peuvent produire ensemble; néanmoins, que d'animaux ont les plus grandes similitudes physiques et morales et même s'accouplent fructueusement et qui n'en forment pas moins des classes d'êtres bien distincts ; une autre objection, c'est que dans l'histoire des plus anciens peuples, le sanglier et le cochon ont toujours eu leur chapitre à part. Une autre différence, c'est que *tous* les sangliers sont ou noirs ou roux *et portent livrée* en naissant, tandis que la plupart des cochons naissent plus ou moins blancs et *toujours sans livrée;* que l'on considère comme des métis plus ou moins éloignés ceux de ces derniers qui naissent bardés, soit; mais ce n'est pas là une raison suffisante pour confondre les deux espèces en une seule. Un dernier caractère distinctif enfin, c'est que le cochon va toujours grognant, tandis que le sanglier demeure presque muet.

Quoi qu'il en soit, de sa nature le cochon aime la propreté, bien qu'on en dise; s'il cherche à se vautrer dans les bourbiers, c'est pour y trouver la fraîcheur nécessaire à la peau des animaux de son ordre; qu'il ait à choisir, il préférera l'eau claire d'une mare, d'un ruisseau, d'un bassin, aux fanges boueuses pour lesquelles il est loin d'avoir de la prédilection réelle ; quand son toit est spacieux, jamais il ne manque de déposer ses ordures invariablement au même coin. Non-seulement le cochon est propre de nature, mais c'est par nécessité qu'il se vautre dans la fange, c'est pour débarrasser sa peau de la vermine et de toute malpropreté en même temps que pour l'assouplir et en entretenir les fonctions; c'est en outre aussi par goût pour les vermisseaux que cet animal se plaît dans les vasières.

Mâles comme femelles les cochons sont très-précoces,

à trois ou quatre mois ils se recherchent et peuvent s'accoupler avec fruit. La fécondité de la truie est merveilleuse, rarement elle fait moins de sept à huit petits à la fois; on peut même à la rigueur en obtenir jusqu'à cinq portées en deux ans. C'est ordinairement vers l'âge de sept à huit mois qu'on soumet les jeunes truies au verrat. Ce qui tendrait à faire croire que le cochon n'est qu'un sanglier devenu apprivoisé, c'est la facilité avec laquelle ces animaux savent subvenir à leurs besoins, quand ils sont abandonnés à eux-mêmes.

Le cochon n'ayant besoin de faire aucun usage de ses forces, de plus étant naturellement doué d'un tempérament assez bon; d'autre part, les sujets issus de parents jeunes, prenant généralement plus de développement et venant plus vite, il y a tout avantage à le faire engendrer de bonne heure.

A moins qu'elles ne se recommandent comme excellentes portières, tant pour le nombre et la bonne conformation de leurs petits, que par l'abondance et la qualité de leur lait, on fera bien de réformer les truies avant leur quatrième année; plus tard leur engrais est long et coûteux et leur viande tombe dure et sans goût; de plus toutes finissent par être moins fécondes et moins laitières. Les truies qui commencent à devenir pleines engraissent plus vite, leur chair est plus tendre mais moins sapide.

Le cochon mâle entier s'appelle verrat; on donne le nom de truie à la femelle destinée à la reproduction; on désigne par gorets ou porcelets les petits à la mamelle; par la dénomination de cochon, on entend dire le mâle châtré, la coche est la femelle qui également a subi l'opération.

L'élève du cochon, de même que celle des autres animaux domestiques, réclame la connaissance de certaines règles importantes à connaître et à suivre: d'abord le choix des sujets destinés à la multiplication mérite l'attention la plus sérieuse ; chez eux également la santé est la première condition qu'il faut par-dessus tout rechercher ; ensuite, comme on n'élève cet animal que pour sa graisse et pour sa chair, on doit s'attacher à trouver dans les reproducteurs une conformation qui réponde à ces vues et annonce qualité à la fois et précocité de produits et aux moindres frais possibles.

On compte aujourd'hui de nombreuses variétés de cochons, grâce au génie créateur des Anglais qui, depuis vingt ans, sont parvenus à en faire plus de dix à douze races plus précoce l'une, plus sobre et plus productive l'autre. Sans plus s'inquiéter des races, sous-races, espèces et variétés de cochons, les éleveurs ne les distinguent que par leur plus ou moins grande ou leur plus ou moins petite taille ; de plus ils les divisent en cochons précoces et cochons tardifs. On appelle *cochon dur* celui qui prend difficilement de l'état, et *cochon tendre* celui au contraire qui est de facile amendement : faire procréer de bonne heure, allier pendant quelques générations les frères avec les sœurs, savoir distinguer les sujets convenables et soumettre à un bon régime, telle est la recette pour obtenir des sujets à viande abondante, à os petits et à rendement délicat et précoce.

Suivant qu'il élève des cochons pour livrer au commerce ou pour l'avitaillement de sa maison, le fermier doit choisir des bêtes à graisse ou des bêtes à viande : dans le premier cas, les sujets de petite ou moyenne taille plus ou moins grandie par des métisages avec une plus grande sorte ; dans le second, les animaux de grande espèce ou pure ou métisés, lui donneront le résultat voulu.

La viande des animaux de race plus petite est plus grasse et moins savoureuse, elle est plus fade aussi et prend moins bien le sel, ce que l'on doit attribuer uniquement à la graisse en surabondance interposée entre ses fibres et fibrilles ; le cochon de grande taille donne moins de graisse à la vérité, mais proportionnellement il produit plus de chair, et cette dernière, qui est plus ferme, plus sapide et plus nourrissante, fait de meilleure salaison et contracte moins volontiers mauvais goût; pourtant on ne saurait nier que, pour à proportion produire autant, les petits sujets dépensent considérablement moins que les grands, et que parmi ceux-ci, certains, bien loin de payer leurs frais, constituent l'éleveur en perte notable. Il est donc tout à fait indispensable de savoir faire judicieusement choix de ses producteurs, comme de ses élèves. Pourtant si les grandes races font payer quelquefois un peu cher la viande ferme et succulente qu'elles donnent, si certaines petites espèces ont la chair un peu fade; en croisant les premiers plus ou moins tardifs avec les seconds plus précoces, infailliblement, avec du temps et de la circonspection, on peut atteindre un heureux moyen résultat.

Le verrat, ainsi que la truie, doivent présenter un ensemble de qualités intrinsèques et généalogiques bien avérées : leur peau doit être douce au toucher, leurs soies moelleuses, brillantes, assez longues, fines et peu abondantes; les sujets à grouin allongé, à tête longue, à cou long, étroits de corps, longs et hauts sur pattes, passent, et à juste titre, pour durs d'engrais. Un corps rond, des pattes grosses et courtes, un garrot large, un dos droit et large, une poitrine ample, une croupe carrée, des hanches vastes, indiquent au contraire une bête facile à nourrir et de prompte venue, ainsi que de rendement très-abondant.

De même que la truie, le verrat peut être livré à la reproduction dès l'âge de huit ou dix mois; généralement, cet animal ne tarde point à devenir méchant; pourtant, quand il est gouverné toujours par la même personne, et surtout quand on ne le brutalise point, son caractère se maintient plus longtemps calme et docile.

Suivant sa race, la truie doit avoir le même ensemble de qualités que le verrat; volontiers, elle est plus lascive que ce dernier. Quand elle est en feux, sans cesse elle fait entendre un petit grognement particulier, sans cesse elle est en mouvement; son œil est vif, inquiet; elle cherche à s'échapper, à courir; elle ravage sa litière si elle est enfermée; elle bave, mange peu, quelquefois vomit. Est-elle en troupeau ou en liberté ou avec d'autres bêtes de son espèce, elle cherche à monter sur elles. Rarement les truies manquent de concevoir dès la première approche du mâle, quand elles sont bien prêtes. Au bout de deux ou trois semaines du sevrage de leur portée, elles redemandent le verrat.

La truie porte cent quatorze à cent vingt jours; ainsi que toutes les femelles pleines, elle demande d'autant plus de soins et de ménagements qu'elle approche du moment de sa mise bas. Le trèfle mouillé, l'herbe et les fruits gelés la font volontiers avorter; la peur, des efforts pour vomir peuvent déterminer le même accident. Rendues furieuses par les douleurs inaccoutumées d'une première parturition, certaines jeunes truies quelquefois dévorent leurs petits au fur et à mesure qu'ils naissent; sous l'influence de la même cause ou de toute autre, il s'en rencontre de vieilles qui mangent également leur progéniture à la naissance; aussi importe-t-il de soigneusement surveiller ces bêtes sitôt le moment critique venu. Vieilles comme jeunes, beaucoup de truies aussi étouffent ou blessent leur portée en se couchant maladroitement dessus. Un phénomène assez singulier, et particulier aux gorets seuls, c'est que sitôt nés, ces petits animaux frétillent, puis soudain, pendant quelques secondes, demeurent comme anéantis, puis enfin, tout à coup, reprennent mouvement et ne tardent pas à accourir au mamelon.

Quand elle a été suffisamment nourrie, quand on ne l'a point épuisée par des fécondations trop multipliées, en un mot, quand elle est en bonne condition, la truie met bas facilement, heureusement et seule. En hiver, après sa délivrance, on la tiendra bien chaudement, surtout à cause de ses petits qui sont très-impressionnables au froid ; on lui donnera à manger chaud et ses rations seront d'autant plus abondantes et plus multipliées que les jeunes gorets seront plus nombreux et grandiront davantage.

Quand ces derniers ont atteint leur troisième ou quatrième semaine, il est bon, durant que la mère est sortie, de leur donner un peu de laitage étendu soit d'eau grasse ou d'eau tiède pure, avec addition d'un peu de mouture pour les habituer à manger et les maintenir en bon état. Si la truie a une suite de douze ou quatorze petits, on se trouvera bien, sitôt qu'ils mangeront convenablement, de sevrer d'abord les plus forts, puis les autres par gradation; de cette manière, on a le double avantage de ne point épuiser la mère et d'amener tous les petits à bien. Rarement les porcelets ont besoin de teter plus de deux mois.

La castration des mâles et des femelles que l'on ne veut pas réserver pour produire se pratique ordinairement vers l'âge de trois semaines; encore sous la mère, ils la supportent et l'oublient plus facilement. Durant l'hiver, on devra tenir les jeunes élèves très-chaudement, sans pourtant les priver d'air; ils devront avoir continuellement une litière abondante et surtout bien sèche; on leur donnera à manger tiède; les moutures diverses, les débris de cuisine, les résidus de laiterie, les racines cuites avec une petite addition de sel, telle est la base de leur régime. Chaque fois qu'on leur apportera une ration nouvelle, leur auge devra être préalablement bien nettoyée et même lavée, ces animaux, quoi qu'on en dise, se dégoûtant facilement. On a dernièrement conseillé des augets à porcelets disposés de telle sorte que ces petits animaux n'y puissent introduire que la tête; mais comme les excréments et les débris de litière ne sont pas les seules causes de dégoût qu'il importe de conjurer, comme en tout état de choses, ces augets demandent à être fort souvent lavés, cette opération est beaucoup plus difficile avec la très-ingénieuse modification moderne, qu'avec la disposition simple de l'auge ordinaire simplement couverte d'une grille mobile en fer ou même simplement en bois dur.

Durant l'été, on pourra permettre aux porcs accès à l'eau au moins une fois par jour; leur litière, sans être aussi abondante, ne laissera pas que d'être sèche; sans beaucoup changer leur régime d'hiver, on pourra leur donner quelques repas de verdure.

Dans certaines contrées, où l'élève du porc est une industrie, il existe des porchers communs qui conduisent ces animaux par troupeaux dans les champs jusqu'au moment où l'on se dispose, soit à les vendre, soit à les vouloir mettre en engrais. Les herbes diverses, les racines sauvages, les limaçons, les escargots, les vers, les grains tombés de l'épi, leur suffisent pendant toute la journée; le soir, on leur donne une ration de son mouillé ou de diverses autres denrées, tant comme supplément de nourriture que pour les habituer à revenir chacun à leur toit.

Il est vraiment fâcheux que l'Etat et les propriétaires interdissent le parcours des bois aux cochons. Loin d'y causer du dégât, ces animaux les amélioreraient; en cherchant sous la mousse et les feuilles, ils couvriraient de terre les glands et les faînes qui leur échapperaient, toujours en assez grande quantité pour peupler, ainsi que les diverses graines des différentes essences de plantes qu'ils mettraient en condition d'heureuse et sûre végétation, et qui, en bonne partie, périssent ou sont perdues. Outre que les porcs détruisent les limaçons, les escargots et divers insectes nuisibles, en labourant avec leur grouin le pied des sujets, en rompant, avouons le mot, quelques-unes de leurs racines, ils en activent la pousse et font drageonner le plant.

Assurément, les forêts ne serviraient pas impunément

de parcours quotidien aux cochons ; mais qu'en automne, et jusqu'en mars, on leur en permette l'accès deux ou trois jours la semaine, on ne tarderait pas à noter une sensible amélioration.

Les vieux trèfles, les champs qui ont produit des racines sont également, avec double avantage, livrés aux porcs.

La ladrerie est une maladie aussi rare aujourd'hui qu'elle était commune autrefois. On prétend que les porcs qui mangent de la chicorée sauvage n'en sont jamais atteints. Cette plante, qui pousse partout, et presque en toute saison, en même temps qu'elle lui est salutaire, nourrit le porc et donne un parfait goût à sa chair.

Le cochon ne se nourrit pas seulement de végétaux ; les substances animales flattent également beaucoup son appétit glouton. Il est à regretter que des industriels bien avisés, sérieusement capables et compétents en même temps que possesseurs de capitaux suffisants, ne se mettent point à utiliser les animaux morts de maladies accidentelles, et surtout les vieux chevaux ruinés que l'on sacrifie à neuf dixièmes de perte. Durant mes études vétérinaires à Alfort, et plus tard dans un petit établissement que j'avais créé, j'ai vu des sujets de sept à neuf mois à peine, arriver prodigieusement vite à un poids surprenant.

Si la chair crue donne à la viande du porc qui en a été nourri un certain goût peu agréable, si même parfois elle rend cet animal méchant, il est un moyen assuré, infaillible même d'obvier à tout inconvénient : que l'on fasse cuire les chevaux et autres bestiaux morts ou sacrifiés, qu'on en sale les chairs pendant la cuisson, quand elles sont refroidies et égouttées qu'on les presse, qu'on les convertisse en pains; que ces pains, munis d'une anse en simple osier, soient enduits d'une couche de graisse ou simplement d'argile, qu'on les suspende à des perches dans un courant d'air sec, et l'on aura une provision toujours abondante, toujours saine, économique et de garde indéfinie. La viande bien cuite et salée peut se conserver parfaitement, et durant fort longtemps aussi, dans des tonneaux bien hermétiques et déposés en lieu sec. La viande cuite n'a aucune influence sur le caractère des porcs.

Avec des repas alternés de mouture, de racines et de cheval cuit, point de ladrerie, point d'angines, pas le moindre mauvais goût; viande ferme, savoureuse et prenant parfaitement le sel. Quant aux bouillons, si on ne peut les utiliser immédiatement, qu'on en tire la graisse et la gélatine pour le commerce, ou même à défaut de débouché, qu'on mêle après les avoir concentrées ces substances provenant des premières cuissons à la viande des cuissons suivantes; avec un pareil système, on n'est jamais ni encombré ni dépourvu de provisions; ces dernières également ne s'avarient jamais en attendant le moment d'être consommées; nuls frais de nourriture des animaux d'approvisionnement attendant le moment d'être sacrifiés, et puis, par-dessus tout, régime réglé des sujets à l'engrais.

Pourtant, malgré son bon goût, son aspect superbe, sa bonne saveur, en un mot malgré sa salubrité que l'hygiène la plus méticuleuse ne pourrait révoquer en doute, la viande ainsi préparée, si on veut faire de bons porcs, ne doit point former leur régime exclusif. Si dans le commencement elle peut entrer pour la moitié ou les deux tiers du régime, pendant les vingt à vingt-cinq derniers jours, elle ne doit plus y figurer que pour une très-faible proportion. Les pommes de terre, les moutures, les racines cuites, le gland, les faînes concassés, telles sont les substances auxiliaires ou mieux complémentaires du régime animal des porcs.

Que le cultivateur élève au régime végétal exclusif, qu'il élève au régime végéto-animal ou mixte, il est certaines règles qu'il lui importe de bien connaître et surtout de ne point enfreindre, s'il veut opérer avec succès :

1° Le toit de l'animal en engrais doit être propre, chaud, bien aéré et plutôt obscur que trop éclairé ; l'animal devra y être à l'abri de tout ce qui pourrait l'incommoder ou troubler sa tranquillité ;

2° On devra donner d'abord les aliments les plus communs et réserver les plus délicats pour la fin ;

3° Pour éviter le gaspillage et la perte, les repas seront plus nombreux et moins abondants : à tous coups l'animal *doit faire planche nette ;*

4° Les grains ne seront pas donnés en nature, mais préalablement concassés et arrosés d'eau bouillante ;

5° Les aliments végétaux tièdes et tendant légèrement à l'aigre sont fort du goût du cochon et favorisent davantage son engraissement ;

6° Enfin, pour s'éviter de nourrir en pure perte, ou tout au moins sans profit certains animaux, après chaque mois de nourriture on devra peser chaque sujet, dont à chaque fois on balancera les frais et le rendement. Dès qu'un animal ne produira plus que très-peu ou plus du tout de bénéfice, on se hâtera de le vendre au plus tôt.

La viande fraîche du porc est d'assez difficile digestion, à moins qu'elle n'ait subi les diverses préparations de la charcuterie ; mais c'est après quelques semaines de salaison que véritablement elle est parfaite.

Le plus généralement, quand l'animal est refroidi et dépecé, on saupoudre de sel et on tasse les morceaux dans un grand pot de terre de plus ou moins grande capacité. La quantité de sel incorporée à la viande varie de huit à dix pour cent. Dans quelques localités, on a l'usage de retirer les os creux au moment de la salaison ; ailleurs, on les laisse. Le saloir, une fois plein, on le bouche hermétiquement et on le dépose en un lieu sec et frais pendant deux ou trois semaines avant que de l'attaquer.

12

Le meilleur salé dont j'ai mangé avait été préparé de la manière suivante : on avait dépecé la viande encore chaude, au fur et à mesure on en avait lardé chaque morceau dans divers points de son épaisseur, et surtout le long du trajet des os, avec de fortes chevilles de bois; d'un autre côté, avec de l'eau et une quantité de sel proportionnelle à la viande (dix pour cent), on avait formé un sirop dans lequel un œuf surnageait moitié baignant, moitié flottant; le tout ainsi disposé préalablement, on avait commencé par mettre au fond du saloir environ deux doigts de la saumure préparée, puis une couche de morceaux de viande dont on avait extrait les chevilles de bois au fur et à mesure, puis encore du sirop, puis encore de la viande jusqu'à plénitude du saloir. Par cette méthode, la viande est uniformément, c'est-à-dire ni trop ni trop peu salée, elle n'acquiert jamais de mauvais goût, elle conserve toute sa séve et ses sucs, ce qui n'a point lieu avec la méthode ordinaire, ces éléments étant entraînés, perdus, convertis en une saumure assez dégoûtante et même d'un usage assez dangereux, si on en croit certains rapports; enfin, avec le sirop de sel, on gagne au moins *dix pour cent.*

CHAPITRE XXXI.

ASSURANCE CONTRE LA MORTALITÉ DES BESTIAUX.

SOMMAIRE.

Causes de la non réussite des diverses sociétés d'assurance qui ont paru jusqu'ici. — Le gouvernement seul peut assurer les bestiaux avec avantage pour le Trésor et profit pour les particuliers. — Maires, conseillers municipaux, sous-préfets, conseillers d'arrondissement, préfets, conseillers départementaux,

assureurs gratuits, directeurs généraux gratuits, percepteurs, trésoriers avec modeste rétribution. — Avantage des assurances pour la multiplication et l'amélioration des divers bestiaux.

Depuis vingt-cinq ans, diverses sociétés d'assurance se sont formées dans nos divers départements ; mais toutes, malgré la philanthropie apparente de leur but, malgré leurs statuts conçus et rédigés avec autant d'habileté que d'équité, toutes n'ont eu qu'une existence éphémère et même malheureuse : ainsi l'*Agricole*, ainsi les *Etables normandes*, ainsi la *Ligénienne*, etc., etc., qui, les unes et les autres, soit par défaut de confiance en elles-mêmes et en leur avenir, soit par manque de souscripteurs assez nombreux et de capitaux suffisants, n'ont payé que par fractions, très à la longue et même plus ou moins incomplétement, leurs sinistres, et puis ont fini par manquer totalement à leurs engagements.

Tout bien considéré, c'était impossible qu'il en fût autrement. Si l'administration supérieure de ces sociétés était composée d'hommes d'élite et pour leur probité et pour leur capacité administrative, il était loin d'en être de même de la plupart de leurs agents départementaux et cantonaux ; outre l'impéritie du plus grand nombre de ces derniers et surtout leur ignorance en ce qui concerne *l'âge, la valeur, le prix et la santé des bestiaux*, presque tous ces employés subalternes, dans un but d'intérêt purement personnel, visaient à opérer beaucoup d'affaires plutôt qu'à les opérer bien et surtout à les opérer bonnes. Promettant trop aux souscripteurs, chiffrant à un taux supérieur des bestiaux *de titre moins que bas*, *admettant tout*, jusqu'aux misérables sans moralité et sans aveu, ces agents étant eux-mêmes souvent d'une considération plus ou moins douteuse, non-seulement ne sont parvenus à recueillir que de rares adhésions, mais encore ont éloigné des sociétés qu'ils représentaient tout ce qu'il pouvait y avoir de propriétaires notables, honnêtes et bien disposés dans leur circonscription.

De leur côté aussi, les agents supérieurs et les administrateurs, par leurs honoraires trop largement cotés, amoindrissaient énormément la caisse de leur société, dont les ressources et la mise de fonds étaient déjà fort restreintes. Voilà les véritables causes d'infaillible non réussite de toutes celles qui tendraient encore à paraître.

Par leur nature et par les transactions dont ils sont continuellement l'objet, les animaux étant tout ce qu'il y a de plus meuble, par leur âge et les divers accidents auxquels ils sont exposés, leur valeur intrinsèque enfin étant elle-même tout ce qu'il y a de plus variable; d'un autre côté, eu égard à la difficulté de trouver des agents à la fois dignes, *loyalement intéressés* et capables, eu égard au travail nécessité par les nombreuses et diverses mutations, et enfin, eu égard à la somme disponible de capitaux indispensables pour la *liquidation immédiate* des sinistres, *approuvés, vérifiés et régularisés dans le plus bref délai*, toutes les sociétés particulières qui tendraient encore à s'élever, n'auraient également à leur tour que des chances plus que douteuses de quelque succès.

Au lieu d'indemniser les propriétaires malheureux comme il le fait depuis des années, que le gouvernement, qui un jour demanda quelques millions pour la guerre de Crimée et à qui la France immédiatement envoya des milliards; que le gouvernement, qui est toute-puissance, toute solidité, toute solvabilité, comme il est toute sollicitude pour l'agriculture, industrie par excellence et véritable base des nations; que le gouvernement enfin lui-même se constitue société d'assurance comme il s'est converti en société d'exonération militaire, comme il serait désirable qu'il voulût bien se constituer société de toute espèce d'assurance; que les maires et leurs conseillers municipaux les plus spéciaux en la matière, chacun dans leur commune, soient chargés de recevoir l'adhésion des particuliers qui veulent être assurés et d'enregistrer le nombre, la désignation et le chiffre de valeur des animaux proposés en assurance; qu'une commission choisie parmi les conseillers d'arrondissement en reçoivent les listes et les disposent par tableaux; qu'une commission de conseillers départementaux revise le travail et approuve les opérations; que tous soient, ainsi que les répartiteurs communaux, *autant d'agents gratuits;* que les percepteurs seulement, moyennant quelques francs par mille, touchent les primes et soldent immédiatement et intégralement les sinistres sitôt leur vérification, et bientôt tout ce qu'il y a de forts propriétaires et de fermiers comme d'honnêtes particuliers, bientôt enfin, tout le monde aura souscrit. Ainsi le Trésor, en réalisant de notables bénéfices, fera autant et même plus de bien que par les sacrifices encore assez considérables qu'il s'impose annuellement. Par là, le plus sûr élan vers l'*augmentation*, et, par-dessus tout, vers *le perfectionnement* du bétail, sera donné aux cultivateurs désormais à l'abri de pertes ruineuses, ainsi que de toutes craintes; enfin, contrôlés les uns par les autres, les souscripteurs de cette grande, honnête et sûre société mutuelle ne pourront pas plus qu'ils n'oseront exagérer la valeur de leurs bestiaux, dont le chiffre d'estimation, au besoin, pourrait être placardé dans la commune respective de chacun.

De leur côté, désormais astreints à plus d'éducation, et, par-dessus tout, à une instruction préalable bien plus profonde, pour être admis aux écoles, ne sortant de ces dernières que véritablement dignes de leur diplôme, en un mot, hommes de noble représentation et de science véritablement sérieuse et solide, *les vétérinaires*, qui, à juste titre, demandent protection contre l'empirisme, à l'avenir réglementés par un sage et honnête tarif, *seuls* soigneraient les bestiaux assurés, *seuls* seraient appelés à viser les polices d'assurance, *seuls* délivreraient les certificats de sinistre.

En France nous possédons, d'après une statistique assez récente :

1° Espèce chevaline, trois millions de têtes, valeur moyenne, 200 fr.; valeur totale, 600 millions; pertes annuelles, 3 0/0 de bêtes, ou 90,000 bêtes; pertes pécuniaires, 18 millions.

Or, moyennant 3 0/0 la perte est balancée.

Moyennant 50 centimes 0/0 de surtaxe, le gouvernement, sans rien risquer, gagnerait 3 millions, plus le chiffre d'indemnités annuelles qu'il accorde aux cultivateurs sinistrés à titre de secours.

2° Espèce bovine, dix millions de bêtes, valeur moyenne, 180 fr.; valeur totale, 1,600,000; pertes annuelles, 3 0/0, ou 300,000 bêtes; pertes pécuniaires, 54 millions.

Moyennant 3 0/0 la perte est balancée.

Moyennant 25 centimes 0/0 de surtaxe, le gouvernement, sans rien risquer, gagnerait 4,600,000 fr., plus le chiffre d'indemnités annuelles qu'il accorde aux cultivateurs sinistrés à titre de secours.

Au chiffre certain de 7,500,000 fr. dont bénéficierait le gouvernement en assurant l'espèce chevaline et bovine, qu'on ajoute le chiffre que donnerait aussi l'espèce ovine, pas plus difficile que les précédentes à mettre en assurance, et on arrivera à un résultat aussi attrayant pour le Trésor qu'encourageant pour l'industrie rurale.

Assurément, la prime d'assurance serait inférieure à 3 fr. 25 c. 0/0; d'après un aperçu de répartition, relevé dans un ancien compte rendu de l'*Agricole*, à peine si la cotisation s'élèverait à 2 fr. 0/0 tout compté; de plus, les bestiaux traités exclusivement par les vétérinaires, périssant en moins grand nombre, le chiffre des pertes bientôt serait encore notablement amoindri, et partant, la prime à payer elle-même réduite d'autant.

Etranger à tout ce qui a trait à la science administrative et de création, je m'arrête ici et ne demande qu'un peu d'indulgence pour l'inhabileté avec laquelle j'ai traité aussi importante matière et un peu d'attention pour une idée que d'autres peut-être ont déjà conçue avant moi, et pourront mieux émettre et mieux faire valoir.

CHAPITRE XXXII.

LE CHIEN.

SOMMAIRE.

Le chien de berger est le chien primitif. — Ses qualités. — Deux espèces principales de chien de berger. — Maladie des chiens. — Quelques recettes contre cette maladie. — Dressage du jeune chien de berger. — Régime trop chiche et irréfléchi du chien de berger. — Régime irrationnel du chien d'équipage. — On a tort de conduire complétement à jeun le chien de plaine à la chasse. — C'est faute d'hygiène que les chiens le plus souvent deviennent enragés.

A la suite des animaux dont il est le compagnon ou le gardien, tout naturellement doit venir se ranger le chien. Le chien est un animal essentiellement domestique, il l'est non-seulement par destination, mais encore par nature et par instinct; la domesticité semble être une condition de son existence, tant il aime l'homme, tant il lui est soumis, tant il est sans cesse prêt à exécuter ses moindres volontés, tant il lui est dévoué enfin. Le chien est le plus fidèle serviteur du riche, le meilleur, le plus sûr ami du malheureux. Cet animal est de l'ordre des carnassiers; néanmoins, il se décide volontiers à manger de presque tous les légumes assaisonnés dont se nourrit son maître, tant il lui est dévoué, tant il semble avoir été fait pour s'adapter à ses habitudes, à sa vie.

On compte au moins trente espèces de chiens, toutes parfaitement distinctes; tous les naturalistes s'accordent à dire que le chien de berger est le chien primitif; Buffon a prouvé que de sa race étaient sorties toutes les autres. Il fallait vraiment que le chien de berger eût des qualités bien fondamentalement enracinées, pour s'être jusqu'ici conservé dans son entière pureté de création, avec tous les bons instincts enfin qu'il avait du temps d'Abraham et de Jacob. Ce chien est sans contredit le plus précieux de tous; à lui seul, en effet, il possède les qualités de tous les autres, et au besoin il peut les remplacer. La garde d'un troupeau n'est point son unique talent : doué d'une grande finesse d'odorat, il quête, il arrête, il rapporte le gibier comme un épagneul, pour peu qu'on veuille se donner la peine de le dresser aussi. Ami à toute épreuve, à l'occasion il défend son maître avec fureur; son seul défaut, c'est d'être assez laid.

On distingue deux espèces principales de chiens de berger: l'un à poils longs, l'autre à poils ras; le premier est plus petit, le second est plus grand; celui-ci moins actif, moins prompt, moins alerte; celui-là, avec son œil caché sous une sorte de toupet roussi par les injures du temps, est toute intelligence, tout zèle et enfin tout aux ordres et même aux pensées de son maître qu'il semble deviner. Le chien de berger est un peu faible, mais avec le régime chiche et presque exclusivement végétal auquel il est soumis, avec le travail prématuré et excessif qu'on en exige, il est surprenant qu'il n'ait pas dégénéré davantage encore. On a dit que les chiens qui mangeaient de la viande mordaient plus volontiers les brebis, et que les plaies faites par leurs dents guérissaient mal; ce sont là de véritables et positives erreurs auxquelles on a sacrifié le bien-être et la longévité de serviteurs aussi précieux que dévoués.

Qu'elle qu'en soit la race, tous les jeunes chiens, vers l'âge de quatre à dix mois, presque généralement sont pris d'une affection particulière, espèce de gourme connue partout sous le nom de *maladie des chiens.* Une niche sèche, chaude et à l'abri du vent, un peu de lait, un peu de bouillon ; dans l'été, quelques heures de liberté à travers l'herbe, telle est une des bonnes recettes à suivre quand le mal est peu intense; s'il veut prendre un caractère plus sérieux, cinq à huit grammes de sel administrés suivant l'âge et la taille, pendant deux ou trois matins au jeune animal à jeun, très-souvent donnent un résultat aussi prompt qu'heureux. Si la maladie persiste ou menace d'augmenter, si l'animal s'essouffle, tousse, jette par le nez et les yeux, un fort séton sous la poitrine; matin, midi et soir une cuillerée de sirop diacode avec une petite pincée de poudre de valériane et d'aconit, plus de la chaleur, telle est mon ordonnance habituelle. Que si l'animal, sans devenir plus malade, demeure triste, maigrit; s'il a la diarrhée, si son appétit est déréglé, perverti ou même amoindri; si plus ou moins souvent il se plaint et témoigne des douleurs saccadées, sûr il a des vers : avec deux grammes d'huile empyreumatique rectifiée, quatre grammes de semen-contra pulvérisé, quatre grammes de valériane, deux centigrammes de camphre et un peu d'ail, le tout pilé ensemble et converti en six ou neufs petits bols dont je fais administrer deux ou trois par chaque matin à jeun, suivant également l'âge et la taille, très-souvent j'ai guéri en huit ou dix jours des jeunes chiens dont on n'espérait plus rien. Dans les intestins d'un chien d'équipage âgé de sept mois et présentant semblables symptômes, j'ai recueilli un vingtilitre de petits vers blancs absolument semblables à des rognures de crin d'environ un centimètre de longueur; ses quatre frères, avec les pilules anti-vermineuses ci-dessus, ont parfaitement et promptement été guéris. Non-seulement je conseille ces pilules comme moyen curatif, mais encore comme préservatif presque toujours infaillible.

Mon expérience m'a prouvé que chez les jeunes chiens dont on peignait de temps en temps le poil, dont, en un mot, la peau était entretenue propre et modérément excitée, souvent cette affection catarrhale ne se manifestait point du tout ou passait inaperçue ou tout au moins rarement avait des suites graves.

Il est puéril de croire qu'en inoculant du vaccin aux jeunes chiens on les préserve de la maladie.

Pour bien dresser un chien de berger, il faut par-dessus tout de la patience; d'un caractère timide, sombre et mélancolique, si on le rudoyait, si on le maltraitait, il deviendrait boudeur et on n'en ferait rien. Le jeune élève tenu en laisse voyant un ancien obéir au maître et revenir, son ordre exécuté, pousse de petits cris, aboie, trépigne, regarde le berger et semble demander la permission d'en faire autant. Laisser de temps en temps le jeune novice courrir derrière le vieux praticien, le punir doucement s'il fait mal, le caresser s'il fait bien, telle est une bonne méthode de dressage; avec de la douceur et de bons procédés, on obtient tout ce que l'on veut du chien de berger, tant il a de bon vouloir et de bons instincts. Je n'ai jamais pu me défendre d'un certain sentiment d'admiration en voyant ce pauvre animal aller, sur l'ordre reçu, se poser en sentinelle au bord d'une terre ensemencée; une fois à son poste, en vérité, il y déploie plus que de l'instinct: il va, il vient, il s'arrête, regarde, il trotte, il court, il revient, il se retourne; on dirait qu'il a réellement la conscience du dégât que certaines bêtes picoreuses épient le moment de commettre; cependant, il sait reconnaître le passe-droit du bélier et les priviléges de la brebis favorite.

Si le chien de berger est tenu au régime végétal presque exclusif, si le pain et la panade, le plus souvent même sans sel, constituent son régime quotidien à peu près, le chien d'équipage, de son côté, n'est pas beaucoup plus judicieusement gouverné; presque uniquement à la viande crue ou mal cuite et souvent avariée, ne mangeant qu'une fois par vingt-quatre heures, il est également tué avant le temps par la mauvaise qualité de la nourriture qu'on lui donne, par les mauvaises digestions et par les indigestions auxquelles on le condamne en ne lui permettant qu'un seul repas que goulûment il prend en quelques secondes et en se battant avec ses camarades.

Malgré que de son côté le chien de plaine semble un peu plus gâté, en réalité il n'est pas très-rationnellement administré non plus; dans le but d'exciter son ardeur et de développer son odorat, scrupuleusement on le conduit et on le tient toute une journée à la chasse sans manger.

Assurément, si leur hygiène était mieux entendue, les chiens, quels qu'ils soient, ne seraient pas aussi fréquemment sujets à la rage spontanée, la plus terrible de toutes les maladies des animaux.

CHAPITRE XXXIII.

LE CHAT.

SOMMAIRE.

Caractère du chat. — Le chat de gouttière. — Le chat angora. — Les mâles de l'une et l'autre race ne sont jamais tricolores. — Maladies principales des chats. — Remède spécifique.

Si le chien est le serviteur le plus désintéressé de l'homme, le plus franc, le plus constant, enfin le plus sûr ami que nous puissions avoir, on n'en saurait dire autant du chat, domestique infidèle et à demi soumis. Aussi ne le conserve-t-on que par nécessité. Celui dont on a soigné l'éducation est plus flatteur et plus doucereux, mais, au fond, il ne vaut pas mieux. Son caractère, profondément hypocrite, se décèle à la moindre occasion. Si jamais le chat semble aimer, c'est qu'il y trouve son compte. Cet animal a l'œil équivoque et le regard de travers; son caractère n'est capable d'aucun sentiment sincère; il n'aime que sous condition et tient plus à la maison qu'au maître.

Ainsi que tous les animaux de nuit, le chat voit mieux dans une demi-obscurité qu'en plein jour, ce qui tient à une disposition particulière de ses yeux et nous le rend précieux.

Il n'y a guère que deux espèces de chats, le chat angora et le chat commun; le premier, beaucoup moins acharné contre les souris, est ce que l'on pourrait appeler chat de luxe. Ses poils longs, moelleux, doux et touffus, sa queue grosse et bien fournie, son dos souple et ondulant, semblent vraiment avoir été faits tout exprès pour être caressés. D'un autre côté, cette espèce paraît plus attachée et moins traîtresse que l'autre, ce qui tient peut-être à ce qu'elle ne saurait pas aussi bien se passer de l'homme.

Malgré ses défauts plus nombreux et plus grands, on ne saurait s'empêcher de considérer le chat ordinaire ou de gouttière comme bien plus utile; quelle qu'en soit l'espèce les chats ne diffèrent guère les uns des autres que par la nuance de leur robe; il en est de tout noirs, à peine marqués d'un peu de blanc au poitrail; généralement plus sauvages et meilleurs que les autres, les chats de cette nuance ont les yeux d'un jaune tirant plus ou moins sur le vert. Les gris lièvre sont également réputés parfaits pour prendre les souris. Beaucoup de ces animaux sont pies-orange, pies-noirs, pies-gris, etc., etc.; un fait vraiment singulier, c'est qu'il est fort rare de trouver dans les chats un mâle avec nuance tricolore.

Cet animal croît environ pendant deux ans et vit douze à treize. A douze ou quinze mois les jeunes femelles peuvent concevoir, les mâles sont peut-être un peu moins précoces. Ainsi que la chienne, la chatte fait ordinairement deux portées par an : l'une à la fin de l'hiver et l'autre dans l'automne. Pendant qu'elle est en chaleur, ce qui dure huit à dix jours, la chatte est sans cesse en mouvement; elle crie, elle miaule, elle poursuit les mâles, elle les provoque, elle les griffe, même elle les mord pour les forcer à la satisfaire; pendant tout le temps de ses feux, c'est un tintamarre infernal, un sabbat sans pareil. Elle porte environ soixante jours, elle fait de trois à cinq petits qu'elle allaite pendant cinq à six semaines; au bout de ce temps, elle les habitue à manger seuls, en leur apportant des souris qu'elle n'a étranglées qu'à demi.

Le jeune chat est gai, sémillant, vif, gentil; cependant, à travers ses petites manières innocentes, il laisse déjà de temps en temps entrevoir ce qu'il doit être un jour, déjà son caractère faux se décèle par de petites traîtrises.

Le chat craint principalement trois choses : l'eau, le froid et les mauvaises odeurs; d'un naturel fort propre, il cherche les coins, les lieux retirés, pour y déposer ses excréments, qu'immédiatement il recouvre avec soin. Quand cet animal est en bonne santé, jamais son corps ni ses pattes ne laissent apercevoir la moindre souillure. La chaleur lui plaît par-dessus tout; aussi, quand il n'est pas à faire la chasse aux souris, le voit-on au soleil ou au coin du feu.

Le chat a une passion effrénée pour le poisson; chez certains, elle est même tellement outrée, que malgré leur aversion pour l'eau, ils pénètrent et plongent dans les huches qui en contiennent. Malgré son goût pour la viande, le chat mange néanmoins du pain et des légumes. Cet animal boit peu, mais souvent; il ne dort guère; il a deux sommeils : l'un plus léger et l'autre plus profond; durant le premier, il fait entendre un ronflement particulier, c'est avec peine qu'on parvient à le tirer du second.

Le chat est sujet à deux maladies particulièrement, la gale et les dartres ; il peut les communiquer à l'homme. Quand ces affections ne sont point suite d'excès de vieillesse, avec une ou deux applications d'onguent citrin, aiguisé de quelques gouttes d'acide nitrique, on fait disparaître jusqu'aux derniers vestiges du mal ; mais quand l'âge en est la cause, il est prudent de sacrifier le malade.

On a dit que le chat était, comme le chien, sujet à la rage spontanée ; les exemples de cette maladie sont aussi rares chez le premier, que fréquents chez le second.

CHAPITRE XXXIV.

LE LAPIN.

SOMMAIRE.

Quelle qu'en soit la race, tous les lapins ont de la tendance à redevenir sauvages. — C'est à tort qu'on déprécie l'éducation du lapin. — Le lapin commun est le plus facile et le plus avantageux à élever.—Le lapin argenté, moins répandu, n'offre pas des avantages bien inférieurs. — A juste titre on abandonne le lapin angora. — Principaux préceptes de l'art d'élever des lapins. — Logement des femelles. — Logement des mâles. — Logement des petits. — Epoque de naissance. — On peut très-impunément toucher les nouveau-nés et même augmenter la famille d'une mère aux dépens de la famille d'une autre.—Sevrage des lapereaux. — Castration des jeunes mâles. — Régime des élèves avant leur première mue. — Sources de provisions alimentaires. — L'éducation du lapin offre de grands avantages au petit fermier chargé de famille. — Qualité du fumier de lapin. — Avec des lapins, le mendiant qui voudrait avoir du cœur pourrait facilement et assez promptement convertir sa hideuse misère en honorable aisance. — Le pauvre du frère Espanet.

De tous les animaux dont l'homme s'est entouré pour l'aider à subvenir à ses besoins, la plupart ont pris un caractère essentiellement domestique ; ainsi le cheval, la vache, la brebis et, par-dessus tout, le chien ; mais chez certains autres, le sentiment de leur primitive indépendance n'a presque subi aucune altération : tel le buffle, espèce de bœuf assez commun en Italie, en Hongrie, en Bohême ; tel le renne, qui sert à la fois de vache et de cheval au peuple nain de la Laponie ; bien que réellement sous la servitude de l'homme, ces derniers animaux sont plus sauvages que domestiques à proprement dire.

Egalement, de son côté, le lapin ne vit avec nous qu'autant que nous le retenons continuellement captif. Abandonné à lui-même, le mieux apprivoisé ne tarde pas à reprendre immédiatement toutes ses habitudes d'être libre et de suite sait se passer du maître sous le toit duquel il est né, tant il n'a oublié aucun de ses instincts de nature.

On a beaucoup déprécié le lapin ; le considérant comme trop chétif et de trop mince produit, sinon même d'éducation ruineuse ; presque partout on dédaigne de s'en occuper. Assurément, c'est bien à tort. Si on soignait mieux ce petit animal, s'il était l'objet d'une spéculation bien entendue et bien conduite, son élevage ne laisserait pas que d'être fort lucratif, dans certaines localités surtout :

1° On a dit que dix lapins dépensaient autant qu'une vache : *dix lapins dépensent comme dix lapins ;* mais, à la vérité, quand on les administre mal, ils peuvent *gaspiller même de quoi nourrir deux vaches ;*

2° On a dit que le lapin exhalait une mauvaise odeur : qu'on le tienne proprement, qu'on ne le laisse point croupir sur un fumier fangeux, dans un recoin obscur ou dans une loge étroite et sans air, et ce petit être, la propreté même, ne décélera sa présence par aucune exhalaison viciée ni insupportable ;

3° Enfin, on a dit encore que sa chair était molle, fade et sans goût : si on le logeait bien, si on le tenait proprement et si on l'administrait avec principe, sa chair serait aussi bonne, aussi ferme et aussi savoureuse que saine et agréable. Enfin, quand elle est conduite avec intelligence, l'éducation du lapin tourne. à bien et produit notable bénéfice, on ne saurait le contester.

Le lapin croît jusqu'à un an ou quinze mois, et vit de sept à neuf ans, mais rarement on le laisse arriver à cet âge.

On distingue trois sortes ou races principales de lapins : le lapin commun, le plus répandu ; le lapin riche, qui est fort précieux, et le lapin angora, dont on devrait oublier même le nom.

1° Le lapin commun ou de ferme ne diffère du lapin sauvage que par sa taille plus grande, par sa corpulence plus considérable et par sa robe souvent plus claire et plus ou moins bigarrée de blanc. Généralement, on recherche de prédilection les gris fortement accentués ou se rapprochant le plus possible de la couleur du lièvre ; on prétend qu'ils viennent plus forts et que la chair en est meilleure. Les lapins d'un fauve lavé sont les moins estimés, tant à cause de leur tempérament délicat que pour leur viande sans saveur. Les noirs passent pour ne pas venir très-gros ; à cause de la finesse de leur poil, les blancs sont très-recherchés, mais leur chair n'est pas fameuse ; ceux qui sont plus ou moins tachetés de noir sont meilleurs sous tous rapports, aussi sont-ils assez répandus. Une autre espèce bien connue, bien dure de tempérament, même la plus dure et en même temps très-forte, c'est le lapin gris ardoise ou le lapin savoyard.

La femelle du lapin commun est excessivement féconde ; j'en ai eu qui m'ont donné jusqu'à quatorze petits en une portée. Quand elle est bien nourrie continuellement, sitôt qu'une lapine cesse d'allaiter, et même une semaine avant le sevrage de sa portée actuelle, on pourrait la remettre au mâle. Pourtant, on ne se trouve que bien d'attendre qu'elle soit un peu remise, on en est avantageusement récompensé par la force et la beauté de la portée à venir.

2° Le lapin riche est d'un gris argenté plus ou moins clair, suivant la saison ; il a le poil plus long, mais surtout plus tassé, plus abondant et plus soyeux que le lapin commun à la chair duquel sa chair ne cède rien au point de vue de la qualité ; pourtant il est un peu moins gros et sa femelle moins féconde que la lapine ordinaire.

3° Le lapin angora a été plus répandu qu'il n'est aujourd'hui ; délicat, mal venant, sujet aux poux et à une sorte particulière de gale ; malgré des soins minutieux et particuliers, le plus souvent il paie ses frais d'élevage par plus de désagréments que de profit.

Quand on veut faire spéculation d'élever des lapins, un point de première importance, c'est leur logement : sécheresse, air, lumière, abri contre les mauvais vents, le froid et la pluie, telles sont les premières conditions à remplir.

Chaque mère, chaque mâle doit avoir son habitation particulière. Beaucoup de personnes, même hors ligne en fait d'histoire naturelle, pensent que le lapin à l'état sauvage vit au fond de son terrier d'où il ne sort que pour chercher et prendre son repas ; c'est là une grande erreur de laquelle on a pris thème pour loger le lapin domestique au fond de cabanes obscures, dans de vieux tonneaux ou bien sous des baraques en briques étouffées et sans jour, où ces animaux languissent, viennent mal et n'acquièrent aucune valeur ; qu'on le sache bien, le terrier n'est nullement l'habitation du lapin sauvage, il ne lui sert absolument que de retraite pour se mettre à l'abri des ennemis qui le poursuivent ou contre le trop mauvais temps ; quand rien ne l'inquiète et qu'il fait beau, il passe des semaines sans y mettre le pied ; c'est également une erreur de croire que la lapine sauvage y fait ses petits.

La lapine domestique étant aussi irritable que timide et les affections morales chez elle pouvant déterminer très-volontiers l'avortement, il est bon, dans chaque loge à femelle, d'établir une sorte de petit repaire de vingt-huit à trente centimètres cubes, où elle puisse courir se cacher quand quelque chose l'inquiète et que très-souvent elle adopte pour établir son nid. Quatre tasseaux en mauvais bois et quelques méchants bouts de planches, plus dix ou douze clous à bon marché en font amplement les frais. Cet espèce de petit compartiment, dont l'entrée ne doit point faire face à l'entrée principale de la loge, donne encore un immense avantage : quand les lapereaux commencent à devenir forts et à tourmenter la mère, celle-ci, pour se soustraire à leurs tracasseries incessantes, une fois son repas pris, va digérer et prendre du repos sur cette espèce de petit préau inaccessible à sa jeune famille.

Peu importe que les loges à femelles soient rondes, carrées ou octogones ; que leur capacité mesure environ 1 mètre 25 centimètres, c'est tout ce qu'il faut. Ces loges doivent être pourvues chacune d'une auge et d'un râtelier. L'un et l'autre de ces meubles doivent être fixés à une hauteur telle, que la lapine soit obligée de se dresser pour y atteindre, ce qui conjure le gaspillage de ses rations. Certaines femelles, surtout parmi les jeunes, faisant quelquefois des cérémonies pour se laisser féconder, on favorise l'approche du mâle en donnant à l'habitation de ce dernier une forme ronde, et en fixant son auge et son râtelier encore beaucoup plus haut que l'auge et le râtelier des lapines.

Que les loges soient alignées dans des appartements inoccupés sous des hangars ou bien le long de bâtiments ou de simples murs de clôture, elles doivent être à 80 centimètres pour le moins au-dessus du sol. Dans un petit établissement que j'ai créé, mes cases à femelles, outre cette disposition, ont pour fond des rondins de bourrées cloués à environ 2 centimètres les uns des autres ; de cette manière, les urines tombent immédiatement, sitôt leur émission, sur de la terre plus ou moins mauvaise apportée à dessein sous mes cases et que par ce moyen je convertis en puissant engrais ; chaque semaine je fais enlever la terre ainsi saturée que l'on remplace par de la nouvelle. La porte et toute la façade de chacune de mes cabanes sont en treillis métalliques, afin que mes bêtes aient *soleil et air*. Pour garantir mes petits animaux contre les rafales du vent et de la neige, l'hiver je fais étendre de longs rideaux en toile grossière ou des paillassons fixés par haut et par bas.

Sauf qu'elle est plus spacieuse, l'habitation de nos lapins de sevrage, d'élève et d'engrais, offre la même disposition dans son ensemble. Cafernés vingt par vingt dans un espace de 3 mètres 50 centimètres à 4 mètres d'étendue, de 1 mètre 50 centimètres de haut, avec une abondante litière souvent renouvelée, mes jeunes lapereaux de divers âges sont d'une santé inaltérable.

Les lapins sont assez précoces, mais pourtant ce n'est guère que vers l'âge de sept à huit mois qu'on doit les faire multiplier. Dans un établissement bien combiné, on doit faire naître selon ses provisions et ses ressources et aussi le plus possible de manière à avoir des sujets à vendre aux époques les plus favorables. Arrive le mois de septembre, il est sage de suspendre les naissances. C'est ordinairement en février et mars que l'on recommence à livrer les femelles aux mâles.

On croit généralement et même religieusement que les femelles qui viennent de mettre bas dévorent leurs petits si on s'avise de les toucher ; mais, non-seulement on peut toucher, palper, examiner et compter les nouveaux-nés d'une lapine ; souvent même, quand deux mères viennent de mettre bas en même temps, l'une, par exemple, douze petits et l'autre trois seulement, impunément autant qu'avantageusement on peut augmenter la famille de l'une aux dépens de la famille de l'autre.

C'est généralement vers l'âge de cinq semaines que l'on sèvre les jeunes lapereaux ; une méthode dont on se trouve bien lorsque les lapines sont fortes, c'est de les faire féconder de nouveau quand les petits ont cinq semaines, d'augmenter leur ration surtout en grain, et de leur enlever leur nourrisson au fur et à mesure qu'ils mangent parfaitement et sont assez forts ; de cette façon, tous les petits les plus forts de chaque mère forment des groupes, de même les plus faibles, qui par là se trouvent avoir plus de lait, ne tardent point à fuir et à valoir leurs frères premiers sevrés. Comme pour l'éducation des agneaux, qu'il importe de faire naître ensemble, de même ici encore il y a nombreux avantage à opérer des fécondations à obtenir des naissances simultanées.

Dans le premier âge, il est assez difficile de distinguer les mâles d'avec les femelles ; mais leur troisième mois passé, il importe de commencer à les observer et les séparer. Jusqu'à cette époque, rarement ils se battent, ce qui ne tarde pas à avoir lieu un peu plus tard. Un excellent usage, c'est de châtrer les mâles sitôt qu'on le peut ; ils profitent mieux, ils engraissent plus vite, leur chair et leur peau acquièrent des qualités incomparablement supérieures.

Asseoir le petit animal sur les genoux d'un aide qui le tient par les oreilles et les pattes de devant, confier les pattes de derrière à un second aide qui les tient écartés, serrer modérément les organes entre le pouce et l'index gauche de manière à tendre la peau qui les contient, pratiquer sur le point correspondant à chaque testicule une incision devant lui livrer passage strict, les saisir tous deux à la fois également de la main gauche, en allonger modérément les cordons, exciser net ces derniers aussi bas que possible, malaxer et tordre le poil que le peu de sang qui s'échappe agglutine, *remettre en l'y portant la tête en bas* le patient dans la cabane qu'on a dû préparer d'avance, tel est le procédé d'infaillible réussite que je suis. Au bout de quatre ou cinq heures, tout est oublié.

S'il importe de bien loger les producteurs, s'il importe de faire naître le petit en saison convenable, s'il importe de bien les administrer les uns et les autres, il n'est pas moins indispensable de donner une sérieuse attention à leur régime. Le lapin mange de tout, et si, de prime abord, certaines choses semblent lui répugner, il ne tarde pas à s'y habituer. Est-on au bord des bois, en hiver, le petit houx, le jonc-marin, les ronces pilées au maillet ou entre les cylindres rapprochés d'un hache-paille, constituent une nourriture aussi saine que succulente pour les mâles et les mères, ainsi que pour les jeunes sujets de deuxième âge. A ces derniers, jusqu'à ce qu'ils aient passé l'époque critique *de leur première mue*, on se trouve bien de donner par jour, à chacun, environ une cuillerée d'avoine ou de sarrasin. Leur bonne venue et les mortalités considérablement amoindries indemnisent grandement de ce sacrifice. Les navets, les carottes, les betteraves, le choux, le trèfle, la luzerne, la paille de froment, de temps en temps un peu de son, telles sont les substances dont peut en hiver se composer le régime des lapins. Si les rations de ces petits animaux doivent leur être administrées à heure fixe, il importe d'un autre côté aussi d'en varier de temps en temps l'essence. Les animaux dont on change le régime mangent mieux, se portent mieux et gaspillent moins. La feuillée dont les moutons s'accommodent si bien est également tout à fait du goût des lapins ; elle fortifie leur constitution et aromatise leur chair. Des pâtées, composées de pommes de terre cuites et de son, assaisonnées d'un peu de sel, font marcher avec une merveilleuse promptitude l'engraissement des bêtes destinées au marché.

Durant l'été, les forêts, les champs, les haies, les chemins sont autant de sources inépuisables de provisions.

Chaque fois que j'ai occasion de passer au voisinage d'un bois, je ne puis me défendre d'un certain frémissement de contrariété et de regrets à la vue de ces quantités immenses de broussailles perdues et d'herbes de première qualité, qu'il serait si facile et si avantageux au prolétaire d'utiliser, sans occasionner le moindre préjudice au propriétaire. Les plantes trop jeunes, trop aqueuses, les herbes mouillées peuvent déranger la santé des lapins, lui occasionner diverses maladies et même promptement le faire mourir. Sous ce point de vue, les choux, le trèfle rouge, méritent la plus sérieuse circonspection. Ces plantes, comme toutes celles qui contiennent beaucoup d'eau de végétation, ne doivent entrer que de loin en loin dans le régime des lapins, et surtout des jeunes élèves.

Hiver comme été, chaque semaine, mes lapins font au moins deux repas soit avec de la chicorée sauvage, soit avec des branches de saule ou de chêne, ou de lierre grimpant. De temps en temps aussi, je leur fais donner quelques rameaux de sapin. En hiver, la paille de froment est tout ce que l'on peut leur donner de meilleur : grains échappés au fléau, herbe, feuillet, épis, ils dévorent tout avec avidité.

Pour le petit fermier, pour le petit propriétaire hors d'état de pouvoir se monter en gros bétail, le lapin, qui ne demande qu'une très-légère mise de fonds, peut devenir une grande ressource, surtout pour le chef d'une nombreuse famille, qui a des bras disponibles. Au lieu de laisser aller ses enfans se démoraliser dans les villes, ou ne rien gagner en service, qu'il serait bien mieux avisé de les utiliser à beau bénéfice sous ses yeux ! Il est vraiment déplorable que les préjugés soient d'autant plus difficiles à déraciner qu'ils sont plus dénués de fondement.

Non-seulement le lapin donne du bénéfice pécuniaire, mais encore quelle source du plus riche engrais. Le fumier de lapin l'emporte même sur le fumier de mouton.

Un petit particulier qui, bon an, mal an, élèverait seulement six cents lapins vendables, aurait à sa disposition autant d'engrais et même plus qu'avec deux vaches qui, sous tous rapports, lui auraient coûté beaucoup plus pour lui produire beaucoup moins toute balance faite.

L'herbe mouillée, le gros ventre, les chats, les rats, les martres, tels sont les écueils que l'industrie cuniculaire a le plus à redouter; mais à tous ces inconvénients, il n'est pas impossible d'apporter remède : avec de la volonté, du courage, de l'intelligence, de la persévérance, infailliblement on peut, sans grande avance de fonds, cultiver cette industrie avec profit réel et arriver à fin heureuse. Un pauvre estropié, rebuté de tout le monde et même de sa propre famille, conseillé et assisté par un sage religieux de Mortagne, s'est, en moins de deux ans, avec l'éducation des lapins, fait une honnête petite aisance.

CHAPITRE XXXV.

LA POULE.

SOMMAIRE.

Les poules produisent beaucoup et vivent de choses sans valeur. — Elles purgent les fumiers des mauvaises graines et se nourrissent de tout. — Les grandes espèces de poules sont plus délicates, plus maladroites à chercher leur vie, tendent à dégénérer et ont la viande moins fine que les petites qui se contentent de peu, se plaisent partout et pondent considérablement plus. — Avec un bon régime, les petites espèces sont susceptibles de grandir. — Croisements des diverses espèces et races de poules. — Conditions principales pour réussir dans l'éducation des poules.— Produit d'une bonne poule en bonne condition.— Poussinières.— Epreuve des poussinières.— Il est rationnel de mettre à la fois plusieurs poules en incubation. — Soin des œufs destinés à être mis en incubation. — Gouvernement des couveuses. — Mon ami *le metteux* de poules coover. — Surveillance des œufs en incubation jusqu'à l'éclosion.

L'éducation des oiseaux de basse-cour est une industrie qui ne laisse pas non plus que d'être assez lucrative et dont les bénéfices se font encore moins attendre que ceux des lapins. Quoique de grand appétit, les volailles ne sont pas fort coûteuses à nourrir dans une ferme bien conduite ; s'accommodant de tout, elles fournissent le moyen d'utiliser des denrées inférieures et dont on ne saurait guère tirer parti au dehors. Sans cesse grattant, cherchant et becquetant, elles vivent en bonne partie des grenailles diverses échappées des rations des bestiaux ; sous ce rapport, le cultivateur ne doit pas moins encore les apprécier; elles conjurent la végétation de plantes étrangères dont le mélange impur ne manquerait pas de nuire à la qualité des récoltes ; les vermiceaux, les insectes de tout genre sont également de leur goût et assouvissent avec double avantage leur voracité insatiable.

On compte plusieurs races de poules toutes parfaitement distinctes ; ainsi la poule de Crèvecœur, la poule de La Flèche ou du Mans et celle d'Houda , etc., etc.; comme étrangères, la cochinchinoise, la jérusalem , la bahma-poutra, sont très-hautes, très-grasses, très-fortes et qui donnent considérablement de chair ; mais il leur faut un régime et des soins particuliers, en outre, un reproche bien mérité qu'on leur adresse partout généralement, c'est de pondre fort peu et de très-petits œufs de médiocre goût ; leur chair également n'est pas de première sapidité ; d'autre part encore, elles sont très-maladroites à chercher leur vie; enfin, elles dégénèrent promptement. Quoi qu'il en soit pourtant, quand on veut faire spéculation d'élever des poulets et avoir de la primeur, c'est d'une excellente méthode que d'entretenir particulièrement et de fortement nourrir durant l'hiver une douzaine de jeunes cochinchinoises. Naturellement précoces à la ponte et surtout très-ardentes couveuses autant que bonnes mères, ces bêtes grasses et abondamment emplumées répondent on ne peut mieux, sous tous rapports, aux vues des galliciculteurs.

La poule commune est à juste titre la plus répandue ; elle est la plus rustique, la plus productive, la plus facile à élever ainsi qu'à entretenir ; quand on la nourrit un peu, cette espèce peut devenir en quelques générations presque aussi grosse que les autres; sa chair aussi tendre, assurément, a plus de goût ; la poule commune, en outre, pond prodigieusement et des œufs fort gros, ainsi que de première qualité.

Quand on veut s'adonner à l'élève des volailles de table, on peut avantageusement livrer des coqs de grande race aux poules communes, comme aussi lâcher des coqs communs les plus beaux parmi les poules d'Houdan, de La Flèche, de Crèvecœur ou des cochinchinoises; par là j'ai obtenu des métis admirables sous tous rapports.

Dans l'éducation des volailles comme dans l'éducation de toutes les autres espèces d'animaux, un principe qu'on ne saurait impunément violer, c'est, de temps en temps, d'après le changement du sang, tous les ans, tous les deux ans au moins, d'importer dans la basse-cour des mâles nouveaux et même quelques belles femelles. Quelles que soient la race ou l'espèce de poule que l'on adopte, quand on veut avoir chance de succès dans sa spéculation, le premier point important c'est d'avoir de bons coqs, de fortes poules et que les uns et les autres soient robustes et bien conformés ; que si on préfère se procurer des œufs pour les faire éclore, ou même acheter des poussins tout nés, on devra parfaitement en connaître la provenance.

Une bonne poule bien nourrie peut donner, quand elle est dans de bonnes circonstances du reste, environ cent trente œufs dans sa saison ; il en est dont la ponte est à peine interrompue quand arrive la mue de la fin de l'été et qui donnent continuellement jusqu'aux gelées. La jeune poule commence à pondre vers l'âge de six mois; à un an elle est en plein rapport; ses premiers œufs sont généralement assez petits et souvent sans germe; à tous titres on doit donc ne les point mettre en incubation.

C'est ordinairement quand la température n'est plus trop rude, c'est-à-dire vers la mi-février et dans le courant de mars, que les poules entretenues en bonne condition manifestent vouloir couver; alors elles font entendre un gloussement particulier assez semblable à celui des poussinières, elles hérissent leurs plumes, elles sont irritables, puis bientôt, quand même il n'y aurait pas un seul œuf, elles gardent le nid dont elles défendent avec acharnement l'approche à leurs camarades. Le printemps n'est pas la seule époque à laquelle les poules témoignent le désir de l'incubation, il en est, et même en assez grand nombre, qui, jusqu'à la fin de l'automne, demandent à faire éclore une couvée. On a observé que les poules de printemps deviennent plus fortes, plus staturées, et que celles de l'arrière-saison demeurent plus petites, mais aussi qu'elles sont considérablement plus fécondes et, ce qui est surprenant, beaucoup plus précoces.

Avant de leur confier une couvée il est prudent d'éprouver les couveuses sur de mauvais œufs; enfin, quand on a acquis la certitude qu'elles tiendront le nid, en un mot qu'elles seront fidèles, aux œufs d'essai on en substitue de bons et bien connus, bien choisis, bien frais. Pour plusieurs raisons, autant qu'il sera possible, on devra mettre à la fois un certain nombre de poules en incubation: d'abord, à l'une d'elles vient-il le caprice d'abandonner sa couvée, on en répartit les œufs entre les autres, de même si elle vient à mourir ou à éprouver quelqu'accident; en second lieu, il n'en coûte pas plus, sous tous rapports, de surveiller et de soigner douze à quinze couveuses que deux ou trois seulement. D'un autre côté, en cas d'éclosion malheureuse, c'est-à-dire si plusieurs poules n'amènent que quatre à cinq petits par exemple, on réunit ces derniers en deux, trois ou quatre familles, que l'on confie à autant de mères, et on remet en incubation nouvelle celles qui avaient amené le moins de poussins, si elles semblent vouloir encore tenir le nid et si elles ne sont point trop épuisées ; dans le cas contraire, après leur avoir fait perdre l'idée de la maternité en les tenant quelques jours enfermées dans un lieu obscur et sans nid, on les renvoie à la basse-cour où elles ne tardent pas à se remplumer, à subir les attaques des coqs et à se remettre en ponte nouvelle.

Onze à douze œufs suffisent pour une ponte ordinaire, quatorze pour une ponte de première force. Les œufs ne doivent pas avoir plus de cinq à dix jours autant que possible. Sitôt pondus, les œufs que l'on destine à l'éclosion doivent être recueillis et conservés à l'abri de la lumière, dans un lieu sec et plutôt un peu frais que chaud, sans pourtant être froid. Certaines ménagères se donnent bien de garde de les déposer dans des vases froids, tels que ceux en faïence, terrasse et surtout porcelaines ; dans de grands tiroirs garnis de foin ou de paille, on prétend qu'ils se conservent mieux avec toutes leurs propriétés vitales.

Certaines poules couvent avec tant d'ardeur et de constance qu'elles se laisseraient mourir de faim, si matin et soir on n'avait la précaution de les sortir du nid pour les faire boire et manger. Les couveuses doivent être séparées des autres volailles, de peur que ces dernières ne les tourmentent en venant chercher à pondre dans leur nid, et de peur qu'il ne s'ensuive des batteries funestes aux œufs. Les couveuses elles-mêmes alignées les unes contre les autres, devront être isolées par des cloisons en planches, en paille, en toile ou toute autre matière. Je sais un éleveur de volailles dont l'établissement est fort ingénieusement disposé. Son laboratoire est un hangar orienté au midi ; chacune de ses vingt-cinq couveuses a son petit habitacle particulier, son nid et sa petite cour séparée où elle trouve à point et à heure de la nourriture et de l'eau la plus claire, ainsi que du sable ; matin et soir, à moment fixe, chaque cellule est ouverte et, de son gré ou à l'instigation de son maître, chaque couveuse sort pendant quelques minutes. Durant l'absence des poules à leur repas, chaque couvée est recouverte d'un morceau d'étoffe très-épaisse et préalablement chauffée, et chaque petite porte est fermée ; ces portes sont en toile métallique très-claire ; au bout de vingt à vingt-cinq minutes, on découvre les couvées qui ne se sont point refroidies ; les cellules sont réouvertes et les couveuses rentrent chacune à leurs œufs. Avec cette disposition simple et peu coûteuse, cent bons œufs, en bonne moyenne, donnent quatre-vingts à quatre-vingt-dix poussins viables.

Les œufs en incubation ne demandent aucun soin particulier ; seulement, vers les derniers jours, pendant le repos des poules, ou du moins quelques instants avant leur rentrée au nid, on se trouve bien d'asperger légèrement les œufs avec un peu d'eau tiède, ce qui en ramollit la coque et favorise l'éclosion des petits. Instinctivement et d'elles-mêmes, les couveuses, si on les observe bien vers la fin de l'incubation, tous les jours, quand elles en ont à leur portée, vont se mouiller les plumes du ventre soit dans l'eau, soit dans la vase ou le sable humide, dans le but d'humecter leur couvée. A cette époque on ne saurait y apporter trop de surveillance. Pendant l'absence des mères, il importe d'examiner isolément et attentivement chaque œuf, d'aider les petits dont la sortie paraît lente et difficile.

Vers le dixième ou quinzième jour de l'incubation, certains éleveurs intelligents, pendant le repos des poules, mirent tous leurs œufs, c'est-à-dire les mettent entre leur œil et la lumière solaire s'il fait beau jour, ou la lumière d'une chandelle si le temps est obscur, afin de séparer les œufs à poussins de ceux qui sont clairs et qui pourraient porter préjudice par la mauvaise odeur qu'ils répandent. Dix, vingt œufs sont-ils brouets, immédiatement on les jette, on reconstitue à chaque poule son nombre voulu d'œufs avisés féconds et, si on le juge à propos, on remet sur des œufs frais les couveuses qui se trouvent ainsi dépourvues. Le vingt-unième jour a lieu l'éclosion.

CHAPITRE XXXVI.

DE L'ÉCLOSION ARTIFICIELLE.

RÉGIME DES POUSSINS.

SOMMAIRE.

Incubations égyptiennes artificielles. — Incubations artificielles actuelles. — Chambre à poussins éclos artificiellement. — Premier régime des jeunes poussins. — Régime des poussins du second âge.

Dans le but d'avoir à volonté des poulets en toute saison et aussi sans doute pour suppléer au nombre insuffisant de couveuses à époque voulue, on a imaginé des couveuses artificielles. Cette idée date de la plus haute antiquité; c'est ainsi que dans l'ancienne Egypte on faisait éclore des œufs dans des fours spécialement disposés. Depuis quelques années on a préconisé divers systèmes de couveuses artificielles fort ingénieux, mais malheureusement, par leur prix, ils sont hors de la portée des petits particuliers, du reste, incapables la plupart de les gouverner convenablement.

La mère les réchauffant sous ses ailes, ceux qu'elle a fait éclore ne demandent que fort peu de soins; durant les premiers jours, s'il fait froid ou mauvais, un appartement sec, chaud, avec de l'air et de la lumière, tel est à peu près tout ce qu'ils exigent avec une nourriture fortifiante.

Pour ceux couvés artificiellement, il n'y a aucun inconvénient à les laisser parmi les œufs non encore éclos, pendant dix à douze heures. Pour suppléer à la chaleur maternelle, on a conseillé divers appareils particuliers : dans une chambre bien éclairée, bien sèche, proportionnée au nombre des élèves, et dont le sol est planchéié, on étend une couche de sable bien sec; au pourtour de cette même chambre sont disposées horizontalement des planches de 20 à 25 centimètres de largeur; ces planches, que l'on peut baisser et élever à hauteur voulue, inférieurement sont garnies de bandes de peaux de mouton bien lainues; au milieu de cette même chambre est établi un poêle en fonte, dont les tuyaux serpentant en tous sens, maintiennent l'appartement à une température de 14 à 20 degrés centigrades. Si la salle était grande, on ne ferait pas mal de la diviser en plus ou moins nombreux compartiments.

Les jeunes poussins, après dix ou douze heures d'éclosion, au sortir de la couveuse artificielle, sont donc lâchés dans les divers compartiments de cette espèce d'étuve; déjà avides de nourriture, ils se jettent sur les œufs durs hachés et sur la mie de pain que l'on répand à dessein devant eux; leur petit repas pris, instinctivement ils cherchent une mère qui leur procure de la chaleur; n'en trouvant pas, aucune ne venant à leurs petits cris d'appel, ils finissent par se grouper et s'échauffer mutuellement. Le soir venu, pousser doucement avec la main sous les planches matelassées ce petit peuple d'orphelins nés, les y maintenir quelques secondes les uns serrés contre les autres, et tout leur dressage est fini : désormais leur repas pris, leurs ébats, leurs jeux terminés, ils viendront s'y ranger d'eux-mêmes. En mêlant quelques jeunes anciens, quand on en a, parmi ceux nouvellement éclos, ces derniers semblent nés tout dressés.

Pendant les douze à quinze premiers jours, la température de l'appartement devra être maintenue assez élevée, plus tard, on l'abaissera insensiblement au fur et à mesure que les élèves prendront plus de force. Après chaque couvée, on devra battre et passer à la fumée de plantes aromatiques et même à un léger dégagement de camphre ou de chlore les planches tapissées de peau pour conjurer l'invasion de la vermine qui ne tarderait point à y venir pulluler. Le sable dont est couvert le plancher devra être renouvelé au moins deux ou trois fois durant l'éducation de chaque couvée; eu égard à son mélange avec les excréments des jeunes volailles, c'est un riche engrais pour les terres argileuses.

L'appartement consacré à cette curieuse industrie devra être sans la moindre odeur; on en renouvellera l'air de temps en temps; de temps en temps on y brûlera des plantes odorantes, telles que du sapin, du laurier, du romarin, du genièvre; on répandra sur le sol çà et là quelques gouttes d'essence de térébenthine ou de lavande, ce qui assainira le laboratoire et réjouira les jeunes volailles qui aiment beaucoup les odeurs parfumées; un autre avantage bien à considérer, c'est que ces aromes communs et à bon marché conjurent ou tout au moins modèrent l'invasion de la vermine, on ne peut plus préjudiciable aux jeunes élèves.

Qu'ils soient éclos sous une poule ou dans les cases d'une couveuse artificielle, au bout de huit à douze heures qu'ils sont sortis de l'œuf, les petits poussins cherchent à manger. Une première nourriture dont ils sont friands, et dont ils se trouvent parfaitement, c'est de la trempée au vin ou au cidre, l'un et l'autre sans acidité toutefois; la trempée les fortifie, les échauffe, elle excite leur petit appétit et conjure bien des indispositions auxquelles ces faibles volatils sont sujets. Il ne faudrait pourtant pas les tenir exclusivement ni trop longtemps à ce genre de nourriture. Les œufs durs hachés et mêlés de mie de pain, les pommes de terre cuites, de la soupe au lait étendue plus ou moins d'eau, un mélange de mie de pain et de lait caillé, tel est le régime le plus convenable pour les poussins de deux à quinze ou vingt jours. La criblure de blé, le chènevis, le millet, l'orge, le sarrasin, quand leur crue a acquis une certaine force, constituent une excellente nourriture pour le second âge. Les très-jeunes volailles, comme celles plus âgées, demandent continuellement à avoir à leur disposition de l'eau la plus pure et du sable plus ou moins fin ainsi qu'un peu de verdure.

CHAPITRE XXXVII.

NOURRITURE DES POULES. — POULAILLER.

SOMMAIRE.

Les poules sont omnivores. — Industrie galline dans l'Orne, le Calvados, au Mans. — Verminière de faisanderie. — Verminière en fosse. — Opinions diverses touchant les verminières. — Triquets ou cagerons pour garantir les jeunes sujets de la voracité des plus âgés. — Poulaillers. — Administration des poulaillers. — Le sable est indispensable aux volailles. — Causes principales des maladies des poules.

Les poules se nourrissent de tout : herbe, légumes, insectes, tout leur est bon et les accommode ; cependant, parmi les espèces de grains cultivés dont elles sont généralement fort avides, il en est une dont elles ne veulent point, que même elles ne regardent pas, c'est le seigle cru. L'avoine et le sarrasin passent pour les faire pondre beaucoup; l'orge et surtout le maïs, ou blé de Turquie, principalement, quand ils sont moulus et réduits en bouillie, les engraissent avec une promptitude merveilleuse.

Dans certaines contrées de l'Orne et du Calvados, l'élève et l'engraissement des poules est une industrie fort lucrative à laquelle on se livre de temps immémorial. Dès que les jeunes volailles ont pris une partie de leur accroissement, on les sequestre, et trois ou quatre fois par jour, au moyen d'un entonnoir, on leur emplit plus ou moins entièrement le jabot avec de la farine d'orge convertie en bouillie à l'eau, et que petit à petit on rend plus épaisse. Le lait, le petit lait, quand on en a en quantité, remplacent l'eau avec grand avantage.

Au moins, aux environs de La Flèche, on commence un peu plus tard l'engraissement des poulardes. Quand elles ont cinq à six mois d'âge, qu'elles sont arrivées à peu près à leur entière venue, on les enferme par trois ou par six sous des petites loges établies grossièrement dans des espèces de chambres où ne pénètre pas le moindre rayon de lumière. Là, leur nourriture consiste en pâtons composés de moitié blé noir ou sarrasin, un quart orge et un quart avoine dont on retire le gros son, le tout mêlé et détrempé avec du lait; vers la fin, on ajoute un peu de graisse de porc. Le maïs souvent est mis à la place de l'orge. Deux fois par jour et à heures fixes, on empâte chaque bête, qu'immédiatement on remet sur sa couche d'excréments infects qu'on n'enlève jamais de la saison. Assez volontiers, l'empâteur, attachant ses nourrissons trois à trois par les pattes, ne les gêne pas immédiatement tout à fait; leur ingurgitant à tour de rôle à chacune un ou deux pâtons préalablement un peu mouillés, il donne ainsi aux bêtes le temps de convenablement avaler sa ration, et par là il conjure l'enfalement.

Il est permis de douter de la salubrité de la chair des bêtes ainsi engraissées; un fait certain du moins, c'est que les hommes qui font métier d'empâter les poulardes et qui se condamnent à passer quinze à dix-huit heures par jour à ce genre de travail, compromettent leur santé d'une manière évidente; de son côté, la viande de semblables volailles est de moindre garde et tombe tout à coup en complète putréfaction quand le temps est un peu chaud et surtout à l'orage.

Quoique, par la disposition de leurs organes, les poules paraissent essentiellement destinées à ne se nourrir que de grains, la chair et le sang des animaux n'en sont pas moins tout à fait de leur goût. Elles dévorent avec avidité les lambeaux de viande ainsi que les vers et les insectes qu'elles rencontrent. Toutes ces diverses substances les engraissent même mieux et plus vite que le meilleur grain. C'est le goût prononcé des poules pour les substances animales qui a donné l'idée des verminières : il est deux sortes de verminières, celle de faisanderie et celle de ferme ou en fosse, la plus usitée.

1° La verminière de faisanderie consiste en une baraque de planches trouées et mal jointes, de 3 à 4 mètres de long et autant de large sur 5 mètres de hauteur; la toiture qui doit être imperméable à l'eau, peut se faire indifféremment avec des planches, de la paille ou du roseau. Intérieurement l'été, on suspend un ou plusieurs cadavres d'animaux préalablement écorchés et vidés. Attirées par l'odeur de chair, les mouches ne tardent point à arriver par essaims et à déposer des myriades de larves qui, en quelques jours, se convertissent comme par enchantement en autant de vers blancs, plus ou moins gros suivant leur âge, et que vulgairement on appelle *asticots*.

Quand la verminière est bonne à récolter, c'est-à-dire quand les asticots ont acquis la grosseur d'une plume d'oie ou du petit doigt d'un enfant, deux ou trois fois par jour on prend à cette riche provision, qui dure autant qu'il reste de la viande autour des os de l'animal. En secouant vigoureusement le cadavre au moyen d'un crochet ou bien en les détachant au moyen d'un balai, bientôt le sol de la verminière est jonché d'une épaisse couche toute grouillante que l'on ramasse dans une brouette, dans des caisses ou dans des sacs pour les transporter devant les poulaillers.

2° La seconde espèce de verminière consiste en une fosse plus ou moins étendue, et de 60 à 70 centimètres de profondeur, dans laquelle on met par couches alternatives, d'abord un peu de paille, puis du sang caillé, des débris de viande ou de charogne, ou des tripailles de boucherie, puis de la mauvaise criblure de blé, de seigle ou d'avoïne ou de tout autre grain, et aussi alternativement jusqu'à plénitude. Cette fosse doit également être mise à l'abri de la pluie par une toiture économique quelconque. La fosse une fois pleine, les grosses mouches à vers ne tardent point à y arriver aussi et à y déposer, jusque dans les couches les plus profondes, le germe d'une récolte non moins abondante que dans la verminière en baraque. Cette fosse bientôt entre en fermentation, les grains végètent, les asticots se développent et tout est couvert au bout de quelques jours en une masse mouvante et grouillante que les volailles dévorent et dont elles mangeraient à se faire crever, si on ne les rationnait.

Des auteurs de haute considération ont cherché à jeter de la défaveur sur l'usage des verminières et du régime animal pour les poules ; de mon côté, j'ai nourri des volailles avec des asticots ainsi qu'avec de la viande, tantôt crue, tantôt cuite, et non-seulement je n'ai point trouvé un goût de charogne à celles qui ont été mangées dans ma maison, mais encore des personnes très-délicates et fort dégoûtées en ont pareillement mangé et les ont trouvées fort succulentes, comme sans le moindre mauvais goût; je crois même devoir ajouter que mes volailles (lesquelles du reste ne cessaient de circuler à air libre), crues comme cuites, rôties comme en sauce, pouvaient rivaliser, sinon en fade graisse, du moins pour les vraies et sérieuses qualités, avec les poulardes du Mans. Les faisans des parcs, de Vincennes entre autres, si je m'en souviens bien, toute la belle saison avaient des asticots à foison pour nourriture principale, et, rois et princes, tous en mangeaient sans répugnance que je sache; je puis même *pertinemment dire aujourd'hui tout haut*, qu'ils étaient du goût le plus délicat et le plus savoureux, comme du fumet le plus fin.

Quel que soit le régime auquel on les soumette, quand on se livre à la spéculation d'élever des volailles, il est certaines précautions qu'il importe de ne point négliger, si on veut arriver à bonne fin : d'abord on devra soustraire la ration des sujets plus petits à la voracité des sujets plus âgés et plus forts; un usage fort simple et assez répandu d'y parvenir, consiste à déposer la ration destinée aux très-jeunes poussins dans des espèces de triquets formés de pieux enfoncés en terre et plantés à huit ou dix centimètres les uns des autres; avec quelques branches d'épines ou de mauvaises bottes de paille sans valeur, on les clôture par en haut; de cette façon, les jeunes bêtes seules y peuvent avoir accès. Des cagerons portatifs en lattes ou en gaules, qui ne coûteraient guère plus, seraient encore meilleures et plus commodes.

Un autre point non moins important à considérer, c'est le logement des sujets, vieux comme jeunes. Dans toutes les fermes comme chez tous les propriétaires, les poulaillers réunissent toutes les conditions voulues pour que les volailles y souffrent et s'y déplaisent; aussi presque partout les voit-on se percher sur les arbres, dans les étables, sous des hangars, partout enfin où elles courent mille dangers de toute espèce; d'un autre côté, celle-ci pondant ici, celle-là couvant à la dérobée et n'amenant le plus souvent rien à bien, toutes enfin coûtent plus ou moins et toujours autant que si elles rapportaient du profit, puis en définitive elles ne produisent presque rien; enfin tout, jusqu'à leur fumier, qui est si précieux, tout est en bonne partie perdu.

J'ai vu chez un de mes clients, durant un été, toutes les jeunes volailles languir et mourir journellement par vingtaines. Consulté sur le remède à opposer à semblable fléau, après avoir examiné quelques cadavres, puis le poulailler, pour toute indication, simplement j'ai conseillé de nettoyer en même temps que d'aérer ce dernier dont le sol était couvert d'un mètre d'excréments et dont les fissures de la porte étaient les seules voies d'accès à l'air et à la lumière; sitôt ma prescription exécutée, toute mortalité cessa.

Le poulailler doit être proportionné au nombre de volailles qu'il est destiné à contenir; autant que possible, la façade en sera exposée au levant ou au midi; le sol en sera plus élevé que le terrain circonvoisin; il sera pavé en briques ou tout au moins encroûté d'une bonne couche de galet et de craie bien battue, afin qu'on puisse le bien râcler de temps en temps et même le laver; intérieurement les murs seront enduits de plâtre et sans la plus petite crevasse; des jours ou fenêtres seront pratiquées en toute circulation afin d'y permettre libre accès à *l'air*, à *la lumière* et *aux rayons du soleil*, ces ouvertures seront munies chacune d'un châssis garni de toile métallique, afin d'interdire tout abord aux rats, souris, martres et autres ennemis des volailles; extérieurement chaque ouverture sera en outre munie d'un volet. Les nids à pondre seront suffisamment nombreux; qu'ils consistent en trous pratiqués dans l'épaisseur des murs ou qu'ils soient en osier, ils devront être bien garnis de paille douce et tenus avec une extrême propreté. Les juchoirs seront vastes, solides, commodes et disposés de telle façon que les poules perchées plus haut ne salissent point celles des rangs inférieurs; tous les quinze jours en été, tous les mois au plus tard en hiver, les poulaillers devront être parfaitement nettoyés et balayés du plancher au sol; de temps en temps, le plancher et l'intérieur des murs seront blanchis à l'eau de chaux avec addition d'un peu de camphre ou d'essence. Les poules, sainement et chaudement logées, sont plus précoces et pondent plus que les autres. Par nature, les volailles étant fort peureuses et prenant facilement l'alarme, sitôt la fin du jour *tout le monde étant rentré*, leur porte devra être soigneusement fermée; un chien, un chat, un bruit insolite venant jeter la panique parmi ce peuple poltron, il n'en faudrait pas davantage pour l'empêcher désormais de revenir à l'habitation; à la porte d'un poulailler bien soigné, on doit entretenir du sable et surtout un bassin d'eau souvent renouvelée.

Le sable est indispensable aux volailles sous plusieurs rapport: d'abord en s'y vautrant elles en saupoudrent leurs plumes jusqu'à la racine et par là se débarrassent de la vermine à laquelle elles sont fort sujettes; d'un autre côté, elles digéreraient fort difficilement le grain contenu dans leur jabot si elles n'avalaient pas de gravier pour aider leur gisier à le triturer; que d'oiseaux d'agrément j'ai sauvés en leur faisant jeter tout simplement du sable dans leur cage!

La plupart des maladies des poules étant occasionnées par l'inobservance des règles de leur hygiène, surtout pour ce qui concerne l'eau et le logement, quand une basse-cour devient le théâtre d'une épizootie, on doit donc tout d'abord porter son attention sur leur logement et sur leur régime, *principalement comme boisson*.

CHAPITRE XXXVIII.

LE DINDON.

SOMMAIRE.

Le dindon n'est en Europe que depuis environ deux siècles.— Son caractère, ses habitudes. — La poule d'Inde aime dérober ses œufs. — Surveillance des dindes en ponte. — Signes manifestés par la dinde qui veut couver, soins à lui donner pendant l'incubation. — Il importe de préserver la jeune couvée contre les rigueurs du froid. — Premier régime des dindonneaux. — Epoque critique de ce jeune volatile. — Régime et gouvernement des dindonneaux à partir du second âge. — Age des reproducteurs. — Engraissement d'automne. — Engraissement d'hiver. — Aromatisation de la chair des dindes grasses.

Le plus grand, le plus fort, et, une fois élevé, le plus rustique de tous les oiseaux de basse-cour, sans contredit, c'est le dindon. Les Indes orientales ou Amérique sont le pays de ce volatil aussi précieux que commun aujourd'hui. Ce furent les missionnaires jésuites qui l'importèrent en Europe sous le règne de François Ier, au commencement du XVIe siècle.

Le dindon, ainsi que sa femelle, diffèrent des autres volailles principalement par leur tête garnie de caroncules charnues tantôt pâles, tantôt rouges ou violacées, suivant que l'animal est plus ou moins calme ou irrité. On distingue le coq d'Inde de sa poule par le glouglou qu'il fait entendre quand on le provoque, par les mamelons plus gros de sa face, ainsi que par la longue roupie qu'à volonté il rétracte ou allonge; une autre marque spéciale encore, c'est la mèche de gros crins noirs et rudes que les mâles portent sur le devant du jabot; de plus, ces derniers font la roue à la manière des paons, et de temps en temps rendent un bruit particulier, espèce de rot ou éternument comprimé, ce qui n'a pas lieu chez la femelle.

Le dindon est très-irritable; lorsqu'il entame une querelle, il se bat à outrance et cède rarement le premier. La vue d'une pièce d'étoffe rouge, les sons aigus l'irritent et même le font entrer en fureur. La femelle est beaucoup plus paisible, elle se défend à peine quand une autre volaille l'attaque, jamais elle ne commence; pourtant, quand elle a des petits, elle sait aussi déployer une certaine énergie à l'occasion.

Le dindon gratte à la manière des poules, mais moins fréquemment et moins vivement. Le cou allongé, la tête inclinée, le bec tendu, l'œil courant d'objet en objet, il distingue la moindre grenaille, le plus petit germe. Il s'accommode de la même nourriture que les poules, pourtant il n'a pas autant de goût pour les substances animales. Loin de chercher à en éviter les rigueurs, ces animaux semblent aimer l'air vif et même le froid; aussi, le soir arrivant, les voit-on, même au cœur de l'hiver, se percher dehors sur les voitures ou sur les arbres divers pour y passer la nuit.

La poule d'Inde commence à pondre sitôt les grandes gelées disparues. Si commode qu'on lui prépare un nid, rarement elle l'adopte. Le pied d'une meule de paille, de foin ou de gerbes, un vieux bâtiment écarté, un coin solitaire quelconque, surtout s'il s'y rencontre de vieilles huches, des débris d'anciens équipages, du bois, ou tout autre abri contre les regards, tels sont les lieux qu'elle préfère. A l'aide de ses pattes et de son bec, elle s'y pratique une espèce de trou informe où tous les deux jours elle ne manque pas de venir déposer son œuf. Avant de s'y rendre et, chemin faisant, elle observe, elle guette, elle épie si on ne la voit point; enfin, d'un pas, à la fois furtif et gauche, elle gagne son réduit d'élection. Son œuf pondu, assez habituellement elle soulève avec sa tête quelques brins de paille comme pour cacher sa trace et dérober son nid aux regards, preuve que sa domesticité n'est pas de date encore fort ancienne.

Pour s'éviter la peine de le chercher, et de peur que malgré toute surveillance on ne perde un certain nombre d'œufs, quand le moment de leur ponte est arrivé, tous les soirs on enferme les dindes, et le matin on ne les laisse sortir que quand on s'est assuré qu'elles ont toutes pondu. Il est d'observation que presque toutes celles dont la ponte a été libre se mettent à couver sitôt leur dernier œuf; et, au contraire, que la grande majorité de celles qui sont forcées de pondre au poulailler, laissent passer la saison sans manifester le désir de faire éclore des petits.

La dinde qui veut couver devient solitaire; elle voyage moins et reste dans le voisinage de son nid; souvent elle s'y rend, reste autour ou bien y entre un peu, puis elle finit par le garder positivement et avec opiniâtreté; l'incubation devient alors pour elle un besoin dont on ne peut que fort difficilement la distraire. La poule d'Inde est une couveuse sans pareille : qu'on lui donne des œufs de poule ou de cane, ou les siens propres, elle les couve tous pareillement et avec une constance qui ne se dédit jamais; *elle couverait des cailloux.* Il faudrait qu'elle fût bien fortement et bien souvent inquiétée pour se décider à y renoncer. Le coq d'Inde chaponné est un couveur encore bien plus ardent, plus infatigable; il est peut-être même encore plus vigilant et plus adroit à conduire une jeune couvée.

Dix-huit à vingt œufs suffisent pour une dinde. Durant qu'elle est en incubation, elle ne réclame pas plus de soins que la poule, sauf pourtant qu'il faut encore moins oublier de lui donner à manger et à boire, ces bêtes se laissant quelquefois mourir de besoin sur leurs œufs plutôt que de les quitter.

La poule d'Inde couve vingt-huit jours. Les jeunes dindonneaux éclosent tous avec un petit point blanc à la partie supérieure de la base du bec. Certains auteurs sérieux prétendent, et même ont écrit, que c'était une bonne pratique que de percer ce bouton avec une épingle; véritablement c'est là une erreur qui tient de l'absurde, ce petit tubercule n'étant autre qu'un rudiment de la roupie, à preuve, c'est qu'il est plus développé chez les petits mâles que chez les petites femelles. Les très-jeunes dindonneaux sont excessivement impressionnables au froid; aussi importe-t-il de bien calculer à l'avance l'époque à laquelle ils doivent éclore, et de mettre tous les soins possibles à préserver les couvées précoces contre les rigueurs du temps.

La nourriture des nouveaux-nés consiste, comme celles des poussins, en mie de pain sec ou mieux trempée dans du vin ou du cidre; les dindonneaux sont beaucoup plus délicats que les poussins; aussi demandent-ils des soins les plus minutieux. Les œufs durs hachés avec du persil, le lait caillé mélangé avec des orties tendres et coupées bien menu, telle est la nourriture qu'ils préfèrent et qui leur convient le mieux dans le premier âge; la recoupe, l'orge moulue détrempés et mêlés à de la salade, à des orties, de la chicorée sauvage, du pissenlit, de la pimprenelle, des lascerons hachés, le petit son gras, sont également pour eux un excellent aliment jusqu'à l'époque où les caroncules de la tête menacent devoir bientôt faire leur éruption. Dans le voisinage des prairies, des marais, des étangs plus ou moins desséchés, trouvant en abondance des herbes tendres, des moucherons, des insectes, des vermisseaux, des grenouilles, ils peuvent en bonne partie se passer d'autre nourriture, sauf pourtant un petit supplément le matin et le soir. Quand la saison est humide, quand les jeunes luzernes, mais surtout les jeunes trèfles rouges ont à souffrir des ravages de la petite limace grise ou calipote, on se trouve merveilleusement bien de faire parcourir par les jeunes dindons les pièces pour lesquelles on croit devoir craindre ces insectes destructeurs.

A l'âge de deux mois à deux mois et demi s'ouvre pour les jeunes dindons des deux sexes une époque fort critique, c'est celle de la sortie des caroncules; on dit alors qu'ils vont *prendre le rouge*. Pour rendre cette crise moins dangereuse, outre un régime tonique, tel que les trempées de cidre ou de vin, un peu de sarrasin et d'autres graines en même temps échauffantes et nourrissantes, on se trouve bien de frictionner la tête de ceux qui semblent souffrir davantage avec un peu de vin tiède étendu d'un tiers d'alcool camphré; le fenouil, l'anis, le persil, le cerfeuil hachés et mêlés avec de la nourriture et du lait caillé, hâtent et favorisent aussi l'éruption. Arrivés à l'âge de trois mois et demi à quatre mois, les dindonneaux peuvent être considérés comme hors de tout danger et sont en état de se suffire à eux-mêmes sans aucun soin particulier. A partir de ce moment, leur accroissement marche avec rapidité. Très-avides de toute espèce de fruits, faines, gland, grain, etc., les dindons, conduits dans les champs moissonnés ou au bord des bois, trouvent suffisamment de quoi vivre pendant les mois de juillet, août et septembre, et même peuvent prendre un certain embonpoint notable; à six ou sept mois leur crue est complète.

Les dindes de deux ans sont plus précoces à la ponte que les jeunes de l'année, et leurs œufs manquent moins volontiers; on dit également qu'elles sont meilleures couveuses et plus habiles mères. Les coqs, pareillement de deux ans, sont de leur côté aussi, dit-on, bien plus sûrs. Les coqs d'Inde sont beaucoup moins ardents et beaucoup plus lents que les coqs ordinaires. Les dindes ne demandent à s'accoupler que durant le moment de la ponte, qui est de trente à quarante jours; passé cette époque, les mâles et les femelles semblent ignorer leur sexe; aussi est-il inutile de chaponner les premiers et de les mettre en mue, mâles comme femelles. Naturellement très-voraces, ces volailles mangent toujours et beaucoup. Pour les engraisser, il ne faut que leur donner de la nourriture à discrétion.

Durant les derniers temps de la belle saison, les jeunes

herbes de la végétation d'août, les épis et les grains que ces oiseaux glanent suffisent amplement à leur engrais; quant à ceux que l'on n'a pas encore vendus aux approches de l'automne, outre ce qu'ils trouvent dans la cour et aux environs des bâtiments de la ferme, ils demandent un surcroît de nourriture pour être avantageusement présentés au marché : le sarrasin, les pois, le hotton, les criblures moulues et mêlées aux pommes de terre de basse qualité que l'on a préalablement fait cuire, leur donnent promptement le dernier degré d'embonpoint. En enfermant les dindes pendant les six ou huit derniers jours de leur engraissement, en leur donnant, outre une abondante nourriture quotidienne, des noix, des faines ou du gland pilés et mélangés avec quelques muscades, ou simplement du thym, on communique à leur chair un goût, un fumet, une saveur, enfin, des plus agréables.

La dinde a deux époques de ponte. Arrive la fin d'août, quand les femelles sont bien remplumées de nouveau, elles subissent les approches du mâle, et bientôt donnent presque autant d'œufs qu'au printemps. Une spéculation fort lucrative, à laquelle j'ai vu quelques fermières se livrer, consiste à faire éclore en octobre et novembre des dindonneaux qui se vendent jusqu'à 15 et 20 fr. la pièce vers les dernières semaines d'hiver.

A cet effet, une chambre à poussins éclos artificiellement, ou tout autre appartement, sec et chaud, est indispensable. Dans une étable à vaches, incomplétement pleine de bétail, on peut de même obtenir de parfaits résultats.

Aussi bien ceux d'hiver que ceux d'été, les jeunes dindonneaux, autant que possible, demandent à être gouvernés et soignés toujours par la même personne.

CHAPITRE XXXIX.

L'OIE.

SOMMAIRE.

L'oie est un oiseau précieux. — L'oie précoce, paisible et facile à élever. — Petite et grosse espèce d'oie. — Souvenirs de leurs instincts de liberté primitive, surtout chez les sujets de petite espèce. — Un mâle suffit pour huit à dix femelles. — Ponte. — Incubation. — Soins à donner aux couveuses. — Eclosion. — Soins à donner aux jeunes oisons. — Leur premier régime. — Régime de second âge. — Conduite des oisons par troupeaux dans les plaines et les marécages. — Méthode allemande d'engraissement. — Engraissement dans les fermes françaises. — Conservation de la plume. — Maladie des jeunes oisons. — Le froid. — La pluie. — Maladies vermineuses. — Action funeste de la ciguë et de la jusquiame sur les jeunes oisons. — Quelques remèdes aux diverses maladies de ces volailles.

Un oiseau de basse-cour aussi précieux pour son duvet et sa plume que recherché pour la qualité et surtout la quantité de la chair qu'il produit, c'est l'oie. Outre qu'elle est dans son jeune âge moins délicate que le poulet et surtout que le dindon, et qu'elle est également beaucoup moins difficile à nourrir, d'un autre côté elle est encore plus tôt venue qu'eux. Il n'est pas de volailles plus paisibles, pas plus entre elles qu'avec celles des autres espèces. Ces oiseaux ne se battent jamais bien sérieusement; les mâles, chose rare! demeurent en bon accord entre eux, même pendant la fécondation des femelles.

Malgré leurs instincts assez bornés, quand ils y trouvent un bon régime, ils savent parfaitement reconnaître leur domicile. On distingue deux espèces d'oies domestiques, l'une basse, grasse et trapue, l'autre plus haute sur pattes et plus mince de corps; chez la première, plus le moindre souvenir de son indépendance primitive; les oies de la seconde espèce, au contraire, ne semblent qu'imparfaitement domestifiées; leurs tendances naturelles se réveillent très-volontiers, quand elles parcourent en troupeaux les champs nouvellement récoltés, et surtout quand barbotant au milieu des marais, elles viennent à apercevoir un oiseau de haut vol, ou mieux encore une bande de leurs frères sauvages traversant l'air en longue file anguleuse et de moment en moment poussant un cri de ralliement. De tous les moyens à préconiser pour rendre les oies sédentaires, le meilleur, sans contredit, c'est de les bien loger et de les bien nourrir.

Qu'elles soient blanches, qu'elles soient grises ou brunes, toutes les oies ont invariablement le bec et les pattes rouges; on préfère les oies blanches à cause de la qualité plus belle de leur plume et de leur duvet; les brunes passent pour avoir la chair plus dure et engraisser moins vite que les autres.

L'oie mâle s'appelle jare, la femelle n'a pas de dénomination particulière; on reconnaît le premier à une espèce de houppe qu'il porte sur le sommet de la tête; sous le ventre de la femelle adulte existe une sorte de fanon flottant qui n'existe pas ou qui est beaucoup moins prononcé chez le jare; du reste, sans être précisément plus haut ni plus gras, comme il se dresse d'avantage que la femelle, le mâle se reconnaît encore à sa démarche plus hardie, plus décidée, à son regard plus fier. Certains jares, quand on les laisse devenir vieux, prennent de la méchanceté surtout pour les enfants, qu'ils poursuivent en exhalant une sorte de sifflement prolongé semblable à celui d'un serpent irrité.

Un seul mâle suffit pour une dizaine de femelles. Quand elles sont bien nourries et que la saison n'est pas trop rigoureuse, ces dernières commencent leur ponte dès le mois de février au plus tard. Ainsi que la dinde, la femelle du jare cherche assez volontiers aussi un lieu à son gré, qu'elle préfère au poulailler le plus commode ; elle aime également établir elle-même son nid ; quelques jours avant qu'elle ne se mette à pondre on la voit charrier des petites bûches de bois et des brins de paille avec son bec. Les oies de grosse espèce pondent beaucoup moins et des œufs infiniment plus petits. On a vu des oies communs donner jusqu'à soixante et quatre-vingts œufs ; le nombre, comme on pourrait le croire d'abord, n'en amoindrit pas la grosseur. Sitôt sa ponte effectuée, la femelle de l'oie demande à couver, ce qu'elle témoigne en gardant le nid ; pourtant il en est un assez grand nombre chez lesquelles cet instinct ne se révèle point. Quatorze à quinze œufs sont amplement suffisants pour une mère.

Durant l'incubation, la couveuse réclame les mêmes soins et la même attention que la poule et la dinde. Dans cette circonstance, son régime doit également être très-copieux et pas trop échauffant. Un mélange à parties égales de petit son, d'orge, de sarrasin et de criblures, le tout tantôt en nature, tantôt grossièrement concassé, telle est, avec de l'eau la plus pure et en ample abondance, la meilleure nourriture qu'on puisse lui donner. En général, pour toutes les volailles en incubation, c'est une mauvaise habitude que de mettre les rations à leur portée, dans le but d'éviter qu'elles ne quittent le nid ; quelques minutes d'absence, matin et soir, ne nuisent point à la couvée et font le plus grand bien aux couveuses.

Les oisons éclosent du vingt-sept au trentième jour ; s'il arrive que quelques-uns devancent les autres, il importe de les retirer au fur et à mesure et de visiter les œufs qui restent ; si on ne lui enlevait point ses premiers nés, la mère pourrait fort bien s'en aller avec eux et abandonner le retardataire dans l'œuf. Comme pour les poules, comme pour les dindes, c'est une louable méthode que d'examiner de temps en temps chaque œuf, afin de jeter les mauvais.

De même que les jeunes dindons, les petits oisons

aiment beaucoup la mie de pain et les œufs durs hachés. Le son qu'on leur donne assez généralement et partout presque exclusivement comme premier régime, n'est pas assez nourrissant; il détermine très-souvent la diarrhée et occasionne de grandes pertes. La mouture d'orge, d'avoine, de sarrasin, de bonne criblure réduite en pâtée et associée à de la salade, de la chicorée sauvage, etc., forme pour eux une nourriture dont ils se trouvent aussi bien qu'ils en sont avides.

Arrivés à l'âge de quinze jours ou trois semaines, les jeunes oisons ont déjà acquis une certaine force; on peut clore déjà et avec avantage commencer à les conduire le long des fossés, des étangs et parmi les lieux marécageux, où ils trouvent du limon, de jeunes plantes tendres et même certains insectes aquatiques dont ils sont très-friands; néanmoins, on ne saurait se dispenser de leur donner à manger soir et matin.

L'éducation des oies et des dindes est d'autant plus productive qu'on opère plus en grand. Quelques élèves qui ne donnent qu'un fort mince bénéfice occupent presque autant une ménagère qu'un troupeau de cent à cent cinquante sujets ou plus, qu'elle peut confier à un enfant, qui tout le jour les conduit glaner, ou paître, ou barboter, et que le soir elle inspecte et soigne, après avoir eu le temps de vaquer à d'autres soins domestiques.

On prétend que l'herbe coupée par le bec de l'oie meurt ou tout au moins repousse toujours mal et fort lentement, c'est pourquoi généralement on se donne de garde de les conduire dans les bonnes prairies. Si réellement l'herbe pâturée par les oies semble souffrir dans sa nouvelle végétation, on peut, jusqu'à un certain point, l'expliquer par l'écrasement ou la déchirure de son collet et de ses feuilles que meurtrit le bec dentelé de cet oiseau, qui, en outre, coupe les plantes très-près de terre.

Dans certaines localités, où l'éducation de l'oie est une

spéculation, on conduit aux champs pêle-mêle, par troupeaux plus ou moins nombreux, les couvées de plusieurs propriétaires; le soir, ces animaux savent parfaitement reconnaître chacun leur demeure. En parcourant les champs, ils trouvent des grains, des plantes naissantes, des racines et des herbes tendres; ce régime les fait croître fort vite et à très-bon compte. Moyennant, si besoin est, un petit supplément de régime à la maison, surtout vers la fin des beaux jours, en octobre et novembre, suffisamment grasses et surtout pleines de chair, elles peuvent être conduites avec bel avantage au marché et donner des bénéfices aussi prompts qu'elles ont demandé peu de sacrifices et de mise de fonds. Après la récolte des blés, des orges et autres céréales, quand ils les promènent dans les plaines, une recommandation importante à faire *aux oisonniers*, c'est, dans le courant de la journée, de conduire à l'eau deux ou trois fois leur troupeau emplumé.

D'une nature vorace et insatiable en même temps que d'une puissance digestive extraordinaire, quand on la nourrit à discrétion, l'oie peut acquérir un poids énorme et quadrupler ses produits ordinaires, surtout en graisse, qui est excellente. Borner ses mouvements dans un espace étroit, obscur et propre; lui fournir à satiété une nourriture convenable, comme des pâtées de pommes de terre, de maïs, de sarrasin, de criblure, le tout mêlé et délayé avec un peu d'eau bouillante, tel est, quand on est certain d'un bon débouché, le secret pour arriver vite et sûrement. Dans tout le Nord, en Allemagne, en Hongrie, en Pologne, on enferme les oies dans des espèces de pots ouverts aux deux extrémités; on range comme des futailles sur chantier ces pots les uns à côté des autres, et trois à quatre fois par jour on présente aux volailles ainsi encaissées des aliments de plus en plus de leur goût.

Dans les fermes où l'on s'adonne à l'élève des oies, arrive le mois de septembre, époque à laquelle ces oiseaux commencent à entrer en mue, on plume les sujets dont on veut n'effectuer la vente qu'au commencement de l'hiver, ainsi que ceux destinés à la multiplication prochaine. On évalue à 50 centimes le prix de la plume d'une oie.

Un moyen généralement employé pour conserver la plume, c'est de la cuire au four; à cet effet, on la renferme dans des sacs, et on l'introduit environ une heure après la sortie du pain. La chaleur qu'elle subit volatilise toutes les matières liquides contenues dans ses pores, et ainsi la rend imputrescible. Le poivre, la feuille de noyer, celle de laurier, toutes espèces de plantes aromatiques, le camphre conjurent l'invasion de la mite qui, si on n'y fait attention, ne tarde point à l'endommager considérablement et même à la perdre.

Une maladie assez fréquente chez les jeunes oisons, c'est le tétanos et la paralysie; ces deux maladies sont fort graves et si les sujets attaqués ne succombent pas, souvent c'est un malheur de plus, attendu qu'à la suite ils continuent à dépenser et jamais ne viennent à bien; le froid, la pluie, le séjour des jeunes oisons encore en simple duvet dans des mares froides, telles en sont les principales causes.

Les jeunes oisons sont encore assez sujets à une sorte de maladie vermineuse que j'ai observée et dont j'ai préservé un certain nombre de sujets en leur donnant de temps en temps un peu de feuilles de saule, force chicorée sauvage et environ une pincée de sabine (par quatre à cinq oisons), le tout haché bien menu et mêlé à leur pâtée ordinaire.

Ces volailles sont très-avides de ciguë; elles mangent également la jusquiame avec délices, bien que ces plantes soient pour elles un poison très-violent; à peine en ont-elles goûté, en effet, qu'elles tombent dans des convulsions terribles. Le lait frais et la rhubarbe en poudre ainsi que l'eau de chaux à la dose d'une petite cuillerée à café, sont les seuls antidotes à administrer, mais leur action salutaire est loin d'être toujours certaine.

CHAPITRE XL.

LE CANARD.

SOMMAIRE.

L'éducation du canard est productive.—Les bénéfices en sont promptement réalisés.—L'eau est indispensable pour élever des oies et des canards.—Diverses espèces de canards.—Le canard commun ou barboteur. — La cane commune. — Tendance des canes à dérober leurs œufs.—A quels signes on reconnaît qu'une cane veut couver. — Soins à donner aux couveuses.—Premier régime des canetons.—Régime du second âge.—On peut conduire aussi par troupeaux les canards aux champs. — Régime animal donné aux canards.—Préparation de la plume de canard. — Canard musqué.—Métis musqués barboteurs.—Stérilité des métis.

De tous nos oiseaux domestiques le plus dur, sans contredit, c'est le canard; il est également le plus facile à élever, le plus commode à nourrir, et en même temps le plus tôt venu. Dans certaines localités, son éducation est aussi productive que peu coûteuse. Pour élever des canards et des oies, d'abord il faut de l'eau; sans eau, tout en dépensant beaucoup, ces animaux languissent, viennent mal et un grand nombre meurt.

Le canard privé ne diffère du sauvage que par sa corpulence plus considérable et par la nuance plus variée de son plumage, tantôt gris, tantôt brun, tantôt pie ou tout blanc. Si on rencontre quelques canards sauvages plus ou moins blancs, ils ne sont autres que des privés devenus sauvages ou en descendant de plus ou moins près. Plus volontiers que l'oie, le canard de cour se mêle avec l'espèce sauvage et se décide à le suivre, surtout si on ne le fréquente guère et si on ne se l'attache par une bonne et abondante administration quotidienne de nourriture à son goût. Quant aux canards sauvages, ce n'est guère qu'à la troisième génération qu'on peut les considérer apprivoisés, et encore conservent-ils toujours certains penchants instinctifs, certaines habitudes de liberté originelle.

On distingue deux sortes de canards : le canard commun ou barboteur et le canard musqué ou de Barbarie. Le premier comporte deux espèces, la grosse et la petite ; le régime, les bonnes conditions dans lesquelles se trouvent les uns, la vie plus chiche des autres, telles doivent être les causes de leur inégalité de volume. Il n'y a qu'une espèce de canard musqué ; elle est beaucoup moins répandue. Le mâle musqué s'accouple assez volontiers avec la cane commune et la féconde ; le canard commun ne se décide pas aussi facilement à couvrir la cane musquée, que pourtant il féconde quelquefois aussi.

Qu'il soit de petite ou de grande espèce, le canard commun porte à la queue deux plumes contournées en papillottes ; excepté chez les blancs, la tête est verte émeraude ; quelle que soit sa couleur, le canard commun a la voix grave et comme gazée, aussi ne se fait-il entendre qu'à faible distance.

La couleur de la cane varie du gris alouette au gris brun, il en est également de blanches et de pies, on en rencontre aussi de presque noires, celles jaunes café au lait et froment sont plus rares. La cane a la voix plus claire, plus sonore, plus vibrante, en un mot plus vivement timbrée que le mâle, aussi se fait-elle entendre de fort loin ; les canes de petite espèce sont infiniment plus criardes que les autres, elles volent beaucoup mieux et ont bien plus de tendance à redevenir sauvages ; on serait tenté de croire qu'elles ne sont qu'incomplétement et depuis moins de temps apprivoisées.

Les canes, de même que les oies et les dindes, ne s'accouplent qu'à certaines saisons, tandis que le coq et la poule font l'amour en tout temps ; la cane commune ne pond qu'à dix mois. Si le temps n'est pas trop rigoureux, dès la fin de janvier elle recherche et provoque le canard ;

à la fin de mars au plus tard, sa ponte est terminée. Le nombre d'œufs qu'elle donne varie de vingt-cinq à quarante. Peut-être encore plus que l'oie et la dinde, la cane aime choisir un lieu à son goût et faire son nid à son gré; quand elle parvient à dérober ses œufs, assez souvent elle les abandonne quand elle a cessé de pondre; cependant, quelques-unes les couvent, mais toujours plus ou moins malheureusement. Celles que l'on a forcées de pondre au poulailler, assez souvent ne demandent point à couver. Le plus généralement la cane ne pond que tous les deux jours.

La cane qui demande à couver garde le nid, hérisse ses plumes quand on l'approche, frappe du bec et fait entendre, comme l'oie, une sorte de sifflement de couleuvre. Ainsi que les œufs de l'oie, ceux de la cane exigent une incubation de vingt-sept à trente jours. Pour plusieurs raisons assez plausibles, les ménagères préfèrent confier à une poule les œufs de cane destinés à produire des petits : d'abord parce que la cane renonce assez volontiers sa couvée, ensuite parce que la poule, ayant des goûts beaucoup plus sédentaires et ne manquant jamais de songer à se rapprocher de son poulailler vers la fin du jour, on peut plus facilement soigner et surveiller sa jeune famille du reste moins exposée. Bien qu'ils n'aient rien de commun avec leur véritable mère, les jeunes canetons ne laissent pas que de la reconnaître et de s'y attacher.

Comme les poussins, comme les dindonneaux et les oisons, les petits canards mangent avec avidité le pain sec émietté et les diverses trempées; avec avantage, on y associerait un peu de chènevis écrasé. Les moucherons, les vermisseaux, les petites limaces qu'ils rencontrent au bord des mares et dont ils sont très-friands, activent singulièrement leur première croissance. Quand ils ont un peu plus d'âge, le son, les moutures diverses, en un mot, tout ce qui constitue le régime des autres volailles, leur convient également soit pur, soit mélangé à des herbes hachées. Quand on a un nombre suffisant d'élèves, on peut avec grand avantage les confier à un enfant intelligent et les envoyer en troupeau dans les champs, où ils savent, aussi bien que les oies et les dindes, ramasser les grains perdus, les insectes et les jeunes plantes tendres. Le parcours des prés et surtout des marais peut aussi leur être très-favorable; les petites grenouilles, les limaçons, tout leur est bon.

Le canard commun est essentiellement carnassier; j'ai élevé et fait de fort bons canards presque exclusivement avec de la viande de cheval cuite, souvent même ils en mangeaient de crue. Au bout de quinze ou vingt jours de ce régime, j'y associais des herbes hachées; une semaine avant de les livrer à la consommation, je remplaçais la viande par la mouture, et la veille des marchés où ils devaient être vendus, je leur faisais jeter quelques poignées de grain, afin de dépister les soupçons des consommateurs qui avouaient hautement la supériorité de mes produits, dont toutefois ils ne connaissaient point le véritable régime alimentaire.

Le canard, qui mangerait de la viande fraîche jusqu'à se faire crever, moins que la poule paraît avide d'asticots et de chair plus ou moins putréfiée, dont pourtant il ne répugne pas tout à fait d'user. Cette volaille s'engraisse plus vite que l'oie, plus vite que la dinde. A quatre mois, le caneton a fait toute sa crue; à deux mois, on peut en manger. Assurément, de tous nos oiseaux de basse-cour, c'est le plus facile à élever, celui qui paie le plus promptement et sans contredit le mieux les quelques soins dont au reste on a pu l'entourer moins assidûment qu'aucun autre. On prétend que les œufs de cane sont d'une qualité et d'un goût aussi exquis que ceux de la dinde et de l'oie sont mauvais; bien des gourmets les mettent beaucoup au-dessus des œufs de poule sous tous les rapports.

La plume fournie par les canards n'est pas tout à fait

aussi estimée que celle des oies; néanmoins elle ne laisse pas que d'avoir sa qualité et son prix; elle se récolte à la même époque, de la même manière et se conserve par les mêmes procédés que la plume d'oie.

Le canard musqué est ainsi appelé à cause de l'odeur particulière qu'il exhale par toutes les parties de son corps. La tête, surtout chez le mâle, est garnie, à la racine du bec principalement, de caroncules rouges, ayant quelque ressemblance avec celles de la dinde. Quoique lourd, gros et bas sur de fortes pattes, le canard musqué vole très-bien. Il se perche comme la poule et la dinde; bien qu'il l'aime beaucoup, il se passe d'eau plus volontiers que le canard commun; excepté qu'il est moins carnassier et moins vorace, il s'accommode des mêmes aliments.

On rencontre des musqués noirs, tirant sur l'émeraude, des gris foncés, des pies et des blancs. Les mâles, quelle qu'en soit la nuance, ont le plumage plus vif que les femelles. Leur cri est une sorte de sifflement enroué se rapprochant un peu de celui que fait entendre la cane commune qui couve ou conduit ses petits.

La cane musquée, sans être très-fine, dérobe toujours ses œufs; plus encore qu'aucune autre femelle volatile domestique, elle aime choisir son lieu et faire elle-même son nid; elle préfère à cet effet les endroits solitaires. Elle est plus ardente et plus sûre couveuse que la cane commune; ses petits sont plus frileux que les canetons ordinaires et plus délicats dans le premier âge; heureusement qu'elle est un peu tardive dans sa ponte et son incubation. Les métis musqués sont inféconds.

De tous les animaux domestiques, le canard est peut-être celui sur lequel les maladies se manifestent le plus rarement; les annales vétérinaires, qui font mention d'épizooties assez fréquentes sur les poules, les dindes et les oies, ne disent pas qu'il s'en soit jamais manifesté sur les canards.

CHAPITRE XLI.

LE PIGEON.

SOMMAIRE.

Le pigeon est un domestique libre. — Le pigeon de volière. — Ses instincts. — On pourrait le rendre plus productif. — Deux méthodes pour peupler un colombier. — Tenue du colombier.— Avantage des pigeons dans une exploitation. — Moyen d'augmenter le produit des pigeons. — Pigeons de trappe. — Avantage du salpêtre et du sel ordinaire pour les pigeons.

Parmi les animaux que l'homme a soumis à son empire, assurément il n'en est pas un qui ait conservé autant d'indépendance que le pigeon. Domestique libre, il ne tient à son maître que par l'hospitalité qu'il en reçoit. Cependant, à moins qu'il ne s'y trouve absolument trop mal à l'aise ou trop inquiété, ou bien qu'il y manque totalement de nourriture, rarement il abandonne la tour où il est éclos.

On distingue deux sortes principales de pigeons à profit: le bizet ou fuyard et le pigeon de volière ou de trappe. Le premier est considérablement plus petit et moins fécond; il ne fait que deux ou trois couvées au plus par an; à peine s'il demande quelque nourriture à son hôte; confiant en la force de ses ailes et n'ayant perdu presque aucun des instincts dont l'a pourvu Dieu en le créant, il sait aller chercher sa vie à des distances prodigieuses. Assurément il deviendrait plus gros et donnerait plus de profit s'il recevait meilleure pitance au colombier. L'hiver, le fuyard est plus sédentaire ; désormais sans blés, sans pois, sans vesces, sans colzas à picorer dans les plaines, il cherche de quoi vivre aux environs de la ferme, autour des granges et sur les fumiers, en compagnie des autres volailles. C'est alors qu'il importe de lui donner quelque grain ; le sarrasin, les diverses criblures, les graines avortées de pois, de vesces, etc., non-seulement lui suffisent, mais encore le contentent. Quand on ne l'a point trop laissé jeûner durant la saison rigoureuse, il récompense, par sa précocité et par des couvées plus nombreuses, des sacrifices qu'on a faits pour lui.

On peuple un colombier de deux manières : ou bien en se procurant des paires de vieux sujets, ou bien en y installant des jeunes, n'ayant encore ni volé ni produit. Dans le premier cas, il est nécessaire de les bien nourrir, de chercher à les attacher à leur nouvelle habitation par l'appât de substances dont ils sont avides ; surtout on devra bien se garder de les effaroucher par des visites répétées inconsidérément. Chaque fois qu'on jugera à propos de les aborder, on leur jettera quelques graines de leur goût de prédilection. Enfin, malgré qu'ils paraissent bien familiarisés et malgré qu'ils soient installés depuis quelque temps, il sera prudent de ne leur ouvrir le colombier, non-seulement que quand ils auront pondu et seront en incubation, mais encore pas avant qu'ils aient des petits ; malgré le lien puissant de la famille, beaucoup se décident-ils encore à déserter. Un excellent moyen pour conjurer pareil accident, c'est, dans le commencement, de ne le leur ouvrir que le soir et même un peu tard, une ou deux heures avant la nuit.

La population par les jeunes est plus lente à donner du produit, mais elle est plus sûre et expose à moins de pertes. Une fois le colombier garni, il s'entretient en effectif par les sujets d'été qui s'échappent et par les couvées tardives, le plus généralement de médiocre valeur. Néanmoins, ici comme pour tous les autres animaux, il importe, si on veut entretenir ou améliorer sa race, de conjurer les mauvais effets de la consanguinité. Je sais des fermières qui atteignent admirablement ce but, en échangeant leurs œufs entre elles, ce qui vaux mieux que l'importation de petits qui souffrent, dépérissent et souvent se perdent. Le pigeon vit huit ou dix ans; mais il a tant d'ennemis de toute espèce, que rarement il meurt d'âge.

Ainsi que les poulaillers et tout habitacle destiné aux animaux, les pigeonniers doivent être commodes, propres et d'impossible accès à tout être étranger à la colonie. Les pigeons sont fort sujets à une sorte de vermine tout à fait semblable à celle qui attaque les poules; si on ne les en débarrasse, ou mieux encore, si on ne les met à l'abri de son invasion, en nettoyant les nids et en balayant de temps en temps vigoureusement l'intérieur des murs du colombier, et même en les badigeonnant avec une forte eau de chaux aromatisée d'un peu d'essence de lavande, beaucoup de petits souvent meurent entamés par les poux, et beaucoup de sujets d'âge désertent le volet et même abandonnent leur couvée pour aller chercher des lieux plus commodes. De la propreté, de l'espace, de l'air, assez de lumière et beaucoup de tranquillité, telles sont, en résumé, avec de la nourriture, les principales conditions auxquelles le pigeon veut bien consentir à demeurer notre domestique.

Si le biset produit fort peu, il faut convenir aussi que généralement il n'est l'objet d'aucun soin, d'aucune attention et qu'il ne coûte guère. Le pigeon de volière est infiniment plus productif; mais, d'un autre côté, combien il dépense davantage! Le premier est assez pillard, il est vrai, mais, en échange, il purge les terres et les fumiers des mauvaises graines qu'il dévore; avec des denrées de nulle valeur on l'aide à passer l'hiver. Au pigeon de trappe au contraire, outre la quantité, il faut tout ce qu'il y a de meilleur, et encore perd-il beaucoup en dépit des augets à trous, des trémies et de toutes les précautions possibles.

Si l'avoine et le sarrasin excitent les pigeons à pondre, le blé, dit-on, expose les œufs à tomber clairs, et la vesce donne un mauvais goût à la chair des petits. Une bonne méthode, c'est de varier le régime des pigeons comme celui de tous les animaux en général. Avec ses neuf couvées au moins par an, quand on sait l'administrer et qu'il est convenablement logé, le pigeon de volière, tout compte fait, doit laisser encore quelque profit.

De même que chez les poules, les dindes, les oies et les canes, chez les pigeons, quand une mère n'a qu'une couvée incomplète, on peut, non-seulement sans risque, mais encore avec tout avantage, augmenter une couvée voisine en privant totalement de la sienne la paire maladroite ou malheureuse qui de suite se remet à travailler à la création d'une nouvelle famille. Dans une volière de cinq à six aires que je possédais, j'avais augmenté sensiblement mon petit produit en enlevant chaque fois aux femelles plus pondeuses leurs œufs dont j'augmentais la couvée de celles que j'avais jugées meilleures couveuses et nourrices; toutes se prêtaient de la meilleure grâce à ma supercherie.

Si, aux pigeons bisets, on donnait un peu plus de nourriture à l'époque des semailles; si, aux pigeons de trappe, on offrait à becqueter du sable plus ou moins salé ou salpétré, aux uns on reprocherait moins de dégâts dans les champs, et aux autres moins de dégradations aux murailles et aux toitures. Ces derniers même ne gaspilleraient nullement leur nourriture, si, trois fois par jour, on leur jetait une honnête ration, au lieu d'emplir leur trémie pour une semaine.

Par les petits qu'ils produisent, si les pigeons peuvent véritablement être de quelque bénéfice, par leur fumier, le plus riche de tous, surtout pour certaines cultures, ils ne laissent pas non plus que de mériter quelque considération encore. En agriculture, il est peu de chose qui produisent beaucoup, mais toutes produisent un peu et sûrement quand on sait s'y prendre.

CHAPITRE XLII.

LES ABEILLES.

SOMMAIRE.

Instinct des abeilles. — Trois sortes d'abeilles dans une ruche : la reine, les ouvrières et les mâles. — Doute sur le sexe de la soi-dite reine et des mâles. — Des ruches. — Avantages des ruches de plusieurs pièces. — Place du couvain dans les ruches. — Le rucher. — Disposition des tablettes. — On doit tenir de l'eau très-pure à la portée des abeilles. — Surveillance du rucher durant et après l'hiver. — Vin miellé donné au printemps. — Travaux des abeilles en pleine floraison. — Départ des bourdons. — Essaimage. — Surveillance du rucher à cette époque. — Pratiques diverses pour recueillir les essaims. — Mariage de deux essaims. — Récolte du miel suivant les contrées. — Transport des ruches en plaine à la fin de l'été. — Travail et conservation du miel.

Les abeilles, plus généralement connues sous le nom de mouches à miel, sont des insectes dont on a de tout temps reconnu l'utilité; aussi, de tout temps, ont-elles été l'objet de soins particuliers de la part de l'homme. Modèles d'activité et de constance au travail, ces petits êtres ont vraiment plus que de l'instinct : les diverses circonstances ne les embarrassent jamais longtemps; quand elles ne peuvent les vaincre, elles tournent les obstacles et paralysent les difficultés; une sorte d'intelligence réfléchie semble inspirer leurs actions et y présider. Les abeilles d'une même ruche savent se reconnaître; elles ont une police, elles ont des sentinelles disposées pour le salut et la tranquillité de leur république : défense expresse à tout étranger d'entrer; sitôt qu'il aborde, chaque individu *est arrêté et reconnu* avant de pénétrer plus loin, malheur au téméraire qui tenterait de violer la consigne.

Dans une ruche, on distingue trois sortes d'abeilles : une

seule reine ou mère, quelques centaines de mâles et plusieurs milliers d'ouvrières ou mulets qui ne sont ni mâles ni femelles. Ces divers sujets n'ont pas la même grosseur; ils diffèrent encore les uns des autres par certaines parties de leur corps, suivant leur grade, leur sexe et les diverses fonctions qu'ils sont appelés à remplir :

1° La mère ou reine est beaucoup plus grosse que toutes les autres; elle n'a ni brosses aux pattes de devant, ni palettes à celles de derrière pour ramasser et emporter le pollen des fleurs; jamais elle ne sort de la ruche; son rôle est de présider aux travaux et de pondre les œufs qui doivent entretenir l'effectif de la colonie et former les essaims. Elle est plus rousse que les mâles et les mulets; elle a les pattes plus longues, son aiguillon est recourbé et ses ailes fort courtes. Son corps est de la grosseur du petit doigt d'un enfant. C'est ordinairement en juin qu'elle est en fécondation. On a dit que la reine ne pondait que dix mois après avoir été fécondée. Cette assertion est-elle bien admissible? Comment, en effet, expliquer l'essaimage des jeunes ruches d'un mois et demi à deux mois?

2° Les abeilles ouvrières ont une longue trompe pour aller puiser le miel au fond du calice des fleurs; avec leurs pattes de devant, munies de brosses, elles en ramassent la poussière; celles de derrière, qui sont larges et creuses, leur servent de voitures dans lesquelles elles la transportent à la ruche. Intérieurement, elles ont une vésicule transparente, membraneuse, qui peut acquérir la grosseur d'un petit pois et dans laquelle elles renferment le miel au fur et à mesure qu'elles le sucent dans les fleurs. L'aiguillon dont est armée l'extrémité de leur croupe est pointu et susceptible d'acquérir assez de roideur pour pénétrer dans la peau la plus dure. Les abeilles ouvrières ne pondent point; elles ne fécondent point la reine; aller aux champs, travailler dans la ruche, soigner les petits, là se borne tout leur rôle. On en a compté jusqu'à quarante mille dans un seul essaim; le plus souvent, ce dernier n'est composé que de douze à quinze mille sujets. Du reste, on peut faire une ruche populeuse à volonté en en mariant plusieurs ensemble, ce qui est d'exécution facile.

3° Les mâles, ou étalons, ou bourdons, par leur grosseur, tiennent le milieu entre la reine et les ouvrières. Ils n'ont pas non plus de brosse, ni de pallettes, ni d'aiguillons; leur trompe est également plus courte et moins grosse : ils ne servent exclusivement qu'à la reproduction. Tant qu'ils sont nécessaires on les souffre, on les héberge, mais une fois leur rôle accompli, on les maltraite, on les chasse, on tue même ceux qui font les récalcitrants; ce sont désormais des bouches inutiles dont on a hâte de se débarrasser. Errants autour des mares vaseuses, des fumiers baignants, ils sont voués à la mort ou par inanition ou par le froid, si plus tôt les oiseaux en les dévorant ne viennent hâter leur fin misérable. Les mâles ont la tête plus grosse que les ouvrières, leur couleur est moins foncée, leur corps paraît plus velu, leur vol est indécis, saccadé, leur bourdonnement plus sonore a le ton plus grave que celui des mulets.

Les abeilles dites étalons sont-elles véritablement les mâles et celle unique dite reine est-elle bien véritablement la femelle? Après avoir anatomisé et étudié au microscope nombre de sujets de l'une et de l'autre sorte, et à diverses époques de l'année, après avoir comparé la configuration des larves que rendent les mouches carnassières et celles que contiennent également les soi-dits bourdons quand on les dissèque, je suis pour mon compte arrivé, sinon à une conviction contraire à l'opinion généralement admise, du moins à de sérieux doutes. D'un autre côté, il est plus rationnel de supposer qu'un seul fort mâle puisse féconder un certain nombre de femelles beaucoup plus petites, plutôt que de croire qu'une seule femelle ait besoin de l'approche de tant de mâles. En troisième lieu, comment un être du volume de la soi-dite reine pourrait-il produire les quarante ou quarante-cinq milles larves nécessaires à la formation des deux ou trois essaims que chaque ruche donne annuellement *en l'espace de quatre à cinq semaines ?* Qu'on me pardonne une opinion que je vise moins à imposer qu'à soumettre à l'étude des apiculteurs consciencieux et plus profonds connaisseurs que moi.

Quoi qu'il en soit, les abeilles savent parfaitement reconnaître la personne qui les fréquente habituellement ; qu'un étranger circule autour des ruches, elles sortent, paraissent inquiètes, font entendre un bourdonnement plus fortement timbré et finiraient par l'attaquer s'il ne battait prudemment en retraite. Non-seulement ces petits animaux sont actifs, laborieux, infatigables, ils ont en outre l'instinct de l'ordre. Loin d'être un pêle-mêle confus, l'intérieur de leur ruche est administré avec une intelligence méthodique. On dit que les abeilles voient dans l'obscurité ; un fait certain du moins, c'est qu'elles n'aiment point les ruches à jour ; aussi le premier soin d'un essaim qu'on vient de recueillir est-il d'interdire à la lumière tout accès dans sa nouvelle demeure.

On donne le nom de ruches à des espèces de cloches plus ou moins hautes, plus ou moins vastes à volonté et destinées à loger les abeilles, en même temps qu'à leur servir de laboratoire. On fait des ruches en osier, en paille nattée, en planches, en verre et même en pierre ; il en est également de simples, de doubles, de triples, c'est-à-dire d'une seule, de deux ou de trois pièces superposées. Les ruches d'osier, quand elles sont bien mastiquées, et celles en nattes de paille, les unes et les autres recouvertes d'un paillasson fixé par un cercle à moitié hauteur, sont les plus simples, les moins chères et à la fois les meilleures ; elles conservent aux gâteaux une température uniforme ; jamais dans leur intérieur le miel ne coule ni ne fermente. Tant pour consolider les parois des ruches que pour former charpente de soutènement à la cire et aux rayons, intérieurement on adapte trois à quatre petits morceaux de bois disposés en croix. On donne le nom de propolis à la matière particulière dont les abeilles se servent pour enduire toutes les parties intérieures de leur ruche et qu'elles récoltent sur les feuilles de certains arbres forestiers, notamment des hêtres.

Les ruches de plusieurs pièces d'un calibre uniforme ont de grands avantages : 1° d'abord on peut enlever une partie du miel qu'elles contiennent sans presque aucunement interrompre les mouches dans leur travail ; 2° suivant qu'il y a plus ou moins de couvain dans tel ou tel compartiment, on peut le laisser. On remarque généralement que les rayons à miel sont à la partie supérieure de la ruche, et que les cellules à petits se trouvent plus inférieurement et au centre. En adaptant autant de pièces qu'on le juge à propos, on agrandit la ruche à volonté, et les abeilles que le défaut d'espace seul force à essaimer, ne forment qu'une seule colonie, d'autant plus nombreuse que tout reste ensemble. Une forte ruche produit plus que deux faibles et est moins sujette à mortalité pour cause de froid et même de faim. La ruche que l'on destine à un jeune essaim doit être parfaitement sèche, propre et exempte de toute mauvaise odeur comme de tout mauvais goût.

On appelle rucher, l'emplacement destiné aux ruches ; dans certaines contrées, les ruchers sont couverts, ailleurs ils sont en plein vent. Couvert ou à ciel libre, le rucher sera exposé à l'ouest ou au levant, mais jamais au midi non plus qu'au nord ; pas plus hiver qu'été, cette dernière exposition ne convient aux abeilles ; dans les ruchers en plein midi, durant les grandes chaleurs, le miel peut fondre plus ou moins et couler ; au sud-ouest, la température est toujours parfaite pour le miel, et cette orientation semble, par-dessus toutes, plaire beaucoup aux abeilles. Que les tables destinées à supporter les ruches soient communes ou particulières, elles devront être solides, élevées à au moins 38 centimètres au-dessus du sol et être supportées par des pieds en bois ou en pierre; chaque ruche sera séparée de sa voisine par une cloison en paille, ou mieux en planches. Comme les abeilles qui rentrent souvent tombent de fatigue ou d'épuisement sous le poids de leur butin et qu'elles ne pourraient gagner l'habitation, c'est un excellent usage que d'établir une manière de petit escalier descendant de chaque ruche sur le sol; cet escalier consiste tout simplement en un bout de planche disposé en pont-levis que chaque soir on relève de peur des souris et autres ennemis des ruches, et que chaque matin on rabat. Hérisser les pieds ou supports des tables à ruches avec des clous pointus, des éclats de verre, des rubans de tôle ou de zinc ou de fer-blanc découpés à dents très-aiguës et dirigées la pointe en bas, de temps de temps, les enduire d'un mélange de miel, de suie, d'essence, de goudron et de térébenthine pour en empêcher l'accès aux fourmis, aux limaces, etc., etc., est une précaution aussi simple que peu coûteuse et capable d'assurer le bien-être et la tranquillité des abeilles. Le sol des ruches, à au moins un mètre tant en avant qu'en arrière des tables, doit être dépouillé de toute herbe, de toute plante grimpante surtout. Virgile, qui connaissait et raisonnait la culture des abeilles presque aussi bien que les Anglais connaissent et raisonnent l'éducation du bétail, conseillait, il y a dix-neuf cents ans, d'entretenir des bassins à portée des ruches et d'y jeter des branchailles et de la mousse pour servir de promontoires aux mouches trop chargées, imprudentes ou maladroites qui s'y seraient laissé tomber en venant faire l'eau nécessaire à leur travail.

Etablir autour des ruches, à un ou deux mètres de distance, une ceinture d'arbrisseaux, de sous-arbrisseaux ou de plantes herbacées à tiges plus ou moins montantes, rameuses et portant fleurs durables, riches en pollen et en parfum, est une pratique doublement avantageuse et que l'on ne saurait trop conseiller : d'abord ce rideau sert à dompter les rafales de vent et de pluie ; en second lieu, dans les mauvais jours, il donne à butiner aux abeilles que la crainte de l'orage retient aux environs des ruches.

Sans les importuner trop fréquemment, souvent on doit visiter les abeilles. Ces petits insectes ne tardent point à reconnaître leur homme et à se familiariser avec lui. Si quand il passe devant leur ruche, les mouches voltigent autour de l'apiculteur en nombre plus ou moins considérable, si même elles s'attaquent sur ses vêtements, sur sa figure, sur ses mains, qu'il n'ait aucune crainte, surtout qu'il se garde bien de faire geste de les vouloir chasser; autant elles sont inoffensives dans le premier cas, autant il courrait de danger dans le second.

Si, durant l'hiver ou au commencement du printemps, un essaim vient à périr de faim, de froid ou par toute autre cause, il est urgent de l'enlever au plus tôt ; dès les premières chaleurs, le couvain mort dans les alvéoles, entrant en fermentation, se putréfierait et, de proche en proche, infesterait les ruches voisines; beaucoup d'épidémies ne reconnaissent pas d'autre cause.

C'est encore une bonne idée que de tenir l'ouverture des ruches tournée au nord ou au levant durant toute la froide saison, et surtout à l'approche du printemps ; réveillées ou mieux trompées par les premiers rayons du soleil, les abeilles exposées au midi ou bien prennent leur vol et s'en vont mourir de froid plus ou moins loin de la ruche, ou bien, plus ou moins affamées par le grand air, elles épuisent les restes de leur provision avant l'apparition des fleurs et languissent ou même périssent de faim si on n'y fait attention, ce qui n'a point lieu quand on a la précaution d'orienter la petite ouverture des ruches à l'opposé.

Avant le commencement de leurs travaux, quand les abeilles, encore à demi engourdies, se remettent à bourdonner et à sentir l'approche du printemps, on ne saurait trop recommander à l'apiculteur d'enlever le paillasson ou surtout de chacune de ses ruches, de le secouer vigoureusement, de le peigner, enfin d'examiner scrupuleusement s'il n'est point infesté par de fausses teignes ou par des larves de phalènes ou papillons têtes de mort, si redoutés des abeilles; le meilleur remède, ce cas existant, serait de jeter le paillasson au feu.

Dès les premiers beaux jours, sitôt que la saison se radoucit et que les abeilles commencent à sortir pour aller butiner sur les arbres précoces et les fleurs nouvelles, c'est un louable et excellent usage que de déposer devant la ruche des assiettes contenant du vin miellé; ce sirop, aussi salutaire que peu coûteux, donne de la vigueur aux mouches et conjure les pernicieux flux de ventre que leur occasionne assez volontiers le suc indigeste des premières fleurs. Pour qu'elles n'y demeurent point collées et afin d'éviter qu'elles n'y périssent, c'est une bonne précaution que de projeter dans le vase quelque petites bûchettes qu'elles se mettent d'abord à sucer, et qu'elles convertissent ensuite en sentiers à pied sec.

Si les temps rigoureux se prolongeaient, si la saison des fleurs précoces était pluvieuse, si des vents plus ou moins malencontreusement violents, agitant les premières plantes en floraison, paralysaient la sécrétion du miel, ou faisaient couler ce dernier, ou empêchaient les abeilles d'aller le recueillir et surtout si la provision des ruches tirait à trop basse fin, il importerait d'y voir et d'y suppléer par quelques onces de miel commun, mais sain. Dans un rucher bien administré, chaque panier doit être muni d'une étiquette portant son poids propre, celui de l'essaim à son installation et son acquis pour entrer en hiver. De cette façon, à toute époque on peut juger son état.

Enfin, quand le temps de la pleine floraison est arrivé, que la température est adoucie, la vigilance la plus active succède au sommeil, la torpeur fait place au mouvement le plus animé; il est vraiment curieux de voir avec quel zèle alors tout ce petit monde se met à l'œuvre; on bourdonne, on part, on rentre, on s'aide, on se hâte; des pieds, de la trompe, des ailes, chacun fond en travail : on a vu des ruches augmenter de plusieurs kilogrammes en quelques jours. La reine elle-même, non moins alerte que le reste, va, vient, circule, examine les cellules à miel, et surtout celles qui doivent recevoir ses œufs. Les mâles seuls vivent oisifs ; mais leur tâche remplie, soudain on leur signifie que n'étant plus désormais nécessaires, ils ont à déguerpir au plus vite. D'abord on gronde, on murmure, puis bientôt gare à qui n'obéit point à ce signal de départ, car c'est à la fois et soudain un signal de massacre général; la reine est fécondée pour la saison prochaine, les mâles ne sont plus nécessaires; mort à ces citoyens inutiles, s'ils voulaient faire les récalcitrants.

Impitoyablement chassés et poursuivis, ces malheureux, regrettant leur trop court bonheur, cèdent au nombre; malheur aux retardataires, malheur aux rebelles, leurs juges sont à la fois leurs bourreaux sans merci et sans quartier! L'exécution finie, on s'occupe de déblayer la ruche des cadavres dont la place est jonchée; c'est là un signe évident, à n'en pas douter, que bientôt il va partir un essaim; alors on doit se mettre en devoir de tout disposer pour le recevoir et prévenir sa fuite.

Quelques jours avant le départ, surtout au moment du coucher du soleil, les abeilles bourdonnent à grand bruit; on entend comme un murmure continuel sortir de la ruche; à ce grondement, succède un bruissement particulier qui dure une partie de la nuit; le lendemain, surcroît de bruit, de mouvement, d'agitation, d'inquiétude et de tumulte, rumeur immense et générale. Alors, entre onze heures du matin et trois heures de l'après-midi, si le temps est chaud et sec en même temps que sûr, l'exacerbation est à son comble dans la ruche et autour ; d'abord les mouches en mouvement ondulé s'agglomèrent comme un petit nuage près de terre, font entendre un bruissement plus fortement accentué, plus franc et assez semblable à celui des cousins le soir au bord des marais. Tout le monde une fois rassemblé, soudain la colonie prend une direction, et quelques instants après, la ruche mère rentre dans son calme et son activité d'usage. Que la vieille reine guide le jeune essain, ou bien que ce dernier ne soit tout composé que de jeunes sujets sans expérience, il importe, durant le moment de l'essaimage, de surveiller les ruches avec la plus active circonspection.

On a dit qu'en disposant tout près des ruches quelques longues branches vertes de saule, de frêne ou de bouleau dont on a élagué tous les rameaux inférieurs et dont ceux de la tête ont été aspergés d'eau fortement miellée, le plus souvent on parvenait à fixer la peuplade vagabonde. Si malgré tout cependant elle manifeste l'intention de fuir au loin, au moyen de quelques poignées de sable lancées en sens inverse de la direction qu'elles semblent vouloir prendre et d'une pluie fine jaillissant des becs multiples d'une petite pompe portative, on lui fait le plus souvent perdre ses idées d'émigration lointaine. C'est également pour simuler l'orage, que dans les campagnes on agite à grand bruit des poêlons, des chaudrons, ou bien encore de forts grelots au-dessous des essaims tourbillonnant et même qu'on leur lance du sable.

Enfin, quand l'essaim a terminé ses évolutions, qu'il s'est décidé à se rendre et qu'il s'est fixé sur un point quelconque, il faut se hâter de l'introduire dans la ruche qu'on lui destine. Frotter préalablement cette dernière avec un peu de bon miel et une poignée de plantes odorantes, est une très-louable pratique. Certains apiculteurs barbouillent le fond de leurs ruches avec du citron écrasé et du miel de bonne qualité. Si l'essaim s'est posé à terre, ce qui est fort rare, ou bien sur un arbuste, un arbrisseau ou sur quelque tige herbacée, on n'a tout simplement qu'à le couvrir de la ruche que généralement il adopte sans cérémonie; le soir l'installation étant complète, on l'enlève et on le dépose au rucher avec une étiquette portant son poids et son état; s'il s'est attaqué aux branches préparées qu'on lui a offertes ou bien à un rameau d'arbre plus ou moins élevé, muni d'un masque spécial et de gants, d'une main on présente la ruche perpendiculairement renversée, de l'autre on agite fortement le point qui soutient la masse agglomérée, puis, cette dernière en bonne partie recueillie, on pose le panier soit sur un plateau fixé au sommet d'une longue et forte perche, soit sur une table, et rarement l'installation tarde à avoir définitivement lieu.

Il arrive quelquefois que l'essaim, après avoir longtemps tourbillonné, rentre à la ruche; c'est que la reine n'était point sortie, ce cas est assez rare. Souvent deux essaims, partant simultanément de deux ruches voisines, se mêlent et se confondent en un seul, ce n'est qu'un heureux accident; ce cas échéant, l'installation est un peu plus lente, infailliblement une lutte s'engageant entre les sujets de chaque reine jusqu'à la mort de l'une ou de l'autre de celles-ci. Des observateurs ont cru remarquer qu'il y avait combat singulier purement entre ces dernières, ouvrières et mâles, qu'aucun étranger ne prenait part à la lutte, en un mot, qu'il y avait simple rumeur sans coups portés.

Dès le lendemain de son installation dans sa ruche, qu'elle soit neuve ou qu'elle ait déjà servi, la colonie s'y comporte comme s'y elle y fût née et comme si elle y eût vieilli; quand le temps est favorable et les fleurs abondantes, les jeunes abeilles ne tardent point à être riches en provisions, et quelquefois à donner naissance elles-mêmes à un et même deux jetons.

Sitôt qu'un essaim est introduit et bien installé dans sa ruche, un point important, c'est d'examiner s'il est suffisamment fort; pour peu qu'ils paraissent inférieurs, jamais on ne se repent de marier deux essaims ensemble. Le matin, avant le lever du soleil, quand les abeilles sont encore engourdies par le frais de la nuit, ou bien le soir, après la tombée du jour, on saisit et on renverse chacune des deux ruches que l'on veut réunir, on en saupoudre les abeilles avec une poignée de farine, puis immédiatement on les superpose ouverture contre ouverture : les mouches de la ruche inférieure ne tardent pas à gagner celle du haut, la lutte d'usage a lieu, une reine succombe, et en peu de temps la paix est conclue, et l'accord devient admirable entre les deux peuples qui le lendemain n'en font plus qu'un.

L'essaimage, le plus ordinairement, a lieu du 15 mai au 20 juin; passé ce temps, le rucher n'exige plus que quelques instants de surveillance. Non-seulement il importe que les ruches soient bien garnies d'abeilles nombreuses, mais encore ces dernières doivent être fortes et bien corsées. On a observé que quand on laissait dans les ruches tout ou une partie des gâteaux de l'année précédente, dans le but d'économiser du travail aux abeilles, on en abâtardissait l'espèce ; au contraire, qu'on la grandissait en enlevant chaque année, au mois de juillet, tous les rayons qui contenaient le miel et tous ceux où s'était développé le couvain surtout; chaque jeune abeille, en quittant l'alvéole où elle est née, y laisse une pellicule ou sorte de lange qui l'enveloppait dans son bas-âge ; chacune de ces pellicules, surajoutée comme une doublure, rétrécit d'autant la capacité des alvéoles ; or, le petit sujet qui est appelé à s'y développer ensuite, se trouvant resserré dans un espace trop circonscrit, nécessairement est hors d'état d'acquérir autant de développement que s'il eût été dans un espace moins limité. Si les abeilles sauvages sont beaucoup moins grosses que celles des ruches bien administrées, on ne saurait l'attribuer à autre cause assurément, et avec raison.

Suivant l'abondance, l'espèce et surtout la durée des fleurs dans chaque pays, comme aussi suivant le climat et la nature des plantes, la récolte du miel ne saurait partout être pratiquée de la même manière et selon les mêmes règles. Dans les contrées où la floraison est presque continuelle toute la belle saison, les pluies rares, peu abondantes et la température douce, après l'essaimage on peut avantageusement transvaser la population d'une ruche pleine dans une ruche vide, les abeilles ayant encore suffisamment de ressources et de temps pour faire leurs provisions d'hiver. Un moyen fort simple d'opérer ce transvasement consiste à poser une ruche vide tout contre la ruche du contenu de laquelle on veut s'emparer, ouverture contre ouverture; en frappant de haut en bas, avec deux petits bâtons, sur la ruche pleine, les abeilles, petit à petit, descendent et passent sous la ruche vide, où, immédiatement et sans plus de façon, elles s'installent; le meilleur moment pour cette opération est le matin, avant le départ des ouvrières.

Etant connu le poids que doit avoir une ruche bien peuplée et suffisamment approvisionnée pour passer l'hiver, quelques semaines avant la morte-saison, donner aux paniers faibles quelques cents grammes de miel commun que les abeilles se hâtent de monter dans leurs rayons vides et incomplétement remplis, tel est le louable usage que m'a communiqué un de mes bons amis, digne prêtre qui depuis trente ans associe près de mille ruches à l'accomplissement de ses bonnes œuvres de charité; il abandonne à elles-mêmes celles assez abondamment pourvues.

Dans les pays où la floraison est pauvre, où le printemps, l'été et la végétation sont peu propices à l'apiculture, il est bien plus simple et plus avantageux de former de bons essains, de sacrifier quelques ruches à l'ample approvisionnement de celles qu'on juge à propos de conserver, et, à la fin de chaque été, de détruire tous les vieux paniers dont le miel et la cire ne laissent pas que de donner encore un certain profit qui, au demeurant, n'a coûté qu'un peu de soin. Ne jamais détruire les abeilles, vers la fin d'août réunir plusieurs paniers, sitôt l'arrière-saison venue, s'assurer de ce que le phalanstère a acquis, l'approvisionner avec du miel sain et de basse qualité, est une pratique que rarement on se repent d'avoir adoptée.

Les paniers à deux ou trois compartiments pourraient avec avantage être employés dans les contrées mixtes, c'est-à-dire là où, sans être notablement abondantes, les fleurs et les plantes à miel ne sont point encore par trop rares. Un point important dans cette circonstance, c'est de laisser aux abeilles toujours les gâteaux les moins vieux, ceux qui ont contenu le moins de couvain, ceux enfin dont les alvéoles sont les plus vastes.

Dans quelques contrées telles que la Champagne, la Bretagne et la Basse-Normandie, où la culture du sarrasin est d'une certaine importance, arrive la floraison de cette plante, on transporte les ruches au milieu des plaines; dès le lendemain, sitôt la première chaleur du jour, les abeilles les parcourent sans plus d'inquiétude ni d'embarras que les vergers et les champs voisins de leur ruche natale. On doit toujours s'y prendre au soir pour effectuer ce transport; une autre précaution encore, c'est d'avoir bien soin que, pendant le trajet, les ruches n'éprouvent pas de trop forts chocs et surtout que les mouches ne manquent pas d'air.

La qualité du miel varie suivant les localités, c'est-à-dire suivant la nature des plantes sur lesquelles vont butiner les abeilles; elle varie encore suivant la manière de l'extraire des alvéoles ou mieux des gâteaux. Enfin, que l'on transvase les abeilles dans une ruche vide et qu'on s'empare de tout leur butin, ou bien que l'on se contente de leur substituer un compartiment vide en échange d'un compartiment plein, ou bien que, forcé par une nécessité pénible on soit obligé de sacrifier les abeilles pour avoir du bon miel, après avoir précautionneusement détaché les gâteaux, on commence par enlever tout le couvain qu'ils peuvent contenir; puis les alvéoles incisées à leur sommet, de manière que le cochet ou pellicule de cire servant de fermeture à chacune d'elles soit détruit, on les renverse sur de grands vases très-propres dans lesquels le miel s'égoutte. Le miel ainsi obtenu s'appelle miel vierge; il est le plus pur, le meilleur, celui qui se conserve le mieux. Quand les gâteaux sont bien égouttés, on les recueille, on les chauffe à feu doux et on les soumet à une forte pression qui donne le miel de seconde qualité.

En remalaxant à la main et en arrosant d'une très-faible quantité d'eau tiède la cire qui a déjà été exprimée et en la soumettant à un second pressurage, on obtient encore un produit d'une certaine valeur pour les paniers peu fournis. Avec vingt litres de ce sirop de miel, sept ou huit kilogrammes de pommes sèches, cent grammes de baies de genièvre, plus un peu de ferment et cent cinquante litres d'eau, on obtient une liqueur alcoolique aussi saine que tonique et toujours agréable.

Pour bien le conserver, quel qu'en soit le titre, mon ami le curé, après l'avoir bien battu, verse son miel dans des vases très-propres, très-secs et surtout sans le moindre goût. Il le tasse de façon qu'il y ait le moins de creux possible; si la chaleur lui en semble suffisante, il expose au soleil ses vases pleins pendant quelques heures; dans le cas contraire, il les chauffe à feu doux avec la précaution de combler le déficit plus ou moins considérable qui ne manque jamais de s'effectuer; ses vases une fois définitivement pleins, il étend sur son miel un rond de papier imbibé d'huile d'olive la plus pure, et enfin, par-dessus, il verse une bonne couche de cassonade blanche ou de sucre râpé que le couvercle comprime assez fortement; ce dernier est ensuite luté au mastic ou à la glaise simple. Les pots ainsi conditionnés sont d'une garde indéfinie.

Si l'éducation des lapins, qui demande un certain local, quelque frais d'installation, une certaine mise de fonds et un travail aussi raisonné qu'assidu; si l'éducation des volailles, qui n'a pas de moindres exigences; si ces deux industries, quoique faciles, ne sont point à la portée de tout le monde, on n'en saurait dire autant de l'apiculture qui ne nécessite ni mise de fonds, ni sacrifice de temps. Un peu de surveillance durant l'essaimage, quelqu'intelligence pour conduire le rucher, l'observance de quelques règles plus agréables que gênantes à suivre, telles sont en somme les obligations de l'apiculteur. Au total, y compris la récolte du miel, moins de vingt jours par an sacrifiés ou à peu près, telles sont les simples et faciles conditions de réussite assurée et de beaux bénéfices certains fournis par les abeilles. Si elles réfléchissaient, si elles avaient la noble et ferme volonté de se suffire, au lieu de languir sous le poids hideux de la misère ou dans un ignoble état de mendicité, que de familles malheureuses arriveraient au-dessus du besoin et même ne tarderaient point à se créer une certaine aisance avec les abeilles!

CHAPITRE XLIII.

DE LA DIGESTION.

SOMMAIRE.

Il est indispensable aux cultivateurs d'avoir des notions de physiologie. — Phénomènes de la digestion chez le cheval, l'âne et le mulet.— Rôle des divers organes digestifs.— Leur disposition. — Les aliments se divisent en deux parties distinctes par leur volume, leur aspect et leur nature. — Le produit de la digestion et les qualités de ce produit sont différents suivant la nature et la qualité des aliments. — Certaines préparations des aliments les rendent plus profitables aux bestiaux.— Tube digestif des monogastriques. — Dispositions particulières du tube digestif des ruminants. — Phénomènes particuliers de la digestion chez ces animaux. — De la rumination. — Digestion des oiseaux. — Pourquoi les oiseaux avalent des pierrailles. — Tendance au repos éprouvée par tous les animaux après qu'ils ont mangé. — Les animaux de travail doivent se reposer après leur repas pendant un temps égal à celui qu'ils ont mis à le prendre. — De tous les peuples, les Français sont ceux qui s'entendent le moins à gouverner les bestiaux.

Si certaines règles concernant l'éducation et l'hygiène des bestiaux, si l'étude de leur tempérament, si de sages données touchant l'amélioration et le croisement de leurs diverses races importent au cultivateur, il est quelques connaissances d'un autre ordre et également relatives aux animaux qu'il ne lui est pas moins nécessaire de posséder : que d'accidents, que de maladies, que de pertes l'éleveur et le propriétaire conjureraient, s'ils savaient le rôle des intestins, des poumons, des nerfs et des fonctions de la peau ! Quelles modifications à la fois simples, faciles et peu coûteuses, autant qu'indispensables à une bonne réussite, ils s'empresseraient d'apporter dans l'alimentation, la stabulation, en un mot dans la gouverne de leur bétail.

En quelques lignes que ma conscience de leurs besoins m'inspire mieux que mes capacités sans doute ne vont savoir les leur tracer, je n'ai point la prétention de convertir en profonds physiologistes les modestes laboureurs auxquels mon chétif travail s'adresse plus spécialement. Leur indiquer les principales idées touchant ce qui leur est le plus indispensable de savoir, leur donner la soif de principes que je vais essayer de leur esquisser de mon mieux et que d'avance je les exhorte à aller approfondir chez plus savant que moi, tel est l'objet de l'un des derniers chapitres par lesquels j'ai cru devoir terminer ce qui concerne les animaux domestiques.

Le cheval, l'âne et le mulet n'ont qu'une seule panse ou estomac ; chez eux, la longueur totale des boyaux ou intestins, de la bouche à l'anus, équivaut à environ dix-huit fois la hauteur du corps mesuré au garrot, ce qui fait pour le cheval de haute taille un trajet d'au moins vingt-cinq à vingt-six mètres que les matières alimentaires ont à parcourir avant d'être rendues sous forme d'excréments.

Les principaux organes de la digestion chez ces animaux sont :

1° Les lèvres, qui servent à saisir les aliments solides et à humer les boissons.

2° Les dents incisives, qui viennent en aide aux lèvres et commencent à diviser les fibres de fourrage et les grains, que les molaires triturent ensuite plus ou moins longtemps, plus ou moins complétement.

3° Les molaires, qui sont grosses et carrées ; elles sont composées également d'ivoire et d'émail, et leur table offre l'aspect d'une meule fraîchement repiquée : ce sont elles qui principalement triturent les aliments.

4° La langue, dont le rôle chez l'animal qui boit remplit les mêmes fonctions que le piston dans une pompe que l'on met en jeu ; la langue, en outre, dirige les bouchées sous les molaires pour y être écrasées ; elle forme le bol quand la mastication en est complète, elle le fait monter vers sa base par une contraction particulière sur elle-même, puis le lance dans l'orifice du canal qui doit le conduire à l'estomac.

5° Ce canal, qui fait suite immédiate à la langue, s'appelle *œsophage*, les bergers, les bouchers le désignent sous le nom d'*herbière ;* il s'étend donc, comme on voit, du fond de la bouche à la panse, il est composé de deux couches superposées : l'une qui est charnue et rouge, l'autre qui est blanche et plissée longitudinalement. La couche charnue se contracte sur elle-même, de haut en bas, c'est-à-dire de son point d'attache avec la langue à son point d'insertion à l'estomac, de manière à pousser les aliments préalablement mastiqués et roulés en pelote vers la cavité de ce dernier organe ; cette même couche charnue adhère à la couche blanche comme à une espèce de doublure qui lui serait accolée ; celle-ci, complétement insensible, ne se contracte ou mieux n'agit que sous l'influence et par l'action de la membrane charnue. En échange, continuellement elle est enduite à sa surface libre par une matière glaireuse appelée mucus, qui facilite le glissement du bol alimentaire en inglutition. Une fois introduites dans cette espèce de boyau, les bouchées saisies par les lèvres et les incisives, triturées par les molaires, humectées par la salive, roulées et lancées par la langue dans cette portion de la gorge appelée *pharinx*, glissent, descendent et parviennent sans obstacle à la panse, où chacune se range par ordre d'arrivée, de manière qu'on trouve chez un animal sacrifié immédiatement après son repas, autant de masses distinctes qu'il a pris de quantités diverses d'aliments différents.

6° La salive qui humecte les aliments dans la bouche des animaux, est sécrétée continuellement, mais surtout durant le repas et principalement pendant que la faim se fait vivement sentir, par deux fortes glandes appelées *parotides* et plus vulgairement connues encore sous le nom d'*avives*. Ces glandes situées à droite et à gauche, immédiatement au-dessous de la base de chaque oreille, sont formées de nombreux globules reliés les uns aux autres chacun par un petit canal, qui, de proche en proche, se déchargeant l'un dans l'autre, finissent par n'avoir plus qu'un seul conduit du calibre d'une forte plume de canard; ce canal vient verser la salive à la base de la partie libre de la langue, précisément sous la racine de chaque petit barbillon, que par ignorance souvent les maréchaux coupent inconsidérément comme empêchant les chevaux de boire. La salive est nécessaire, indispensable même, pour que la digestion soit franche et bonne. Les avives ou glandes salivaires enfin ressemblent à un gros raisin épais, allongé et aplati sous la peau de chaque côté de la partie supérieure de la gorge.

7° Chez le cheval, l'âne et le mulet, dont l'estomac, d'une capacité d'environ dix ou douze litres, ressemble à une simple poche recourbée, sitôt la déglutition du manger, commence la digestion ; mais c'est surtout quand le repas est à peu près complet, que ce travail a franchement lieu. Sous l'influence de la chaleur qui s'y développe et des différents liquides qui y arrivent et s'y forment, la masse alimentaire, en outre imprégnée d'air pendant la mastication, entre en fermentation. C'est alors que ses éléments ou parties constituantes se divisent, se dissolvent, se désassocient et se combinent dans un autre ordre pour donner naissance à deux produits tout différents dont la séparation va avoir lieu. Cette purée, encore plus ou moins fibreuse qui a déjà acquis un degré marqué d'acidité particulière, prend le nom de *chyme* au moment où elle passe de l'estomac dans les intestins ; c'est alors que commence le phénomène essentiel de la digestion proprement dite.

8° Les intestins grêles ou petits boyaux font suite immédiate à l'estomac ; leur longueur est d'environ vingt mètres ; ils sont formés de trois membranes superposées et dont deux sont beaucoup plus minces, plus molles et plus sensibles que les membranes de l'œsophage.

9° Le gros intestin qui continue l'intestin grêle par l'intermédiaire d'un gros sac long et pointu, qu'on appelle *cæcum*, a de son côté environ cinq mètres de longueur ; il forme plusieurs anses et est comme renforcé par une sorte de ruban saillant. La couleur de l'intestin grêle est plus rose, celle du gros intestin beaucoup plus pâle ; le manger séjourne beaucoup moins de temps et est toujours très-délayé dans le premier ; dès son arrivée dans le second, il prend de la consistance et d'autant plus qu'il arrive plus postérieurement ; on appelle *rectum* l'extrémité tout à fait postérieure du gros intestin.

Pendant son parcours de vingt-cinq à trente mètres,

suivant la taille des animaux et même dès son arrivée dans l'estomac, la substance alimentaire commence à se diviser en deux parties : 1° l'une moins abondante, appelée *chyle*, qui est pompée de toutes parts à la surface interne des intestins par une multitude de petits vaisseaux particuliers qui se réunissent et, par conséquent, grossissent au fur et à mesure qu'ils s'en éloignent et qui finissent par ne former plus qu'un seul tronc se dirigeant vers la poitrine ; ce tronc charrie vers le cœur tout le produit essentiel de la digestion qui jusqu'alors est d'un blanc pâle ; 2° l'autre, beaucoup plus copieuse, est d'autant plus pauvre en matériaux réparateurs, qu'elle s'approche davantage de l'extrémité postérieure du canal intestinal; tant que cette dernière n'a point encore cédé toute l'essence alimentaire, tous les éléments assimilables qu'elle contient, elle conserve le nom de *chyme;* enfin elle prend la dénomination d'*excréments* quand elle est arrivée dans la région intestinale appelée *rectum*, c'est-à-dire dans cette portion particulière d'intestins où se moulent les crottins. Là, elle arrive dépouillée de toute substance pouvant servir à l'entretien du corps et est expulsée par l'*anus* au fur et à mesure que d'autres résidus d'une digestion nouvelle arrivent, la poussent et viennent prendre sa place après avoir subi à leur tour la même série de phénomènes.

Tous les aliments ne produisent point la même quantité de *chyle;* ainsi les pois, les féverolles, le trèfle, la luzerne en fournissent plus que le gros foin, plus que la paille ; la qualité varie de même que la quantité, suivant la qualité différente des substances diverses. D'un autre côté, mieux les aliments sont mâchés, plus ils sont divisés, plus les intestins ont facile à en désassocier les éléments et à les absorber intégralement : mieux donc les animaux seront dentés, plus les aliments seront tendres ou attendris et bien préparés avant leur administration, plus ils profiteront aux bêtes; c'est pour cette raison que les nourritures

DIGESTION

PL. 1

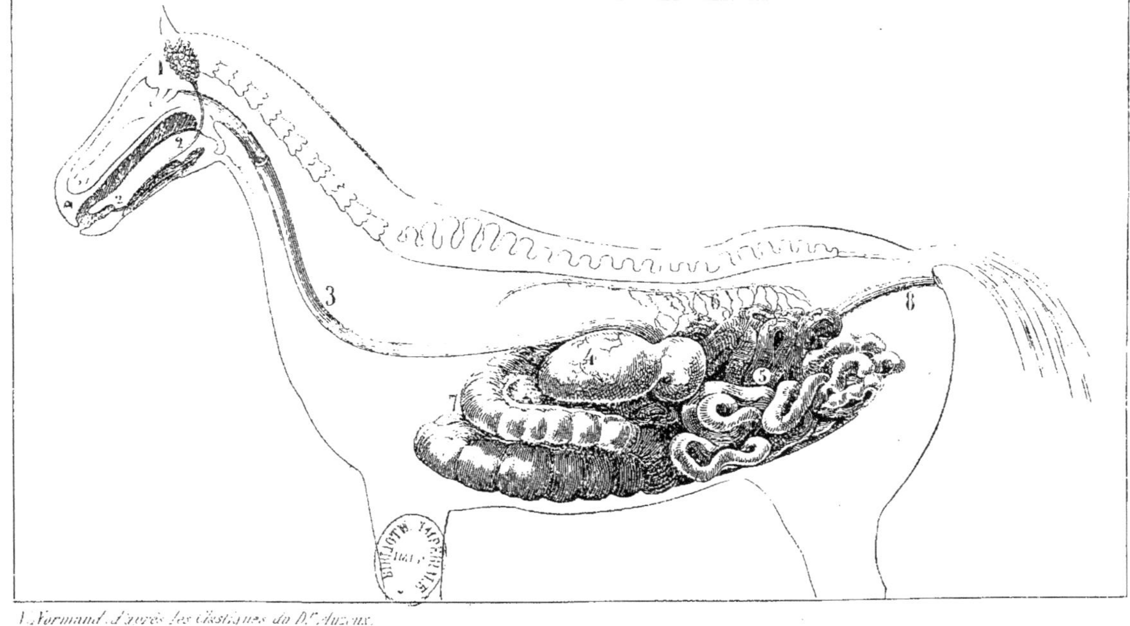

V. Formand, d'après les clastiques du Dr. Auzoux.

1, Parotide ou Avive. 2-2, Canal salivaire. 3, Œsophage ou Herbière. 4, Estomac. 5, Intestin grêle. 6, Vaisseaux chylifères. 7, Gros Intestin. 8, Rectum.

fibreuses hachées et trempées, que les racines cuites et les divers grains moulus et arrosés d'eau bouillante, donnés à ration moindre, fournissent des résultats meilleurs que des rations plus copieuses sans préparation préalable. — De même qu'une mesure de grain est composée d'un certain nombre de grains, de même chaque grain lui-même est composé également d'un certain nombre de molécules distinctes que la meule ou les molettes du concasseur ne divisent pas toujours parfaitement. — De même encore que quand on donne à un animal du grain en nature, il en rend une certaine quantité tout à fait intacte, de même aussi une certaine quantité des molécules du grain moulu peut encore échapper à l'action des intestins; or, en arrosant les diverses moutures d'eau bouillante plus ou moins longtemps avant de les servir aux bestiaux, toutes les utricules renflent et se rompent de façon que pas la moindre parcelle assimable ne passe inabsorbée.

Chez le bœuf, le mouton et la chèvre, si le résultat des fonctions digestives est le même, le mécanisme est bien différent; d'abord ces animaux n'ont pas de dents incisives à la mâchoire supérieure : suivant que ses aliments adhèrent au sol ou qu'ils sont tout coupés, le bœuf ou bien les saisit avec sa langue rugueuse à l'aide de laquelle il les tord et les attire dans sa bouche, s'ils sont longs, ou bien il les pince entre ses dents incisives et le bord libre et comme corné de son palais, ce qui a lieu très-visiblement dans les pâturages où l'herbe est courte. Les dents molaires du bœuf sont moins grosses que celles du cheval, elles sont armées de pointes plus tranchantes et leur table ou extrémité libre est également beaucoup moins large; à peu de chose près, l'œsophage ou herbière est pareil; mais c'est dans l'ensemble de l'estomac que la dissemblance est frappante : la panse du bœuf est quadriloculaire, c'est-à-dire qu'elle est à quatre compartiments; le premier, le plus gros, le plus vaste, s'appelle *rumen* ou panse proprement dite; il est situé sous le flanc gauche. C'est dans le rumen que souvent les aliments entrent en fermentation, surtout quand ils consistent en trèfle vert mouillé ou en luzerne; ce compartiment est peu irritable et peu sensible; à preuve, c'est qu'on peut impunément le percer et même l'inciser largement au besoin. Si les animaux météorisés périssent assez souvent, il ne faut l'attribuer qu'à la compression exercée sur les poumons et les vaisseaux du ventre par le rumen distendu outre mesure.

Le mouton et la chèvre ne saisissent les aliments qu'avec les lèvres, les dents et le bourrelet corné de leur palais, quelle que soit la hauteur des herbes; la langue chez eux joue absolument son rôle comme chez le cheval, l'âne et le mulet. Les trois autres compartiments du système stomacal des ruminants s'appellent : le premier, après la panse à laquelle il fait suite, le *réseau;* après vient le *feuillet*, ensuite la *caillette*. Le *réseau* extérieurement ressemble un peu à l'estomac du cheval; le *feuillet* affecte une forme plus allongée, on l'appelle ainsi parce que son intérieur est pourvu de lames membraneuses disposées absolument comme les feuillets d'un livre; la *caillette* qui vient ensuite est un peu recourbée sur elle-même, elle est longue et cylindrique; on l'appelle caillette, parce que c'est dans l'intérieur de cet organe que chez les jeunes veaux le lait se caille, séjourne et est préparé pour la digestion; de moins en moins volumineux, ces organes ne semblent qu'un prolongement ou queue du rumen.

Intérieurement, le *rumen* offre l'aspect d'un grand sac garni d'une mince et sale doublure peu adhérente; le *réseau* est ainsi appelé parce que sa membrane intérieure ressemble aux mailles d'un filet; dans certaines contrées on l'appelle encore panier à mouches, à cause de son aspect semblable aux alvéoles des abeilles; si le *rumen*, si le *feuillet* et le *réseau* sont pourvus d'une membrane intérieure grossière et peu sensible, on n'en saurait dire autant de la caillette aussi irritable que l'estomac de l'homme ou du chien.

D'un calibre et d'une longueur beaucoup moindre, le reste de l'intestin des ruminants remplit les mêmes fonctions et offre à peu près la même disposition d'organisation que dans le cheval.

De même que la forme de l'estomac diffère, de même aussi, chez le bœuf, les fonctions préparatoires de la digestion ne sont point semblables. Le cheval saisit, mâche, avale et digère immédiatement; chez le bœuf, la brebis et la chèvre, il n'en est point ainsi; ces animaux, soit qu'on leur serve leur ration, soit qu'ils la prennent eux-mêmes en plein champ, saisissent, tordent et avalent sans presque nullement mâcher; les bols ou bouchées à peine imprégnées de salive et roulées par la langue vont se précipiter dans le rumen et ainsi jusqu'à satiété de l'animal; une fois repu, ce dernir cherche un lieu où il suppose devoir être tranquille. C'est là, c'est alors qu'il va manger, qu'il va jouir de sa ration, la savourer, enfin véritablement commencer sa digestion. Qu'il reste debout ou bien qu'il décide de se coucher, ce qui a lieu le plus souvent, il commence par demeurer quelques instants dans le calme, comme pour mettre ordre en quelque sorte à la normalité de ses organes; puis enfin, assuré que rien ne va l'inquiéter, soudain il fait une grande inspiration, soulève tout son ventre par un mouvement saccadé, et bientôt on voit glisser le long de son cou, à gauche, une masse plus ou moins volumineuse qui remonte, soulève la peau et vient se rendre dans la région de la gorge. Aussitôt la mâchoire entre en mouvement, et toujours dans la même direction pendant plus ou moins de temps, après lequel, sans s'interrompre sensiblement, l'animal la fait agir un ou deux coups en sens opposé, puis enfin il *réavale;* de même pour chacune de toutes les bouchées qu'il a prises antérieurement; la masse que l'on a vu remonter ainsi le long de la gouttière gauche du cou, c'est *le bol;* à son arrivée dans la bouche du bœuf, la vraie mastication commence, alors seulement et à proprement parler, l'animal mange. Quand l'aliment qu'il a pris est tendre comme de l'herbe, par exemple, le bœuf donne de vingt à vingt-cinq coups de mâchoire; il en donne quelquefois le double quand le repas a consisté en foin, sainfoin, en luzerne fanés ou en paille. Le bol ainsi remâché, ou mieux ruminé, retourne directement désormais dans le réseau, sans passer de nouveau par le rumen, qui n'est qu'un vrai sac ou réservoir, et dont il franchit le détroit par une gouttière de communication pour arriver dans le réseau; du réseau il passe dans *le feuillet ou pseautier* entre les lames duquel il se divise, continue à fermenter et subit une pression qui extrait déjà une grande partie de ses sucs encore grossiers et impurs; le réseau et le feuillet véritablement ne servent qu'à préparer, à faciliter la digestion des aliments, c'est en eux que la fermentation qui a déjà commencé dans *le rumen* se complète, et que la séparation *du chyle* se prépare. Mais c'est dans la caillette, véritable organe essentiel de la digestion des ruminants, que ce travail arrive à son complément et que l'absorption de la matière assimilable, l'absorbtion du chyle enfin, positivement commence à avoir lieu pour se continuer jusqu'à épuisement tout le long du trajet intestinal, de la même manière que chez les monogastriques.

La digestion du porc et du chien, ainsi que du lapin et du chat, a beaucoup d'analogie avec celle de l'homme; enfin, chez tous les divers animaux, sauf la différence des aliments et de la configuration des intestins, ce sont partout à peu près les mêmes phénomènes que chez le cheval.

Chez les oies, les dindes, les canards, les poules et les pigeons, le système digestif est tout particulier, bien que le résultat soit toujours le même; tous ces oiseaux, dépourvus de dents, suppléent au temps préparatoire et indispensable pour la bonne digestion, à la *mastication* enfin, en avalant, tantôt avant, quelquefois pendant et le plus souvent après leur repas, des pierrailles, des petits cailloux même qui attendent dans le gésier, ou second estomac, les grains que lui envoie le jabot ou panse proprement dite; de là ces grains déjà ramollis par la boisson qu'a prise la volaille, et ayant déjà également subi un certain degré de fermentation, descendent dans le gésier où ils sont triturés et convertis en chyme; alors, comme chez les autres animaux, durant le parcours de la matière ainsi préparée, le chyle se sépare, est absorbé et est charrié au cœur par un même système de vaisseaux également spéciaux.

A moins de les nourrir de substances tout à fait molles, comme on fait au Mans, à Livarot et autres contrées où on empâte les volailles, il importe donc de tenir à la portée des poulaillers du sable et du gravier. Des poules qu'on nourrirait sans sable ni pierrailles, d'abord pondraient des œufs très-faibles de coque, puis, plus ou moins promptement, finiraient par périr; le résidu le plus fin des pierrailles qu'avalent les volailles, d'un côté entre en grande partie dans la composition de la coque de leurs œufs : que l'on nourrisse une poule en ponte, exclusivement avec des chenilles, des vers ou des hannetons, au bout de dix ou quinze jours, au plus tard, les œufs qu'elle donnera ne seront plus enveloppés que d'une simple membrane molle comme une petite vessie.

Chez tous les animaux, quelle que soit leur classe et leur famille, la masse intestinale est soutenue au moyen d'une large membrane sillonnée de haut en bas par des nerfs et divers ordres de vaisseaux qui contribuent en même temps à la suspendre à l'épine dorsale, absolument comme un épervier le long du bras d'un pêcheur; elle forme d'avant en arrière et d'arrière en avant des plis et replis d'autant plus nombreux qu'elle a plus de longueur ;

cette masse, en outre, est sans cesse en mouvement plus ou moins marqué; on ne saurait en avoir meilleure idée qu'en se figurant une certaine quantité d'anguilles en vie dans un vase sans eau.

Tous les animaux, après leur repas, ont de la tendance au repos; cette tendance très-naturelle a pour but de favoriser l'acte de la digestion; c'est pourquoi on expose le cheval à une indigestion plus ou moins manifeste ou même plus ou moins grave en le soumettant à un travail trop sérieux ou en en exigeant de trop violents efforts sitôt qu'il a mangé, surtout un peu copieusement. Ce ne serait pas sans de moindres inconvénients que l'on tiendrait la même conduite à l'égard du bœuf. Les chevaux de diligence devraient avoir fini de manger au moins une heure avant d'être mis au relais; il faut pareillement laisser aux bœufs de joug au moins autant de temps pour ruminer qu'ils en ont mis à dépenser leur ration. Il est d'observation qu'un bœuf d'engrais, une vache, un mouton, qui souvent cessent de paître pour ruminer, profitent mieux que ceux qui paissent continuellement, tant il vrai de dire qu'il importe plus de bien digérer que de manger beaucoup.

Il est peu de contrées où la direction des bestiaux soit aussi arriérée qu'en France; ce qui devrait être un art, à vraiment dire, chez nous, n'est qu'un pur métier, et ne saurait être autre chose pour la plupart de ceux qui sont préposés à la gouverne des animaux. Sur tous les pâtres, les bergers, même les fermiers de quelque importance que j'ai rencontrés jusqu'ici, je n'en ai pas encore trouvé deux, depuis quarante ans, ayant des idées mêmes vagues concernant la rumination, non plus que touchant la digestion en général.

En France encore, soit dit en passant et à notre confusion, que de chevaux sont épuisés de travail, mal conduits et mal nourris! Aussi bien dans les villes que dans les campagnes, que de bêtes on voit languir, pâtir sans profit pour personne, et qui pourraient être moins malheureuses, si leurs maîtres avaient ombre de cœur et d'intelligence ou voulaient un peu calculer ! Que de gens enfin pourraient être d'aisés manœuvres et qui, par faute de réflexion, se condamnent à n'être que de hideusement misérables charretiers ! Il est vraiment à regretter que la loi protectrice des animaux ne cherche point à atteindre cette triste classe de gens ! Les bêtes, que nous sommes habitués à considérer comme notre propriété absolue, qu'on le sache bien, ne nous appartiennent point, mais bien à Dieu qui nous les prête et nous en demandera compte comme de tout le reste.

Si par misère, par ignorance, par indifférence ou hideux calcul, un certain nombre de propriétaires de chevaux n'ont pas honte de tenir leurs animaux dans un état voisin de l'étisie à force de travail excessif et de privations, dans les villes surtout, il en est d'autres également qui se plaisent à les avoir en obésité, autre vice qui ne laisse pas non plus que de mériter son blâme. Les chevaux trop gras sont moins forts, moins énergiques et ont moins de fond que ceux en honnête condition. La graisse d'excès, interposée entre les fibres ou filaments charnus, enlève à ces derniers leur force de contraction et même les atrophie ; quelle gêne, en outre, pour la respiration et la circulation ! Que de chevaux de marchands, engraissés outre mesure, se font indéfiniment attendre, mangent mal, sont impropres à aucun travail sérieux et mettent un temps infini à *décochonner*, comme on le dit en terme de maquignonage. Combien même, par suite d'obésité, conservent un tempérament fondamentalement altéré, et ne redeviennent jamais ce qu'ils étaient primitivement !!!

CHAPITRE XLIV.

DU SANG ET DES NERFS.

DE LA CIRCULATION, DE LA RESPIRATION, DE L'INNERVATION.

SOMMAIRE.

Le sang contient les éléments de toutes les parties constituantes du corps. — Si riche que soit le sang, il n'a réellement ses vraies propriétés, qu'après avoir été en contact avec l'air dans les poumons. — Le chyle va des intestins *au côté droit du cœur* par le trajet d'un canal spécial. — Le cœur. — Du côté droit du cœur, le chyle et le sang veineux se rendent aux poumons, ils reviennent du poumon *au côté gauche du cœur*. — Devenus sang artériel, ils parcourent tous les organes. — Composition des poumons. — Les artères, les veines, les capillaires. — Le sang met vingt-cinq secondes à parcourir le plus grand diamètre du corps du cheval. — Quantité diverse du sang chez les divers animaux. — La qualité du chyle dépend de la qualité des aliments. — L'air et ses qualités sont plus indispensables encore que la nourriture et ses qualités aussi. — Pourquoi les mortalités sont plus considérables dans les hôpitaux et les infirmeries vétérinaires que chez les particuliers. — Les nerfs. — L'action des nerfs est aussi indispensable à la vie que la digestion, la circulation et la respiration. — Effet des diverses lésions nerveuses.

1° Les intestins, sorte d'alambic qui sépare les parties essentielles des aliments d'avec la matière grossière et impure qui les contient, sont donc les sources du sang, comme le chyle en est l'élément générateur. Le sang renferme les éléments de toutes les parties constituantes du corps : poils, os, chair, tendons, nerfs, cartilages, larmes, urine, bile, salive, etc., etc. Cependant, malgré sa richesse de composition, ce liquide serait impropre à la formation, à l'entretien et à la réparation de l'économie animale, si préalablement il ne subissait une certaine élaboration, si d'abord il n'était lui-même vivifié par un certain contact avec l'air.

Or, c'est au sein des poumons, assez généralement connus sous les noms de *mou*, de *foie mou*, que ce contact a lieu. Pompé à la surface interne des intestins pendant la digestion et charrié par une infinité de petits vaisseaux d'autant plus développés qu'on les examine davantage en avant et vers l'épine dorsale, le *chyle* ne tarde pas à arriver dans un conduit unique et particulier faisant continuité aux nombreux canaux qui l'ont primitivement absorbé. Le même conduit, de la grosseur d'une forte plume de canard, achève de le charrier et vient le verser dans le côté droit du cœur, où il se mêle avec le sang, y arrivant continuellement des diverses régions du corps par le trajet des veines. Jusqu'ici d'un blanc opalin, tout à coup le chyle perd sa couleur et devient rouge par son mélange avec le sang veineux actuellement en retour au cœur.

Le cœur est un organe charnu, d'un volume plus ou moins considérable, suivant les diverses espèces d'animaux; son intérieur présente deux cavités ou ventricules : l'une à droite et l'autre à gauche. Il est situé dans la partie antérieure de la poitrine, un peu obliquement, de haut en bas, et beaucoup plus à gauche qu'à droite; sa base est supérieure et sa pointe inférieure; il ressemble à un cône un peu tordu sur lui-même. A sa partie supérieure, on remarque deux appendices creux, mous et servant d'intermédiaire à ses cavités et aux gros troncs vasculaires qui y arrivent ou en partent : ces appendices s'appellent *oreillettes*.

Au fur et à mesure qu'ils parviennent à la cavité droite du cœur, le *chyle* d'une part, d'autre part le sang veineux qui revient de toutes les parties du corps par deux gros vaisseaux (l'un arrivant de la tête et de toutes les régions antérieures du tronc, l'autre des régions postérieures du corps), sont tous deux immédiatement lancés de cette cavité dans un autre gros vaisseau qui y prend son origine et qui les transporte tous deux dans les poumons, qu'ils parcourent dans toute leur intimité ; de là, sans interrompre leur marche, ils reviennent dans le sac gauche du cœur, par un autre conduit de forme à peu près semblable et faisant suite au premier. Ces deux vaisseaux, le premier de départ du sang veineux et du chyle mélangés dans le sac droit du cœur, et le second, de retour du même sang veineux et du *chyle* vers la cavité gauche du même organe, après leur transformation en sang artériel au sein des poumons, pourraient être comparés : celui-là à un tronc partant du côté droit du cœur et finissant par une infinité de petits rameaux se perdant à travers la substance pulmonaire, celui-ci à une également forte branche commençant par une infinité de petits rameaux au centre de la substance pulmonaire, prenant un calibre de plus en plus considérable et faisant suite aux rameaux du premier, puis se terminant par un tronc unique venant aboutir et en même temps rapporter le sang vivifié durant cette marche dans la cavité gauche du cœur.

2° C'est pendant ce trajet dans les poumons que le sang veineux et le chyle, d'abord en simple mélange, entrent en contact avec l'air inspiré, et c'est par ce contact avec l'air inspiré et momentanément retenu dans les tuyaux pulmonaires, devenant eux-mêmes petit à petit d'un calibre presque invisible, qu'ils acquièrent leurs propriétés, leur vie, enfin qu'ils deviennent sang artériel, c'est-à-dire peuvent nourrir et entretenir le corps.

Le sang veineux, avant son arrivée dans le côté droit du cœur, est rouge foncé ; sa teinte devient moins accentuée sitôt son mélange avec le chyle ; après ce mélange et après qu'ils ont parcouru les poumons, ils deviennent d'un rouge vif, ce qui est dû d'abord à leur union et ensuite à leur contact avec l'air dans les poumons.

Outre le vaisseau qui conduit le sang veineux et le chyle du côté droit du cœur dans les poumons et celui qui ramène les mêmes liquides dans la cavité gauche du même

RESPIRATION.

PL. 11

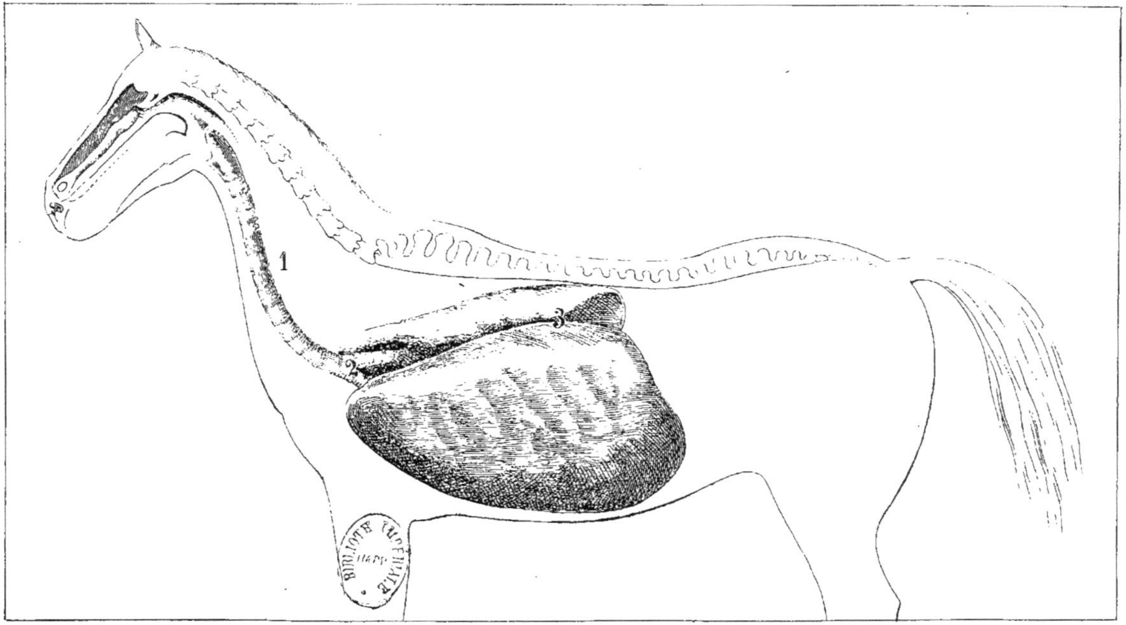

V. Normand, d'après les Clastiques du Dr Auzoux.

1. Trachée. 2, Bronches. 3, Poumons.

organe après leur transformation par le contact de l'air, les poumons sont encore en troisième lieu composés par un autre système d'organes, savoir : *bronches*, qui sont les rameaux terminaux *de la trachée*. On appelle ainsi le gros tuyau composé de cerceaux très-nombreux et très-forts qui va de la gorge aux poumons; on le connaît vulgairement sous le nom de *cornet* ou *sifflet;* les bronches ou branches qui en sont la continuité, en pénétrant dans les poumons à la manière des vaisseaux qui y amènent et ceux qui en exportent le sang, vont sans cesse en se divisant et se subdivisant et en diminuant de calibre. C'est dans ces tuyaux, devenus infiniment fins et à travers les nombreux vaisseaux pulmonaires devenus infiniment petits, qu'a lieu le contact du sang veineux et du chyle avec l'air; en un mot, c'est là que ce dernier modifie et transforme les premiers déjà préalablement et intimement mélangés.

En résumé, trois éléments constituent donc la substance pulmonaire : 1° les vaisseaux qui y amènent le sang veineux et le chyle d'abord simplement mélangés, pour les mettre en contat avec l'air (ces vaisseaux vont sans cesse en s'amoindrissant et se terminent par des vésicules d'un tellement petit calibre, que les globules du sang n'y passent qu'une à une; les petits trous ou pores dont ces vaisseaux sont multiplement pourvus, ont un calibre tel, que l'air peut y pénétrer, mais que les globules de sang ne sauraient y trouver issue); 2° les vaisseaux qui font suite aux divisions terminales des premiers et qui, à leur inverse, vont sans cesse en augmentant de diamètre (ces derniers rapportent le sang au cœur); 3° les tuyaux bronchiques qui vont se rapetissant et se divisant infiniment; c'est par leur canal que l'air inspiré pénètre dans toute l'intimité des poumons et y vivifie le sang et le chyle par son contact immédiat; 4° une autre substance encore, que les anatomistes appellent tissu cellulaire, marie entre eux les trois éléments constitutifs des poumons.

On appelle artères le système des vaisseaux qui, au fur et à mesure qu'il y arrive, transporte de la cavité gauche du cœur dans toutes les différentes régions du corps le sang vivifié au sein des poumons et qu'on nomme sang artériel. A quelques centimètres du cœur le tronc artériel, jusqu'alors unique et qu'on appelle aorte, se courbe en crosse et se divise en deux branches, dont l'une se dirige vers la partie antérieure du corps, et l'autre vers la partie postérieure. Au fur et à mesure qu'elles s'éloignent du cœur, chacune se divise et subdivise en ramuscules de plus en plus nombreuses et de moindre calibre.

Les artères et les veines se suivent à travers les différents organes; seulement le sang, contenu dans les unes et les autres, affecte une marche inverse. C'est le sang artériel qui nourrit et entretient chaque organe et lui fournit ses matériaux propres.

On donne le nom de veines à cet autre ordre de vaisseaux qui ramènent au cœur le sang épuisé par chaque organe et auquel un chyle nouveau et un nouveau contact avec l'air dans les poumons viendront rendre des propriétés nouvelles. De même que les artères qui, immédiatement en partant du sac gauche du cœur, se divisent en deux gros troncs, puis en rameaux de plus en plus nombreux, de plus en plus fins et subdivisés, et vont charrier le sang vivifié, partie dans tous les organes postérieurs du corps, de même les veines, qui ramènent le sang des diverses régions du corps à la cavité droite du cœur, en se rapprochant de cet organe, se réunissent, se calibrent de plus en plus fortement et se terminent par deux troncs, l'un arrivant de l'avant et l'autre de l'arrière-main. On les appellent, l'une veine cave antérieure, l'autre veine cave postérieure. Les artères et les veines du corps, de même que les vaisseaux qui conduisent le sang aux poumons et ceux qui l'en ramènent, ne sauraient donc aussi être mieux figurés que par deux rameaux à divisions infiniment nom-

CIRCULATION VEINEUSE

PL. III

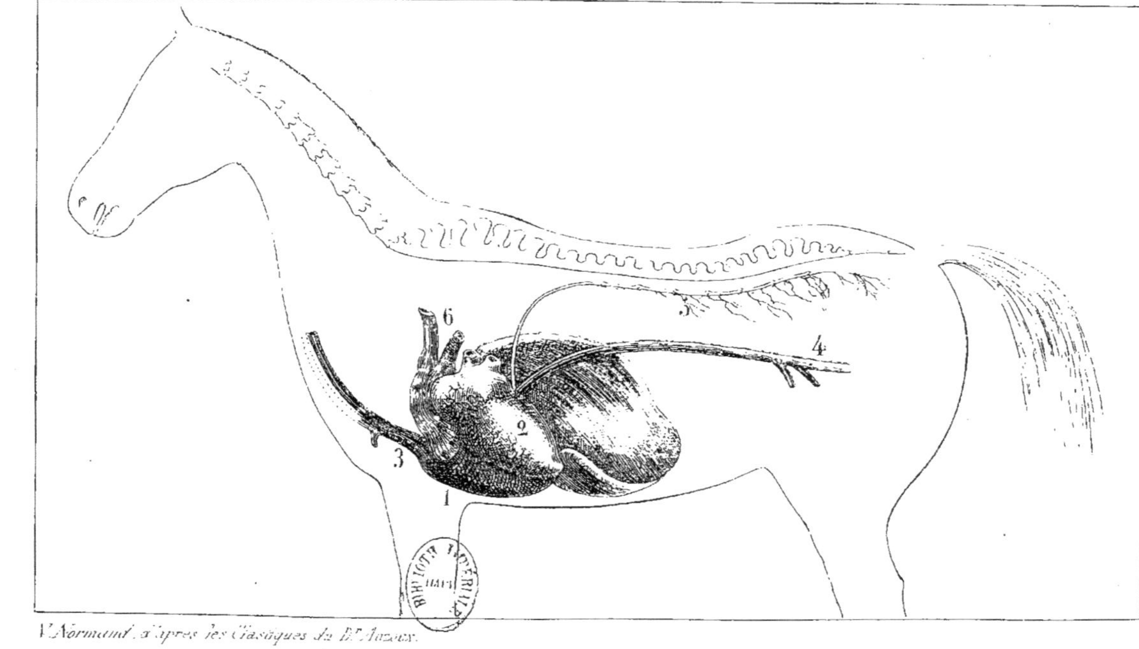

V. Normand, d'après les Clastiques du Dr. Auzoux.

1, Cavité droite du cœur. 2, Cavité gauche. 3, Veine cave antérieure. 4, Veine cave postérieure.
5, Vaisseaux et Canal chylifères. 6, Troncs conduisant le Sang veineux et le Chyle aux Poumons.

CIRCULATION ARTÉRIELLE.

PL. IV

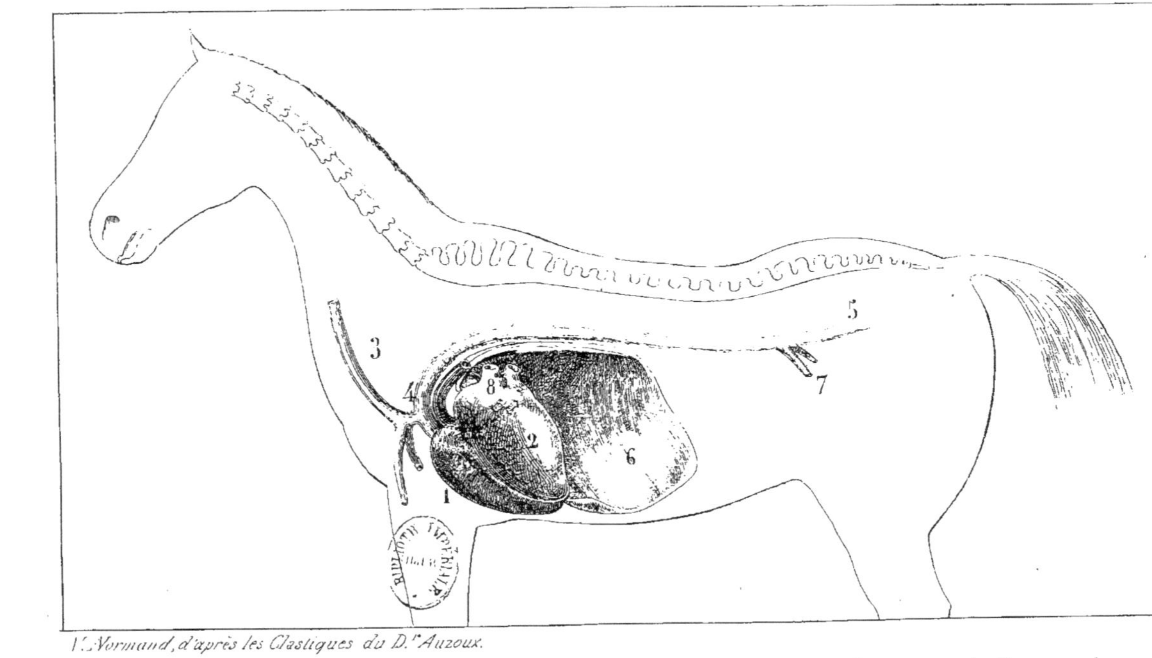

V. Normand, d'après les Clastiques du D.r Auzoux.

1, Cavité droite du Cœur. 2, Cavité gauche. 3, Aorte antérieure. 4, Crosse de l'Aorte. 5, Aorte postérieure. 6, Poumon droit. 7, Rameaux se rendant aux membres postérieurs. 8, Troncs rapportant au Cœur le sang vivifié dans les Poumons.

breuses et communiquant entre elles par leurs extrémités terminales infiniment déliées.

Les veines font donc suite aux artères dont elles reçoivent le sang plus ou moins épuisé d'éléments assimilables, et leurs rameaux deviennent d'autant plus considérables qu'ils se rapprochent davantage du cœur; chaque organe, chaque système d'organe a ses artères et ses veines propres.

Les anatomistes donnent le nom de capillaires aux canaux infiniment fins par lesquels finissent les artères et commencent les veines ; en résumé, comme on le voit, il y a deux sortes de circulations : 1° circulation du sang veineux et du chyle qui, partant du côté droit du cœur dans les poumons, reviennent au côté gauche du cœur convertis en sang artériel ; 2° circulation du sang artériel, partant du côté gauche du cœur et se rendant par tout le corps, d'où il revient au côté droit du cœur appauvri et réduit à l'état de sang veineux.

D'après des expériences exactes et positives, il est prouvé que le sang qui part du cœur à l'état de *sang artériel* y revient *au bout de vingt-cinq secondes* à l'état de *sang veineux.*

La quantité du sang varie suivant l'état des bêtes, suivant les races ainsi que suivant les sexes et leurs modifications ; règle générale, les femelles en ont plus que les mâles, les entiers plus que les châtrés, les maigres plus que les gras.

Un bœuf gras de cinq ans, auvergnat, sacrifié sous mes yeux, et pesant 450 kilogrammes, en a donné 24 litres.— Un vache chollette grasse, de sept ans, pesant 250 kilogrammes, en a donné 25 litres. — Un cheval entier de camion, de 1 mètre 70, âgé de dix ans, en bonne condition, en a donné 36 litres. — Un hongre en parfait état, même taille, mêmes race et âge, 32 litres seulement. — Une jument normande de gendarmerie (réformée depuis deux ans), maigre par excès de travail, seulement 30 litres. — Un cheval hongre de race anglaise, taille de carabinier, en condition ordinaire, 35 litres. — Une jument de mêmes race, taille et âge, 37 litres. Le litre équivaut à 1 kilogramme.

De même que le chyle est de qualité d'autant meilleure que les éléments eux-mêmes sont de meilleure qualité, de même aussi la vivification du sang sera d'autant plus parfaite que l'air respiré par les animaux sera plus pur. Non-seulement l'air est aussi nécessaire et sa qualité aussi indispensable à l'entretien de la vie des bestiaux que les aliments et leur qualité, mais même il est plus nécessaire et ses qualités plus indispensables : un cheval, un bœuf peuvent se passer durant plusieurs jours de toute nourriture sans que leur vie se trouve compromise ; mais ils ne sauraient rester impunément *seulement quelques minutes sans respirer*. Or, si les animaux savent mieux se passer de *nourriture* que *d'air*, de même également la qualité des aliments qu'on leur destine est moins importante que la qualité de l'air qu'on leur donne à respirer. Si avec de mauvais fourrage on finit par indisposer plus ou moins et par rendre des bestiaux plus ou moins sérieusement malades, avec un air pauvre, vicié ou avarié, on tarde moins encore à altérer leur santé et à compromettre leur vie.

D'après de toutes récentes statistiques, dans les hôpitaux il périt environ un malade sur huit; toutes les autres conditions étant égales d'ailleurs, certes les médecins éprouvent des pertes sensiblement moindres dans leur clientèle à domicile. A Alfort, logés parmi les malades des infirmeries, les chevaux que durant mes études j'ai vu venir subir la castration, généralement couraient de grands risques ou étaient fort longs à se rétablir, tandis que chez les particuliers, où dès le jour même de l'opération nous les soumettons à un demi-service, ils demandent, *quoique bien moins savamment opérés*, à peine quelques jours pour être hors de tout danger; l'air vicié que respiraient les uns, l'atmosphère pure au sein de laquelle vivent les autres, assurément sont les seules causes de résultats aussi dissemblables.

3° Outre la digestion, la circulation et la respiration, il est encore une quatrième fonction vitale non moins essentielle assurément, à savoir, l'action du cerveau et des nerfs. 1° On donne le nom de cerveau à cette masse molle, facile à déchirer, bosselée extérieurement, de forme ovoïde et qui est logée dans le crâne; le cerveau présente trois lobes dont deux latéraux et un plus postérieur dit *cervelet*. Les deux lobes latéraux sont intérieurement pourvus de cavités contenant un peu de liquide; 2° considérablement plus bosselé, le *cervelet* est de substance plus ferme; 3° la moelle épinière, que vulgairement on appelle *fil des reins*, fait suite au cerveau et s'étend de la nuque à la base de la queue; elle est logée dans un canal formé par une série d'os solidement articulés ensemble et qu'on appelle *vertèbres;* 4° on appelle *nerfs*, des filets plus ou moins gros, blancs, formés de filaments plus ou moins nombreux, très-visibles, réunis et enveloppés dans une gaîne commune très-dure, blanche et difficile à déchirer. Ces filets, ramifiés à l'infini, *à la manière des veines et des artères*, se rendent aux diverses régions du corps et partent, les uns directement du cerveau, les autres de la moelle épinière. Si les artères, et les veines ont pour rôle de charrier les éléments nécessaires à la formation et à l'entretien des organes, les nerfs y charrient le principe vital proprement dit. Le fluide nerveux donne à l'animal la conscience de toutes les sensations que les objets extérieurs tendent à imprimer à son corps; en outre il stimule les organes et met toutes les fonctions en jeu; plus de digestion, plus de circulation, plus de respiration sans l'action des nerfs; plus d'instinct, plus d'intelligence, affaiblissement, langueur, indolence, apathie, si cette fonction vient à être contrariée; exemple : les animaux ou les hommes qui, ayant subi de violents chocs sur le crâne ou sur la colonne vertébrale, par suite demeurent comme engourdis, hébétés et sans force durant plus ou moins de temps, et souvent finissent par périr ; la mort est immédiate, si tout à coup cette fonction est anéantie ; exemple : la section de la moelle épinière que certains bouchers pratiquent sur la nuque de leurs bœufs, qui soudain tombent comme frappés de la foudre ; exemple encore : la mort instantanée des lapins sur les oreilles et les pattes de derrière desquels on tire simultanément et en sens opposé ; exemple enfin : la mort soudaine et encore assez fréquente de pauvres jeunes enfants que de plus grandes personnes, aussi ignorantes que stupides, souvent se font un jeu sot d'enlever de terre en leur appliquant fortement les mains de chaque côté de la tête.

CHAPITRE XLV.

FONCTIONS DE LA PEAU.

SOMMAIRE.

Fonctions multiples de la peau. — Rapports de la peau avec tous les organes. — Pores de la peau. — Exhalations, absorptions par la peau. — Pansage nul des chevaux, pansage excessif; leurs inconvénients.

La peau plus ou moins épaisse, dure ou spongieuse, plus ou moins couverte de poils et plus ou moins impressionnable suivant les diverses régions du corps des animaux, d'abord sert à revêtir les organes les plus extérieurs; mais elle a en outre d'autres fonctions encore plus fondamentalement importantes.

Douée de plus ou moins de sensibilité, elle est impressionnée par le moindre contact des objets extérieurs; on dirait qu'un de ses principaux rôles est d'éveiller les instincts de conservation chez les animaux, de leur donner l'alerte à la plus légère occasion; en un mot, c'est par elle qu'a lieu le toucher généralement pris.

En troisième lieu, elle sert à rejeter au dehors certains principes superflus, à produire la dépuration de la masse des liquides saturant les organes et de ceux se trouvant en plus ou moins grande quantité dans les cavités diverses du corps. Que de maladies on suscite en neutralisant les fonctions de la peau! que d'accidents graves on conjure en favorisant ces mêmes fonctions! La peau en effet a des rapports avec le cerveau, avec les poumons, avec les intestins, avec le foie; avec la vessie, ses corrélations sont encore des plus manifestes; en un mot il n'est organe qui ne lui corresponde. La sortie de l'urine est-elle empêchée par un calcul, par un rétrécissement de conduit, par un accident quelconque, la peau exhale une odeur urineuse; le foie est-il malade, la peau devient jaune; vient-on à enduire toute la surface du corps d'un animal avec de la graisse, soudain tous les organes sont dérangés, troublés et même la mort ne tarderait pas à s'ensuivre, si on ne se hâtait d'en désobstruer *les pores*, qui ne sont autre chose que des myriades de trous microscopiques par lesquels s'échappent le fluide volatil ou fixe dont ils sont les voies d'élimination.

Non-seulement les pores de la peau servent à l'élimination de certains produits, sortes d'excréments que l'économie animale rejette, mais encore par leurs orifices, qui, vus au microscope, donnent au tissu cutané l'aspect d'un vrai crible, ils absorbent une plus ou moins grande quantité des diverses substances qui tombent en contact avec le corps des animaux. Les sujets affectés de gale, qu'on enferme, sauf la tête, dans des boîtes fumigatoires pleines de vapeur soufrée, exhalent le soufre par les poumons; leurs excréments, les gaz qu'ils rendent, tout contient du soufre, preuve irréfragable que cette substance a pénétré dans leur corps et l'a saturé par voie cutanée. De même donc que les animaux doivent n'avoir que de l'air le plus pur à respirer, de même encore on doit se garder de les tenir dans une atmosphère saturée de gaz plus ou moins malsains; de même, en troisième lieu, leur peau doit être entretenue dans le plus grand état de propreté. Si la plupart des bouchers ont le teint si frais, si les écorcheurs de bêtes mortes ont si mauvaise mine, c'est également aux bonnes et mauvaises absorptions qu'il faut attribuer ces phénomènes aussi dissemblables.

Pourtant on doit se garder de pécher par excès opposés. Si la malpropreté est nuisible, un pansage excessif, des couvertures trop chaudes, ne laissent pas non plus que d'avoir leur inconvénient; l'un comme l'autre rendent la peau impressionnable, en paralysant les fonctions après les avoir exagérées. Si l'air ammoniacal que respirent nos chevaux de guerre dans leurs casernes contribue au développement de la morve, les pansages longuement prolongés et souvent répétés que l'on impose aux cavaliers n'y entrent pas non plus pour une moindre part, qu'on me permette de le répéter encore une fois.

FIN DE LA PREMIÈRE PARTIE.

DEUXIÈME PARTIE.

ÉLÉMENTS D'AGRICULTURE PRATIQUE

« ..... Hinc laudem fortes sperate coloni ! »
VIRGILE.
Courageux laboureurs, votre art n'est point sans gloire.
F...

CHAPITRE XLVI.

TERRE VÉGÉTALE. — SA COMPOSITION PHYSIQUE.

SOMMAIRE.

Terreau minéral. — Terreau végétal. — Terreau animal. — Composition de la vraie bonne terre végétale. — Composition de la terre végétale en général. — Son rôle dans la végétation. — Diverses terres végétales.

Les savants ont divisé la nature en trois règnes, ou, en d'autres termes, trois éléments distincts entrent dans la composition physique du globe terrestre, savoir : les minéraux, les végétaux, les animaux.

1° Sous l'influence des diverses causes physiques qui les entourent, chacun de ces éléments peut subir diverses modifications, sinon dans sa nature intime, du moins dans son mode d'être, c'est-à-dire dans ses formes, dans sa configuration propre. Ainsi, les roches, sous la puissance d'action de l'air, de l'eau, de la chaleur, de la gelée, de la lumière, de l'électricité, etc., etc., perdent de leur compacité, de leur cohésion native, et peuvent être réduites en blocs, en pierrailles, en poussière plus ou moins fine. Or, c'est à cette poussière qu'on donne le nom de terreau minéral. *Dans sa pure essence*, le terreau minéral est absolument impropre à toute végétation. Les graines qu'on lui confie n'y végètent et n'y vivent que jusqu'à épuisement des provisions que Dieu a mises autour du germe qu'elles contiennent. Le terreau minéral est donc sans puissance nutrifiante intrinsèque propre.

2° Après avoir parcouru les différentes phases que le Créateur leur a imposées comme condition d'existence, les uns plus tôt, les autres plus tard, depuis le chêne et le cèdre jusqu'à l'herbe la plus humble, de leur côté tous les végétaux finissent par languir, mourir, sécher et se décomposer; c'est le produit de cette décomposition qu'on appelle terreau végétal. Ce terreau est le plus essentiellement propre à la végétation.

3° Dans quelque degré de l'échelle qu'on les observe, tous les animaux également, après avoir été conçus, s'être développés, et après avoir atteint leur plus haut degré de perfection, tous finissent plus ou moins promptement par arriver à la vieillesse, à la caducité, à la décrépitude et à la mort. Alors, comme les minéraux, ou mieux, comme les végétaux, avec lesquels ils ont de grandes ressemblances, ils tombent en décomposition; les parties constituantes de leur corps se désassocient, et quelle qu'ait été la rudesse ou la grâce antérieures de leur forme primitive, tous également aussi finissent par dépérir, par mourir, par se décomposer et par tomber en terreau.

Malgré la richesse infiniment plus grande de ses éléments constitutifs, le terreau animal pur n'est nullement propre à une durable et complète végétation. Si les graines y germent vite, si les jeunes plantes semblent d'abord y venir luxurieusement, on ne tarde pas à les y voir s'étioler, languir et se dessécher, ce que les physiologistes expliquent par le manque de matière calcaire suffisante, dont les plus grands arbres et les herbes les plus chétives ont un égal besoin pour leur développement parfait et constant. Le limon des rivières est un composé de ces différents terreaux. Après le fumier des animaux, le limon est, en agriculture, l'élément le plus fertilisant pour tous les sols.

La vraie bonne terre végétale proprement dite doit donc être composée de terreau minéral, de terreau végétal et de terreau animal en de certaines proportions. Le terreau végétal et le terreau animal, généralement, représentent la proportion inférieure; le principal objet des fumiers de cour est de tendre à mettre ces derniers en certain équilibre avec le terreau minéral. Ce que l'on appelle sol, terre, n'est donc autre chose que cette couche plus ou moins épaisse qui recouvre la surface du globe et que le temps à force d'années et l'homme à force de peine, de travail, d'étude et de soins, sont parvenus à faire produire les diverses plantes indispensables, utiles ou simplement agréables, vulgairement appelées *végétaux*. Le sol, la terre, encore une fois, n'est donc pas une substance simple et unique, mais bien un composé de divers éléments dont la réunion, en proportions variables, contribue à la rendre plus ou moins propre à la végétation. Outre qu'elle nourrit en grande partie les plantes aux dépens des divers éléments qui la constituent et de ceux qu'elle maintient en réserve (comme en quelque sorte leur garde-manger), la terre a encore pour rôle, entre autres, de servir de support aux plantes et de donner des points d'attache à leur racine.

Pour être fertile, une terre doit contenir tous les éléments qui entrent dans la composition des plantes qu'elle est appelée à produire. Un sol se trouverait dans les conditions les plus favorables s'il était composé d'argile, de sable et de calcaire en proportions égales et s'il contenait en outre quelques principes tels que ceux contenus dans la cendre, plus une certaine quantité d'humus ou terreau végéto-animal. Le vrai bon cultivateur doit donc étudier et chercher quel est celui de ces éléments qui, dans sa terre d'exploitation, fait défaut ou prédomine, et, par tous moyens en son pouvoir, travailler à les équilibrer en d'heureuses proportions; l'humus, qui a la propriété d'absorber et de conserver la chaleur solaire, indispensablement doit entrer pour *au moins un vingtième* dans la composition de la terre arable.

Que l'argile, ou glaise, ou alumine; que le carbonate de chaux, ou craie; que la silice, ou sable, viennent à prédominer dans tel ou tel sol, on dit qu'il est argileux, calcaire ou sableux. Il y a donc trois sortes principales de terre végétale. On donne le nom de terre franche à celle où l'argile, le sable et le carbonate de chaux ainsi que l'humus se rencontrent en convenables proportions. La terre franche convient à toutes les plantes, toutes les céréales y prospèrent; les légumes, les herbes fourragères s'y plaisent, tous les engrais lui sont bons.

Les sols argileux, calcaires et sableux, à la rigueur, sont propres à la végétation, mais leur fertilité peut être plus que quintuplée par certains amendements méthodiques et bien raisonnés.

Sous tous points aujourd'hui, le bien-être de la France repose sur des bases solides; son sol se prête à tous les genres de culture. Qu'on ne soit donc plus étonné si notre beau pays, le meilleur de tous, s'est constamment relevé comme par un miracle de toutes les crises qu'il a éprouvées, a dit Chaptal, et concluons que si elle avait été sagement administrée, depuis longtemps elle serait à la tête des nations où enfin elle est arrivée. Laboureurs français, devenez donc enfin cultivateurs *de titre*, et en attendant que comme tous les autres industriels vous preniez aussi le pas sur eux, un instant leurs imitateurs, hâtez-vous de devenir les rivaux des agriculteurs anglais, sous tous rapports moins favorisés que vous!

CHAPITRE LXVII.

DU SOL ARGILEUX ET DE SON AMENDEMENT.

SOMMAIRE.

Sol argileux. — Ses inconvénients. — Moyens d'y remédier. — De la chaux. — Moyen d'avoir de la chaux à bon marché. — Nécessité de l'enfouissement immédiat de la chaux. — Composts calcaires. — Différentes espèces de marnes. — Action de la chaux, des composts et de la marne sur l'argile. — Marnage des fumiers. — Fumiers qui conviennent le mieux aux terres argileuses. — Drainage au pieu. — Ses avantages. — Inconvénients du drainage à tuyaux souterrains.

Le sol dans lequel l'argile prédomine avec excès ne saurait payer ses frais de fermage ni de culture par ses productions, si on ne le soumettait à certains amendements. Ne représentant qu'une couche poisseuse et collante, l'hiver il est hors d'état d'être hanté; l'été, il devient dur, compacte et comme soudé en masse : le laboureur le plus robuste, l'attelage le plus vigoureux, la charrue la plus solide, tout cède, tout échoue devant sa ténacité inattaquable. En tout temps donc imperméable à l'air qui donne la vie à tout, il ne produit que des plantes tardives, peu abondantes et à la fois de qualité secondaire; en un mot, jusqu'aux mauvaises herbes, tout y languit, tout y vient mal!

Cependant, il n'est sol si glaiseux que l'on ne puisse améliorer, que l'on ne parvienne à ameublir, pour peu qu'il ait d'égout et une bonne orientation. En le mélangeant de sable, de gravier, de marne, en le labourant en temps opportun et à force de fumiers gras et fibreux, on peut encore en tirer de bons produits, surtout si, en outre, on sait le soumettre à un assolement raisonné et bien calculé.

Rompre la plasticité des terres argileuses, les diviser,

les rendre perméables au peu d'eau qu'on leur permet de conserver et surtout à l'air dont les plantes ne savent pas plus se passer que les animaux, tel est le but que doit se proposer le cultivateur à la tête d'un pareil sol. Le chaulage, le drainage sont des moyens essentiels à invoquer pour parvenir à pareil but.

1° *Chaulage.* — La chaux a la propriété de rendre la glaise plus sèche et plus friable; elle neutralise chez elle toute possibilité de pouvoir désormais être pétrie, en un mot, elle la rend pulvérulente : en effet, que l'on bâtisse avec du mortier *de chaux et de glaise*, quelle que soit du reste la qualité des autres matériaux, quelle que soit l'habileté de l'ouvrier, la construction ne tardera pas à menacer ruine et à crouler faute de liaison. La chaux n'anéantit pas la glaise, mais elle la décompose, elle la transforme, elle la pulvérise, elle en divise, elle en désassocie les molécules.

Répandue sur les argiles de culture, elle en absorbe l'excès d'humidité, elle les dessèche; aux terres légères elle procure au contraire une certaine dose de fraîcheur par l'humidité qu'elle soutire de l'atmosphère; d'un autre côté, elle détruit nombre d'insectes nuisibles, elle décompose les matières organiques végétales et animales qu'elle convertit en engrais; en absorbant l'acide carbonique de l'air elle se transforme en craie dont tous les végétaux ont besoin à certaine dose; enfin, la chaux dompte ou sature les acides de certains sols, où de bonnes herbes ne tardent point à venir prendre la place des plantes aigres qui dominaient auparavant. Sur les herbages, la chaux n'a pas de moins manifestes effets que sur la terre de culture proprement dite : la Mayenne, le Limousin, le Berri, le Bourbonnais, le Nivernais, la Bretagne, la Vendée, où les bestiaux autrefois étaient rares et chétifs, aujourd'hui, grâce à la chaux, produisent des moutons et surtout des bœufs en état de rivaliser avec les bœufs normands. Si la chaux rend les herbes plus abondantes, plus nourrissantes et plus sapides, de leur côté les bestiaux acquièrent notablement plus de poids en herbages chaulés, marnés ou plâtrés.

Malheureusement, jusqu'ici, le prix trop élevé de la chaux a été un obstacle à son emploi en grand dans l'agriculture. Il est vraiment déplorable de voir dans beaucoup de grandes villes employer, comme simple matière de remblai, la chaux ayant servi à l'épuration du gaz, les résidus plus ou moins mélangés de potasse et de soude des fabriques de savon, les plâtras de démolition, etc., toutes substances infiniment moins chères et presque aussi efficaces que la chaux neuve!

Pourtant la pierre à chaux se rencontrant à peu près partout, il est encore certains moyens de se procurer cet ingrédient à assez bon compte : en Basse-Normandie, où les broussailles, le genêt, les joncs marins, la houille et surtout la tourbe ne sont pas rares, j'ai vu des cultivateurs bien avisés établir à même le sol, en plein champ, des couches alternatives de bois, de pierres à chaux, de coke, de tourbe, etc., en un mot faire un tas plus ou moins considérable de pierres à chaux et de combustibles divers en même temps que peu chers, à travers lesquels on ménage des jours que l'on termine par une sorte de cheminée; le tout une fois convenablement disposé, on en revêt le pourtour avec une bonne épaisseur d'argile un peu délayée et du gazon, puis on y met le feu. Ce moyen à la fois simple et économique produit une chaux parfaite. Au bout de trois ou quatre jours le feu cesse, la calcination est complète et la masse ne tarde pas à refroidir, surtout quand on a la précaution de démonter le monceau calcaire qui souvent n'attend pas qu'on l'aide pour s'écrouler. Alors, au moyen de brouettes, avec des tombereaux, à l'aide de civières on transporte la matière que l'on dépose çà et là, par petits tas, à la surface du champ; dans certaines contrées on la dépose, d'espace en espace, dans des espèces de sillons, profonds de quinze à vingt centimètres, et immédiatement on la recouvre d'une légère couche de terre. Dans l'un et l'autre cas, sitôt que par l'action de l'humidité du sol et de l'air la chaux est bien éteinte, on la répand avec des pelles et on laboure immédiatement.

Quand la pierre à chaux est plus rare, il est un moyen d'y suppléer plus économique et presque aussi avantageux, eu égard aux résultats, je veux parler des composts calcaires.

Un point qu'il importe de tenir en bonne considération dans le chaulage, c'est d'enfouir le plus tôt possible la matière d'amendement. Abandonnée plus ou moins de temps à la surface de la terre, la chaux perdrait une grande partie de ses propriétés en redevenant bien pure et simple poussière de craie. Elle tomberait hors d'état d'aider la décomposition des substances végétales et autres. Plus une terre est froide, c'est-à-dire plus elle est glaiseuse, plus la dose de chaux devra être considérable.

2° *Marnage.* — La marne est une espèce de pierre tendre et d'un blanc plus ou moins mat; elle est composée de craie, de glaise et de sable. On la dit *grasse* quand l'argile prédomine, et *maigre* quand le sable ou la craie y entrent en plus forte partie. La marne maigre convient aux terres froides et compactes; de leur côté, les terres légères s'accommodent beaucoup de la marne grasse. La marne agit à la manière de la chaux sur les diverses plantes. Toutes les plantes n'ont pas besoin de la même quantité de calcaire; le blé, le seigle, n'en absorbent guère que 15 kilog. par hectare; le trèfle, la luzerne, de leur côté, en absorbent de 100 à 150 kilog., également par hectare. Assurément, la chaux, pas plus que le plâtre, pas plus que la marne, *ne dispensent de fumier.* Du reste, la chaux, le plâtre et la marne, en augmentant les rendements de toutes sortes, mettent les cultivateurs à même de fumer leurs terres en proportion des produits qu'ils en tirent, sans plus de sacrifices et tout en ayant profit notablement supérieur.

La marne se rencontre à diverses profondeurs ; il s'en trouve des bancs assez superficiels dans toutes les plaines argileuses, comme si Dieu eût voulu mettre, ici comme partout, le remède au voisinage du mal ; plus à propos quejamais, c'est donc vraiment le cas de dire avec le sage La Fontaine :

> Travaillez, prenez de la peine,
> C'est le fond qui manque le moins.

Quand on en jette un fragment dans du vinaigre, la bonne marne bouillonne avec bruit et ne tarde pas à se ramollir et à boursouffler. La marne divise le sol trop compacte, empêche l'eau de séjourner à sa surface ; elle favorise l'évaporation de la portion qui imbibe les couches moins superficielles ; elle rend toute la couche arable du sol perméable à l'air, aux rayons solaires et aux vapeurs atmosphériques ; aussi dit-on à juste titre que la marne *réchauffe la terre*. La chaleur, l'air, l'humidité et la gelée agissant tantôt isolément, tantôt simultanément sur cette matière calcaire plus ou moins tendre, finissent par la convertir en poudre invisiblement divisée. Le marnage date de la plus haute antiquité. Quoique plus lentement et moins manifestement, la marne agit à la manière de la chaux libre et du plâtre. On doit doser la marne d'après la nature du terrain sur lequel on opère et aussi d'après l'époque du dernier marnage. Avant de chauler, comme avant de marner, il serait prudent, surtout quand on ne connaît pas bien sa terre, de faire des essais sur une petite superficie, avant que de travailler en grand.

En Angleterre, en Belgique, en Flandre, pays de la véritable et bonne culture, on marne les fumiers, c'est-à-dire qu'entre chaque couche de ces derniers, au sortir des étables, on interpose un lit de marne concassée en morceaux au plus de la grosseur du poing. La marne ainsi traitée se charge de beaucoup des principes des fumiers qu'elle tient en réserve et dont elle conjure l'évaporation.

Toute terre que l'on se dispose à marner ou à chauler, préalablement et indispensablement doit être bien égouttée et avoir subi un profond labour préparatoire. Le marnage se fait généralement pendant l'hiver. Qu'on laisse ou non séjourner la marne un ou deux mois, par petits tas, à la surface des champs, on doit prendre un temps sec pour la répandre ; il est bon de rompre les morceaux trop forts. Sitôt la marne répandue, c'est un louable usage que de donner un bon hersage au champ. Peu de temps après, s'il fait sec, l'enfouir sous un labour modérément profond est également une sage méthoque.

Encore une fois, qu'on n'aille pas s'imaginer que la chaux et la marne dispensent de fumer. Avec de la marne et de la chaux, avant l'ensemencement, et du plâtre plus tard sur la récolte, on aurait bientôt ruiné pour longtemps sa terre, si on ne lui fournissait pas d'engrais proprement dits.

A défaut de marne, on peut amender les terres argileuses au moyen de sable, de gravier, de craie, soit pure, soit mélangée. Le sable de grande route, non-seulement ameublit les terres froides, mais encore il porte un certain engrais par les matières excrémentielles dont il se trouve mêlé.

Quelques plantes, telles que le sarrasin, les pois, les lupins, la moutarde, etc., etc., semés dans le courant d'août, et que l'on enfouit à la charrue au moment où ces denrées sont hautement développées, constituent encore un bien excellent amendement pour les terres argileuses, en même temps qu'ils leur fournissent un engrais assez fortifiant. Les fumiers peu consommés ont le même avantage et encore à un plus haut degré. Il est à remarquer, néanmoins, que les plantes enfouies vertes dans les terres froides, y fermentent assez difficilement et par conséquent ne seraient pas un engrais suffisant ; mais soit en y faisant passer un troupeau de moutons à une ou plusieurs reprises, soit en y promenant un rouleau et semant ensuite une certaine dose de chaux, on peut être assuré d'une assez bonne récolte.

3o *Drainage.* — Une opération agricole qui depuis bien longtemps est à l'ordre du jour en Angleterre et dans les Pays-Bas, c'est le drainage. Chez nous ce mot, sauf depuis à peine quelques années, ne se rencontrait guère que dans nos dictionnaires : *abracadabra* et drainage pour la plupart de nos petits cultivateurs français étaient à peu près synonymes. Malheureusement, eu égard aux frais qu'elle nécessite et à sa difficile application dans la petite culture, cette pratique à tous justes titres vantée par les vrais agronomes, de longtemps ne sera mise à exécution générale dans nos campagnes, à moins que des sociétés spéciales ne se constituent et viennent affermer l'égouttage, les unes de telle, les autres de telle autre contrée ; l'excessif morcellement de la propriété est une difficulté qui probablement en fera ajourner la propagation à fort longtemps encore.

En attendant ces créations de véritable bienfaisance et pour y suppléer, à quelques-uns de mes clients qui ont bien voulu en essayer et depuis m'en ont adressé remercîments, j'ai conseillé un mode d'égouttement aussi bon que simple et économique, si j'en crois quatre à cinq années d'expérience. Sitôt le champ ensemencé, je fais recreuser par un second et fort coup de soc toutes les raies qui séparent les sillons ; si la terre offre une inclinaison prononcée, je fais tracer un certain nombre de raies d'égout pareillement à deux profonds coups de charrue et dans le sens de la pente ; ensuite, dès les premières pluies abondantes, deux hommes munis, l'un d'un gros et long pieu dont la tête est cerclée et la pointe armée de fer, l'autre d'une masse en bois, parcourent la pièce sillon par sillon ;

partout où ils observent que l'eau menace de séjourner, ils pratiquent un trou pénétrant jusqu'au sous-sol : pour que leur pieu ne s'engage point trop solidement, pour agrandir en même temps le puisard et pour donner plus de consistance à ses parois, de temps en temps ils l'ébranlent en lui imprimant des mouvements en tous sens. Le trou jugé assez profondément ouvert et le pieu retiré, les deux manœuvres plantent un jalon et se mettent en quête d'un autre bassier ; alors, même travail, pareil jalon, et ainsi dans tous les points déclivés de la pièce. Rarement l'eau met plus d'une nuit à s'absorber. Pourtant, quand la flaque est très-grande, il est bon de pratiquer deux et même trois trous s'il le faut. A chaque grande pluie on visite ces sortes de boit-tout, qu'en quelques minutes on restaure.

Les jalons servent à les indiquer quand l'emblane a acquis une certaine élévation. Deux hommes, en huit ou dix jours par an, peuvent égoutter par ce moyen de quinze à vingt-cinq hectares de terres, si elles ne sont point trop morcelées, écartées ou en trop misérable condition. Un immense avantage encore du drainage au pieu, c'est de conjurer l'apparition des mauvaises herbes qui ne manquent jamais de foisonner à la place de la denrée détruite par l'eau et qui, plus tard, empoisonnent les fumiers de leurs graines. Bien que je n'aie vu ce procédé en usage nulle part, il est probable que je n'en suis pas l'inventeur : enfin, quoi qu'il en soit et puisse être, je l'ai essayé, je l'ai conseillé, on l'a mis à exécution, on s'en est bien trouvé, c'est là le point principal.

Ce mode de drainage, si on veut bien me permettre d'appeler ainsi une semblable opération, tout en égouttant la terre, a encore pour résultat, durant les grandes chaleurs, d'entretenir une certaine dose de fraîcheur dans la couche végétale, par la transsudation de l'eau en réserve dans les profondeurs du sous-sol, avantage que ne donnent point les tuyaux horizontaux qui, en outre, ont l'inconvénient, jusqu'ici inévitable, de s'obstruer par la vase et mille petites radicules végétales. De plus, les tuyaux éconduisent au loin et en pure perte une notable quantité d'engrais dissous et entraînés par l'eau.

C'est principalement dans les terrains à sous-sol perméable à l'eau, que le drainage *au pieu* est plus avantageusement applicable.

CHAPITRE XLVIII.

DU SOL SABLONNEUX ET DE SON AMENDEMENT.

SOMMAIRE.

Vices des sols sablonneux. — Gouvernement des sols sablonneux. — Avantages des bouquets de bois dans les plaines sableuses. — Les plantes précoces doivent être affectées de préférence aux sables. — Moyen de purger les sables des mauvaises herbes qui les salissent. — Quatre choses en France nuisent aux progrès de l'agriculture. — Les cultivateurs doivent s'ingénier à fixer les ouvriers dans les campagnes par l'appât d'un salaire honnête et certain. — Ils doivent s'ingénier à gagner davantage eux-mêmes. — Ils doivent songer à employer la mécanique. — Le morcellement de la propriété est une grande entrave aux progrès de l'agriculture. — Primes agricoles. — L'exploitation en grand. — La petite exploitation. — L'agriculture est la mère de la milice. — L'agriculture attache l'homme au sol et lui donne l'amour de la patrie.

Si les terres argileuses sont trop imperméables à l'air, si elles conservent trop d'eau tantôt à leur surface, tantôt à leur intérieur, suivant les circonstances; si, par sa présence, l'eau entretient dans ces terres une fraîcheur trop grande et nuisible à la racine des plantes, les sols sablonneux pêchent par un excès diamétralement contraire; ils laissent évaporer leur eau aussi facilement qu'ils s'en laissent facilement pénétrer; l'air y a également un trop facile accès. En année humide tout réussit, tout prospère dans le sable ; tout y languit, tout y avorte, tout y meurt s'il survient des sécheresses intenses et de quelque durée surtout.

La culture des sables nécessite beaucoup moins de frais d'amendement que la culture de l'argile; jamais trop durs, jamais trop humides, ils peuvent être travaillés à toute époque et par tous temps. Essentiellement meubles par nature, ces terres demandent des façons beaucoup moins multipliées que les terres fortes; n'était le chiendent et quelques diverses autres herbes qui les salissent, les labours d'ensemencement, plus du fumier, suffiraient presque aux sables.

Si les terres franches et surtout si les sols glaiseux demandent à être ameublis, les sables de leur côté veulent au contraire qu'on s'étudie à leur donner de la compacité; les rouleaux pesants, le parcage, les fumiers vaseux ou tout au moins très-consommés leur sont aussi avantageux que les engrais fibreux, longs et peu faits leur seraient défavorables. A moins que le sous-sol ne soit argileux, ce qui est fort rare, la terre sableuse demande des labours très-superficiels; mais dans les sables sur argile, un labour très-profond qui ramène la glaise à la superficie et la mélange au sol proprement dit, est très-recommandable, et on ne tarde pas à s'en parfaitement trouver. Pourtant, quand le sous-sol est du bon sable, il y a également avantage à l'attaquer à certaine profondeur; saturée d'engrais infiltrés, la superficie du sous-sol nouveau ne tarde pas à être suffisamment influencée par l'air atmosphérique, et la fertilité du champ elle-même à être notablement augmentée.

La marne argileuse, la boue des rues, les vases de mares et d'étangs, l'argile, les terres d'alluvion avec les terreaux divers et les divers engrais pulvérulents, tels sont les vrais éléments d'amélioration des terres dites légères. Sur mon avis, un de mes clients, propriétaire de terres sableuses, d'autre part d'argiles fortes et d'alluvions, a sacrifié, durant trois hivers, il y a des années, pour argiler ses sables et sabler ses argiles, une assez forte somme qu'il avait à sa disposition, et que depuis quelque temps il destinait à agrandir sa propriété : impôt moindre, main-d'œuvre moindre, produits supérieurs, tel est le résultat qu'il a obtenu et à meilleur marché en suivant mon conseil. Si l'irrigation en était possible, avec suffisamment de fumier convenable, les sols sablonneux seraient d'une fécondité supérieure à tous les autres. Au lieu de chichement nourrir les bêtes de travail, sous prétexte qu'on n'a rien à leur donner à faire, au lieu de laisser les manœuvres ruraux aller chercher, durant l'hiver, du travail dans les villes où ils finissent par se créer des habitudes et se fixer, bien mieux vaudrait plus copieusement nourrir les uns et se conserver les autres par un honnête salaire en les occupant à terrasser les champs libres, à rafraîchir les fossés, etc., etc., toutes occupations dont on ne tarderait pas à recueillir bon profit.

Des plantations, des boisements partiels, en concentrant l'air, en exhalant et maintenant une certaine humidité, contribueraient prodigieusement aussi, dans les plaines sableuses, à l'entretien d'une salutaire fraîcheur. En recouvrant de mauvaises pailles en décomposition, de foins pourris, de laîches, etc., les semailles d'été et du commencement de l'automne confiées aux terres sableuses, on serait amplement indemnisé de ce léger sacrifice par l'heureuse végétation des plantes auxquelles, par ce moyen, on aurait ménagé l'entretien d'une bienfaisante humidité.

Les plantes précoces généralement réussissent dans ces terrains, leur développement étant en bonne partie effectué avant les grandes chaleurs de l'été. Si la couche de sable végétal est profonde, on semera avec avantage des plantes à racines pivotantes : le trèfle rouge ou incarnat, le trèfle blanc, le trèfle d'hiver, la lupuline ou minette s'y conviennent également aussi ; le bourgogne ou sainfoin, la luzerne même peuvent prospérer en sables amendés : seulement, au bout d'un ou deux ans, les herbes étrangères et surtout le brome aux nombreux épis barbus, si nuisibles à la bouche des chevaux, manquent rarement d'y faire invasion. Si le chiendent ne nuit point à la qualité des fourrages, il ne laisse pas que de porter un singulier préjudice à la culture des plantes à venir.

Quand une terre sableuse est en bon état, quand elle est richement fumée, on parvient à la purger des mauvaises plantes qui tendent à l'envahir en y semant des navets, des carottes, des pommes de terre, des betteraves, des haricots et autres végétaux sarclés. L'ensemencement en lignes, recommandé pour presque toute espèce de culture, ici offre plusieurs avantages immenses : sarclages plus prompts, partant plus économiques ; nettoyage plus facile et plus complet de la terre, produits incomparablement supérieurs à ceux obtenus par ensemencement à la volée ; en outre, ménagement des engrais, que ni les plantes cultivées trop drues ni les mauvaises herbes ne viennent absorber entre les lignes ensemencées. Les fourrages en lignes, soit dit en passant, dans le sable comme en toute autre terre, seraient trop gros, trop durs, produiraient moins et mettraient les animaux dans la nécessité de commettre du gaspillage.

En agriculture, beaucoup travailler est bon assurément ; mais bien travailler vaut infiniment mieux encore. Un esprit observateur, un jugement sain, des bras vigoureux, l'amour de l'étude, du travail et du progrès, avec de la prudence, voilà le vrai laboureur.

Chez nous quatre choses principalement nuisent à l'avancement et aux bénéfices de l'agriculture : 1° le défaut de théorie ou de connaissances spéciales, la routine en un mot; 2° le manque de capitaux suffisants; pourtant, quoique bien positivement le défaut d'argent nuise à l'industrie agricole, que les cultivateurs se gardent bien d'emprunter; s'il arrive que deux sur cent en empruntant améliorent leurs affaires, quatre-vingt-dix-huit autres se ruinent en peu de temps. Fermiers, qu'ils aient la sagesse de concentrer sur un gagnage plus restreint leur modeste capital disponible; propriétaires, qu'ils consacrent leurs propres ressources actuelles à la meilleure partie de leur domaine, *que tout doucement et tout modestement* ils améliorent le reste par la culture d'herbes appropriées, par l'éducation d'un bétail petit à petit devenant plus nombreux et consécutivement par des engrais de plus en plus abondants; par là, sans risques et encore assez vite, infailliblement ils arriveront à meilleur résultat qu'avec le moyen de l'emprunt même le plus honnête. L'ambition et le désir de paraître coûtent cher et ruinent autant de gens que la sagesse en met en heureuse position; 3° l'ambition du laboureur qui, s'il a moyen d'exploiter vingt hectares avec avantage, à force et à gêne en entreprend trente et même quarante, et au bout n'a pour résultat que beaucoup de peine, souvent pas le plus petit profit, sinon même de notables pertes; 4° enfin, les baux trop courts qui empêchent les fermiers de faire des sacrifices dont ils auraient à peine le temps de se couvrir et encore moins de tirer bénéfice. Une bonne ferme, un long bail, un sage propriétaire, plus de l'intelligence et une avance suffisante, telles sont les vraies conditions de bonheur et de réussite du fermier, si en outre il sait bien compter et bien opérer.

Non-seulement un long bail est une fortune pour un bon fermier, mais de son côté le propriétaire ne laisse pas non plus que d'y trouver son compte au point de vue de la tranquillité et de l'amélioration de ses terres. Enfin, si les fermiers ne sont pas assez savants, s'ils ne sont point assez avancés, s'il sont un peu ambitieux et s'ils louent à bail trop court, de leur côté, les propriétaires non moins avides de paraître, achètent la terre trop cher, vivent gênés, en convertissant par pure vanité du six en du deux pour cent.

Un autre point, dont avec vraisemblable raison, depuis quelque temps, on se plaint partout dans les campagnes, c'est l'excessif prix, ainsi que le manque de bras, et pardessus tout la migration des ouvriers les plus forts vers les villes et vers l'industrie : trois francs valent mieux que deux, on ne saurait le nier ; or, que l'agriculteur, faisant une noble concurrence à l'industriel, devienne industriel lui-même, c'est-à-dire qu'il s'ingénie à tirer la quintessence de son art ; à force d'observation, d'étude, de tentatives et d'essais, qu'il se rende à même de gagner davantage, qu'il paie un peu plus cher ses journaliers, qu'il les nourrisse un peu mieux, et tout son personnel, même à quelque chose de moins près, tous préféreront lui rester, si par-dessus tout il leur assure un travail quotidien.

D'un autre côté encore, pour conjurer les exigences des manœuvres, qu'il invoque la mécanique et les machines qui, chaque jour, tendent à faire mieux et à meilleur marché que les bras et tout en allant plus vite. Néanmoins, malgré cette opinion intime, je ne puis m'empêcher de demander si, même dans nos plus grandes exploitations, une pompe à feu est vraiment à sa place. L'entretien d'un bon domestique apte à tout n'est-il point préférable à l'entretien d'un exigeant chauffeur exclusivement au service de sa machine ? D'un autre côté, à combien de détériorations cette dernière, pendant qu'elle fonctionne comme pendant qu'elle ne sert point, n'est-elle point sujette ? D'autre part, quelques bœufs, que le premier venu de la ferme peut gouverner et qui augmentent tous les jours de valeur, ne sont-ils point des machines préférables ? Enfin, les escarbilles fument-elles la terre ? Ici, pas plus que nulle part, je n'impose ma manière de voir, seulement j'exhorte à calcul ainsi qu'à mûres réflexions.

Une entrave encore au progrès de l'agriculture, c'est l'excessif morcellement de la propriété. Si les possédants savaient tout l'avantage à retirer de l'agglomération de leurs fragments de terre, combien ils auraient hâte de s'entendre entre eux et de former des échanges ! Incalculable économie de temps, amoindrissement notable de fatigue pour leurs animaux de travail, mieux être sous tous rapports incalculable pour leurs bêtes de rente; en un mot, avantages incommensurables pour tout, tel serait pourtant le résultat dont les grands, non plus que les petits propriétaires, ne semblent pas se douter, si on en juge par l'apathique indolence avec laquelle tout le monde envisage un obstacle aussi majeur pour une bonne réussite.

Enfin, sans porter jalousie aucune à l'industriel, pourtant on ne peut s'empêcher de dire qu'il serait bien à souhaiter que le gouvernement se mît à songer un peu à l'agriculture aussi. Aux commerçants, aux exportateurs, aux manufacturiers on donne des encouragements, on accorde *des primes tarifées*, on leur fait même des avances considérables à l'aide desquelles, en quelques années, ils s'enrichissent, on les décore, soit ! Aux pauvres cultivateurs qui, après avoir enrichi les caisses de l'Etat, meurent pauvres en remuant la glèbe, qu'on prenne donc un peu garde aussi à leur tour ! En attendant mieux, qu'on commence déjà par amoindrir leur lourd bordereau d'impôt, à titre d'encouragement et de récompense, aux hommes des champs qui font des sacrifices, des expériences et des progrès réels. Si la France doit aux braves qui, à l'occasion, combattent vaillamment ses ennemis du dehors, pourquoi serait-elle plus ingrate envers ses autres soldats, qui journellement, depuis l'enfance jusqu'à la mort, livrent bataille à ses ennemis domestiques, je veux dire à la famine et aux misères consécutives qui l'ont si souvent désolée avant l'ère agricole où nous commençons à entrer. En effet, l'agriculture plus que l'industrie n'est-elle pas la mère de la milice, la nourrice du pays? Est-ce au sein des villes et de l'industrie que s'élèvent la plupart des bons soldats, a dit Marmontel? N'est-ce pas enfin l'agriculture qui attache l'homme au sol et qui lui *donne le goût du travail, l'idée de l'ordre, l'amour du pays, la religion de la patrie?*

L'exploitation du sol *en grand* est-elle préférable à l'exploitation divisée? Telle est une bien importante question actuellement à l'ordre du jour : si l'exploitation en grand a quelques arguments pour sa défense, certes il en est de plus nombreux et tous plus puissants qui militent en faveur de l'exploitation divisée : 1° d'abord la grande exploitation anéantit de nombreuses petites indépendances, *et aujourd'hui chacun est amoureux de sa liberté;* 2° si le directeur d'une grande exploitation, malgré sa haute science, vient à commettre une erreur, cette erreur, qui tourne en calamité générale, n'est qu'un accident insignifiant pour le pays dans une petite exploitation; 3° le petit cultivateur *qui est son maître et travaille pour lui-même*, assurément opère avec plus de zèle, d'attention, d'économie, d'étude, de circonspection enfin, et produit plus que s'il était simple ouvrier ou subordonné; 4° le petit cultivateur, qu'il soit propriétaire du foncier ou seulement du mobilier d'exploitation, c'est-à-dire simplement fermier, généralement sera citoyen plus moral et surtout plus ami de l'ordre, que s'il est condamné à vivre pur manœuvre sans autre espoir ni intérêt, lui et toute sa famille. Les pays ne sont pas cultivés en raison de leur fertilité, a dit Montesquieu, mais en raison de leur liberté.

En résumé, qu'on répande parmi les masses travaillantes rurales les vrais bons principes de la science agricole, et les petites exploitations, qui savent tirer parti avantageux *de tout* auront, bientôt prouvé, par le chiffre supérieur de leurs résultats, qu'elles valent mieux qu'une grande administration qui dédaigne ou ne peut s'occuper de nombreuses *petites insignifiances;* qu'en définitive, ces petites insignifiances ne laissent pas que de mériter grande considération et de conduire à chiffres notables de rendement.

Qu'on me pardonne si je suis hors du vrai, si je me fais illusion ; mes pensées et mes intentions émanent du plus consciencieux bon vouloir !

CHAPITRE XLIX.

DU SOL CRAYEUX. — DES MARAIS.

SOMMAIRE.

Caractères du sol crayeux. — Ses vices. — Ses produits il y a vingt ans.— Champagne pouilleuse. — Heureuse idée des Champenois. — Boisements divers en Champagne. — Effets du boisement. — Cultures naturelles sur beaucoup de points de la Champagne. — Cinquante hectares de terre en Champagne pouilleuse. — Des bestiaux, des engrais, et par suite tout ce qu'on veut. — Marais improductifs et malsains mis en culture productive.

Le sol crayeux est le plus ingrat, le plus difficile à soumettre à un amendement capable de l'améliorer quelque peu ; en automne, le ciel se fondrait tout en eau, qu'il absorberait tout ; en hiver, par le dégel, ce n'est qu'un mortier époisseux, qu'une boue maudite qui, au retour de la sécheresse, tout à coup se convertit en une croûte épaisse, dure, compacte et impénétrable à l'air, si ce n'est par les crevasses nombreuses dont elle est fendillée. La craie demande plus de fumier qu'aucune autre terre, et par sa nature elle a la malheureuse propriété de ne savoir en conserver les moindres sucs. Un peu de seigle, un peu d'avoine, de pauvres sainfoins, des sarrasins chétifs, telles sont les seules récoltes qu'on est réduit à en espérer, à moins d'amendement encore possible pourtant. Si ce n'est en de certaines années à hiver doux, à printemps légèrement humide et quand le commencement de l'été n'est point par trop sec et brûlant, le blé généralement n'y offre que des épis avortés sur des tiges grêles et clair semées. Telle est pourtant la presque totalité du territoire de la haute Champagne; mais, grâce au génie industrieux de ses habitants, *quoi qu'on en dise*, cette contrée finira bientôt par perdre son nom de *Champagne pouilleuse*, à force de cultures améliorantes et d'intelligentes pratiques.

Beaucoup de propriétaires, il y a des années, rebutés par l'opiniâtre infécondité d'un pareil sol, non moins que honteux d'aussi misérables possessions, avaient abandonné une grande partie de leurs terres plus coûteuses que productives. Enfin, vint aux Champenois l'idée de couvrir de diverses essences de bois leurs déserts crayeux. et bien leur en prit : le saule marsault, le saule gris ou vardre, le bouleau et surtout différentes espèces de pins, couvrent aujourd'hui d'une certaine richesse de végétation une immense partie des landes vastes et arides où jadis de grands courlis maigres et quelques lièvres étiques jeûnaient l'été et souvent mouraient de faim l'hiver. La portion réservée à la culture proprement dite se trouvant ainsi notablement restreinte, les cultivateurs peuvent s'occuper plus grandement de l'amender. De forts et abondants terrassements à la terre franche, à l'argile, à la terre d'alluvion, à la vase, à la boue de ville, des terreaux de marais, de bonnes fumures bien substantielles, des assolements tendant à les maintenir en équilibre de sécheresse et d'humidité, la culture du trèfle d'hiver, du sainfoin, de la luzerne et surtout du trèfle blanc, qui a l'heureuse propriété d'enrichir et de corser la terre, tels sont les principaux moyens d'amendement que l'intelligent et infatigablement laborieux habitant de la Champagne commence à employer avec autant de zèle que de succès.

Soit cinquante hectares de craie, possédés par *une fa-*

mille industrieuse et voulante : convertir en bois les quinze ou vingt plus maigres, ensemencer en trèfle blanc, en minette, en sainfoin, en pastel, en ray gras, en pimprenelle, en chicorée sauvage, voire même en pissenlit une seconde portion plus ou moins considérable du maigre domaine : les travaux et les soins, restreints déjà de plus de moitié, pourront être reportés sur la partie de réserve ; ensemencer cette dernière après aussi copieuse fumure que possible, moitié en plantes d'automne avec les fumiers d'été, moitié en végétaux printaniers avec les fumiers d'hiver, tel est le système aujourd'hui suivi par certains propriétaires champenois bien avisés.

Dans la portion boisée, les divers détritus ligneux, en se décomposant, les herbes dont l'ombrage du bois favorise la végétation, en se convertissant en terreau, la couche superficielle de craie elle-même, en se délitant et se mélangeant à l'humus de récente formation, enfin tout contribuant pour sa petite part à produire une certaine épaisseur de terre végétale, après assez de temps, ces espaces rendus à la culture et soumis à un assolement raisonné, pourront devenir à leur tour des plaines un jour convenablement fertiles, que des plantations plus nombreuses et de mieux en mieux venantes, ainsi que des habitations et des villages plus rapprochés, contribueront de leur côté à rendre plus productives encore. Les maisons et les arbres, en faisant stagner l'air, les hommes et les animaux en exhalant de l'acide carbonique et divers principes azotés, contribuent d'une manière notable à l'amélioration du sol et à la végétation de toutes espèces de plantes. Si je voulais rendre un désert fertile, disait je ne sais plus quel savant, je commencerais par y planter *des maisons et des arbres.*

Avec la portion consacrée aux herbes de pâture et aux plantes fourragères qui l'améliorent déjà très-considérablement par leur simple végétation à la surface du sol, d'une part on peut entretenir pendant l'été plus ou moins de bétail, source du meilleur de tous les amendements; en outre, la quantité plus ou moins considérable de fourrage fournie par le sainfoin et autres végétaux heureusement parvenus, met le cultivateur à même d'augmenter la quantité de ses bestiaux d'hiver, partant de ses engrais pour la saison suivante, et lui ouvre la facilité d'agrandir petit à petit le cercle de ses opérations diverses.

Dessécher les terrains marécageux en y établissant des ruisseaux d'égouttement et disposant ces derniers de manière qu'au besoin, dans les grandes sécheresses, ils puissent également servir à l'arrosement, écobuer les tourbes, les terrasser, donner à ces sols nouveaux du fumier gras et plus ou moins consommé, suivant leur exigence, tel est également le moyen de convertir en plaines fertiles et de facile culture des marais dont la laîche, les prêles et les émanations putrides et malsaines jusqu'alors ont été les principaux produits.

J'ai vu sur de semblables terrains ainsi traités, des colzas, des pois, des betteraves champêtres, des navets, des féveroles, des avoines, des orges, des haricots et même des blés d'une végétation luxuriante pendant plusieurs années, et presque sans fumier.

CHAPITRE L.

DU SOUS-SOL ET DE SON INFLUENCE.

SOMMAIRE.

Le sous-sol. — Importance de l'étude du sous-sol. — Travail du sous-sol. — Charrue fouilleuse. — Charrue fouilleuse pour les petits cultivateurs. — Bons effets de la charrue fouilleuse. — Progrès avec prudence.

La couche sur laquelle repose immédiatement la terre végétale, tantôt est composée des mêmes éléments que cette dernière, sauf pourtant qu'elle ne contient pas ou moins d'humus et surtout qu'elle n'est point saturée d'air atmosphérique, tantôt elle est de nature différente : c'est à cette couche qu'on donne le nom de sous-sol.

Quand une terre a pour sous-sol une pierre d'une seule nappe, et quand cette terre n'est que de médiocre épaisseur, la culture en est peu avantageuse. Si au contraire la couche végétale a certaine profondeur, si la couche calcaire qui la supporte est morcelée et offre des interstices, l'exploitation en sera plus riche et pourra même être variée ; c'est ainsi qu'il sera possible d'y planter des bois si elle est par trop à pic, d'y édifier des vignes si elle a une certaine inclinaison, d'y ensemencer des sainfoins, des luzernes, voire même des céréales, si elle se rapproche suffisamment de l'horizontalité pour en permettre l'accès à la charrue.

Quand la terre végétale est argileuse et qu'elle gît sur des pierrailles, des cailloux ou du sable, en la défonçant de manière à amener à la superficie une épaisseur plus ou moins considérable de sous-sol, momentanément, à la vérité, on amoindrit sa fertilité déjà chétive ; semblable phénomène aurait lieu dans une terre sablonneuse assise sur argile, si on la soumettait à pareille opération, le sol amené à la superficie ne contenant point d'humus ni d'air atmosphérique ; mais après la première et surtout la deuxième année, on est grandement indemnisé de sa peine et de ses sacrifices.

A ma connaissance, un fermier sortant, pour jouer pièce à son propriétaire et à son successeur, avait défoncé aussi avant qu'il avait pu toutes les terres qu'il devait quitter; le remplaçant, aussi judicieux que son prédécesseur avait été mal intentionné, à force de labours plus superficiels et de fumiers peu faits, dès sa première année, a obtenu d'aussi belles récoltes que tous ses voisins s'attendaient à lui en voir de mauvaises.

Dans les terres argileuses pures et dans celles reposant

sur rocailles, aussi bien que dans toutes espèces de terres, depuis quelques années, on emploie avec grand avantage un soc particulier, connu sous le nom de charrue fouilleuse. Cette charrue spéciale passe derrière la charrue ordinaire, et, suivant le même sillon, elle pénètre dans le sous-sol, qu'elle ameublit sans le déplacer; mais quatre ou cinq forts chevaux ne sont que juste suffisants pour mettre en action cet instrument d'ailleurs fort cher.

Pour remplacer une pareille machine qui, par son haut prix et par le nombre de bêtes qu'elle exige, est hors de la portée des petits cultivateurs, ne pourrait-on point annexer à la charrue ordinaire un système composé de deux ou plusieurs coutres et d'un égal nombre de petits socs particuliers dont à volonté, au moyen d'un levier, on commanderait la profondeur d'action, de manière à défoncer le sous-sol par gradations, durant plusieurs labours successifs? Sans plus de chevaux, avec seulement un huitième de temps de plus et sans plus de bras, en l'attaquant d'abord par six centimètres au premier labour, puis par trois à chaque labour ultérieur, je suis parvenu ainsi, tout en labourant leur superficie végétale, à défoncer à grande profondeur différents sous-sols, et j'ai obtenu des résultats aussi manifestement bons qu'avec la grosse charrue fouilleuse proprement dite.

Si la charrue fouilleuse augmente les frais du labour d'ensemencement dont elle est un admirable complément, d'un autre côté, elle tierce et même plus le rendement des récoltes, quelle qu'en soit la nature : 1° elle favorise le développement et l'extension des racines; 2° elle ouvre des voies d'élimination à l'excès d'eau qui noyait la couche arable et la met en réserve pour les moments de grandes sécheresses; 3° elle livre aux plantes les sucs infiltrés en pure perte dans les sous-sols compactes; 4° enfin, elle donne aux tiges une solidité incontestable. Pourtant, quelle que soit la justesse de cette théorie, comme de toutes celles ayant trait aux diverses opérations agricoles, le cultivateur doit se donner bien de garde d'adopter inconsidérément tel ou tel système, et surtout d'y soumettre tout à coup son exploitation tout entière.

Progrès avec prudence, pratique avec science.

Si la culture des terres a des principes généraux qu'il importe de connaître, il est des règles spéciales à chaque localité qu'il n'importe pas moins de bien saisir, de bien étudier et de ne point enfreindre. Ce n'est donc *qu'après avoir essayé et à plusieurs reprises et sur une petite échelle* que l'on doit se livrer, *et encore avec certaine circonspection*, à des opérations tout à fait en grand. Que de savants sans vraie science pratique ont ainsi subi de grandes pertes, éprouvé de désespérants mécomptes et ont scandalisé de braves gens qui de longtemps désormais n'oseront essayer même les meilleures méthodes, ni ajouter foi à la durée des résultats les plus heureux, les plus constants, les plus explicables, et dont ils sont quotidiennement témoins.

CHAPITRE LI.

ROLES OU FONCTIONS DU SOL. — SES QUALITÉS.

SOMMAIRE.

Le sol remplit sept rôles principaux dans la végétation. — La terre végétale doit avoir cinq qualités principales. — Signes indiquant un bon sol. — Conduite du cultivateur qui arrive dans un canton qu'il ne connaît pas.

Le sol, ou autrement dit, la terre végétale sert : 1° à entretenir autour de la graine l'humidité, l'air et la chaleur nécessaires au développement du germe qu'elle contient; 2° à donner à la plante la solidité dont elle a besoin pour se maintenir, en quelque sorte elle en scelle les racines ; 3° à tenir en réserve et à lui distribuer les sucs destinés à sa végétation au fur et à mesure de ses besoins ; 4° à conserver en dépôt une certaine dose de chaleur solaire et à garantir par là les plantes de l'impression trop vive de la fraîcheur des nuits en été et du froid en hiver ; 5° la terre, en outre, entretient une certaine excitation électrique nécessaire aux végétaux ; 6° par sa propre substance, ou mieux par certains de ses éléments, elle contribue à leur développement, à leur formation ; 7° enfin, par la chaleur, l'air et l'humidité dont elle est continuellement pourvue, s'effectuent la fermentation des diverses substances assimilables qu'elle renferme dans son sein et leur transformation graduelle en matériaux propres à être absorbés par les racines.

Pour être véritablement et à juste titre réputée bonne au point de vue agricole, une terre doit réunir cinq qualités indispensables : 1° elle doit être suffisamment meuble, afin que l'air atmosphérique puisse pénétrer jusqu'à la racine des plantes et que le pied et le corps de ces dernières puissent s'y développer librement et amplement ; néanmoins, elle devra conserver une certaine consistance suffisante pour que les végétaux y adhèrent solidement et se tiennent debout à sa surface ; 2° un bon sol doit être perméable à l'eau et à l'air et conserver continuellement une certaine dose d'humidité, sa surface ne doit jamais être croûteuse ; 3° une bonne terre ne laisse évaporer ni ses sucs, ni le gaz qu'elle contient, mais bien elle les tient en réserve et ne les livre qu'au fur et à mesure des besoins des plantes ; 4° une quatrième qualité, c'est d'absorber suffisamment de rayons solaires et d'entretenir autour des racines une chaleur humide indispensable à une bonne et franche végétation ; 5° une dernière qualité enfin, c'est que le sous-sol soit perméable également à l'eau et accessible aux racines, avantage aussi manifeste qu'incontestable donné par la charrue fouilleuse : exemple, les betteraves de quatre à huit kilogrammes et celles d'un poids trois ou quatre fois moindre, obtenues comparativement sur des terres à sous-sol ameubli et à sous-sol non fouillé.

On reconnaît qu'une terre est plus ou moins bonne, à l'aspect et à la végétation plus ou moins franche des plantes qui la recouvrent, ainsi qu'à la nature de ces mêmes plantes; la prêle, la surette dans le sol argileux, indiquent épuisement, besoin d'amendement; dans les terres légères et les sables, le coquelicot, le liseron, le chiendent dénotent appauvrissement, disette d'engrais, pauvreté de fond, épuisement. L'aspect, la couleur de la terre, son pétrissage entre les doigts, en un mot tout, les herbes, les arbres qui la couvrent, considérés comparativement sur les bonnes et les mauvaises terres connues et sur celles inconnues, on doit tout invoquer pour apprécier un sol que l'on a désir ou intérêt de connaître. Règle générale, quand sur une terre herbes et arbres sont rabougris, il y a misère fondamentale; si les herbes sont chétives et les arbres d'une certaine venue, le sol est encore susceptible d'amélioration, le sous-sol n'est pas sans une certaine fécondité qu'il est possible de mettre à contribution.

Quand un cultivateur arrive dans une exploitation qu'il ne connaît point parfaitement ou dont il n'a aucune habitude, malgré les reproches vraisemblablement graves qu'il croit pouvoir adresser à l'ignorance de ses nouveaux voisins et à ses devanciers, il fera bien de n'innover sur eux qu'avec la plus grande circonspection : telle pratique mauvaise, absurde, ou en apparence routinière en Champagne, peut avoir certain mérite en Brie, peut avoir sa raison d'être en Beauce :

Pratique avec prudence!

L'agriculture est une science de localité, rien n'y est

mathématique ; on y gagne autant à observer d'abord les autres que souvent on s'expose à perdre en innovant brusquement sur eux. Il est vraiment fâcheux que les fils de cultivateurs, comme autrefois les fils de maréchaux, de menuisiers et autres artisans, ne fassent pas aussi leur tour de France. Certainement ici, je n'ai nulle prétention de jeter la moindre défaveur sur les écoles d'agriculture ; seulement j'émets la conviction intime qu'avec un peu d'instruction préalable et le goût du métier, un jeune homme qui se destine à l'agriculture, en voyageant de bonne ferme en bonne ferme, pendant deux ou trois ans, à titre de *serviteur-élève*, infailliblement ferait un excellent praticien aussi et sans frais pour sa famille.

D'un autre côté, dans chaque village, les instituteurs, *d'abord un peu plus indépendants* et plus largement rétribués, devraient avoir à cultiver un ou deux hectares de terre à leurs frais et profit, en même temps que pour l'instruction de leurs élèves qui ainsi se trouveraient formés à la pratique en même temps qu'initiés à la théorie. Par là, ces hommes de première utilité déploieraient plus de zèle, ensuite, leurs écoliers, intéressés par une matière d'enseignement plus familière et plus utile que l'esprit et le texte de la plupart des livres mystiques et abstraits qu'on leur met exclusivement dans les mains, ne tarderaient point à faire de manifestes progrès, à aimer leur noble profession que jusqu'ici le plus grand nombre des laboureurs méprisent d'autant qu'ils n'en connaissent point le mérite ni les ressources.

Quelle commune ne possède un coin de landes, de coutume, de marais perdu, de vaine pâture, possiblement améliorable par un petit surcroît momentané de prestations, et que l'on pourrait affecter à un usage aussi utile?

CHAPITRE LII.

DES LABOURS.

SOMMAIRE.

Buts des labours. — Labour des terres argileuses. — On peut et même il est bon de remplacer par des hersages plusieurs labours de terres légères. — Les labours doivent être différents suivant les différentes terres, les différentes saisons et les diverses semences. — Les plantes sarclées, tout en économisant les labours, produisent des bénéfices. — Des jachères. — Jachères décennales. — Labour des chaumes de céréales avant la fin de l'automne, avantage de cette pratique.

Ameublir la terre dans le but de la rendre perméable à l'air, à la chaleur et à l'humidité, détruire les insectes qui pullulent dans la couche végétale et les mauvaises herbes qui salissent sa surface, mélanger uniformément les matières d'amendement et les engrais avec le sol proprement dit, tel est le but multiple des labours.

On doit choisir un temps sec pour mettre la charrue dans les champs argileux, auxquels, d'un autre côté, des labours répétés ne peuvent que bien faire; les sables, les terres légères exigent beaucoup moins de façons; en tournant et retournant fréquemment ces dernières, surtout par le sec, on en fait évaporer toute la sève et tous les sucs. Quant aux pièces suffisamment meubles dont la superficie se recouvre de mauvaises plantes n'ayant que de faibles racines, un bon hersage sous tous rapports est préférable à un labour; l'opération d'abord est plus expéditive et moins coûteuse, ensuite la terre n'éprouve aucune altération, aucune dessiccation, aucune déperdition, et les herbes nuisibles sont tout aussi bien détruites; en dernier lieu, elle n'est point mise inutilement en action.

Les labours doivent être différents suivant les différentes

espèces de sol et suivant les diverses saisons et même les divers états actuels de la terre : ainsi les argiles doivent être labourées tout autrement que les sables; les labours d'été, les labours d'ensemencement et surtout ceux du commencement de l'hiver doivent également être opérés d'une façon différente. En argiles, en terres franches fortes, on peut aller plus avant; les fonds légers, les sables devront être pris bien plus superficiellement. La terre que l'on veut soumettre à l'action de la gelée durant l'hiver, doit être ouvragée de telle sorte, que chaque raie ait l'aspect d'un billon isolé et saillant; c'est principalement aux glaises que ce mode convient. On ne saurait indiquer et encore moins prescrire le nombre des labours; la nature de la terre, son état, les récoltes qu'elle vient de produire, celles qu'on se propose d'en exiger de nouveau, la saison plus ou moins humide ou sèche, la végétation active, médiocre ou nulle des mauvaises, herbes, tels sont les vrais conseils à écouter; en un mot, c'est à la sagacité du cultivateur, à son esprit d'observation, à l'habitude qu'il a de son sol à décider, et du nombre et des façons à lui donner et de la diverse manière de le travailler.

La culture du colza, qui par parenthèse tend peut-être à prendre des proportions un peu trop considérables, la culture des betteraves, des carottes, des navets, etc., etc., qui, semés à la volée ou en rayons sont venus faire oublier le système suranné des *jachères périodiques* et épargner des labours coûteux, toutes ces diverses cultures, en détruisant les mauvaises plantes et en produisant des quantités considérables de provisions de haute qualité, maintiennent la terre en état d'ameublissement et de propreté encore plus accomplie. Que si on reproche aux racines d'épuiser un peu le sol, d'un autre côté, que l'on considère l'immense quantité d'engrais supérieurs qu'elles mettent le cultivateur à même de lui rendre par l'entretien d'un tout plus nombreux bétail !

Cependant un fermier, aussi modeste que capable cultivateur, me disait, relativement aux jachères : « Assuré-« ment je n'en suis point partisan aveugle ; néanmoins, « malgré les assolements les mieux combinés et la richesse « innée de mes terres, si tous les dix ou douze ans je ne les « laissais reposer, je finirais par les voir se dédire. » Tous les ans, ce brave homme laisse un dixième de son exploitation en guéret et s'en trouve bien.

La destruction des plantes parasites ou mauvaises étant l'un des principaux buts des labours, il importe donc d'utiliser jusqu'à la quintessence cette opération pénible et coûteuse. Depuis des années, des agronomes intelligents ont observé que le labour immédiat et profond des champs nouvellement dépouillés donnait un énorme inconvénient : les graines des herbes plus ou moins nuisibles, soit qu'elles adhèrent encore à la tige qui les a nourries, ou bien qu'elles aient tombé sur le sol pendant ou après la récolte, se trouvent ainsi enfouies à profondeur par un plein labour de rompement des chaumes ; à l'abri des oiseaux et des insectes comme aussi des injures du temps, tout l'hiver elles demeurent intactes et en parfaite condition sous les couches protectrices du sol renversé ; arrive le printemps, soit qu'on veuille ensemencer la terre, ou simplement la remuer, le soc en ramenant à la surface les graines parfaitement conservées durant la saison rigoureuse, les met dans les meilleures conditions de végétation.

Sitôt donc que les bestiaux divers ont mangé la principale herbe et glané les épis et les grains tombés à la surface du sol, donner à la terre un vigoureux hersage à la herse de fer chargée ou à l'extirpateur, immédiatement y passer le rouleau, bientôt, si la terre est un peu fraîche et, mieux encore, s'il survient de la pluie ou de fortes rosées, toutes les grenailles entrent en végétation manifeste ; alors, autant le hersage a été favorable à leur germination, autant un bon labour infailliblement va détruire toutes les mauvaises plantes en herbe naissante qui ainsi se trouvent enfouies et anéanties à tout jamais.

CHAPITRE LIII.

DES ASSOLEMENTS.

SOMMAIRE.

Art des assolements. — Loi d'alternance. — Base de la loi d'alternance. — Des jachères. — On peut avec avantage utiliser les jachères par la culture de plantes fourragères.

Un sol, a dit Chaptal, finirait plus ou moins promptement par ne plus donner que des produits inférieurs et même par cesser tout à fait de produire, si chaque année on lui confiait les mêmes semences ou des semences de nature analogue. Pour avoir des succès constants, il faut varier les genres de végétaux, et les faire se suivre avec intelligence. Cet art de varier les récoltes sur un même terrain, de les faire se succéder l'une à l'autre, constitue l'art des assolements. On l'a défini : « L'art de faire alterner les « cultures sur une même terre pour en tirer constamment « les plus grands produits et aux moindres frais pos- « sibles. »

La loi d'alternance est basée sur des principes que généralement on ne saurait enfreindre longtemps et impunément : 1° on ne doit point cultiver continuellement les mêmes plantes, ni des plantes à instincts pareils sur un même sol, non plus que les y faire reparaître trop souvent. Certains nourrisseurs, connaissant bien les ressources de leurs herbages, commencent par mettre sur une superficie donnée d'abord des bœufs d'engrais, ensuite des vaches à profit ou des bêtes destinées à être vendues, puis des chevaux, et enfin des moutons; les uns et les autres de ces animaux successivement dépensent à bénéfice chacun les herbes qui leur conviennent ou qu'ont dédaigné les bestiaux qui les ont précédés. Or, il en est des divers végétaux, par rapport aux terrains de culture, ce qu'il en est des divers animaux par rapport aux herbages. Il importe donc que le cultivateur étudie et sache les goûts et les dépenses de ses plantes diverses, comme de son côté l'herbageur connaît les goûts de ses diverses bêtes qu'il sait amener chacune à leur tour sur telle ou telle partie d'herbe; 2° pour que les couches superficielles et les couches profondes soient chacune à leur tour mises à contribution, faire succéder aux plantes à racines pivotantes celles dont les racines plus fibreuses ne tracent que dans la superficie de la terre végétale; exemple: les betteraves, les pommes de terre, les carottes, dans le premier cas; le trèfle, la minette dans le second; 3° après les céréales qui mûrissent complétement sur le sol, exclusivement à ses dépens et par conséquent l'épuisent, faire arriver les plantes fourragères qui, outre qu'elles vivent aux dépens de l'air autant au moins qu'aux dépens de la terre, de plus laissent au sein et à la surface du champ des matériaux d'engrais; ainsi, d'une part, le blé, l'orge, l'avoine, le seigle et le colza, qui usent considérablement le sol et ne lui rendent rien; ainsi, d'autre part, le trèfle, la luzerne, le sainfoin, qui laissent des feuilles, un collet, des racines, sources d'humus et d'éléments restaurants; ces plantes, d'un autre côté, garantissent la terre des ardeurs du soleil et conjurent l'évaporation de sa séve; 4° on ne doit point faire succéder l'une à l'autre des plantes qui salissent également le sol; 5° on ne confiera à la terre que des semences de l'heureuse végétation desquelles on est certain, une bonne avoine vaut mieux qu'un seigle chétif ou qu'un blé misérable; une terre qui donne une récolte manquée est comme une vache ou une jument ou toute autre femelle qui amène un avorton ; les unes comme les autres se ressentent longtemps de leur fécondité malheureuse et ont une peine infinie à se remettre, tandis qu'elles ne paraissent presque nullement fatiguées quand elles ont donné une bonne production.

Pour les assolements, pas plus que pour les labours, on ne saurait indiquer de règle absolue; c'est au cultivateur à bien étudier son exploitation, ainsi que les diverses plantes qu'il veut successivement obtenir de ses terres.

Quel que soit le système d'assolements adopté, celui avec jachères périodiques et rapprochées ne saurait être admis désormais par aucun cultivateur ami du progrès et de ses intérêts, quelle que soit la nature de son sol. « Les terres se fatiguent, il faut qu'elles se reposent, disent les routiniers qui, *tous les ans*, *plusieurs fois*, *fument*, *bêchent et plusieurs fois ensemencent leur jardin*, *toujours également fertile*.

A l'époque où la culture des céréales était exclusive, où l'on ne pouvait par conséquent entretenir que fort peu de bétail et où pourtant on n'avait à disposer que d'une très-faible quantité d'engrais, le système des jachères était indispensable, mais aujourd'hui qu'on a su établir avec autant d'art que d'avantage la culture des racines et des prairies artificielles, les terres sont en quelque sorte devenues d'autant plus aptes à produire, qu'elles sortent de produire plus. Avec tous les fourrages divers autant qu'abondants, d'une part le travail des animaux est amoindri, d'autre part leur nombre et leur développement est plus que triplé, ainsi que la somme d'engrais nécessaire. Le grand secret ici consiste à bien observer, à fumer et à amender avec réflexion et principe, en un mot à rendre à la terre les éléments dont on la sait plus ou moins épuisée par ses produits antérieurs.

Dans les départements à sol pauvre et dont l'immense étendue territoriale agricole est en disproportion avec la population peu nombreuse, au lieu de laisser pendant longues années de vastes plaines en friches nues, assurément il y aurait avantage positif à restreindre la culture aux terres d'élite, à assoler ces dernières avec sagesse et à convertir tout le reste en prairies artificielles appropriées : ou bien ces prairies à dépouille plus ou moins abondante donneraient des provisions d'hiver, ou bien, en cas de végétation inférieure, tout au moins elles fourniraient d'excellents pâturages durant l'été et l'automne, en même temps qu'elles s'amélioreraient sensiblement; de plus, petit à petit et au fur et à mesure qu'on pourrait leur fournir de l'engrais, elles finiraient par se prêter avec avantage à la culture des céréales diverses ou de quelques autres bonnes plantes productives. Si les baux sont devenus aussi élevés, si les fermiers ont acquis autant d'aisance, si leurs bestiaux se sont accrus en beauté et en nombre, assurément c'est à la diminution des jachères mortes, à la culture des plantes fourragères, des racines, et aux bons assolements qu'il faut l'attribuer.

CHAPITRE LIV.

LES FUMIERS.

LEUR PRÉPARATION, LEUR MODE D'ACTION.

SOMMAIRE.

Des engrais. — Des fumiers. — Rôles de la paille dans les fumiers. — Les mauvais foins, les herbes, les feuilles sont préférables à la paille pour faire du bon fumier. — La paille tient les animaux plus propres et renferme plus de silice que les autres litières. — Administration vicieuse des fumiers en général. — Principes généraux d'administration des fumiers. — Administration des fumiers suivant la nature des divers sols. — Des fumières ou fosses à fumier. — Parcage des fumiers. — Ombragement des fumiers. — Plâtrage, marnage des fumiers, leur transport, épandage et enfouissage immédiats. — Des cultivateurs pourvus d'abondantes litières ne vident leurs étables que tous les quinze ou vingt jours, et sous tous rapports s'en trouvent bien. — Quelques idées touchant les engrais artificiels. — Il est préférable de saler les fumiers par les bestiaux plutôt que directement. — Mode d'action des fumiers et des engrais. — Nécessité indispensable de l'eau pour les plantes. — Divers modes d'action de l'eau.

1° On donne le nom d'engrais aux diverses substances, soit végétales, soit animales, seules ou associées, dans leur état naturel, ou plus ou moins décomposées par la fermentation, et que l'on enfouit dans la couche de terre arable pour en augmenter la fécondité. Ainsi le guano d'Amérique, ainsi les divers engrais du commerce, les déchets des drapiers, voire même différentes plantes semées à dessein, et que l'on enterre avant leur floraison. La vase des mares, des étangs, après avoir subi une certaine élaboration sous l'influence du soleil et de l'air, est encore un précieux engrais pour les terres légères. Les divers composts doivent également être rangés dans la classe des engrais, ainsi que la matière fécale sous ses diverses formes de préparation; de même les tourteaux de graines oléagineuses, etc., etc.

On réserve plus spécialement la dénomination de fumiers aux excréments tant solides que liquides dont sont saturées les litières des divers animaux domestiques en stabulation, et que l'on extrait de leurs habitacles, après un séjour plus ou moins prolongé. La paille des différentes céréales dont on se sert le plus généralement pour le coucher des bestiaux, par elle-même déjà est assez riche en certaines matières assimilables. En second lieu, elle concentre et absorbe les urines et autres éléments liquides nécessaires à la bonne fermentation du fumier et chargés de sels précieux à la végétation. Les mauvaises herbes, les foins gâtés, toutes les espèces de feuilles, celles de chêne exceptées, toutes les plantes herbacées, coupées surtout avant leur maturité complète, sont infiniment préférables à la paille pour faire du fumier. L'avantage principal de la paille des céréales employée en litière, c'est que la silice qu'elle contient en quantité supérieure met à la portée de la nouvelle céréale ensemencée une plus grande dose toute prête de cet élément qui entre notablement dans la constitution de sa tige et de son grain.

Villeroy a dit : « C'est une vérité reconnue en agricul-
« ture, que les récoltes sont toujours en rapport direct avec
« les engrais que le cultivateur est à même d'employer.
« Ce n'est pas la plus grande superficie cultivée qui donne
« le plus grand bénéfice, mais le terrain le mieux cultivé
« en même temps que le mieux fumé.

« De tous les engrais, il n'en est point qui égale le fu-
« mier d'étable en valeur et en importance, et qui con-
« vienne le mieux à toutes les expositions, à tous les ter-
« rains, à toutes les plantes et à tous les systèmes de
« culture. Plus la nourriture donnée aux bêtes est substan-
« tielle, plus ces dernières sont en heureuse condition, plus
« leur fumier est riche en principe fertilisant. »

Donnez-moi un levier et un point d'appui, a dit un savant, et je remuerai le monde. Donnez-moi du fumier et de la mauvaise terre, pourrait dire un véritable agronome, et je vous produirai de belles récoltes. Chez M. Dupreuil, à Pouy, en Champagne, j'ai vu des blés superbes où dix ans auparavant de chétives herbes sauvages ne couvraient qu'incomplétement l'aride nudité du sol. — Aux bestiaux et au fumier seuls est attribuable ici la fécondité miraculeuse obtenue.

2° L'art de préparer les fumiers est, dans une bonne culture, d'une importance aussi grande que généralement elle semble ignorée : ici l'égout des étables va se perdre dans la rue qu'il salit; là il se rend dans l'abreuvoir du bétail dont il corrompt la boisson; ailleurs il prend son cours vers un boitout que le plus souvent lui offre le hasard ou un accident de terrain, et où va s'absorber en pure perte l'essence du fumier ; heureux encore quand ce cloaque infect ne se trouve point sous les jours par où se renouvelle l'air des étables qu'il vicie par ses émanations méphitiques ; enfin, presque partout les fumiers amoncelés négligemment devant les écuries et vacheries sont ou brûlés par l'ardeur du soleil en été, ou épuisés par une fermentation excessive, ou bien en automne et durant l'hiver, ils sont lessivés par un déluge d'eau surabondante, qui se perd de toutes parts et entraîne avec elle les meilleurs éléments des fumiers qu'elle a dissous en bonne partie et en pure perte.

Concentrer en une ou plusieurs places bien circonscrites et bien disposées les vidanges des écuries, étables ou bergeries, n'en rien laisser fuir, en conduire la fermentation à volonté, savoir reconnaître le moment de l'arrêter, en fixer les sels volatils, telle est la règle générale de l'art de faire le fumier.

Suivant la nature des terres, suivant les diverses espèces de plantes que le cultivateur a cru devoir adopter, il doit encore modifier son système. A-t-il des terres sableuses, il devra rendre ses fumiers presque boueux ou tout au moins gras et très-consistants ; en vidant ses étables, il mettra de côté les portions de litières trop incomplétement consommées, il les réétendra par-dessous la litière nouvelle, il ne transportera ses engrais qu'après les avoir bien laissés se décomposer, tout en en concentrant avec soin les émanations diverses. Sa terre, au contraire, est-elle forte, argileuse, glaiseuse, il les laissera moins fermenter, il n'attendra point que les fibres de paille soient entièrement pourries ; s'il le peut, il associera à ses litières de grosses herbes, des laîches, des bruyères, des fougères ou toutes autres plantes rameuses qu'il sera à même de se procurer ; il réservera le fumier de ses vacheries pour ses sables, s'il en a dans son exploitation, celui de ses bergeries et de ses écuries pour les terres lourdes et compactes; les premiers, étant réduits en terreau gras, ont la propriété de donner de la consistance aux terres naturellement trop meubles; les autres, quand ils sont, presque immédiatement au sortir des étables, transportés sur les terres argileuses, incontestablement les ameublissent. Pourvu qu'ils ne soient ni trop ni trop peu pourris, tous les fumiers vont aux terres franches. Quand toute une exploitation est toute du même grain de terre, on devra mélanger les fumiers des divers bestiaux, les faire fermenter ensemble; enfin, on devra en former une masse homogène et les administrer suivant la nature du sol auquel ils sont destinés. Chevaux, vaches, moutons, porcs, volailles, quand toutes les bêtes d'une exploitation ont leur habitation contiguë, les fumiers n'en valent que mieux et n'éprouvent pas la moindre déperdition.

Que l'on dépose séparément le fumier des différents bestiaux ou qu'on le mélange, il est indispensable que le lieu destiné à le recevoir soit disposé de façon que rien ne s'y perde. La fumière ou fosse à fumier ne doit avoir ni trop ni trop peu de profondeur; elle doit être à une certaine distance des étables et avoir un contre-bas d'au moins soixante à soixante-dix centimètres au-dessous du niveau de ces dernières. Au moyen d'un conduit souterrain, soit en briques, soit en tuyaux à drainage, les urines doivent y arriver directement. Il importe de prendre garde que les eaux des toits ne viennent s'y rendre en trop grande abondance. Au moyen ou de gouttières ou de rigoles, il est facile de leur donner telle ou telle autre direction à volonté.

Mais de même que le fumier ne demande pas à être lavé à outrance, de même aussi, par manque d'eau, sa fermentation trop active serait fâcheuse; pour obvier à ce nouvel inconvénient, il importe d'y faire arriver à point désiré, soit d'une mare voisine, soit de tout autre lieu, la quantité d'eau nécessaire pour le rafraîchir, afin d'éviter que les couches inférieures ne soient trop lavées et consommées, et celles de la superficie brûlées par une chaleur et une sécheresse trop intenses. La fumière étant bien disposée et ayant un petit fossé de circonvallation ou de ceinture, au moyen de seaux, de pelles ou mieux encore d'une petite pompe à main aussi peu dispendieuse que facile à faire jouer, tous les deux jours au moins, quand il ne pleut pas, on doit arroser avec le purin qui en baigne le pied la superficie trop brûlante de la couche dont on modère ainsi les exhalaisons. Il est toujours préférable de s'y prendre le soir pour arroser les fumiers, plutôt que le matin ou durant la grande chaleur du jour : par là, on conjure la volatilisation de l'eau et des sels constituant le purin. Si l'exploitation est considérable, si la fumière est vaste, outre le réservoir circulaire destiné à recevoir ce liquide, on peut encore établir un puisard plus ou moins considérable à son centre et le munir d'une pompe en bois que l'on peut faire jouer en tous sens selon le besoin, au moyen d'un boyau mobile.

Sur mon conseil, un cultivateur de mes amis a établi ses lieux d'aisances disposés de telle façon que les matières fécales, mises en dissolution par une certaine quantité d'eau des toits, et, à défaut, par un tuyau de pompe, vinssent enrichir son purin. — « Votre idée, m'a-t-il souvent répété, me vaut plus que le fumier de trois vaches. »

Au moyen de deux ou trois kilogrammes de sulfate de fer en dissolution dans trois ou quatre seaux d'eau, il désinfecte sa fosse et conjure l'évaporation de l'ammoniaque et autres gaz fertilisants.

Les excréments d'un homme durant une année peuvent fumer parfaitement vingt à trente ares de terre.

Quand toute une grande exploitation n'a qu'un seul et même sol, et que l'on mêle tous les divers fumiers, c'est une bien excellente pratique, quand le temps trop pluvieux ou trop froid ne s'y oppose point, que de faire parquer les fumiers alternativement par le gros bétail que l'on attache à des perches solides ou à des prolonges, et par les moutons que l'on y tient également à place voulue en les enfermant entre des claies. De cette façon, avec de mauvaises herbes (sans graines toutefois), avec de la terrasse, du gazon, des feuilles, etc., puis de l'eau en quantité raisonnable et suffisamment de litière pour que les animaux y soient proprement, on arrive promptement à se procurer d'excellent fumier sans aucunement nuire à la santé du bétail qui même s'y trouve mieux et s'y plaît autant que dans les étables.

Des agronomes chimistes ont conseillé, pour éviter la trop excessive consomption des fumiers, de les déposer sous des hangars spéciaux, de les arroser et de les retourner de temps en temps; cette opération, que je ne me permets pas de contrôler et encore moins de blâmer, ne laisse pas que d'être coûteuse en frais de main-d'œuvre et autres. Ceindre la fumière d'une haie de troëne, de coudrier, de sureau ou de toute autre plante à végétation prompte et à branches rameuses, en augmenter l'action protectrice par quelques pieds de noyers, de pommiers, ormes ou maronniers ou hêtres qui conjurent les courants d'air et par en haut abritent de la trop grande ardeur du soleil, tel est un moyen plus simple, moins savant peut-être, mais qui, outre le mérite de remplir assez bien son but, en même temps est à la portée des plus petits comme des plus riches cultivateurs.

On a conseillé et on s'est bien trouvé de répandre sur l'ancien fumier, avant d'y déposer celui sortant des étables, une certaine quantité de plâtre en poudre. Les émanations stercorales, en se combinant à cet ingrédient, se convertissent en produits fixes, dont la terre ne manque pas de tirer parti au profit des plantes qu'on lui confie. Du sable, des terres de route, de la marne, selon que les terres sont légères ou consistantes, peuvent remplir l'effet du plâtre dans cette circonstance.

S'il importe de savoir bien disposer, bien traiter, en un mot bien administrer les fumiers au sortir de dessous les bestiaux, et de les préparer suivant la nature du sol et des plantes que l'on veut obtenir, il n'importe pas moins, sitôt qu'ils sont transportés dans les champs, de les répandre immédiatement et de les enfouir, surtout durant la sécheresse et les chaleurs, qui volatilisent, entraînent et soustraient à la terre une bonne partie des meilleurs principes qu'ils contiennent.

Hiver comme été, les écuries doivent être vidées tous les jours; les vacheries, au moins deux fois la semaine, et les bergeries, tous les vingt ou trente jours. Certains cultivateurs, dont les terres sont glaiseuses, laissent leurs vaches quinze et même vingt jours sur le même fumier; ils ne vident leurs bergeries que tous les deux ou trois mois; puis, transport, épandement, enfouissage, tout s'effectue immédiatement. Au moyen d'abondantes litières, souvent renouvelées, et d'amples aérations des habitacles, du reste convenablement élevés, le bétail ne souffre pas, et les terres se trouvent parfaitement de cette pratique.

Je sais quelques cultivateurs ingénieux et bien avisés qui non-seulement concentrent soigneusement leurs purins, mais qui en augmentent la quantité au moyen d'une certaine quantité d'eau étrangère et par là se mettent à même de ranimer la végétation de leurs récoltes, au printemps plus ou moins souffrantes ou faibles. *C'est un vrai bouillon substantiel pour mes blés malades*, me disait un jour un de mes clients auquel j'avais conseillé cette pratique.

Depuis des années, des engrais artificiels, plus merveilleux les uns, plus extraordinairement fertilisants les autres, ont été proposés aux cultivateurs : tout en m'abstenant de les vanter, non plus que de les blâmer en aucune sorte, je me contenterai de dire que les meilleurs ne valent pas, pour les terres, le médiocre fumier ordinaire de cour, tant à cause de leur vertu intrinsèque fertilisante assurément inférieure, que par leurs effets de durée infiniment moindre. Les vrais bons engrais artificiels, ceux enfin sans matière fraudée, à mon sens, peuvent être d'une efficacité notable pour toute espèce d'herbes, toute espèce de prairies ; mais par leur état pulvérulent et eu égard aussi à leur petit volume, ils ne sauraient ni lier, ni rendre consistantes les terres légères et bien moins encore ameublir les sols compactes. D'un autre côté, par leur facile et prompte décomposition, ils favorisent et activent trop la première végétation des céréales, et plus tard, quand la terre n'a pas déjà de grandes puissances par elle-même, ils les laissent manquer de matériaux d'assimilation, d'aliment enfin au moment où elles en ont le plus grand besoin. La plupart de ces engrais, en outre, manquent de silice, élément indispensable à la paille et au grain du blé, ainsi que des autres denrées de cet ordre.

Le pralinage que de certains cultivateurs, *plus savants que sachants*, c'est-à-dire plus rêveurs que réels praticiens, ont prôné depuis quelques temps, mérite une attention encore moins sérieuse ; de même les engrais liquides récemment vantés par je ne sais plus quel Anglais. Tous ces divers ingrédients ne favorisent également que la première végétation, tandis que les fumiers de cour, qui petit à petit se décomposent et ne livrent aux plantes leurs éléments assimilables que par gradation, les alimentent jusqu'à leur maturité complète.

On a conseillé aussi de répandre du sel sur les diverses couches de fumier : assurément le sel est excellent ; mais bien mieux vaut saler les fumiers indirectement par l'intermédiaire des bestiaux. Il est vraiment déplorable que le dégrèvement de cette denrée n'ait pu déterminer les cultivateurs à assaisonner avec une substance aussi salutaire tous les aliments de leurs divers bestiaux. On ne saurait s'imaginer combien trente à quarante grammes de sel par jour et par chaque tête de gros bétail contribuent à son bien-être, à son développement et à la qualité de tous ses produits; soixante grammes suffisent à dix moutons. Si, prenant l'initiative, le ministre de la guerre enjoignait aux officiers de cavalerie l'administration quotidienne de quarante ou cinquante grammes de sel par cheval d'armée, chaque cavalier, rentrant dans ses foyers, un jour deviendrait un apôtre convaincu et influent qui répandrait cette pratique mieux que toutes les exhortations des plus savants agronomes. Chez un cultivateur propriétaire de douze vaches, j'ai fait donner du sel à six de ses bêtes, que nous avons suivies comparativement pendant huit mois. L'avantage est si grand, a fini par m'avouer mon client d'abord un peu récalcitrant, que cette substance, *valût-elle un franc le kilogramme, je continuerais tout de même à en donner*. Quant au fumier de nos sujets d'expérience, les résultats n'ont pas été moins frappants. Dans une pièce de deux hectares environ, nous avons mis sur une partie ample fumure de fumier de vaches ne recevant point de sel et seulement deux tiers de fumure provenant des vaches usant de sel sur la seconde partie; à la récolte toutes les autres conditions d'ailleurs ayant été égales, nous avons eu un résultat infiniment supérieur sur la contre-part de notre champ d'étude. Le seul inconvénient à signaler, c'est qu'à la ville on taxait le lait d'être moins doux. Le lait des vaches qui font usage de sel est plus crémeux; mais par-dessus tout il donne un beurre fait à l'instant et d'une qualité comme d'une garde vraiment remarquables.

3° La terre réduite à sa pure essence minérale, je le répète, est impropre à la végétation. Dans le terreau minéral, s'il n'est plus ou moins mélangé de terreau animal, et surtout de terreau végétal, toute graine, comme toute plante, ne tardent pas à périr; la terre a donc indispensablement besoin de matières étrangères pour alimenter les plantes qu'on lui confie : or, les engrais divers et les fumiers ont pour but essentiel de fournir au sol les éléments qui lui sont nécessaires pour sa fécondité. D'un autre côté, de même que les fumiers gras, c'est-à-dire courts et très-consommés, donnent de la consistance aux sables trop perméables à l'air dont la dose ne doit point excéder certaine mesure pour le bien-être des plantes, de même aussi les fumiers longs et fibreux ameublissent les argiles dans lesquelles les graines pourriraient sans germer, si l'air n'y avait un certain accès, ainsi que la lumière et la chaleur atmosphérique.

Au fur et à mesure que les diverses parties constituantes du fumier sont réduites en sucs absorbables, au fur et à mesure elles se dissolvent dans l'eau que contient la terre; alors les racines des plantes se les approprient, les sucent, les boivent, en un mot s'en repaissent. Si dans les moments de grandes sécheresses les plantes languissent et même quelquefois finissent par mourir, c'est purement et tout simplement faute d'eau indispensable à la dissolution des sucs nourriciers fournis par les engrais qui alors ne peuvent ni se décomposer, ni être dissous, ni par conséquent être absorbés par les racines.

Non-seulement l'eau est nécessaire pour dissoudre les sucs alimentaires nécessaires aux plantes, mais encore elle dissout une certaine quantité d'air qui est également pompée par les racines et les vaisseaux des végétaux ; c'est pourquoi il importe autant d'ameublir les terres compactes pour que l'air les pénètre à certaine dose, et d'affermir les sables, de peur qu'en les pénétrant à dose excessive, il ne nuise aux récoltes dont il ne tarderait point à dessécher le chevelu en circulant trop librement autour; de plus, en volatilisant trop promptement l'eau dont les extrémités filamenteuses de ces racines ont besoin d'être continuellement entourées et que les globules terreux leur tiennent en réserve, l'air ferait jeûner et tomber en dépérissement les plantes diverses, et surtout les céréales, qui vivent plus par le pied que par la tige et par le feuillet.

CHAPITRE LV.

DES COMPOSTS.

SOMMAIRE.

Des composts.—Les composts doivent être différents suivant les différentes terres.—Formation des divers composts.—Sauf celles de chêne, toutes les feuilles sont excellentes dans toute espèce de composts.—Partout le cultivateur intelligent, industrieux et travailleur peut trouver des ressources précieuses.

Le mot compost veut dire *composé*, *composition;* on entend par là un mélange de diverses substances fermentescibles pouvant se transformer plus ou moins promptement, plus ou moins entièrement en éléments d'assimilation pour les plantes. On distingue autant de sortes de composts qu'il y a de sortes de terres : ainsi, veut-on former un compost pour une terre argileuse, on fait une première couche de menue broussaille, par-dessus on en jette une deuxième de sable de route, de gravats plâtreux ou matières de démolition, de craie ou bien de marne, suivant ceux de ces ingrédients qu'on est le plus à même de se procurer; en troisième lieu, on emploie les herbes nuisibles (sans graine), les mauvais foins, les pailles avariées ou pourries, puis du fumier plus ou moins chaud, puis du plâtre, de la chaux, du gazon, des matières fécales, de l'urine, du purin, puis encore de nouvelles couches alternatives de ces différents ingrédients que l'on amoncelle et dont on arrose chaque lit. La formation, au bout de plus ou moins de temps, suivant les substances et la température, entre en action. Quand on s'aperçoit que le tas commence à exhaler de la vapeur, on démonte et on transporte le compost sur la terre à laquelle on l'a destiné ; ce compost sert à la fois d'amendement et de fumier.

Les composts pour terres légères sont formés de matières d'un autre genre : la vase des mares, des étangs, le fumier de vache, les plantes vertes et très-aqueuses, telles que les berles, les cressons et les herbes qui croissent en longs rubans au fond des étangs et surtout des petites rivières, les fonds de fumières, les boues de villes, tels sont, avec une suffisante quantité d'eau et de purin, les éléments qu'on peut réunir et employer avec grand avantage. L'argile également n'y serait point hors de sa place. Que de plantes nuisibles on pourrait convertir en riches composts et qu'on abandonne en pure perte ! Ainsi le chiendent, les sauves, la patience, la nielle, les chardons, etc., etc., que l'on arrache et que l'on jette entre les sillons ou le long des chemins. Sauf celles du chêne, qui non-seulement ne sont bonnes à rien, mais même ne produisent qu'un terreau nuisible, les feuilles des arbres qui, à l'automne, font prématurément mourir l'herbe, salissent les prairies et nuisent à la végétation prochaine, toutes peuvent encore profitablement entrer dans un compost. Dans les composts destinés aux terres glaiseuses aussi bien que dans ceux préparés pour les sols légers, l'eau des usines à gaz se recommande à tous titres ; outre que cette matière est un engrais par excellence, elle a encore la propriété de détruire les vers, les fourmis et d'éloigner les taupes. Répandue sur les prés, elle en augmente énormément la végétation et conjure l'apparition des sauterelles. Sur la terre de culture, à la dose de deux ou trois mille litres par hectare, elle a donné, à ma connaissance, aussi bon résultat qu'une bonne fumure ordinaire en fumier de mouton. Les matières liquides qui encombrent les ateliers des vidangeurs seraient également un ingrédient bien précieux pour l'édification des composts.

Ainsi que la chaux, aussitôt que les composts sont répandus sur le sol, on doit se hâter de donner un labour à la terre qui les a reçus.

Il n'est si misérable localité, enfin, qui n'offre mille ressources au cultivateur industrieux, intelligent, voulant et travailleur.

CHAPITRE LVI.

LE PARCAGE.

SOMMAIRE.

Avantages du parcage. — Saison de parquer. — Quelles sont les bêtes qui doivent parquer. — Précaution quand on a des terres éloignées à faire parquer. — Parcage dans les grandes chaleurs. — Parcage des terres légères. — Parcage des terres argileuses. — Préparation de la terre à parquer. — On doit labourer immédiatement les terres parquées. — Moyen d'éloigner les loups des parcs.

Il est un mode d'engrais ou de fumure qui ne nécessite aucune préparation, aucuns frais de transport, enfin presque aucun soin, et qui, malgré ses nombreux et notables détracteurs, de jour en jour compte de nouveaux prosélites, c'est le parcage. L'économie de litière, souvent rare à la fin de l'été, la facilité de fumer des terres éloignées sont encore autant d'avantages qui militent en sa faveur. Tant que les nuits sont douces on peut faire parquer indistinctement toutes les bêtes ; mais quand les jours raccourcissent, quand arrive la saison des pluies, il est bon de trier le troupeau et de ne laisser au parc que les sujets tout à fait solides et robustes; les jeunes agneaux et tout ce qui est délicat doivent passer la nuit à la bergerie.

L'intelligence du cultivateur doit le porter à tout envisager et tout prévoir; aura-t-il à parquer durant l'été prochain des pièces à grande distance et hors de portée de bons pâturages, dès l'automne et le printemps précédents il s'occupera d'établir des pâtures supplémentaires en semant des lupulines, des trèfles blanc et incarnats, du seigle, de la vesce pour alimenter son troupeau qui les dépensera sur place, si les produits sont peu abondants, ou sur la terre à parquer dans des râteliers locomobiles dans lesquels on distribuera, par rations, la dépouille plus abondante des champs d'approvisionnement.

Durant les grandes chaleurs, bien que le troupeau ne vive que d'herbe, il importe que les bêtes boivent au moins une fois par jour. Le sang de rate, qui en Champagne fait périr tant de bêtes à laine pendant l'été et le commencement de l'automne, reconnaît deux causes principales, à mon avis : d'abord le régime surabondant qui tout à coup succède à un régime parcimonieux, ensuite le manque d'eau.

Le parcage a son bon comme il a son mauvais côté ; si d'une part il procure des fumiers tout voiturés, s'il économise les pailles de litière et s'il donne de la consistance aux terres trop meubles, d'autre part on ne saurait se dissimuler que son effet comme engrais est notablement amoindri par la sécheresse et l'ardeur volatilisante du soleil ; qu'au lieu de les ameublir, il a l'inconvénient d'augmenter la compacité des terres lourdes, dont il rend le labour immédiat difficile ; qu'en troisième lieu, enfin, il ne laisse pas de fatiguer le troupeau.

En recouvrant de mauvaises pailles, de bruyères, de fougères ou de toute autre matière fibreuse, avant le parcage si le temps est humide, ou bien immédiatement après la sortie du troupeau s'il fait sec, l'espace circonscrit par les claies, on obtient deux avantages immenses : dans le premier cas, ne couchant pas immédiatement sur la terre nue, les bêtes souffrent considérablement moins ; dans le second, l'espèce de litière qui recouvre la parquée la met à l'abri des ardeurs du soleil ; en troisième lieu, la litière fibreuse concourt en outre à l'ameublissement du sol à la manière des fumiers longs et non consommés, avantage bien notable pour les terres glaiseuses.

Afin de tirer du parcage tout son bénéfice quintessentiel, on devra préparer par un bon labour la terre que l'on destine à être parquée ; bien ameublie, elle absorbe mieux les excréments liquides et les diverses émanations des bêtes ; certains cultivateurs, pour en aplanir la surface, croient bien faire en y passant le rouleau après la charrue ; certes un léger hersage serait bien plus rationnel, attendu qu'il nivellerait aussi bien et ne retasserait pas la terre autant.

Parquer les terres sableuses et légères nouvellement ensemencées en blé, est une pratique aussi bonne que peu usitée.

On ne saurait trop se hâter de labourer les terres que quittent les bêtes de parc. Le mouton, par-dessus tous les autres animaux, redoute l'humidité qui lui est infiniment préjudiciable ; sitôt donc que les pluies d'automne se manifesteront, on devra, sans hésiter, rentrer chaque soir tout le troupeau à la bergerie.

Dans les pays boisés où les loups sont communs, pour empêcher qu'ils ne viennent harceler le bétail, on plante au milieu du parc un pieu de quatre à cinq mètres de hauteur au sommet duquel on adapte une lanterne mobile et à verres de diverses couleurs. Un vieux berger qui avait eu l'ingénieuse idée de surmonter le tout d'un petit moulin à vent dont l'axe faisait mouvoir deux ou trois marteaux ferrés venant frapper sur une lame de tôle, m'a assuré que jamais il n'avait eu la visite d'un seul de ces animaux, bien qu'ils fussent assez nombreux dans sa contrée ; quant au troupeau, il ne tarde pas à s'habituer à cet épouvantail avec lequel les loups, de leur côté, ne se familiarisent jamais.

CHAPITRE LVII.

LE PLATRAGE.

SOMMAIRE.

Le plâtre n'est ni fumier ni engrais. — Il peut enrichir les pères sans ruiner les enfants. — Epoques du plâtrage. — Toutes les plantes se trouvent bien du plâtre. — On doit plâtrer en proportion de la richesse du terrain. — Les légumes obtenus sur une terre précédemment plâtrée sont d'une cuisson difficile. — On se trouve bien de plâtrer à deux fois les herbes à deux coupes. — Tous les reproches faits au plâtre sont mal fondés. — Le plâtre n'a jamais occasionné ni maladies ni aucun inconvénient sur les bestiaux.

Le plâtre ne saurait être considéré ni comme fumier ni comme engrais, bien qu'au premier aspect il semble favoriser la végétation à la manière de ces substances; par elle-même, cette pierre réduite en poudre n'a aucune vertu fécondante intrinsèque, mais bien en même temps qu'elle leur fournit du calcaire et en même temps qu'elle modifie le sol qui les porte, elle stimule l'appétit des plantes, elle les excite à absorber beaucoup des sucs assimilables contenus par la terre.

On a dit que le plâtre *enrichissait les pères et ruinait les enfants;* si ses partisans, trop enthousiastes d'abord, eussent eu la bonne idée de fumer et de plâtrer leurs terres dans d'égales proportions, ils ne seraient pas devenus par la suite les détracteurs acharnés du plâtrage.

En agriculture, on peut indifféremment employer le

plâtre cru ou cuit; l'essentiel c'est qu'il soit bien pulvérisé. Selon M. de Chaptal, le plâtre cuit produit peut-être un peu plus d'effet, le plâtre cru dure plus longtemps, ce que l'on pourrait sans doute expliquer par sa plus grande division, après qu'il a subi la cuisson. On répand le plâtre sur la terre au moment de la pousse des premières feuilles des herbes; un temps calme et légèrement humide est le plus convenable. On a cru remarquer que quand les jeunes pousses étaient lavées immédiatement par une forte pluie, leur végétation marchait moins activement que quand elles en demeuraient quelque temps saupoudrées.

On doit plâtrer en proportion de la richesse naturelle du sol et de l'engrais qu'il a reçu. En conditions ordinaires, on le sème à la dose de 100 à 150 kilog. par demi-hectare.

Quand les jeunes trèfles de l'année sont bien pris, on peut, sans leur porter aucun préjudice, les plâtrer sitôt l'enlèvement de la récolte à l'ombre de laquelle ils ont poussé; par là, on peut obtenir à la fin de l'été une coupe déjà passablement abondante. Lorsque la terre est riche d'engrais, les effets du plâtre sont encore marqués la seconde année; aussi peut-on l'économiser sur les luzernes et les sainfoins, et sur les vieux trèfles que l'on a jugé à propos de conserver un an de plus.

On plâtre avec avantage non-seulement les prairies artificielles; mais toutes les autres plantes, même les céréales, s'en trouvent parfaitement bien.

Un point important, on ne saurait trop le répéter, c'est de plâtrer en proportion de la richesse des terrains.

Les pois, les haricots, les fèves, les lentilles, que l'on aurait plâtrés ou que même on récolterait après une denrée plâtrée, seraient moins délicats et d'une cuisson plus difficilement parfaite.

On peut avantageusement plâtrer aussi les prairies naturelles, surtout celles dont le fonds est gras et frais. De même que les terres maigres, les prairies sèches seraient bientôt ruinées, si on ne les fumait en même temps et en proportion du plâtre qu'on leur donne.

Certains cultivateurs plâtrent à demi leurs herbes au printemps, et au premier temps humide qui suit la première coupe, ils réitèrent leur seconde demi-opération. Envisagée au point de vue de la théorie, semblable méthode est très-rationnelle; la pratique elle-même, à moins d'une excessive sécheresse, le plus souvent la contrôle avantageusement.

On a fait au plâtre divers reproches, tous plus mal fondés. On l'a taxé : 1° de ruiner la terre ; 2° d'occasionner des maladies chez les bestiaux ; 3° on a cité que depuis l'emploi du plâtre en agriculture, le cornage et la pousse chez les chevaux, le sang chez les vaches et les brebis, étaient devenus infiniment plus communs.

1° Le plâtre ne ruine pas les terres riches et bien fumées, non plus que celles plus légères, quand son emploi est sagement calculé ; 2° si les maladies inflammatoires et le sang se manifestent plus fréquemment aujourd'hui, ce n'est nullement à la nature ni aux qualités des fourrages plâtrés qu'il faut s'en prendre, mais bien à l'administration inconsidérée des rations trop copieuses que les récoltes plus abondantes obtenues par l'effet du plâtre mettent le cultivateur à même de donner à ses bestiaux ; 3° la pousse et le cornage sont devenus bien plus fréquents depuis qu'on fait des prairies artificielles et surtout depuis qu'on s'est adonné à les plâtrer, on ne saurait le nier ; mais si de prime abord ce reproche paraît plus plausible que les précédents, il n'en est pas moins fondamentalement dénué aussi de toute justesse ; ici encore, c'est le cultivateur qui est le seul et unique coupable. Plus une plante est de végétation riche, plus elle contient de sucs, plus ses tiges sont aqueuses, partant plus il faut de temps et de soins pour la convertir en foin parfaitement sec ; or, de peur de lui faire éprouver trop de déchet, on ne donne point à l'herbe fauchée tout le délai et toutes les façons nécessaires pour sa complète dessiccation; on ne laisse point à la séve contenue dans ses tiges le temps de s'évaporer; au bout de quarante-huit heures de coupe, trois jours au plus, on met en meule, on bottelle, on se hâte de rentrer; la denrée, à peine aux deux tiers fanée, tombe en fermentation, s'échauffe, change de couleur, prend un goût de moisi et enfin se couvre d'une couche plus ou moins abondante de poussière brune ou verdâtre, seule vraie et unique cause de la pousse, du cornage et autres maladies imputées au plâtre.

Enfin, j'ai nourri comparativement des animaux *en toutes conditions absolument identiques*, ceux-ci avec des mangers plâtrés, ceux-là avec des mangers poussés en pure nature, mais les uns et les autres parfaitement fanés et engrangés et également en parfait état, et, tant dans mes expériences personnelles que dans celles qu'ont bien voulu faire de leur côté d'intelligents cultivateurs également par comparaison, nous n'avons observé aucune différence ni dans l'état, ni dans la santé, ni dans les services, en un mot en aucune façon nous n'avons absolument rien remarqué chez nos animaux d'expérience, qui pût nous faire partager le moins du monde aucune idée des détracteurs du plâtre.

Pourtant, il faut l'avouer, nos divers bestiaux nous ont semblé trouver nos mangers plâtrés moins de leur goût que ceux venus sans plâtre; mais, saupoudrées d'un peu de sel en nature, et surtout après avoir été soumises au hache-paille, les mêmes rations ont été mangées par nos bêtes avec absolument égal plaisir, semblable profit et sans la moindre différence pour leur santé, pour leur état, non plus que pour leur travail.

CHAPITRE LVIII.

DE LA GRAINE.

GERMINATION. — NUTRITION DES PLANTES.

SOMMAIRE.

Divers moyens de reproduction des végétaux. — Parties constituantes de la graine. — Rôle de la pulpe cotylédonaire. — Durée diverse de la faculté germinative des diverses graines. — Qualités principales des graines. — Conditions indispensables pour que la germination ait lieu. — Premières phases de la planté embryonnaire. — Organes vitaux des plantes comparés aux organes vitaux des animaux. — Action de la lumière solaire sur les plantes.

La plupart des végétaux ont divers moyens de se reproduire : ainsi le drageonnement, la bouture et les diverses espèces de greffes ; mais de tous assurément le plus naturel et le plus commun, c'est celui par graine ou semence. Quels que soient la famille et le genre des plantes, chaque graine contient toujours intérieurement un petit sujet rudimentaire semblable au sujet qui primitivement l'a produit lui-même ; en faisant tremper dans un peu d'eau durant quinze ou vingt heures un haricot, une grosse fève ou un marron d'Inde, puis, en les disséquant, on trouve sous leur enveloppe un végétal de toutes pièces, auquel il est facile de reconnaître : 1° deux feuilles ; 2° une tige ; 3° une racine d'où ne tardent point à s'en échapper de nombreuses autres, quand il est en terre convenable.

Outre cette petite plante appelée *embryon*, l'enveloppe de la graine contient encore une substance plus ou moins sèche ou spongieuse que les botanistes nomment *cotylédon ;* cette substance, plus vulgairement appelée amande et qui est plus ou moins abondante suivant les diverses graines, est destinée à servir de première nourriture à l'embryon. Ramollie par l'eau qui la pénètre, la pulpe cotylédonaire ne tarde pas à se convertir en une matière plus ou moins liquide; dans le grain de blé, d'avoine et surtout d'orge, elle se transforme en un véritable lait très-doux et très-sucré.

La plupart des graines peuvent conserver fort longtemps leur propriété germinative; néanmoins, plus les semences sont nouvelles, moins elles sont sujettes à manquer.

Les graines de semences doivent réunir quatre qualités principales : sécheresse, poids, brillant et goût naturel franc.

On donne le nom de germination à la série de phénomènes qui ont lieu dans une graine qui, parvenue à son état de complète maturité, est mise dans ses conditions voulues de végétation.

La graine d'abord absorbe l'eau nécessaire à son ramollissement; bientôt ses enveloppes s'ouvrent peu à peu et laissent apercevoir avec toutes ses formes la petite plante qu'elle renfermait.

Trois conditions sont indispensables à la germination : *eau*, *chaleur*, *air*. Sans eau, sans chaleur et sans air point de germination possible : 1° l'eau ramollit et dissout les éléments nutritifs que contient l'amande; elle les met en état d'être absorbés par le jeune sujet; pourtant il ne faut pas que la quantité en soit trop considérable; 2° sans chaleur, la germination ne saurait non plus également avoir lieu; mais, de même que l'eau en excès serait nuisible, de même aussi il faut que la graine ne soit point soumise à une température excessive. Une chaleur modérée, en en favorisant la fermentation, transforme les éléments de la pulpe cotylédonaire et la convertit en lait, que petit à petit suce la jeune plante naissante; 3° l'air est aussi indispensable à la graine pour germer qu'aux animaux pour vivre; mais, de même encore que la dose de chaleur et d'eau, la dose d'air ne saurait dépasser certaines limites sans les plus graves inconvénients.

Encore une fois, c'est pour maintenir l'équilibre de ces conditions que l'on travaille à ameublir les sols argileux et à donner de la consistance aux sables; au fur et à mesure que les provisions déposées par la Providence autour du petit sujet viennent à s'épuiser, au fur et à mesure un chevelu de petites racines se développe et met petit à petit la jeune plante à même de pourvoir à ses besoins et de chercher sa vie dans le sol auquel elle adhère. Bientôt, en devenant de plus en plus considérables et par leur nombre et par leur force, ces radicelles absorbent les sucs de la terre de la même manière qu'elles ont absorbé le lait cotylédonaire; d'un autre côté, les feuilles primitives s'épanouissant, d'autres bientôt commencent à poindre et à se développer; puis toutes, ainsi que le corps entier du petit sujet, affectent une nuance de plus en plus verte, à mesure qu'elles entrent davantage en contact avec l'air atmosphérique qu'elles pompent, qu'elles décomposent et dont elles s'approprient les éléments.

De même que les animaux se nourrissent par le moyen de vaisseaux qui viennent pomper le chyle dans les intestins, de même les végétaux vivent par l'intermédiaire de leurs racines qui absorbent les sucs de la terre. Les premiers respirent avec leurs poumons exclusivement, leur écorce et surtout leurs feuilles servent d'organes respiratoires aux plantes. Si on enlève à un arbre une partie de ses feuilles, il souffre; si tout à coup on le dépouille totalement de ses feuilles et de son écorce, il périt. La lumière solaire joue également un rôle très-évident et essentiel dans la végétation : exemple, les plantes qui croissent à l'ombre, et comparativement leurs semblables dont la végétation a lieu en plein soleil.

CHAPITRE LIX.

LE FROMENT.

SOMMAIRE.

Des céréales. — Diverses espèces de blés. — Blés d'hiver. — De printemps. — Rouges. — Blancs. — Barbus. — Sans barbes. — Blé de Pologne. — Qualités des divers blés. — A chaque terre le blé qui lui convient. — Changement annuel de semences. — Chaulage. — Ses buts. — Sulfate de cuivre. — Acide arsénieux en remplacement de la chaux. — Sulfate de soude et chaux. — Température de l'eau employée pour le chaulage. — Avantage de la charrue fouilleuse pour les blés. — Moyen de conjurer la verse des blés. — De l'ensemencement en rayon. — Ses avantages. — Effets fâcheux des gelées et des dégels alternatifs sur les blés. — Moyen d'y remédier. — Semoirs rayonneurs avec tassement. — Simplification et adoption possibles d'un petit semoir rayonneur-tasseur à chaque charrue. — De la rouille. — Du charbon. — De la carie. — Récolte du blé à la faucille, à la sape, à la faux. — De l'échaumage. — Avantage de couper les blés un peu verts. — Des viellottes, moyettes, ruches ou demoiselles. — Avantages de cette méthode facile et peu coûteuse. — Divers moyens d'édifier les viellottes.— Divers modes de battage. — Sous tous rapports, le battage à la mécanique est infiniment préférable. — De la paille et surtout de la paille hachée comme matière alimentaire pour les bestiaux.

On donne le nom de céréales aux plantes dont la graine réduite en farine peut être convertie en pain : ainsi le froment ou blé proprement dit, ainsi le seigle, l'orge et même l'avoine et le maïs ou blé de Turquie; le sarrasin aussi peut encore être rangé dans la même catégorie. Le mot *céréale* vient du nom de la déesse des moissons que les païens appelaient *Cérès.*

Le froment est la céréale par excellence ; sa farine fait le meilleur pain, le plus savoureux, le plus nourrissant, le plus digeste ; sa paille est également la meilleure de toutes pour l'alimentation des bestiaux. On distingue deux espèces de blés : les blés d'hiver et les blés de printemps ; les uns et les autres offrent de nombreuses variétés.

Les blés d'hiver se divisent en blés sans barbes et en blés barbus : les premiers, peut-être un peu plus délicats sous le rapport du climat, du terrain et de ses préparations, sont plus farineux ; ils sont également supérieurs au point de vue de la quantité et de la qualité de leur rendement, quand on les a cultivés en sol convenable.

L'amande des blés barbus est moins riche en farine, laquelle elle-même est moins blanche; ces blés pèsent également moins lourd. Mais, en revanche, ils s'accommodent de toute espèce de terre et exigent moins de soins. De son côté, la paille des blés barbus est considérablement plus dure, beaucoup moins savoureuse; aussi les bestiaux en sont-ils moins avides. Les blés barbus sont aujourd'hui fort rares et le deviennent chaque jour de plus en plus; on n'en rencontre guère désormais que dans certaines localités basses, froides, humides, mal orientées, et dont le sol ne serait point propice à la culture d'espèces meilleures.

Les blés d'hiver se distinguent encore en blés blancs et blés rouges : les premiers se plaisent exclusivement en terres légères, franches, sèches et bien amendées; les blés rouges, qui ne s'y déplaisent pas non plus, ne laissent pas cependant que de mieux profiter que les premiers en plaines plus ou moins humides et argileuses.

Les blés de printemps offrent aussi deux espèces bien distinctes et plusieurs variétés : les uns sont rouges, les autres sont blancs, ceux-ci sont barbus, ceux-là sont sans barbes; certains même parcourent toutes leurs phases de végétation en quelques mois seulement, etc., etc.; mais ce qui les distingue principalement des blés d'hiver, c'est qu'ils sont moins gros, moins longs, plus ronds, généralement plus pâles et par-dessus tout moins pesants.

Une espèce de blé d'hiver qui vient mieux que toutes les autres dans les terres basses, froides, humides et mal exposées, c'est le blé de Pologne; mais son grain brun n'acquiert jamais beaucoup de poids; sa farine est bise; le pain qu'elle fait est moins friand et moins nourrissant que celui obtenu de toutes les autres espèces; sa paille, dure, coriace, fibreuse et dont le tuyau contient beaucoup de moelle, est également peu recherchée par le bétail.

De même que pour les animaux que l'on destine à la procréation des espèces, on ne saurait trop étudier les reproducteurs, de même aussi on ne saurait, quand il s'agit de semences, prendre des attentions trop minutieuses. En fait de bestiaux, de même qu'il importe de choisir des sujets sains et bien conformés et en même temps d'avoir soin de ne les importer que dans des localités compatibles avec leur race, leur espèce et surtout leur tempérament, pareillement aussi les végétaux veulent des lieux appropriés à leur essence, à leur nature, à leurs instincts.

Des cultivateurs prétendent se bien trouver d'importer tous les ans, ou au moins tous les deux ans, des semences étrangères dans leur exploitation; à qualités égales, beaucoup donnent la préférence à celle provenant d'un sol moins riche que le leur propre; de même disent-ils que des bestiaux tirés de pays moins heureux prospèrent dans une contrée plus riche, de même des semences provenant de terres plus maigres, donnent des récoltes supérieures en terre plus fertile. Mais d'un autre côté encore, on a pareillement observé que quand une semence obtenue sur une terre excessivement maigre est mise en parfait premier bon fonds, elle pousse prodigieusement en herbe et fournit beaucoup de paille; de plus, que la récolte verse plus volontiers, que les tiges ont moins de raide et enfin que le grain est moins abondant, moins pesant, en un mot assez médiocre. On devra donc ne pas aller prendre ses semences tout à fait en très-mauvais pays, pour les mettre en première classe de terre : nulle part, et en quoi que ce soit, la nature n'aime les transitions brusques ; ce n'est jamais impunément qu'on enfreint cette règle. Des savants qui, il y a trente ans, étaient mes maîtres, ont avancé que le changement de semence était une pratique insignifiante et puérile ; sans leur donner un démenti formel, je leur demanderai la permission de me ranger de l'avis des praticiens et des faits qui décident autrement qu'eux.

Enfin, ce qu'il importe par-dessus tout, c'est de choisir une semence bien pure, bien appropriée à son terrain, lui-même préalablement parfaitement préparé. Par semence bien pure, on entend *le maître blé* débarrassé de toute graine étrangère ; approprier sa semence à sa terre, c'est donner à cette dernière l'espèce qui, d'après l'expérience, doit y végéter le plus heureusement : c'est ainsi qu'on ne mettra pas de froment blanc dans un sol humide, bas, ombragé et mal orienté.

La principale préparation que subit la graine de semence bien criblée d'abord, c'est le chaulage. Cette opération a trois buts essentiels : 1° le lait de chaux, dont se trouve lavé chaque grain, détruit les germes de certaines plantes parasites, qui, sans trop les altérer, ni apparaître dans la première végétation, plus tard envahissent les tiges et les épis : ainsi la rouille, ainsi la carie ; 2° la couche de chaux qui enduit chaque même grain jeté en terre, contribue à le mettre à l'abri de la voracité des insectes et autres ennemis destructeurs ; 3° en terre argileuse surtout, la chaux empêche la glaise de se coller et de former autour du grain une enveloppe trop hermétique qui le priverait d'air et d'eau indispensables au ramollissement de son amande et au convertissement de cette dernière en lait ; 4° un autre rôle enfin, peut-être non moins important de la chaux, c'est de fournir à la très-jeune plante une certaine dose toute préparée de calcaire parfaitement approprié.

Pour suppléer au chaulage proprement dit, certains cultivateurs baignent leurs semences dans diverses solutions : les uns ont vanté le vitriol et la potasse en association, d'autre la couperose verte, ceux-ci un mélange d'huile de vitriol et d'eau, plusieurs même ont employé l'arsenic ; mais de tous les ingrédients, la chaux ordinaire, avec addition d'une certaine quantité d'alun et de sel de cuisine, est incontestablement le meilleur. Plus le lait de chaux dont on arrose la semence a de température au moment du chaulage, plus le blé est blanc et chargé de chaux, meilleure est l'opération et plus certain est le résultat; pourtant, il faut se garder de porter le bain au delà du degré de l'eau presque bouillante, de peur d'altérer le germe. Une recette presque infaillible pour préserver les blés de la carie, c'est de les chauler avec une dissolution de sulfate de soude et de chaux à poids égal.

Le blé vient dans toutes les terres quand elles sont bien amendées et bien fumées; mais, néanmoins, les sols sablo-argileux sont ceux qui lui conviennent de préférence. Les terres argileuses bien égouttées et bien marnées ne laissent pas non plus que de donner de bons produits, surtout avec une abondante fumure, en fumier long et peu consommé. Les terres dites franches, au sein desquelles la chaleur, l'air et l'humidité se trouvent toujours en d'heureuses proportions, donnent immanquablement d'excellentes récoltes et même les meilleures et aux moindres frais.

Mais de bonnes terres et des semences de première qualité ne sont pas les seules conditions de réussite; si la semence demande quelques préparations, le sol destiné à la recevoir n'est pas moins exigeant de son côté non plus. La terre à blé devra être purgée de toutes mauvaises herbes par des labours préalables plus ou moins nombreux et des hersages plus ou moins multipliés, suivant sa nature, son état, ses divers produits, etc., etc. C'est ainsi que les blés sur trèfles rouges, minette, pois, etc., seront précédés de plusieurs labours ; ceux au contraire, sur trèfles d'hiver, trèfles blancs, pommes de terre, betteraves, carottes, se feront sur un seul. Dans certaines petites terres légères bien fumées, on jette moitié semence avant le labour et l'autre moitié avant le hersage ; immédiatement ici un bon coup de rouleau serait loin de nuire si le temps était sec ; dans ce cas encore, un hersage beaucoup plus fort augmenterait les chances d'un résultat certain. Tant pour la bonne réussite de la récolte que pour économiser au moins un quart ou un cinquième de la semence à employer, c'est un excellent usage que de niveler d'abord son champ par un bon hersage avant que le semeur n'y passe ; moyennant un bon hersage consécutif, *puis un bon coup de rouleau, si la terre est sèche*, on peut compter sur un bon résultat.

Dans les argiles et les glaises que l'on ne saurait jamais trop ni trop profondément ameublir, la charrue fouilleuse donnerait un parfait complément au labour d'ensemencement ; le sous-sol ameubli favoriserait l'égout de la terre végétale à laquelle, durant les grandes sécheresses, il rendrait peu à peu l'eau dont il demeurerait toujours plus ou moins saturé ; en outre, les racines du blé, tendant sans cesse à pénétrer, traverseraient toute la profondeur ameublie et y puiseraient les sucs infiltrés avec les eaux pluviales ; de plus, par leur adhérence dans ces dernières couches, elles donneraient aux tiges une force et une solidité qui les maintiendraient droites envers et contre toutes causes de verse.

Serait-ce une mauvaise pratique avant l'hiver que de rouler plus ou moins fortement les seigles et surtout les blés quand l'automne a été sec ? Si j'en crois quelques expériences que j'ai tentées, cette opération prompte et peu coûteuse donne d'heureux résultats, du reste, bien faciles à expliquer.

Les Anglais, dont les récoltes en blé sont toujours infiniment supérieures aux nôtres, quand elles ne sont point trop humides, font passer sur leurs terres fraîchement ensemencées un rouleau de trois à quatre mille kilogrammes et plus; jusqu'en avril, pour peu que le sec vienne sérieusement, ils réitèrent plusieurs fois l'opération.

Un moyen fort simple de conjurer la verse des blés, c'est d'en mélanger la semence : ainsi, en associant différentes espèces de blés, par leur développement à époques différentes elles se soutiennent naturellement, les unes par leur raideur, les autres par leur flexibilité. Néanmoins, les essences ne doivent pas être tellement disparates, que le moment de la récolte et la qualité du produit puissent en souffrir d'une façon notable. En semant simplement un tiers sur labours et deux tiers sous, hersage on peut arriver à résultat analogue à peu près.

En France, nous semons toutes les céréales à la volée et à la main; en Angleterre, dont le sol est infiniment moins riche et où les récoltes sont notablement supérieures aux nôtres en quantité comme en qualité, tout se sème en rayons au moyen de machines dont la gouverne, la lourdeur et le prix excessif sont les principaux reproches qu'on puisse leur adresser. L'ensemencement au rayon a de nombreux avantages : économie de semence, plus libre circulation de l'air, si indispensable aux végétaux comme aux animaux; en outre, les blés semés en rayons peuvent, selon le besoin, se sarcler et se butter à la houe à cheval tout comme les betteraves, comme les pommes de terre, le colza, c'est-à-dire en peu de temps et à peu de frais; en outre, il est on ne peut plus facile d'enlever promptement à la main les quelques plantes parasites ou nuisibles qui pourraient surgir parmi les lignes de blé.

Quand la terre a été bien préparée et fumée, que le sous-sol en a été ameubli par la charrue fouilleuse, quand, arrive le printemps, il a été butté à la houe et sarclé, infailliblement le blé semé en rayons ne saurait manquer, la verse elle-même y est presque impossible. Un autre avantage de l'ensemencement du blé par rayons, c'est que les espaces inoccupés, exempts de toute dépense de sucs, de toutes mauvaises herbes, de tout épuisement enfin, sont en même temps et sans qu'il en coûte plus de frais, en véritablement heureux état de jachères. Enfin encore si, à court de fumier ordinaire, le cultivateur voulait y suppléer par des engrais pulvérulents artificiels, il pourrait n'en répandre que sur les lignes ensemencées. Soit dit en passant, quand on emploie les engrais artificiels, il est sage de ne point tout projeter d'abord sur sa terre au moment de l'ensemencement : en les divisant en deux parties ou doses que l'on utilise moitié à l'automne et moitié au printemps, on rationne en quelque sorte les plantes dont la première végétation n'est point follement fougueuse et dont la pousse d'été est entretenue par une sage deuxième distribution. Dans l'ensemencement au rayon, quand on emploie le fumier de cour, une précaution indispensable, c'est de le bien enfouir au fond des raies du labour qui précède le semoir rayonneur.

Ce que les blés craignent le plus durant l'hiver, ce sont les alternatives de gelées et de dégels qui, en soulevant la terre, mettent leurs racines à découvert et en rompent une grande partie. Les vents secs, souvent compagnons des grandes gelées de plus ou de moins de durée, ne leur sont pas moins préjudiciables non plus : feuillet, collet, cœur de tout le plant qui garnissent la crête de chaque sillon, ils détruisent tout à tout jamais, et presque aussi bien dans les champs ensemencées en rayons superficiels que dans ceux à la simple volée.

Frappé des avantages de l'ensemencement au rayon, en

même temps que des ravages causés dans les blés par les ribles ou arides vents du nord en hiver, et par la verse en été, un riche négociant de ma connaissance, aujourd'hui simple amateur d'horticulture et laboureur de profession dans sa jeunesse, vient de modifier assez ingénieusement l'un de nos plus récents semoirs rayonneurs ; voici en deux mots, sinon la description, du moins le mode d'action de la machine aux essais de laquelle j'ai assisté : chaque tube par le canal duquel le système des semoirs rayonneurs ordinaires fait descendre les diverses graines que l'on veut semer, inférieurement se termine par une forte courbure en virgule (,) dont la pointe est dirigée en arrière ; cette courbure trace un petit sillon à volonté plus ou moins creux, au fond duquel vient tomber la semence; un petit râteau, puis une roue en fonte qui arrivent immédiatement, rabattent la terre et tassent la graine au fond du petit sillon qui, par là, se trouve converti en véritable ornière : autant de becs distributeurs de semence, autant de roues de tassement ou galets, autant de râteaux; ces roues, au nombre de trois, quatre, cinq et même plus si on le voulait, servent en même temps à la locomotion de la machine ; elles sont pourvues chacune d'un petit décrottoir placé postérieurement et aussi près du sol que possible, afin que si la terre est boueuse et se soulève, la graine et la motte retombent à leur place même. Pour mieux éviter encore l'adhérence de la terre aux galets et *son gâchement*, j'ai conseillé de faire continuellement arriver à petit filet sur chaque roue, soit de l'eau simple, soit du purin ou un engrais liquide quelconque contenu dans un réservoir spécial; par là, j'ai conjuré l'inconvénient du bourrage et toutes ses suites. En construisant ce semoir d'un poids moyen et le pourvoyant d'une caisse de certaine capacité, qu'au besoin on pourrait emplir plus ou moins complétement de terre en guise de lest, ou mieux encore de purin ou d'engrais liquide ou même d'engrais pulvérulent, qu'un système simple ferait descendre par les mêmes tubes que la semence, il serait facile d'arriver à donner à volonté la puissance de tassement voulu ; j'en ai fait l'expérience.

La semence du blé, comme celle de toutes les autres céréales et en général de toutes les graminées, non-seulement ne redoute pas, mais encore aime une terre dont le fond est meuble et dont en même temps la superficie soit un peu battue : exemple, la belle et solide végétation des blés le long des sentiers que durant l'hiver le mauvais état des chemins a forcé les piétons de tracer sur le bord des champs ensemencés : exemple, au bord des prairies riveraines de voies en mauvais état, l'herbe plus forte et plus abondante qui fait disparate avec le gazon voisin.

Outre les avantages du semoir rayonneur ordinaire, celui avec galets de tassement en compte trois principaux : 1° d'abord la jeune plante, au fond de son espèce d'ornière, l'hiver est à l'abri des vents arides qui dévorent jusqu'à sa racine le blé semé à plate terre : exemple, presque tous les blés de 1861, semés à la volée et comparativement ceux semés au rayonneur-tasseur en absolument pareil terrain, chétifs, avortés, avec d'immenses lacunes : les premiers rendront à peine leurs déboursés, tandis que les seconds promettent la plus belle et la plus abondante récolte, malgré l'année malencontreuse; 2° petit à petit les bords du sillon-ornière, en s'éboulant, viennent recouvrir le pied des jeunes plants, qui déjà n'ont eu à subir aucun des inconvénients de la saison rigoureuse, si vif, si sec et si rigoureux que soit le temps; 3° enfin, outre ces avantages manifestes et incontestables, le blé au rayonneur à galets, enraciné dans une terre tassée lors de son ensemencement, rechaussé par le nivellement de la rigole au fond de laquelle il a levé et où, presque sans interruption, il continue à végéter durant tout l'hiver, à l'abri des rigueurs de la température, venant en troisième lieu à être butté à la houe à cheval, infailliblement ne saurait tomber en verse, eu égard à son haut rechaussement.

Si le semoir à galets n'est point une perfection définitive, bien certainement il est le point de départ d'un prochain acheminement vers un grand progrès, autant qu'il m'a été possible d'en juger par les résultats obtenus comparativement sur un même terrain ensemencé un tiers à la volée, un tiers au rayonneur simple et le troisième au rayonneur avec roue de tassement; avec ses tiges comme des roseaux, avec ses feuillets larges comme des rubans et ses épis monstrueusement gros et longs, le blé au rayonneur-tasseur paraissait d'une espèce particulière et sur un terrain spécialement préparé; bien qu'au cinquième de semence ordinaire, il a donné un rendement d'un cinquième supérieur au blé simplement rayonné, et d'un tiers plus considérable que celui à la volée. Pourtant, il faut l'avouer, si sur jachères, si sur trèfles d'hiver le semoir rayonneur-tasseur a presque constamment de l'avantage, on ne saurait toujours en dire autant des blés ensemencés sur colzas par le même système : c'est un fait dont il importe d'étudier les causes.

Progrès avec prudence, pratique avec science.

En adaptant à la charrue ordinaire un petit réservoir à semence, un petit mécanisme de distribution avec un tube distributeur, un petit araire pour former le sillon qui doit recevoir la semence, puis un râteau et un galet de tassement, on obtiendrait des avantages notables : 1° grande économie d'achat et d'entretien de machines; 2° immense économie de force, d'hommes et de temps; 3° régularité plus parfaite et plus correcte d'ensemencement; 4° rayons plus profonds, par conséquent rechaussement plus considérable; 5° enfin, la terre se trouvant ensemencée en même temps que labourée, la graine en absorbe les premières exhalaisons, la première séve, et le jeune plant ne s'en développe que mieux, que plus promptement et plus régulièrement.

Un grand avantage encore de l'ensemencement en lignes, c'est, outre l'économie, de pouvoir éplucher et en quelque sorte de choisir grain à grain la minime quantité de semence ainsi devenue suffisante.

Assez souvent, surtout chez les petits cultivateurs, arrive le moment de la semaille des blés, on manque de fumiers suffisants. Pour obvier à semblable inconvénient, alors, ou bien on fait plus petite part aux terres, ou bien on se résout à mettre une certaine partie de ces dernières en mars divers. A un jeune fermier intelligent, dont la fumière se trouvait épuisée en octobre, j'ai conseillé de faire, à titre d'essai, deux ares de semis de blé *en lignes, grain à grain*, et à cinq ou six centimètres de distance, puis, avec une partie de ses fumiers d'hiver, de préparer la terre qu'il n'avait pu ensemencer à l'automne. Sitôt le retour du premier temps convenable, à l'aide d'une femme et de deux enfants derrière sa charrue, nous effectuâmes le repiquage de son plant; un bon coup de rouleau fut le complément de notre opération. Par ce moyen, assez peu coûteux, il obtint une récolte au moins un quart plus belle et surtout de plus de rendement que dans ses champs ensemencés à la volée; ce qui resta sur ses deux ares de semis fut suffisant, avec également un coup de rouleau, pour lui donner également un très-bon produit ordinaire. Nous fîmes le repiquage sur toutes raies et à environ cinq travers de doigt. Pas la moindre herbe salissante vint menacer de paraître dans notre champ d'expérience.

Viennent la fin de février et le commencement de mars, d'avril au plus tard, c'est une bien excellente méthode que de herser plus ou moins vigoureusement les blés semés à la main ainsi que ceux au rayon; par là : 1° on aide la terre à absorber de l'air et les émanations atmosphériques, en rompant la croûte plus ou moins compacte qui empêche l'eau et les diverses vapeurs de la pénétrer; 2° on excite le tallement ou drageonnement du plant; 3° le hersage, en outre, favorise la végétation des trèfles blancs ou d'hiver, de la minette et des diverses autres plantes que l'on sème au printemps parmi les blés d'automne.

Les chardons, la nielle, le coquelicot sont autant de parasites qu'il importe au cultivateur soigneux d'extirper de ses champs avant leur développement et surtout avant l'apparition de leur graine. Dans les terres ensemencées au rayonneur, cette opération urgente est aussi simple et aussi facile, qu'elle est longue dans les récoltes semées à la volée. Il est regrettable que les préfets ou tout au moins les maires ne prennent point d'arrêtés pour la destruction des chardons comme pour la destruction des chenilles.

Un mode d'échardonnage que j'ai essayé et dont je me suis parfaitement trouvé, consiste : 1° à n'attaquer les chardons que quand leur tige commence à durcir et leur tête à se former ; 2° à les couper avec des cisailles à longues branches ; 3° enfin, à ne les prendre qu'à 5 ou 6 centimètres du sol, c'est-à-dire au-dessus des premières feuilles ; de cette façon, j'ai observé qu'au lieu de *radonner*, le tronc pourrissait s'il faisait humide, ou bien s'étiolait et ne tardait point à mourir si le temps était sec; dans le premier cas, en effet, les quelques gouttes d'eau qui pénètrent dans le canal médullaire du tronc suffisent pour en amener la destruction fondamentale; dans le second, le sommet de la tige et la majorité des feuilles n'existant plus pour pomper de l'air et surtout de l'humidé atmosphérique, infailliblement le même tronc doit promptement périr jusqu'à l'extrémité de ses racines.

Pour conjurer la propagation des chardons qui partout végètent le long des grandes routes ainsi que sur les chemins, les voies et sentiers d'exploitation, il serait à souhaiter qu'il fût enjoint, *par leurs autorités*, aux cantonniers et aux gardes champêtres, de faucher sur leur district respectif, quand elles se disposent à fleurir, ces plantes maudites, dont chacune des nombreuses graines s'envole à des distances prodigieuses, à l'aide de l'aigrette dont elle est pourvue, et contribue à infester les récoltes diverses.

Les intempéries des saisons et les mauvaises herbes ne constituent point les seules causes de mauvaise ou incomplète réussite des blés; la rouille, la carie et le charbon sont des maladies également fort redoutables :

1° La rouille est une affection toute particulière au froment et à l'orge ; on ne la rencontre guère que dans les terrains frais et humides, où l'air est maintenu en stagnation par le voisinage de bois ou de plantations. On a cru remarquer que l'épine vinette a la propriété de la faire développer sur les tiges et sur les épis qui l'avoisinent dans un certain périmètre. Bien égoutter et sécher les terres, y favoriser la circulation de l'air autant que possible, tels sont les meilleurs moyens de remédier à pareil mal. Vu au microscope, chacun des globules qui constituent la rouille sont autant de petits champignons rugueux végétant sur les tuyaux et les épis de blé à la manière de la mousse sur les arbres. La paille infectée de rouille est d'un usage notablement dangereux pour les bestiaux; les affections qui peuvent s'ensuivre en certaines années et dans certaines localités ont quelquefois été désastreuses : ainsi 1816 et 1825, pour ne pas remonter plus haut.

2° Le charbon n'attaque presque exclusivement aussi que le froment, l'orge et l'avoine, leur épi seul en est le siége. On a prétendu que cette maladie avait pour essence des insectes particuliers venant se fixer dans les compartiments réservés aux graines; on a dit également que si le charbon était plus commun dans les orges que dans les blés, il fallait l'attribuer à ce qu'on ne chaulait pas la semence d'orge. Le charbon occasionne rarement de notables dégâts; jamais, que je sache, on n'a cité de mortalités de bestiaux occasionnées par l'usage de la paille charbonneuse. Que cette maladie ait pour essence des insectes ou quelle qu'en soit la nature, il importe de ne jamais employer de semence provenant d'un champ infecté de charbon, non plus que d'ensemencer en blé ou en toute autre céréale une terre sortant de donner une récolte charbonneuse : un trèfle, une minette, et, par-dessus tout, des racines conjurent sûrement la réapparition du mal dont ne manquerait pas de se ressentir un second blé ou une seconde orge. Les vallées basses et fraîches, les plantations qui s'opposent aux rayons du soleil et à la libre circulation de l'air, les années humides passent également pour les causes principales de cette maladie aussi commune dans les avoines que dans les blés et les orges; le charbon se déclare habituellement un peu avant la floraison de l'épi.

3° La carie ne se rencontre exclusivement que dans les blés. Comme le charbon, elle a son siége principal dans l'épi et le sommet de la tige. Les épis affectés de charbon et de carie au premier début ont quelque ressemblance; jamais la carie ne se manifeste avant la floraison, mais bien à la fin de la formation du grain; ensuite l'épi carié, au lieu d'être noir suie, affecte une couleur grise verdâtre. Un caractère essentiellement distinctif de ces deux maladies, c'est l'odeur nauséabonde de la carie; en outre, l'épi affecté de charbon ne présente jamais un seul grain sain, tandis que sur l'épi carié on en rencontre toujours quelques-uns, il est vrai, plus ou moins attaqués, et dont le développement est plus ou moins avorté. Toutes les espèces de froment ne sont point également sujettes à cette affection. Des observateurs ont cru pouvoir avancer que les pailles rouillées, charbonneuses et cariées, converties en fumier, pouvaient transmettre la maladie aux céréales ensemencées avec pareil engrais; mais, incontestablement, c'est surtout par les semences infectées qu'elle se propage, et en dépit des plus forts chaulages. Pour en être plus rarement entachée, l'avoine n'y est pas moins également sujette aussi. Chose curieuse, rarement on ne rencontre simultanément dans un même champ la carie et le charbon ; il n'en est pas de même de la rouille.

La coupe du blé ne s'effectue point partout de la même manière : dans telle contrée on faucille, dans telle autre on sape, ailleurs on fauche. 1° La faucille est un instrument qui, outre qu'il fatigue beaucoup l'ouvrier, opère trop lentement et ne rase pas les tiges assez près de terre ; 2° la sape, par un temps sec, égrène notablement les épis ; de plus, si le sapeur va plus vite que le faucilleur, comme ce dernier il laisse également un chaume trop long ; 3° de tous les instruments, sans contredit, la faux sous tous rapports est le meilleur : promptitude d'opération, égrènement presque nul, paille coupée à rez terre avec toutes les herbes délicates qui en garnissent le pied, tels sont les principaux avantages incontestables autant qu'incontestés de la faux, en attendant qu'un bon système de machine faucheuse vienne, et probablement sous peu, la supplanter à son tour. On ne devrait avoir recours à la faucille que pour les blés versés; pourtant, j'ai vu couper à faux nue, parfaitement bien et avec célérité, des blés couchés à travers lesquels l'herbe même faisait saillie.

Dans quelques contrées, en Normandie surtout, on a une habitude infiniment vicieuse, c'est de couper le blé à quinze ou vingt centimètres de haut, puis les travaux de la moisson finis, vers la fin de septembre, dans le courant du mois d'octobre et même jusque fort avant dans l'hiver, au moyen d'une espèce de petit faucillon à long manche, on rase les chaumes plus ou moins pourris; de cette façon, le sol se trouve complétement à nu. A bien des titres, cette pratique est des plus irrationnelles : 1° elle prive les bestiaux des herbes plus ou moins délicates et abondantes qui garnissent la paille, dont en outre elle amoindrit notablement la quantité ; 2° elle nécessite les frais encore assez coûteux d'une seconde opération ; 3° le chaume de moyenne hauteur qui reste après le fauchage se trouvant enfoui par le labour consécutif à la récolte, donne un certain ameublissement aux terres argileuses, avantage évident et positif dont elles sont privées par l'échaumage. A ceux qui viendraient alléguer que le chaume est excellent pour couvertures, on peut objecter : que la bonne paille bien peignée est infiniment meilleure, qu'elle dure davantage, et, tout bien calculé, coûte moins cher.

Couper les blés quelques jours avant leur parfaitement complète maturité est un usage qui de jour en jour compte de nouveaux partisans : 1° la terre n'est point aussi fondamentalement épuisée, le sacrifice de ses sucs étant interrompu ; 2° la paille du blé coupé un peu prématurément se rapprochant du foin, est plus friande, contient plus de sucs, et est enfin incontestablement meilleure ; 3° il n'y a pas le moindre égrénage à redouter quand on coupe le blé dont la tige est encore un peu en séve ; 4° quant au grain lui-même, il est loin d'éprouver le moindre dommage dans sa qualité non plus que dans son rendement ; on dit même qu'il a meilleur coup d'œil à la halle ; pourtant il donne une semence moins sûre.

Que l'on coupe les blés à la faucille, à la sape, à la faux, voire même à la faucheuse mécanique, un soin qu'il est indispensable de ne point négliger, c'est de bien sécher la paille, ainsi que les quelques tiges avortées et l'herbe avant que de lier et de rentrer la récolte. Etendre immédiatement après qu'elle est coupée chaque quantité devant former une gerbe, en exposer le pied du côté du midi, la retourner au moins une fois le jour ou le lendemain pour en favoriser le complet fanage, telle est une pratique simple, facile et excellente que l'on ne saurait trop conseiller quand le temps est sec et au beau fixe.

Quand le moment de la moisson est malencontreux ou incertain, on a en Belgique, dans le Nord et dans le pays de Caux, une méthode admirablement simple, peu coûteuse, facile et parfaite pour préserver de la pluie les récoltes dans les champs et pour favoriser, quel temps qu'il fasse, le fanage du plus ou moins de verdure que le pied peut contenir; on dresse l'épi en haut, par quantités de quatre ou cinq gerbes non liées, le blé au fur et à mesure que les moissonneurs le coupent; on lie fortement par le pied environ une demi-gerbe que l'on pose par-dessus en chapiteau et les épis en bas, puis on maintient le tout en union à l'aide d'un lien circulaire modérément serré.

La récolte ainsi disposée peut défier les mauvais temps indéfiniment sans s'avarier aucunement : grain, paille, herbe fourrageuse, tout acquiert même de la qualité, se sèche à souhait et peut fort bien ne se rentrer qu'à loisir, au fur et à mesure qu'on en a le temps ou qu'il fait plus ou moins beau. Les veillottes ou demoiselles, ou moyettes, ainsi s'appellent ces petits tas coniques qui donnent aux plaines un certain air pittoresque d'industrie, sont un moyen de préservation infaillible contre la germination, que toujours on ne conjure que très-incomplétement et à force de frais de temps et de travail réitéré, quand la saison est pluvieuse.

Comme l'édification des moyettes ou veillottes demande encore un certain tour de main particulier que souvent l'ouvrier novice, quoique ingénieux et capable, ne saisit pas toujours du premier coup, il y a des années, j'ai conseillé à quelques fermiers et moissonneurs de ma connaissance, une méthode à l'aide de laquelle les moins expérimentés peuvent établir des moyettes d'un correct et d'un solide dignes de la jalousie des vieux praticiens consommés et avec peut-être plus de promptitude : se pourvoir d'un piquet d'environ 1 mètre 50 centimètres de long, le munir par en haut d'une cheville en croix et longue elle-même de 40 centimètres, par simple pression des deux mains l'enfoncer en terre, dresser autour une certaine quantité de brassées de blé, auxquelles il sert de premier appui, le retirer quand le tas peut se tenir de lui-même, puis compléter, couvrir et lier les veillottes, comme celles édifiées à la main, tel est mon procédé, aussi facile que bon, au moyen duquel une femme et même un enfant peuvent opérer seuls et parfaitement. Plus régulièrement établies, les moyettes au piquet résistent bravement au vent et même aux bourrasques.

Avec une petite gerbe liée à son tiers supérieur, et dont on écarte le pied en surtout de panier à mouches, on obtient également bon résultat. Cette gerbe forme également un parfait noyau autour duquel on dresse plus ou moins de brassées que l'on convertit en moyette non moins solide, quand on a soin de la pourvoir également d'un bon lien circulaire.

Quand, soit à cause de l'herbe trop abondante à laquelle on veut donner le temps et une plus grande facilité de sécher, ou pour tout autre motif, on désire une libre circulation d'air à travers la moyette, on a, dans le pays de Caux, contrée assez avancée en culture, encore un autre mode aussi simple que parfait d'édifier les moyettes. On lie avec la tige de cinq ou six épis, aux deux tiers supérieurs, et par fractions de quart ou de cinquième de gerbe, la denrée au fur et à mesure qu'on la coupe, on dresse les unes contre les autres quinze ou vingt de ces espèces de petites gerbettes au pied flottant, et on les recouvre d'un chapiteau comme les moyettes ordinaires. Ce procédé ne laisse pas que de réunir de manifestes avantages : édification plus facile, dessiccation plus prompte et plus complète de l'herbe, liage des gerbes plus prompt et également plus commode, abri aussi parfait et plus de solidité encore.

Le battage du blé, comme le battage des autres céréales, s'effectue à bras, au fléau, ou bien au moyen de certaines machines appelées batteuses, que des chevaux ou des bœufs mettent en mouvement : 1° le battage à bras, qui consiste à prendre à deux mains des fractions de gerbes et à les frapper sur un tonneau ou sur un chevalet spécial, jusqu'à épuisement des épis, est une opération trop pénible et trop lente ; en outre, par ce procédé, l'ouvrier laisse dans la paille une trop grande quantité de grain. A ceux qui viendront alléguer que ce grain, généralement inférieur, est payé par le bon état des bestiaux qui consomment la paille, avec intention ainsi incomplétement battue, on peut objecter : d'abord qu'une bonne partie souvent en est perdue pendant les manipulations diverses que subissent les bottes avant leur administration aux animaux ; qu'une autre, mêlée aux filaments de paille et d'herbe, traverse la bouche, l'estomac et les intestins sans avoir subi la moindre altération, en un mot, qu'elle n'a nullement servi aux bestiaux ; à preuve, c'est qu'elle végète dans leurs excréments après sa sortie de leurs corps ; enfin qu'elle n'a servi à rien réellement ; que la troisième, plus ou moins incomplétement mâchée, ne profite elle-même pas entièrement ; en dernier lieu, que la vermine en dévore aussi une notable quantité. Certainement bien mieux vaudrait battre les gerbes à fond, séparer le grain en première, deuxième et troisième qualité, et convertir le reste en mouture. Soit qu'on donne cette mouture en toute nature aux bestiaux, soit qu'on en assaisonne un mélange de foin et de paille hachés et préalablement trempés quelques heures avant le repas dont ces denrées doivent faire la base, assurément on serait, de la sorte, grandement payé de sa peine et des frais de cette opération.

Si le battage au fléau laisse moins de grain et va peut-être un peu plus vite, il est encore loin d'être un procédé parfait et à conserver : d'abord il exténue et abrutit l'ouvrier qui en outre, malgré la peine qu'il prend, opère toujours fort imparfaitement; d'ailleurs, ce battage ne va pas non plus assez vite, le fermier est-il pressé par ses semailles, par une vente favorable, par un besoin, etc., etc. L'homme, avec son fléau, ne peut faire ni plus promptement ni davantage, sous peine d'exécuter plus mal encore et de faire malgré lui payer cher la précipitation qu'on lui impose.

Indubitablement, pour quiconque veut réfléchir, le battage à la machine est sous tous rapports tout à fait bien supérieur aux autres : travail prompt, parfait et exécutable par tout le monde de la ferme, utilisation des bêtes de travail et des gens que le mauvais temps souvent condamne à un désœuvrement plus ou moins absolu pendant des semaines entières, tels sont, entre autres, les avantages des machines. Il n'est pas à douter que, tout incessamment, les batteuses deviendront meubles de ferme tout comme les charrues, les herses, les rouleaux, etc., et que chez les petits cultivateurs on verra les machines locomobiles se promener comme on voit circuler les petits bouilloirs à distiller.

On a reproché aux batteuses de donner à la paille un goût de métal désagréable aux bestiaux; d'abord, ce goût, qui n'est que passager, ne se manifeste pas toujours et même les divers bestiaux ne tardent pas à s'y faire; on les a encore accusées de trop écraser les tiges de paille; la paille plus ou moins écrasée par les cylindres des batteuses n'en est que mieux fourragée par le bétail et la défourre n'en fait qu'une litière plus molle; en même temps, les filaments ainsi divisés ne s'imprègnent que mieux de diverses parties liquides des excréments. Le seul blâme un peu fondé qu'on puisse faire aux machines à battre, c'est de mettre la paille hors d'état de servir pour toiture et d'écraser un peu de grain.

La paille sortant des batteuses, quand immédiatement elle est bien bottelée et tassée, se conserve tout aussi bien que celle battue à la main ou au fléau; complétement et absolument sans grain, elle est même moins ravagée par les souris; soumise au hache-paille, elle est plus appétissante pour les bêtes qui la mâchent et la digèrent plus facilement. Que de beaux et bons bestiaux on pourrait entretenir de plus, si on hachait le foin et la paille, et si on réduisait en mouture tout le grain que l'on donne entier et dont les trois cinquièmes au moins parcourent le tube digestif des animaux sans aucun profit!

Avec de la bonne paille de blé *dépourvue de tout son grain* un bœuf, une vache, un cheval, des moutons vivent et même prennent une certaine condition; avec deux parties de paille hachée et une partie de foin également haché et le tout préalablement trempé et assaisonné d'une quantité de mouture équivalant aux deux tiers de la dose de grain qu'il reçoit en nature ou bien qu'il trouve dans la paille qu'on lui livre à fourrager, quand il n'a rien à faire, un cheval de culture se maintiendrait en bon état ordinaire de travail. Du reste, qu'on aille chez nos voisins d'outre-Manche, ainsi qu'en Allemagne, autant de fermes on visitera, autant de fermes attesteront que je dis vrai!

Avec les grains de lentillon, de pois, de vesces, de féveroles soumis au concasseur, et qui donnés en nature sont environ à moitié perdus et souvent occasionnent de funestes indigestions, que de bêtes de travail et de rente on pourrait soit élever, soit entretenir de plus, surtout si on mélangeait ces riches substances à leur propre paille hachée et associée à de la paille de blé et un peu de foin également hachés!

Plus le blé est d'espèce fine, meilleure en est la paille; ainsi celle de blé sans barbe est infiniment supérieure en qualité à celle de blé barbu; le peu d'herbe qui croît dans les bons blés est également délicat et recherché par tous les bestiaux; celle au contraire qui a poussé à travers les blés versés et parmi les récoltes misérables, le plus souvent est mauvaise et tous les animaux la dédaignent.

CHAPITRE LX.

LE SEIGLE.

SOMMAIRE.

Ressources fournies par le seigle en vert. — Qualités du pain de seigle. — Avantage de la paille de seigle pour toitures. — Ensemensement du seigle en Champagne, en Normandie. — Seigle de la Saint-Jean ou multicaule, ses avantages.— Impressionnabilité de l'épi de seigle à la gelée. — Terres à seigle, leur préparation. — Qualités du seigle de semence. — Mode d'ensemencement du seigle.— De l'ergot de seigle, sa nature, ses propriétés. — Modes divers d'administration du seigle aux bestiaux. — Seigle cuit en remplacement de l'avoine. — Seigle moulu. — Avantage de tous les grains à l'état moulu plutôt qu'en nature.

Malgré la qualité de son grain, bien inférieure à celle du froment, le seigle n'en est pas moins une céréale fort précieuse; il végète assez vigoureusement là où le blé ne viendrait pas, ou tout au moins ne donnerait qu'un produit médiocre ou chétif. D'un autre côté, le seigle, non-seulement sert à la nourriture de l'homme, mais encore il peut, dans certaines années, quand les provisions d'hiver sont épuisées, de bonne heure fournir un fourrage vert aussi abondant que précoce et sain pour tous les bestiaux. Les chevaux et les moutons en sont fort avides; il double la quantité de lait des vaches.

Si le pain de seigle n'est pas aussi savoureux que celui de blé, si peut-être il engraisse moins, d'autre part il semble donner plus de vigueur que le blé, ce qui ne saurait être attribué qu'à sa fermentescibilité plus prononcée et au lest plus durable qu'il donne à l'estomac. Aussi les ouvriers préfèrent-ils le pain de seigle, ou tout au moins de méteil, à celui du blé pur.

Si j'ai bien observé, l'ouvrier champenois est infiniment plus dur et plus actif à l'ouvrage que son confrère de Normandie et autres contrées, où le seigle ne fait pas, ou que très-faible partie, du pain des travailleurs. D'après plusieurs expériences que j'ai faites, tant sur moi-même que sur des manœuvres (à leur insu), j'ai cru pouvoir conclure que l'infatigable ardeur des Champenois à l'ouvrage était et devait réellement être attribuable *au pain un peu aigrelet et très-fermentescible* dont il se nourrit, et dans la fabrication duquel le seigle entre au moins pour les quatre cinquièmes, plutôt qu'à son tempérament particulier et au reste de son régime, généralement fort sobre.

Comme nourriture pour les bestiaux, sans contredit, la paille de seigle est la moins bonne de toutes. Dure, coriace, elle ne contient presque aucuns sucs nutritifs. De même qu'elle est très-peu nourrissante, de même elle est fort pauvre en engrais pour les terres. Néanmoins, elle est la plus riche en silice, élément qui lui donne sa roideur. Si elle est recherchée comme litière, c'est uniquement à cause qu'elle dure plus longtemps que les autres. Le fumier de paille de seigle est excellent dans les terres argileuses, où il agit comme le fumier de bruyère, c'est-à-dire qu'il rend ces terres légères et perméables à l'air; en un mot, qu'il concourt à leur ameublissement. Pour les toitures, sa coriacité lui fait également obtenir toute préférence. Dans les bons pays, on ne cultive de seigle guère que ce qu'il faut pour avoir les liens nécessaires.

On distingue deux espèces principales de seigle : le seigle d'automne et le seigle de la Saint-Jean. On les désigne ainsi à cause de leur époque d'ensemencement.

Dans les sols crayeux de la Champagne, sitôt sa maturité, on se hâte de récolter le seigle ordinaire, pour avoir de la semence, qu'immédiatement on remet en terre. Dans certaines contrées sablonneuses de la Normandie, au contraire, on ne sème ce grain que fort tard; c'est ainsi que dans la presqu'île d'Elbeuf-sur-Seine,. on en fait encore aux environs de la Noël. Le seigle normand est plus bis, moins gros et considérablement moins plein et moins lourd que celui des plaines de Châlons-sur-Marne et d'Arcis-sur-Aube (centre de la Champagne pouilleuse).

Le seigle est assez impressionnable au froid quand sa végétation n'a point atteint certain degré; d'un autre côté, quand son plant est par trop avancé, les fortes gelées peuvent lui causer également des dommages; consécutivement à ce principe sanctionné par l'expérience, l'ensemencement précoce de la Champagne est donc très-rationnel : d'abord la végétation automnale dans ce pays maigre n'étant pas fort active, la jeune plante n'acquiert pas avant l'hiver un tel développement, qu'elle ait à redouter ses rigueurs pendant qu'elle est en herbe; d'un autre côté, si on semait plus tard, outre que le seigle n'aurait pas suffisamment de force pour résister au froid durant sa première végétation, son épiage en second lieu ne venant à s'effectuer qu'au moment des grandes chaleurs rendues encore plus intenses par la réverbération des rayons solaires sur les immenses nappes crayeuses de ces contrées, alors ou sa fleur brûlerait ou son grain échauderait, ce qui ne laisse pas que d'arriver encore assez fréquemment.

Dans les sables de Normandie, au contraire, si on semait le seigle à la fin d'août ou bien au commencement de septembre, tout d'abord il pousserait avec fougue et gélerait soit en herbe si l'hiver venait à être rigoureux, soit en épi s'il survenait en avril quelque retour de basse température. L'atmosphère de Normandie toujours plus chargée d'humidité (sans doute à cause de son plus prochain voisinage de la mer) et la réverbération manifestement moindre sur ses plaines grises ou brunes, conjurent les inconvénients de l'épiage plus tardif.

En résumé, dans les sables de Normandie, la végétation est aussi active en tous temps, qu'en tous temps elle est calme et même lente dans les craies de la Champagne, ce qu'il faut attribuer à la fécondité naturellement supérieure des sables normands et à la dose supérieure d'engrais qu'ils reçoivent, ainsi qu'aux pluies plus fréquentes, aux brouillards et aux vapeurs atmosphériques plus considérables vers le littoral ; telles sont, entre autres, les raisons de la conduite différente que doivent tenir les cultivateurs champenois et normands.

Le seigle de la Saint-Jean a les épis plus maigres, plus grêles, plus allongés ; sa paille également est plus fine et surtout plus haute ; d'un autre côté, son grain est moins farineux et moins pesant. Cependant, il rachète ces désavantages par de très-notables qualités : mis en terre dans le courant de juin ou, au plus tard, dans la première quinzaine de juillet, il fournit au commencement de l'automne une abondante récolte verte, pour peu qu'il n'ait pas fait trop sec et pour peu que la terre ait quelque état. Quand on ne l'a point fait paître trop tard lors de sa seconde pousse, on peut en tirer encore une bonne coupe en avril suivant. L'abandonnant ensuite à lui-même, on fait une troisième récolte en grain, arrive le mois d'août. Il est bien à regretter que cette espèce de seigle ne soit pas plus connue ni plus répandue. A cause des deux ou trois rendements qu'il fournit comme fourrage avant d'être récolté en grain, on l'appelle encore seigle multicaule.

Le seigle en général est, sous le rapport du terrain, beaucoup moins exigeant que le froment; il vient partout; néanmoins, il redoute les sols froids et humides; il gèle volontiers dans les terres basses et orientées au nord. Dans les graviers, dans les terres légères à sous-sol sablonneux, dans les plaines crayeuses, il est très-commun de le voir échauder, s'il survient de grandes chaleurs lors de sa floraison ou au moment de la formation de son grain. Les nuits froides du printemps, les gelées tardives le perdent assez souvent aussi, ou tout au moins lui causent notable dommage, surtout à sa fleur.

De même que le blé, et surtout l'orge, le seigle demande une terre bien ameublie ; pourtant, malgré l'adage champenois, qui dit : « *blé dans le mortier*, *seigle dans le poussier*, » peut-être donne-t-on trop de façons aux terres que l'on destine à recevoir la semence de seigle ; d'après certains agronomes praticiens, c'est à tort qu'en Champagne surtout on donne autant de labours durant le printemps et l'été aux terres qu'on réserve à cet ensemencement. Par ces labours à la fois inutiles et dispendieux, on favorise l'évaporation des sucs du sol, ainsi trop ameubli et que l'on met inutilement en action ; de forts hersages, qui le nettoieraient tout aussi bien, ne l'altéreraient pas autant ; avec deux labours d'été, en cas d'abondantes mauvaises herbes, et un labour d'ensemencement, on obtiendrait de meilleures récoltes et à moins de frais.

La lupuline, le trèfle blanc, le trèfle rouge, le sainfoin, qui se plaisent en terre légère, soit qu'on les fasse brouter sur place, soit qu'on les récolte comme foin ou comme provision verte d'étable, passent et à juste titre pour précéder avantageusement la culture du seigle ; ces plantes, outre le produit qu'elles donnent, économisent des labours coûteux et entretiennent les sucs de la terre en même temps qu'elles la chargent de détritus fortifiants.

Le seigle de semence doit être aussi gros et aussi lourd que possible ; il doit tirer sur le jaune froment plutôt qu'avoir une couleur bise ; également il sera pur de toutes graines étrangères et notamment de celles du coquelicot, de nielle et d'ivraie enivrante.

Le plus généralement on sème le seigle sur la terre fraîchement labourée, puis immédiatement on l'enterre à la herse. En Champagne, où la culture de cette céréale est assez bien entendue, on sème moitié sous la charrue et moitié sous la herse, ce dont on se trouve parfaitement.

Le seigle en terre légère est plus sûr à la volée qu'au rayon, attendu que les tiges éparses se garantissent mutuellement mieux de la sécheresse; en terre fraîche ou forte ou très-fumée, l'ensemencement au rayon est plus rationnel.

Le seigle n'est guère sujet qu'à une seule maladie, qui même lui est particulière *à lui seul*, c'est l'ergot. Extérieurement d'un noir brun, l'ergot offre une cassure tirant sur le violet. Son nom lui vient de sa ressemblance avec l'éperon ou ergot du coq; on le trouve plus communément dans les seigles sur défriches et dans les sols un peu frais. La plupart des botanistes considèrent cette production comme une plante parasite, sorte de champignon qui vient se greffer dans les cases ou cellules destinées au grain dont il s'approprie les sucs après en avoir anéanti le germe. Du seigle qui contiendrait beaucoup d'ergot serait d'un usage dangereux pour les bestiaux et pour les hommes. A ma connaissance, un taureau et des vaches ont péri pour avoir mangé du seigle contenant de l'ergot en notable quantité.

Le seigle que l'on destine aux animaux se donne ou en nature, ou cuit, ou moulu : 1° le seigle en grain est à la vérité assez de leur goût; mais, eu égard à sa dureté, ils en rendent au moins moitié à peu près tel qu'ils l'ont pris. Malgré tout, néanmoins, le seigle en grain leur donne une vivacité vraiment remarquable, ce qui est dû sans doute à l'alcool qui se développe par suite de sa fermentation vineuse dans leur estomac. Si la ration en était un peu abondante et souvent répétée, les chevaux qu'on soumettrait à son usage deviendraient très-exposés à la fourbure ainsi qu'aux inflammations intestinales, soit simples, soit avec une réaction sur le cerveau, ainsi que j'ai été plusieurs fois à même de l'observer; 2° le seigle cuit est très-nourrissant; il donne même, dit-on, une certaine vigueur aux bêtes; mais, bien qu'en disent des vétérinaires et des chefs d'administration, les uns sans expérience pratique de la chose, les autres aveuglés par des vues d'intérêt pur et simple, avec les postillons et tous les conducteurs, je me permettrai d'objecter hautement *que jamais le seigle cuit n'a su et ne saura remplacer l'avoine pour les chevaux de travail sérieux;* en outre que, malgré leur ramollissement, de nombreux grains de seigle cuit sont rendus parfaitement intacts, et par conséquent sans profit pour les animaux soumis à pareil régime. Les volailles, qui mourraient de faim dans un grenier plein de seigle, sont assez avides de ce grain quand il a subi la cuisson. Mélangé avec du foin et de la paille hachés, le seigle cuit serait plus intégralement digéré, se trouvant mieux mâché; 3° le seigle réduit en mouture et employé comme assaisonnement du foin et de la paille hachés, serait infiniment plus profitable que donné cru ou cuit et tout pur; les porcs, qui en perdent considérablement plus encore que tous les autres animaux dans leurs excréments quand on le leur donne cru ou même cuit, n'en perdraient pas la moindre parcelle si on le mouturait et si on en condimentait les tubercules et les racines cuites destinées à leur simple entretien ou à leur engraissement.

Un savant physiologiste-chimiste a prouvé qu'en donnant à un animal une ration de grain quelconque en nature *équivalant à neuf*, hardiment on pouvait la réduire à *huit* après l'avoir soumise à la cuisson, à *sept* convertie en mouture, et enfin à *six*, moyennant la précaution d'arroser préalablement *avec de l'eau bouillante* la ration ainsi réduite; de même qu'une mesure de grain, dit-il, est composée de plusieurs grains plus ou moins nombreux, de même chaque grain également est composé de molécules distinctes, pareillement plus ou moins nombreuses; de même que la meule divise tous les grains, de même la chaleur de l'eau bouillante ouvre et rompt toutes les utricules qui contiennent la matière assimilable et la mettent en condition d'être intégralement absorbée par les vaisseaux qui pompent le chyle à la face interne des intestins et la charrient au cœur.

La récolte et le battage du seigle s'effectuent comme la récolte et le battage du blé; seulement il est indispensable de battre à la main ou au fléau les gerbes dont la paille est destinée à faire du lien et surtout de la couverture.

CHAPITRE LXI.

L'ORGE.

SOMMAIRE.

Usages multiples de l'orge. — Diverses espèces d'orges. — Avantages de chacune. — Terres convenant à l'orge. — Leur préparation. — Epoque de l'ensemencement de l'orge. — Dans les pays chauds l'orge est préférable à l'avoine pour les chevaux. — Usage de la paille d'orge. — Récolte de l'orge en Champagne. — Javelage de l'orge. — Inconvénient de donner de l'orge en grain. — L'orge pourrait et devrait généralement être cultivée plus en grand.

En général, si l'orge est cultivée moins en grand que le blé, elle n'en est pas moins une céréale de très-grande importance; comme grain alimentaire pour l'homme, elle donne une farine qui, associée dans de certaines proportions à celle du seigle et surtout du froment, fait un pain frais, sain et surtout savoureux et digeste autant que nourrissant. L'orge concassée est pour les bestiaux à l'engrais incontestablement la meilleure nourriture. Certaines espèces d'orges, utilisées en herbe, constituent également une précieuse ressource par leur précocité et par la quantité de fourrage excellent qu'elles produisent. Il est regrettable que cette plante, à la vérité un peu délicate et qui ne s'accommode pas de toute espèce de terrain, ne soit pas aussi généralement cultivée qu'elle pourrait l'être et surtout autant qu'elle le mérite.

On distingue deux espèces d'orges : l'orge d'hiver ou escourgeon, et l'orge ordinaire, ou commune, ou de printemps; chacune offre plusieurs variétés : 1° l'escourgeon, encore connu sous le nom d'orge carrée, est bien moins délicate que l'orge commune; pourvu que la terre soit bien ameublie, bien égouttée et exposée au levant ou au midi, on peut compter sur une abondante récolte. D'un autre côté, quand on fait consommer l'escourgeon comme fourrage vert, la terre redevient libre de bonne heure et on peut l'ensemencer de nouveau en sarrasin, pommes de terre, navets, etc., etc., que, moyennant du fumier, si la terre est fondamentalement bonne, on peut encore faire suivre immédiatement de blé ou d'avoine d'hiver, ou de vesce d'hiver, ou même de trèfle rouge. La paille de l'escourgeon, récoltée à maturité, est sèche et peu recherchée des animaux; son grain également est maigre, peu pesant et pauvre de farine, elle-même aussi de fort médiocre qualité. L'escourgeon de printemps, l'orge noire, l'orge céleste sont autant de variétés d'escourgeon; du reste, elles sont assez peu productives et tendent trop à dégénéner. L'escourgeon s'appelle orge carrée en de certaines contrées à cause de ses grains disposés sur quatre rangs et qui donnent une forme carrée à son épi; il en est encore une autre espèce à six rangées de grains, mais c'est plutôt une plante de curiosité que de véritable culture; 2° l'orge commune se coupe rarement en vert, c'est principalement pour son grain qu'on la cultive; ses épis sont pourvus de longues barbes rugueuses; elle est plus allongée, plus pointue, plus dure, plus plate et en même temps beaucoup plus farineuse que toutes les autres espèces; c'est l'orge commune que les brasseurs recherchent et préfèrent à tout juste titre. Il en est encore une autre espèce sans barbe et dont le poids du grain égale presque celui du froment; elle est aussi fort précoce, mais moins abondamment productive que l'orge ordinaire; d'un autre côté, son grain, peu adhérent à l'épi qui le porte, tombe très-volontiers à la moindre secousse occasionnée par le moindre vent, c'est l'orge nue.

Une terre franche et meuble, avec une fraîcheur très-modérée, convient parfaitement à la culture de l'orge; dans les sols calcaires, cette céréale vient encore assez bien; mais, comme ceux du seigle, ses épis échaudent volontiers quand, à l'époque de la formation du grain, surviennent des chaleurs de quelque intensité et un peu continues; en outre, malgré la faveur des conditions atmosphériques, l'orge n'y acquiert jamais autant de poids.

On récolte d'assez bonnes orges dans les terres qui sortent d'inondation, quand, toutefois, elles ont eu le temps de s'égoutter avant l'époque de l'ensemencement; aussi, remplace-t-on souvent, avec de l'orge commune, les blés noyés par le débordement des rivières. Quand l'époque est trop avancée, à la place d'orge on sème de la vesce pour dépenser en vert, ou bien des betteraves ou des navets.

Dans les bassins froids et argileux l'orge réussit très-mal, mûrit incomplétement et même ne vient pas du tout, principalement dans les expositions au nord et au couchant.

Non-seulement il importe de bien ameublir les terres que l'on destine à la culture de l'orge, mais encore on doit y détruire toutes les mauvaises herbes par plusieurs labours et hersages répétés.

La dernière quinzaine de mars et la première semaine d'avril, telles sont les époques d'ensemencement de l'orge commune; cependant, j'ai vu en Champagne de l'orge semée à la mi-mai, sur blé submergé, arriver à parfaite maturité à la fin d'août. Il est vrai que son poids n'était pas tout à fait de premier titre.

Dans les germoirs de brasseurs, l'orge d'un an, et encore plus celle de deux ans, demeure inerte en grande partie ; non-seulement la majeure partie du grain vieux ne travaille point, mais à peine si une certaine quantité renfle et s'arrondit quelque peu; plus le moindre développement de sucre dans l'amande, d'où il faut inférer que la semence la plus nouvelle est infiniment préférable. Dans les terres légères, on enfouit la semence au moyen d'un léger labour, un bon hersage suffit dans celles plus fraîches et plus fortes.

L'orge se cultive dans presque tous les pays, sous toutes les latitudes : en Belgique, en Flandre, dans la Hollande, en Allemagne, en Pologne, en Russie, on récolte des orges d'un rendement et d'un poids surprenant; en Espagne, en Italie, en Asie, en Afrique, l'orge prospère à souhait. Mélangée à la paille hachée, elle fait la nourriture presque exclusive des chevaux dans les contrées chaudes où le régime à l'avoine serait dangereux, ainsi que l'ont observé les vétérinaires des divers corps d'expédition en Algérie et en Espagne.

Comme nourriture pour le bétail, la paille d'orge prend place immédiatement après celle de froment; au commencement du printemps on l'associe avec grand avantage aux herbes précoces et trop tendres, ou trop aqueuses, dont on conjure par là les effets fâcheux qui pourraient arriver si on les donnait toutes seules.

A moins qu'elle ne soit versée, ou qu'elle n'ait pris un développement extraordinaire, l'orge se moissonne à la faux; c'est, comme pour les autres céréales, le moyen le plus expéditif et le plus économique. Avec un peu de précaution, on ne perd pas plus de grain qu'à la faucille. Quand il fait du vent ou que le sec est par trop intense, il est convenable de ne faucher que le matin et le soir, quand la terre exhale sa fraîcheur. En Champagne, où la culture de l'orge se fait sur une certaine échelle, on ne la lie point en gerbes, à moins qu'elle ne soit tout à fait grande; après cinq à huit jours de fauchage, suivant le plus ou moins de pluies ou de rosées, on ramasse en petits tas réunis huit par huit, ou plus ou moins, les audains à l'aide d'une fourche en bois dont les deux dents principales, longues de trente-cinq à quarante centimètres, sont légèrement courbées en haut et dont une troisième, plus courte, également courbée, mais en direction inverse, vient compléter le simple système. Des femmes et des enfants, armés de râteaux, suivent les hommes qui manient les fourches, et le ramassage va grand train. Comme cette opération ne se fait ordinairement que le matin et le soir, à moins que durant toute la journée le temps ne soit frais et humide, on perd généralement fort peu de grain.

Dans le but d'en rendre le battage plus facile et d'augmenter le poids et le volume du grain, on a généralement assez l'habitude de laisser, une ou deux semaines, la récolte sur terre avant de la ramasser en tas ; si on calculait toute la perte que cette pratique occasionne, si on envisageait la couleur moins belle du grain et l'altération de la paille qui demeure plus ou moins tachée et terreuse, si d'un autre côté on tenait en ligne de compte les avaries plus grandes encore qui peuvent survenir pour l'un et pour l'autre par suite d'intempéries subites, imprévues et prolongées, dont on aurait garanti sa récolte en la rentrant après cinq ou six jours de fauchage, peut-être cette habitude perdrait-elle de son crédit. On a encore allégué à l'appui du javelage, que cette méthode mûrissait le grain et les épis en retard ; mais, par là, ne sacrifie-t-on pas le bon grain au médiocre et la grande majorité à une minorité chétive. Comme le plus ou moins de ténacité du grain à la paille n'importe aucunement aux batteuses, qui, sous peu, auront fait oublier l'abrutissant battage à bras, on ne saurait, sous prétexte de rendre ce dernier plus facile, continuer de sacrifier à une habitude routinière la qualité et une partie plus ou moins considérable d'une récolte aussi précieuse.

Pas plus que le bas blé, pas plus que le seigle, l'orge ne doit se donner en nature aux animaux à l'engrais, pas même aux moutons, bien que ces derniers ne rendent jamais le moindre grain dans leurs excréments; souvent, ou du moins assez souvent, j'ai vu de ces animaux pris d'indigestion *de grain entier*, quelques-uns en mourir, d'autres souffrir plus ou moins longtemps, dépérir considérablement et mettre un temps infini à reprendre. Ce qui fait le mal dans ces circonstances, c'est que l'orge renfle, prend du volume, gonfle enfin et ne circule que difficilement dans les intestins. L'orge moulue grossièrement et associée à un peu de bon foin haché, et préalablement trempée pendant quelques heures ou mélangée à des racines cuites ou bien crues, n'offre aucun inconvénient semblable et en même temps donne des résultats plus prompts et tout à fait meilleurs que le grain entier, ce dernier fût-il donné à ration supérieure.

Au lieu d'employer pour l'alimentation de son personnel le bas blé, voisin de la mauvaise criblure, ainsi que souvent je vois faire, mieux vaudrait bien des fois que le fermier convertît cette denrée inférieure en mouture pour ses bestiaux, qu'il ensemençât en plus quelques hectares d'orge, dont la fleur farine entrerait dans la composition d'excellent pain de prix égal; celle de la plus basse qualité, mélangée à la criblure moulue, donnerait de parfaits résultats pour la nourriture et l'engraissement de bœufs, de moutons et de porcs, que même on pourrait, par ce moyen, entretenir en plus grand nombre encore, nouvelle source de plus de bénéfice et de fumier de première qualité.

CHAPITRE LXII.

L'AVOINE.

SOMMAIRE.

Mode d'action particulière de l'avoine sur les bestiaux et même sur l'homme. — *Point d'avoine, point de chevaux.* — Nécessité de donner à ces animaux des rations proportionnelles à leur âge, à leur travail et aux diverses saisons. — Inconvénients de noyer la ration d'avoine dans une masse de matière inerte. — C'est à tort qu'on a taxé l'avoine d'occasionner la fluxion périodique. — A la campagne, on donne aux chevaux trop de fourrage et pas assez d'avoine. — Les chevaux nourris à l'avoine dès leur jeune âge sont meilleurs et durent plus longtemps que les autres. — Avoine concassée, ses bons résultats pour l'engraissement, ses résultats moindres pour l'énergie. — Diverses espèces d'avoine.— Blanche.— Noire.— Petites et grosses avoines. — Avoine de Géorgie. — L'avoine vient en toutes terres. — Epoques d'ensemencement de l'avoine — De la sanve. — Moyen de la détruire. — Récolte de l'avoine. — Procédé usité en Champagne. — Du javelage. — L'avoine battue à la mécanique est meilleure que les autres. — Dans chaque exploitation, on devrait cultiver ce grain en proportion du nombre de bétail qui en fait usage.

L'avoine est une céréale presque exclusivement consacrée à la nourriture des bestiaux, et notamment du cheval. Pourtant, dans certaines contrées du Nord, en Suède, en Ecosse et surtout en Irlande, la classe pauvre ne mange presque pas d'autre pain que du pain d'avoine. Bien qu'en proportions différentes, l'amande d'avoine contient les mêmes éléments que celle du seigle, de l'orge et une partie de ceux du blé, moins le gluten pourtant; mais une chose qu'il importe de signaler, c'est que l'écorce de l'avoine renferme un principe particulier qui excite les organes des animaux à la manière de l'eau-devie, du vin et de toutes les liqueurs fermentées qui, prises à certaine dose, doublent l'énergie de l'homme.

L'avoine est un aliment de premier ordre pour toutes les bêtes, et notamment pour celles de travail; elle produit chez le cheval de trait cette vigueur musculaire qui lui fait vaincre les plus grandes résistances. C'est également à l'avoine qu'est due cette fierté sans cesse renaissante, qui donne au cheval de selle l'énergie de mouvements, la moelleuse souplesse de réactions qui font tant jouir le cavalier et le rendent orgueilleux de sa monture.

« Point d'avoine, point de chevaux. »

Je ne sais pas de proverbe mieux basé et plus vrai; qu'on devrait bien convaincre de sa profonde sagesse les éleveurs de la Normandie, du Perche et de presque tous les pays où l'on fait des chevaux! Il est de règle à peu près générale en France, chez les cultivateurs, de ne pas ou presque pas donner d'avoine aux jeunes poulains; quant aux chevaux d'âge, on ne leur en donne pas non plus suffisamment. Dans les grandes comme dans les petites exploitations, rarement cette portion indispensable d'un bon régime est réglée avec sagesse et calcul : ici, ils en reçoivent durant toute l'année, mais avec une parcimonie qui sent l'avarice; là, après la récolte et jusqu'au moment de la semaille des blés, les rations sont outrées, puis les travaux de printemps arrivés, la provision tirant plus ou moins à fin, les chevaux qui ne sont plus en haleine se trouvent réduits à travailler sans grain ou presque sans grain; de là des maladies, des indispositions, des altérations de tempérament, un service languissant, des bêtes malheureuses!

C'est à tort que, presque partout à la campagne, on associe de la paille hachée et, le plus souvent encore, de la menue paille de blé à la ration d'avoine des chevaux; en petite quantité, la paille hachée comme la menue paille donnent bon résultat, il est vrai, entre autres celui de forcer les animaux à mieux mâcher leur grain; mais en noyant un ou deux litres de médiocre *avoine entière* dans six ou huit litres de semblable matière étrangère *et sèche*, on obtient le plus déplorable résultat. La salive ne suffisant point à délayer cette masse, la digestion en est incomplète ou mieux imparfaite ; l'avoine ne fermente pas et est mal mâchée ; les animaux, d'autre part, étant obligés de boire outre mesure, se dilatent les intestins, souffrent considérablement et digèrent péniblement.

Que si les intestins des chevaux, de gros travail surtout, ont besoin d'être lestés, il ne faut pas de là prendre thème qu'on doive les surcharger et surtout de masses dans les *meilleures conditions possibles pour être mal digérées.*

Dans le pays de Langres, en Comté, dans les Vosges et dans la Champagne, on considère la fluxion périodique comme occasionnée par l'avoine donnée en forte quantité aux jeunes poulains. C'est là une erreur manifeste et dénuée de toute vraisemblance comme de tout fondement; l'hérédité et une certaine influence climatérique sont les seules causes du mal.

Généralement enfin, à la campagne, on donne aux chevaux de travail ainsi qu'aux poulains beaucoup trop de gros manger et pas assez d'avoine. Cultiver ce grain un peu plus en grand, en donner honnête ration quotidienne, livrer aux vaches et aux jeunes élèves de cette espèce qui, l'hiver, ne vivent en partie que de paille en nature et de pauvre fourrage, la portion de foin qu'un supplément d'avoine met à même de retrancher aux chevaux, à la rigueur même, dans le cas où on serait hors d'état de récolter suffisamment ce grain, vendre une certaine quantité de foin, trèfle ou luzerne, en convertir le prix en avoine, telle serait une méthode bien plus sage dont les chevaux se trouveraient à merveille et qui, en même temps, les rendrait plus aptes à rendre de plus longs et de meilleurs services ; d'un autre côté, la pousse, qui est si commune et qui les déprécie tant et à si juste titre, la pousse, deviendrait considérablement plus rare : il est d'observation avérée, en outre, qu'un cheval, qui dès son bas âge a reçu une convenable ration de grain, est plus solide, vit plus longtemps et rend meilleur service que son semblable qui n'y a goûté que fort tard, enfin que sa chair est plus dure.

Observant que les jeunes aussi bien que les vieux chevaux rendaient une bonne partie de leur ration d'avoine plus ou moins intacte, on a conseillé de donner à ces bêtes quelles qu'elles soient leur ration d'avoine préalablement concassée ; assurément, ce précepte est plein de justesse en théorie ; mais malheureusement la pratique n'y appose point un aussi encourageant contrôle. Si l'avoine concassée est plus nourrissante, il est avéré par les résultats, qu'à l'état entier elle est essentiellement plus excitante à rations égales en poids ; ce que l'on pourrait expliquer peut-être et avec vraisemblance, en disant que la première est plus intégralement digérée, et que la seconde, séjournant plus de temps dans l'estomac des animaux, y éprouve une fermentation alcoolique manifeste.

Enfin, qu'on la lui donne concassée ou entière, la ration d'un cheval de labour devrait équivaloir, *pécuniairement*, durant les légers travaux, au tiers de son budget alimentaire, et à la moitié dans le moment des gros charrois et des labours pénibles. Quant au cheval de diligence, qui demande à être maintenu en pleine vigueur et en haleine, il a amplement assez d'une ration de foin représentée par le tiers de son chiffre de dépense ; l'avoine doit représenter les deux autres tiers qui généralement se traduisent par seize à dix-huit litres de ce grain.

En résumé, quand il ne travaille pas extraordinairement, six à sept litres d'avoine suffisent au cheval de labour, et dix à douze quand son service est sérieux ; avec quinze à dix-huit litres, le diligencier, bien soigné du reste, doit être en parfaite condition, je le répète.

On distingue deux sortes d'avoine : l'avoine noire et l'avoine blanche. La première est la plus répandue ; elle passe pour plus tendre sous la dent ; on dit également que son écorce contient plus de principes excitants. L'avoine blanche généralement est plus lourde, surtout l'avoine blanche d'hiver. Noires comme blanches, les avoines plus grosses comme celles plus petites ne doivent leur dissemblance de volume qu'à la richesse ou à la pauvreté du sol qui les a produites ; en d'autres termes, sur bon sol les petites avoines ne tardent pas à devenir grosses, de même celles de fort grain dégénèrent vite en terre maigre.

Les avoines se divisent encore en avoines d'automne ou d'hiver et en avoines de printemps ; les premières, comme tous les produits qui mettent plus de temps à parcourir leurs périodes de végétation, sont plus pesantes et ont plus de qualité ; un autre avantage de l'avoine d'hiver, c'est sa précocité.

L'avoine de Russie, l'avoine de Géorgie sont des espèces particulières qu'on peut semer indistinctement à l'automne ou au printemps ; elles prospèrent assez bien en France ; mais cependant leur poids est sensiblement inférieur à celui de nos avoines indigènes.

Moins que le froment, moins que le seigle et l'orge, l'avoine est difficile sur la qualité et même sur les préparations du sol qu'on lui destine ; les terres argileuses, tourbeuses, les étangs desséchés, les friches, les déserts de bois, tout lui convient, avec un simple labour et un unique hersage pour enfouir la semence. Pourtant, quand le champ est par trop gazonneux, qu'il y existe de nombreuses et profondes cavités au fond desquelles le grain irait rouler et se perdre, il est bon avant de répandre la semence de donner d'abord un fort coup de rouleau pour combler les trous et niveler le champ, puis à force de hersage qui met la terre en mie, on enterre la semence. Malgré qu'en terre neuve l'avoine réussisse bien sur un simple labour, ce ne serait pas sans grand avantage pourtant qu'on en donnerait plusieurs, si on en avait la possibilité.

La semence d'avoine, de même que celle des autres céréales, doit être parfaite de sécheresse, de poids, de couleur et de bon goût; elle doit également être sans le moindre mélange de graines étrangères.

L'avoine en général est assez dure à la gelée; sitôt donc que le fort de l'hiver est passé, que les plaines sont ressuyées, on peut la semer; il est de remarque assez commune que les premières faites presque toujours sont les meilleures sous tous les rapports, aussi dit-on en proverbe :

Avoine de février remplit le grenier.

Dans les terres légères, c'est un louable usage que de semer moitié grain dessous et moitié dessus. — De même que dans les terres argileuses c'est une bonne habitude que celle de herser les avoines dans le courant de mars et le commencement d'avril, afin de rompre et de déchirer la croûte superficielle du sol; de même aussi on se trouve bien de rouler celles en terre légère avant que la sécheresse n'ait pénétré jusqu'à leur racine. Ainsi que l'orge, l'avoine est une plante assez sujette au charbon; pourtant, il faut l'avouer, rarement cette maladie y occasionne de notables dégâts.

Une herbe qui nuit singulièrement à l'avoine et qui se manifeste principalement dans les terres un peu fraîches, c'est la sanve. Outre qu'elle en gâte la paille par ses tiges dures, d'un autre côté elle paralyse le développement du jeune plant, qui, malgré sa première végétation très-précoce et très-active, ne tarde pas à être dominé. Un moyen très-bon et à la fois prompt et économique de remédier au mal, c'est quand la sanve est arrivée à dépasser l'avoine et qu'elle est en pleine fleur, à l'aide d'une faux bien tranchante et habilement maniée, de raser un peu au-dessus du collet de la jeune avoine l'herbe parasite ; si l'andain en est considérable, il importe de le ramasser, les vaches ne le dédaignent point; dans le cas contraire, on l'abandonne et il ne tarde pas à venir tomber sur la terre où il pourrit au pied de l'avoine. Bien que plus ou moins atteinte par la faux, l'avoine à son tour ne tarde pas à reprendre le dessus ; que toutes ses branches soient coupées ou qu'il en reste encore quelques-unes, la sanve, désormais pour toujours surmontée par la céréale, languit et périt assez promptement en plus ou moins complète totalité, et la plus grande partie des tiges qui ont échappé à la faux s'étiolent et leurs fleurs rabougries avortent presque toutes.

Comme les autres grains et même encore plus impunément à cause de sa plus solide adhérence à la tige qui la supporte, l'avoine se moissonne à la faux. Convertir en gerbes les forts andains, ramasser à la fourche et réunir par petits tas ceux plus faibles formés de tiges moins développées et plus couvertes comme on fait pour l'orge, tel est l'usage assez communément suivi en Champagne encore et dont je n'ai point observé qu'on se trouvât mal.

L'avoine mûrissant moins uniformément que les autres grains; d'un autre côté sa maturation pouvant fort bien se compléter après le fauchage ; en troisième lieu, les bestiaux mangeant la paille javelée au moins aussi bien, sinon mieux, que celle qui n'a pas séjourné quelque temps sur terre, il y a tout avantage à laisser la récolte cinq à six jours en andains, si le temps ne s'y oppose pas; mais si on l'abandonnait trop longtemps sur le sol, d'une part on s'exposerait à perdre en bonne partie le meilleur du grain tout en détériorant le reste, puis la paille elle-même perdrait notablement de sa qualité.

Le grain de l'avoine battue à la mécanique est considérablement plus beau, plus pur, plus net de poussier ; il est également plus franc de goût que celui sortant de dessous le fléau. La bonne avoine bien sèche, bien vannée et criblée doit peser de quarante-huit à cinquante-six kilogrammes l'hectolitre.

Pour leur restituer autant que possible de cette belle vigueur que leur a fait perdre la castration, ce serait une excellente habitude que d'augmenter aux chevaux hongres leur ration d'avoine aux dépens de celle de fourrage. Le poulain paierait avec gros intérêt les trois ou quatre litres de ce grain que journellement on lui donnerait jusqu'à l'âge de quatre à cinq mois. Plus tard, cette ration augmentant graduellement jusqu'au moment de l'utiliser, on finirait par avoir infailliblement un animal solide, avec du cœur et du tempérament, pour peu déjà que par devers lui il ait de sang et d'organisation native.

A une certaine dose, l'avoine est avantageuse; à dose plus élevée, il n'y a nul profit sinon même perte; si on augmente la ration encore, on court des risques. D'un autre côté, déprécient les animaux qu'ils veulent vanter ceux-là qui, avec emphase (et le cas est malheureusement trop commun), disent: « *Cet animal n'a jamais goûté un grain d'avoine.* » Si les *amateurs* se laissent tenter et séduire par semblable aveu, je doute qu'il en soit de même des véritables *connaisseurs*. Encore une fois :

Point d'avoine, point de chevaux.

Le fourrage fait des muscles de sapin, l'avoine des muscles de chêne.

Il serait également rationnel de ne donner aux chevaux de travail sérieux qu'une moindre partie de leur ordinaire d'avoine pendant la journée et d'en réserver au moins les trois quarts pour le repas du soir; le son et les diverses moutures, ainsi que d'excellents fourrages, constitueraient les repas du matin et du midi; leur digestion s'effectuant tranquillement durant la nuit, et aussi complétement que possible, ces animaux profiteraient mieux et feraient meilleur service. Pour mon compte personnel, je me trouve parfaitement de semblable manière de faire à l'égard des chevaux affectés à mon service.

Les vaches et les moutons mangent très-volontiers la paille d'avoine; quant aux chevaux, ils préfèrent de beaucoup celle de froment. La paille d'avoine, de même que la paille de froment, de même que celle de toutes les céréales, est d'autant plus nourrissante et d'autant plus du goût des bestiaux, que la récolte en a été opérée, la tige se trouvant encore un peu en activité de végétation.

De même que celui des céréales, de même que celui des racines, de même enfin que celui de beaucoup d'autres plantes, l'ensemencement de l'avoine *en lignes* est une méthode que l'on ne saurait trop recommander, surtout *en bonnes terres.*

CHAPITRE LXIII.

LE SARRASIN.

SOMMAIRE.

A bien des titres, le sarrasin mérite aussi de la considération. — Maladie occasionnée par le sarrasin en fleurs, moyen d'y remédier. — Le grain de sarrasin est de premier titre pour l'engraissement des volailles. — Le sarrasin purge les terres des mauvaises herbes. — Enfoui vert, c'est un amendement et à la fois un engrais pour les terres.— Le sarrasin vient partout; il peut avec avantage remplacer les ensemencements noyés.—Récolte et battage du sarrasin.

Le sarrasin est encore une espèce de céréale que le petit cultivateur, bien à tort, ne considère que trop secondairement; quant au gros fermier, il croirait se manquer en lui accordant quelque attention. Cependant, quand on sait l'y faire paraître à propos, cette plante ne laisse pas que d'offrir d'assez notables avantages dans une exploitation. Comme amendement ou engrais pour la terre, comme fourrage vert pour les bestiaux, comme grain excellent pour les animaux en pouture et pour les volailles, le sarrasin assurément mérite bien aussi son appréciation.

Semé de bonne heure et enfoui vert, c'est-à-dire au moment où sa fleur est prête à s'épanouir, le sarrasin est un engrais précieux pour les terres froides, qu'il ameublit et à la fois fertilise. Dans ce cas, pour peu qu'il ait acquis de développement, avant d'y mettre la charrue, on le fait parcourir par les vaches, puis par les moutons, qui, les uns et les autres, tout en y prenant saine et abondante pâture, le foulent, le couchent et ainsi en favorisent l'enfouissement. Fauché au moment où son bouton commence à vouloir poindre et jusqu'à la fin de sa floraison, il fournit un fourrage sain et excellent qui donne infiniment de lait et d'état aux vaches. On a observé que cette plante, quand ils la pâturent durant sa pleine fleur, détermine assez souvent chez les moutons une sorte d'enflure en vraie manière d'érésypèle, que souvent on a prise pour le charbon à la face. L'eau chaude fortement vinaigrée, le goudron chaud, l'eau ammoniacale (deux parties d'ammoniaque sur cinq d'eau), font promptement disparaître cette affection plus effrayante que grave; quelquefois pourtant, surtout lorsqu'elle a son siége au pourtour des naseaux, on est obligé de faire précéder de scarifications les lotions curatives. L'eau chlorurée est encore puissante dans cette circonstance.

Le grain de sarrasin convenablement moulu rend une farine qui, associée à celle de blé et de seigle, produit un pain assez savoureux et fort nourrissant. Le pain de sarrasin seul est mat, lourd et d'une digestion difficile, ce qui est dû à son manque de gluten et par suite au faible degré de fermentation que sa pâte est capable d'éprouver.

Mais c'est principalement comme nourriture pour le bétail que ce grain mérite intérêt. Avant de l'administrer aux chevaux, aux vaches, aux moutons et aux porcs surtout, si on veut qu'il leur profite dans toute son essence, il importe de le mouturer ou tout au moins de le concasser préalablement comme les autres grains; d'ailleurs, cette farine, qui est fort du goût de tous les animaux, peut avec avantage servir de condiment à d'autres denrées moins appétissantes. Dans les divers cantons où l'éducation de la volaille est une branche d'industrie, on a parfaitement reconnu les avantages de ce grain : qualité, finesse, abondance de graisse et de chair obtenue en peu de temps, tels sont entre autres, les résultats du sarrasin et ses titres à la recommandation des cultivateurs intelligents.

Outre tous ces avantages avérés, le sarrasin a encore celui de purger les terres des mauvaises herbes qui les infestent. C'est ordinairement dans le courant d'août que se fait le sarrasin qu'on se propose d'enfouir. Semé plus fort, il conserve à la terre sa fraîcheur et la garantit des ardeurs du soleil, de plus il étouffe plus immanquablement les plantes nuisibles; en outre, comme ses tiges ont une certaine consistance, il procure aux terres argileuses un peu d'ameublissement quand il est enfoui, en même temps qu'un certain engrais; enfin, il épargne plusieurs labours qu'il remplace avec grands et nombreux avantages.

Le sarrasin est très-tendre à la gelée; aussi, quand on veut le cultiver pour son grain, il importe que le vrai temps doux soit positivement arrivé pour le semer; pourtant il ne faudrait point non plus trop attendre. Sur les sols sablonneux, légers et arides, le sarrasin mûrit assez uniformément : dans ces sortes de terres, sans toutefois la prodiguer, on ne doit point épargner la semence, c'est le moyen de conserver une bonne dose de fraîcheur au pied des jeunes tiges qui s'abritent mutuellement; pour la même raison, on doit se garder de l'ensemencement en lignes. Dans les terres tourbeuses, sur les marais desséchés, soit qu'on le sème comme fourrage vert ou bien pour son grain, le sarrasin prospère généralement assez bien aussi. En argile bien amendée, s'il végète également avec vigueur, cependant il faut avouer qu'il mûrit moins uniformément, moins complétement et plus tardivement que partout ailleurs; en pareil sol, il importe de ménager la semence afin que les tiges plus isolées permettent l'évaporation de l'humidité et que chacune ait part à la chaleur et aux rayons de soleil ainsi que de la lumière; l'ensemencement en lignes ici est même très-rationnel. Au bord des rivières, sur blés noyés trop tard pour être remplacés par de l'orge, on peut toujours tenter d'obtenir une récolte de sarrasin soit pour grain, soit comme fourrage.

La récolte du sarrasin s'opère à la faux; comme son grain mûrit très-irrégulièrement, quelle que soit la terre qui l'a porté, il ne faut point attendre sa complète maturité; quand la majeure partie des têtes est arrivée à peu près à point, il n'y a plus à différer. Au lieu de la laisser couchée en andain, on a dans certaines contrées la bonne habitude de dresser la récolte en moyettes plus ou moins semblables à celles des vraies céréales et de la laisser ainsi dans le champ jusqu'à la dissiccation plus ou moins parfaite de la paille et surtout des épis; dans cet état, la pluie ne saurait nuire aucunement, tandis que de leur côté le soleil et l'air perfectionnent son grain.

Comme sa tige n'est jamais entièrement sèche, même malgré le temps le plus propice, le sarrasin se rentre et se bat immédiatement; sa paille n'est du goût d'aucun bétail et ne s'emploie guère qu'à faire du fumier. La matière colorante délicate et assez abondante qu'elle semble renfermer, peut-être un jour trouvera son application dans les arts.

CHAPITRE LXIV.

LES VESCES.

SOMMAIRE.

La vesce est un excellent engrais pour la terre, enfouie avant la floraison. — Comme fourrage, elle produit beaucoup et épuise peu le sol qu'elle abrite contre les ardeurs du soleil. — Méthode rationnelle pour l'administration profitable et économique de la vesce fanée. — Vesce d'hiver. — Vesce de printemps. — Pour être dépensée en vert, la vesce peut se semer à plusieurs époques. — Terrains qui conviennent principalement à la vesce. — Insectes nuisibles au grain de la vesce. — Moyen de les détruire. — Récolte de la vesce.

De même que la plupart des plantes de la famille des légumineuses enfouies vertes constituent le meilleur engrais de cette sorte pour les terres, de même, comme aliment pour les bestiaux, elles sont les plus riches de tous les végétaux, soit en vert, soit en sec. Parmi les plantes de sa famille, la vesce, sans contredit, mérite figurer aux premiers rangs sous tous rapports; aussi sa culture est-elle très-répandue. La vesce passe, et à juste titre, pour produire beaucoup; d'un autre côté, elle épuise fort peu la terre, malgré son abondante végétation. Par son épaisse couverture, elle la garantit des rayons brûlants du soleil d'été; en outre, elle a l'avantage d'être précoce; après sa récolte on a donc le temps de préparer le champ à recevoir un seigle, ou un froment, ou une avoine d'hiver, ou des navets. Ainsi que le sarrasin et les pois, la vesce ameublit le sol et en détruit les herbes nuisibles. Comme fourrage vert, tous les bestiaux la dévorent avec avidité; de plus, l'usage en est infiniment moins dangereux que celui de la luzerne et du trèfle. La vesce détermine un embonpoint extraordinaire en infiniment peu de temps. Comme manger sec, c'est également un aliment des plus riches et des plus sains; cependant, eu égard à la tendance qu'a la vesce à renfler dans les intestins des animaux qu'on aurait l'imprudence de laisser boire après s'en être repus, il importe d'être circonspect dans son administration.

L'accommodage ou mieux le fanage de la vesce est extrêmement difficile et demande la plus grande attention; on ne saurait donc trop s'occuper de saisir son point de maturité pour la faucher, comme aussi de choisir un temps bien chaud et bien sec, sa maturation devant se compléter à force de manipulations incessantes. Comme jamais sa dessiccation n'est trop parfaite, on devra l'emmagasiner dans les compartiments les plus secs des greniers ou des granges. Doit-on l'attribuer à l'amertume prononcée de son grain? La souris ne s'attaque pas très-volontiers à la vesce. De même que la gesse ou jarousse, les vesces même bien récoltées malheureusement et à trop juste titre passent pour rendre les chevaux corneurs. Est-ce bien à une propriété intrinsèque propre à ces denrées ou à la moisissure occasionnée par leur fanage, quoiqu'on le fasse toujours incomplet, que ce reproche doit être attribué? Je laisse aux cultivateurs le soin d'étudier ce fait.

Jarousses, vesces, pois, même un peu avariés, quand ils sont battus, que la paille en a été hachée, le grain moulu et qu'on a fait tremper à l'avance chaque ration, si j'en crois mes expériences longuement réitérées, n'ont jamais occasionné ni toux, ni cornage, ni aucune indisposition ou maladie grave.

Pour que les bœufs et les chevaux auxquels cette provision est spécialement destinée ne gaspillent point leur ration en cherchant les gousses grenues dont ils sont essentiellement friands, et pour que tout le grain soit positivement bien digéré, c'est une excellente méthode, quand on le peut, que de battre cette denrée, d'en hacher la paille et d'en faire le soir tremper dans une certaine quantité d'eau la ration qui doit constituer le repas du lendemain matin ; en l'assaisonnant, au moment de l'administrer aux animaux, avec une quantité proportionnelle de mouture de son propre grain, puis d'une certaine dose de sel, on obtient les plus satisfaisants résultats. Saturant les rognures plus ou moins dures des tiges divisées en fragments de 1 à 2 centimètres de longueur, une partie du bain leur rend en quelque sorte de l'eau de végétation, tandis que l'autre, se chargeant du poussier âcre, des moisissures et autres impuretés, en purge la pruvende en les entraînant avec elle ; de plus, l'eau en redissolvant les éléments des fibres, en facilite la parfaite digestion ; en troisième lieu, le grain concassé plus ou moins fin ne saurait en la plus minime fraction échapper à l'action des organes digestifs. Le matin, on peut pareillement disposer une semblable ration pour le soir. Avec grand avantage on peut mélanger du foin haché, de la paille de froment également hachée avec la paille de vesce, puis faire tremper et assaisonner le tout ensemble.

Quand on veut récolter la vesce comme fourrage sec, on doit pour la faucher prendre le moment où son grain est bien formé et a acquis au moins les deux tiers de sa maturité ; la paille également doit commencer à devenir grise ou brune.

On distingue deux espèces de vesces : l'espèce d'hiver, plus facile à accommoder comme provision sèche, et la vesce de printemps, beaucoup plus malaisée à convertir en fourrage de bonne garde, ce qui tient à ce que l'une ayant mis plus de temps à effectuer sa végétation, conserve moins de séve que l'autre, qui n'a eu que quelques mois pour arriver à sa maturité ; la première a le grain plus menu, la gousse moins grosse et plus aplatie ; la seconde a peut-être les grains moins nombreux, mais ils sont plus gros, plus ronds et surtout plus tendres, c'est-à-dire moins forts, moins secs. On a rarement recours à la première comme fourrage vert, si ce n'est quand on y est forcé par la disette au printemps, ou bien quand la rigueur excessive de l'hiver l'a en partie détruite et qu'on préfère en débarrasser la terre soit pour la labourer, soit pour la charger d'une récolte d'été. La vesce de printemps, au contraire, se fane fort rarement.

De même que l'orge et le sarrasin, la vesce de printemps peut se semer sur récoltes noyées, sur jachères, sur seigle, en un mot, à toute époque voulue; jusqu'au mois d'août, on peut en semer soit pour les vaches à l'étable, soit pour être dépensée par les moutons, ce qui fait de cette plante une excessivement précieuse ressource. La vesce étant toujours fort chère et souvent fournie avariée par le commerce, pourquoi, chaque année, ne pas sacrifier une petite portion de terrain spécialement préparé et l'ensemencer tout exprès pour avoir de la graine ? Qualité certaine, prix moins élevé, tels seraient entre autres des avantages manifestes.

Bien que tous les sols ne conviennent point également à la vesce, cependant il en est fort peu où elle ne puisse végéter avec quelque avantage. Les terres franches, les terres calcaires avec du fond, les sables gras, tels sont les sols quelle affectionne de prédilection. Les fonds humides ne lui sont nullement propices. Sans être excessivement impressionnable à la gelée, dans les hivers rigoureux, cette plante ne laisse pas que d'en souffrir beaucoup en mauvaise orientation. En terre trop fumée, trop riche, sa végétation, d'abord luxuriante, ne tarde pas à se dédire et toute la récolte à verser, à jaunir dans le pied et même à pourrir au moment de la floraison.

Les tiges de la vesce étant très-molles et très-flexibles, pour leur procurer du soutien, c'est une bonne habitude que de mêler à la semence quelque peu de blé ou d'avoine, qui donne de la qualité au fourrage; loin de lui nuire, comme ferait le seigle, qui durcit vite et dont l'épi barbu excite les animaux à gaspiller et quelquefois leur endommage la bouche, l'avoine et le blé soutiennent la vesce tout aussi bien et n'offrent pas le moindre inconvénient.

On doit semer la vesce destinée à être mangée en vert plus fort que celle que l'on a l'intention de convertir en fourrage ou dont on veut tirer graine. Ce que la vesce redoute par-dessus tout, c'est la sécheresse. Par un temps légèrement humide, quand la semence est bien levée, un bon plâtrage en stimule singulièrement la végétation, et paie grandement le temps, la peine et la dépense. Quant à son aspect et à ses caractères extérieurs, la bonne graine de vesce doit être luisante, dure, d'un brun franc, sans la moindre odeur comme sans la moindre ride.

Rond, brun, dur, ayant six pattes et des ailes doubles, à la manière des hannetons, du volume de la tête d'un gros taon, tel est un insecte qui attaque très-volontiers et de préférence la graine de vesce, comme aussi celle de lentille et de pois. Un bon moyen de préserver des atteintes de cet ennemi les graines de ces denrées en attendant leur ensemencement, c'est de les saupoudrer de chaux vive et de cendres; puis, une ou deux fois par mois, de les passer soit au tarare, soit de les remuer à la pelle. Asperger le tas avec de la poudre de soufre et quelques gouttes d'essence de térébenthine, tel est encore un excellent moyen préservatif.

Bien que cet insecte entame rarement les germes des grains et ne semble pas nuire considérablement à sa végétation, on ne saurait néanmoins nier le tort que nécessairement il doit faire éprouver à la jeune plante qu'il prive d'une partie plus ou moins considérable de la substance constituant l'amande, destinée à la première alimentation de son germe. On doit donc préférer la graine intacte à celle infestée par *les moucherons*.

Dans beaucoup de localités, on laisse en andain la vesce jusqu'à sa plus ou moins complète dessiccation; puis arrive le moment jugé opportun, au moyen de râteaux, on roule par paquets d'environ une demi-botte la récolte qu'immédiatement ou au bout de peu de temps on lie et on rentre. Cette méthode ne laisse pas que de mériter certains reproches assez fondés. Si la vesce est bien sèche, la manipulation au moyen du râteau occasionne une perte notable de grain. Au contraire, est-elle humide, les tiges, les cosses contiennent-elles encore un peu d'eau de végétation, la dessiccation complète ne pouvant s'effectuer, la récolte infailliblement pourrit ou tout au moins prend considérablement de moisi sitôt son rentrage.

Faucher la vesce à peu près mûre, la laisser en andain jusqu'à son entière dessiccation, la retourner une fois ou deux si l'andain est par trop fort, la monter en forts meulons, la laisser ainsi durant huit à dix jours, préalablement mettre sous les meulons un peu de grosse paille, une fois édifiés couvrir ces derniers avec une simple gerbe de paille longue fortement liée par son sommet et posée en chapiteau sur chaque tas par un temps bien sec, lier la récolte sur une toile à colza et la rentrer immédiatement, tel est un moyen simple et certain d'avoir de la parfaite vesce de parfaite garde et de ne perdre aucunement de grain, le tout sans le moindre surcroît de frais.

CHAPITRE LXV.

LA LENTILLE.

SOMMAIRE.

Deux espèces de lentilles. — Dangers de la petite lentille comme fourrage sec. — La petite lentille vient partout. — Elle se sème en automne. — Elle épuise un peu plus et nettoye aussi bien la terre que la vesce et le sarrasin.

La lentille est de la même famille que la vesce avec laquelle elle a la plus grande ressemblance, sinon par le goût, du moins par la configuration de son grain. On distingue les lentilles en espèce d'automne et en espèce de printemps, en grosses et en petites lentilles.

La petite lentille, également connue sous la dénomination de lentillon, lentille rouge, lentille à la reine, quoique très-nourrissante et d'un goût excellent, est plus spécialement cultivée pour la nourriture des bestiaux. Comme elle mûrit parfaitement bien sur place, que son grain adhère assez fortement à sa paille et que cette dernière elle-même est reconnue fort riche en principes nutritifs même quand elle est *outrée mûre*, rarement on la fait manger en vert. Si les animaux, qui sont également très-friands de la paille et du grain de la lentille, gaspillent moins cette denrée que la vesce, l'administration de ce fourrage en nature n'en est pas moins suivie assez fréquemment d'inconvénients majeurs : 1° une grande partie du grain, qui est très-petit et fort dur, échappe aux dents et passe en pure perte dans le fumier; 2° que d'animaux j'ai vus, en Champagne, pris et périr les uns d'indigestion simple, les autres d'indigestion vertigineuse après avoir mangé des lentilles en bottes! 1° Battre les lentilles à fond; 2° en hacher la paille; 3° faire tremper chaque ration au moins deux ou trois heures avant l'administration; 4° l'assaisonner d'une quantité proportionnelle de son propre grain moulu ou concassé et d'un peu de sel, enfin l'administrer comme la vesce, telle est une sage pratique aussi ignorée et négligée qu'on devrait la trouver répandue partout chez les cultivateurs qui s'adonnent à cette plante.

La petite lentille est plus rouge, ses grains plus ronds, plus durs et plus nombreux sur une même tige. La graine de la grosse lentille, encore mieux connue sous le nom de lentille de Paris, est d'un brun verdâtre et beaucoup plus aplatie; elle est plus spécialement cultivée pour la nourriture de l'homme. Ce n'est guère que dans la Champagne que j'ai vu cultiver assez en grand la petite lentille rouge. La terre franche bien ameublie, les sols légers et gras lui conviennent parfaitement; la craie et le sable avec quelque fumier lui vont également. J'ai rencontré aussi, aux bords du Calvados, d'assez bons champs de lentillon sur glaises labourées en ados. Le chaud, l'humidité, rien ne semble trop incommoder cette plante, qui est assez disposée à venir partout.

Le lentillon d'automne se sème à la volée sur jachère après un ou deux labours, ou bien, ce qui a le plus souvent lieu, sur chaume de blé, de seigle ou d'avoine simplement retournés après la récolte précédente. La vesce, la lentille, les pois se semeraient en grand avantage en lignes. On a dit qu'à fumure égale, les blés sur lentilles venaient généralement moins bons que sur vesces.

Ainsi que le sarrasin, ainsi que la vesce et les pois, la lentille a la propriété de parfaitement purger la terre de toutes les mauvaises plantes qui ont de la tendance à la vouloir salir.

Son grain adhérant assez solidement à sa tige, on peut faucher cette plante à sa complète maturité. L'emmeulage et le bottelage de la lentille peuvent être effectués d'après les mêmes principes que pour la vesce.

CHAPITRE LXVI.

LES POIS.

SOMMAIRE.

Différentes espèces de pois. — La culture et la récolte des pois sont les mêmes que pour les vesces et les lentilles. — Administration des pois aux divers animaux. — Accidents auxquels on s'expose en donnant des pois en nature. — Terrains qui conviennent le mieux aux pois. — Moyen d'activer la germina-

tion des pois. — Danger de faire dépenser en vert des pois et toutes espèces de denrées infestées par le coquelicot.— Quelques moyens pratiques d'y remédier.

On distingue deux espèces de pois : ceux destinés aux bestiaux et ceux plus spécialement réservés à la nourriture de l'homme. Chaque espèce comprend d'assez nombreuses variétés; les premiers sont encore appelés pois de grande culture ou des champs, et les autres pois de jardins. Comme toutes les plantes de la famille des légumineuses à laquelle ils appartiennent, les tiges vertes des pois et leurs grains tendres constituent en vert un fourrage nourrissant, délicat, sain et donnant manifestement beaucoup de lait aux femelles; cependant on les emploie très-rarement avant leur maturité pour l'alimentation d'aucune espèce d'animaux. Comme manger sec, les pois poussent considérablement aussi au lait et à la chair, mais surtout à la graisse.

Parmi les pois des champs, l'espèce grise est la plus commune, la plus répandue de toutes; on l'appelle encore pois à brebis, bisaille. On distingue les pois gris en hâtifs que l'on sème en mars, et en tardifs qu'il est encore temps de mettre en terre à la mi-mai, et enfin en pois gris d'hiver; ces derniers aiment les terrains secs, élevés et bien orientés au midi ou au couchant; ils sont les moins généralement cultivés.

Rarement on fauche les pois gris en vert, le plus souvent c'est quand le grain en est bien formé, que la cosse commence à jaunir ainsi que les feuilles et les tiges, que l'on se met à les couper. La récolte des pois gris, comme la récolte de la vesce, comme la récolte de la lentille, demande un temps parfaitement sec; mêmes soins, mêmes précautions également.

Aux bœufs comme aux chevaux, les pois donnés au râtelier sont en assez notable quantité perdus, soit dans la litière pendant que les animaux les tirent, soit dans leurs excréments parmi lesquels on les retrouve sans qu'ils aient été attaqués par les organes digestifs; de leur côté, si les moutons mâchent parfaitement tout le grain de leur ration de pois en bottes, ils ne laissent pas néanmoins non plus que d'en perdre sous leurs pieds et d'en gaspiller une bonne partie des tiges, quelle qu'en soit la parfaite qualité. Sous tous rapports et quels que soient les divers bestiaux auxquels on les donne comme aliment, il serait donc préférable, ainsi que pour les vesces, les lentilles, de battre aussi les pois, d'en concasser les grains, d'en hacher la paille et de les administrer en mélange préalablement trempé durant quelques heures et assaisonné d'un peu de sel et de mouture de leur grain; chevaux, bœufs, vaches, moutons, bêtes de profit, comme bêtes de travail, comme bêtes d'engrais, tous de toutes manières manifesteraient les heureux résultats de cette pratique excellente.

Ainsi que les vesces et les lentilles, les pois donnés en nature peuvent déterminer des indigestions de la dernière gravité. Grâce aux concasseurs et aux hache-paille, dont les véritables bons cultivateurs apprennent tous les jours à ne plus pouvoir se passer, non-seulement les accidents de cette nature vont être bientôt oubliés, mais encore la richesse alimentaire de la plupart des denrées destinées à la nourriture du bétail va se tripler, sinon plus.

La récolte des pois gris réclame les mêmes précautions et les mêmes soins que pour les vesces et les lentilles. De même que ces dernières plantes, les pois se sèment très-volontiers sur jachère. C'est une bonne culture préparatoire pour le blé auquel on peut aussi les faire succéder. Toutes les terres bien amendées conviennent aux pois. Les argiles bien meubles et égouttées donnent également d'assez bonnes récoltes de bisaille, mais elle y mûrit plus tardivement et demande de longs et minutieux soins pour arriver à parfait fanage. Les pois gris réussissent assez bien encore sur défriches. Dans les terres plus légères, quand le temps est très-sec, avec avantage on sème les pois soit sous un labour superficiel, soit sous la herse de fer, avec un bon coup de rouleau pour tasser le sol et entretenir de la fraîcheur autour des grains de semence.

En terre légère comme en terre plus forte, aussi bien qu'en argile, quand on est en retard pour l'ensemencement des pois, on regagne amplement huit ou dix jours sur le temps perdu, en faisant tremper, durant douze ou quinze heures, soit dans du purin ou de l'eau salée, la semence que l'on se dispose à mettre en terre.

Le chardon et le coquelicot sont les deux principales mauvaises plantes qui viennent assez volontiers salir et gêner la végétation des pois. Les effets pernicieux du chardon pour la terre et les récoltes sont trop connus pour qu'il soit nécessaire de recommander la nécessité de sa destruction. Quant au coquelicot, encore connu sous les noms de pouceau, poucheux, poucheau, coq, etc., etc., lorsqu'il domine dans un champ emblavé, non-seulement il ruine la terre et la récolte, mais encore il peut occasionner des maladies terribles chez les animaux auxquels on sacrifie inconsidérément les portions de denrées diverses qu'il infeste. Depuis que je suis vétérinaire, une seule année ne s'est point passée encore sans que j'aie vu nombre d'animaux, et notamment de chevaux, avoir les intestins littéralement *bouchés* par des amas compactes de matières stercorales dont le coquelicot formait la principale partie. L'opium que le coquelicot contient en notable quantité, en même temps qu'un principe astringent manifeste, venant à paralyser l'action des boyaux et à retarder la marche de la matière alimentaire, celle-ci, composée de substances fibreuses agglomérées par une sorte de mucilage, se roule, se feutre, se durcit, se convertit en pelottes, et très-souvent détermine la mort, par suite de coliques irrémédiables; 3 à 400 grammes de sulfate de soude administrés dans 10 à 15 litres d'eau de lin en quatre à cinq reprises et à deux ou trois heures d'intervalle, très-souvent m'ont donné les plus satisfaisants résultats; des lavements à l'eau froide légèrement savonneuse, passés d'heure en heure, sont encore très-rationnels dans cette circonstance. Outre ces moyens, souvent il est indispensable, après s'être huilé le bras, de l'introduire dans le rectum de l'animal souffrant, soit pour en retirer les connétions excrémentielles et les crottins amoncelés s'ils sont à portée de la main, soit pour, en l'écrasant doucement et avec prudence et en la malaxant sur différents sens, rompre la masse concrétée que l'on sent à bout des bras à travers les membranes internationales et qui obstrue la circulation alimentaire. L'aloès, l'émétique, ainsi que tous les purgatifs violents ne sont point employés sans danger dans cette circonstance : contraintes de séjourner plus ou moins de temps sur le même point, ces substances souvent déterminent une inflammation qui augmente le danger primitif.

Non-seulement les bouchures sont graves, non-seulement certains médicaments souvent augmentent le mal, mais le mode d'administration ou mieux la maladresse avec laquelle on les administre et l'ignorance qui y préside, très-fréquemment aussi ne sont pas moins funestes que le mal lui-même. Nombre de fois il m'arrive d'être appelé pour donner des soins à des chevaux pris de coliques, et à mon arrivée de trouver tous les symptômes bien caractérisés d'une manifeste *fluxion de poitrine* la plus incurable; consulté huit à dix heures au moins avant moi, l'hippiatre du lieu, trouvant le procédé plus facile, administre à la bête qu'on lui confie et après lui avoir solidement fixé la tête au râtelier ou à l'enfourchure d'un arbre, des breuvages plus ou moins actifs et abondants *qu'il lui entonne par la bouche en tirant fortement sur la langue* dont il neutralise ainsi le rôle indispensable, *ou bien par les naseaux;* de ces façons, la majeure partie du liquide tombe et pénètre dans les poumons de la pauvre bête dont les effets ne servent qu'à favoriser la fausse route du médicament déjà plus ou moins irrationnel ou ridicule. Avec la longe former un anneau ellyptique de quinze à dix-huit centimètres, l'introduire dans la bouche du malade, le relever par en haut, y passer les dents d'une fourche, à l'aide de ce simple système tenir la tête suffisamment élevée pour que le liquide que l'on administre ne se perde point, tel est un procédé au moyen duquel l'animal, dont *la mâchoire inférieure et la langue demeurent parfaitement libres*, avale malgré lui *et sans danger* les breuvages qui lui répugnent le plus.

Un de mes honorables parents, vétérinaire de solide mérite et de science profonde, M. Jacquemart de Nangis, m'a cité des cas de maladies très-graves et même de mort chez des vaches nourries plus ou moins exclusivement avec des coquelicots de sarclage et sans qu'il y ait eu bouchure.

CHAPITRE LXVII.

LES FÉVEROLES ET LE MAIS.

SOMMAIRE.

La féverole ameublit les terres compactes. — Le Nord doit en partie à la féverole le développement supérieur de tous ses bestiaux. — Divers modes d'administration des féveroles aux bestiaux. — Les féveroles ne sauraient remplacer l'avoine. — C'est une excellente pratique que de donner ce grain moulu et comme assaisonnement d'autres denrées. — Les féveroles engraissent prodigieusement vite toute espèce d'animaux. — La féverole vient partout excepté dans les sables secs. — Malgré que la féverole ait la propriété d'ameublir les terres compactes, il est bon de faire précéder son ensemencement par de bons, nombreux et profonds labours. — La féverole se sème sitôt les froids passés,

soit à la volée, soit en lignes. — Récolte, battage et conservation de la féverole. — Avantages du maïs en vert. — Le maïs se sème en tous temps. — Culture du maïs pour grain. — Pratiques dont on se trouve bien.

1° Eu égard à leur bon rendement, eu égard à leurs propriétés incontestables comme alimentation des bestiaux et comme culture d'amendement, assurément les féveroles méritent plus d'attention qu'on ne leur en a accordé jusqu'ici dans la plupart des bons cantons agricoles de France, sauf pourtant dans les départements septentrionaux. Leurs racines, plus fermes que celles d'aucune autre plante cultivée, s'enfoncent très-avant dans les sols les plus argileux, les plus glaiseux, en un mot les plus compactes qu'elles divisent et ameublissent presque aussi bien que pourraient faire de nombreux, pénibles et coûteux labours en temps même les plus opportuns. C'est sans doute à cause de ces avantages aujourd'hui incontestés, que des observateurs très-judicieux ont considéré la féverole comme capable d'amender et même de rendre productive la terre aussi sensiblement qu'une bonne fumure ordinaire. En réalité, par elle-même, la féverole ne porte aucun engrais, mais c'est bien uniquement par l'ameublissement qu'elle lui procure que le sol qui l'a produite devient si manifestement apte à un parfait rendement en blé. Autant la féverole convient aux terres fortes, autant elle épuise et dessèche les sables et les terres légères qu'il est difficile ensuite de restaurer par d'abondants fumiers gras, quand inconsidérément ou par nécessité quelconque, on en a exigé une récolte de féveroles.

La Belgique, la Flandre, la Hollande, l'Alsace, l'Allemagne, doivent en grande partie le développement supérieur de tous leurs bestiaux à la féverole cultivée comme matière alimentaire. Pour en rendre l'usage plus profitable et tout à fait inoffensif, indispensablement il importe d'en concasser le grain ; de même que la vesce, les lentilles et les pois, tout en acquérant plus de sapidité et en devenant d'une mastication plus entière et plus facile, chaque ration de féveroles concassées, en trempant avec une certaine ration de paille de blé ou de fourrage hachés, sert en même temps de condiment très-appétissant, surtout avec addition d'une certaine dose de sel.

Avec trois parties de purée de féveroles cuites à l'eau et délayées à liquidité de lait, plus une partie *seulement* de lait pur, on a, dit-on, fait en six ou huit semaines des veaux gras, admirables de poids comme de qualité et pouvant rivaliser avec des sujets nourris exclusivement au lait. On prétend également que quinze litres de féveroles concassées nourrissent des chevaux autant que vingt litres de la meilleure avoine. Je n'en ai point fait l'expérience, mais il doit être facile de prouver qu'ils ne supporteraient ni aussi longtemps, ni aussi bravement les mêmes travaux qu'avec de l'avoine. Il est incontestable que l'usage des féveroles contribue considérablement au développement supérieur des chevaux du Nord et notamment de ceux de Belgique et de Flandre où l'on donne quotidiennement plusieurs rations abondantes de ce grain aux poulains ainsi qu'aux sujets de travail.

Assurément si leurs rations de féveroles un peu moins copieuses étaient mélangées d'une certaine quantité d'avoine, ou mieux si le soir la ration de féveroles était remplacée par une bonne ration d'avoine, les chevaux qui nous viennent de ces contrées, sans perdre beaucoup de leur taille, auraient meilleur tempérament en arrivant chez nous ; doués désormais d'une vigueur durable et de bon aloi, ils cesseraient de demander à être attendus aussi longtemps, beaucoup moins se dédiraient et nous n'en perdrions pas autant.

L'engrais des bœufs nourris aux féveroles concassées et données, soit pures, soit associées à d'autres substances, marche avec une rapidité surprenante ; avec des féveroles concassées et cuites, les porcs également prennent un embonpoint aussi prompt que considérable, de même les moutons et également les volailles.

« Toutes les plantes de la famille des légumineuses, a dit un auteur ancien, demandent une terre sèche, ou au moins très-bien égouttée, la féverole seule réclame un sol plus humide. » En effet, les sols argileux, glaiseux et frais semblent lui convenir de préférence, surtout quand ils ont un certain fond. La féverole se plaît encore assez dans les sables frais; mais de toutes les plantes elle est peut-être celle qui craint le plus l'ombrage.

Bien que la féverole ait la propriété bien avérée d'ameublir les sols compacts, on doit préparer la terre que l'on destine à sa culture par plusieurs labours préalables, dont au moins un aussi profond que possible, et en même temps par une bonne et copieuse fumure; ce ne serait pas sans un immense avantage que la terre destinée à donner des féveroles aurait subi le passage de la charrue fouilleuse.

La féverole qui lève, quoique très-aqueuse et assez tendre en apparence, cependant n'est pas très-impressionnable au froid; aussi, dans les terrains bien isolés et où l'on n'a point d'inondations à craindre, sitôt les gelées passées, on peut se mettre à la semer. C'est ordinairement vers la dernière quinzaine de février qu'on se livre à cette opération. Les féveroles que l'on sème fin mars profitent moins, leur grain vient moins gros et mûrit moins bien. Cette semaille s'effectue ou à la volée ou en lignes de six à dix centimètres d'écartement. En donnant aux lignes un peu plus d'entre-espace, on peut effectuer le binage à la houe à cheval. Chardons, coquelicots, nielle, etc., etc., infailliblement par là toutes les mauvaises plantes sont facilement et promptement détruites.

En année ordinaire, c'est le plus souvent vers la fin d'août que s'effectue la récolte des féveroles; on les coupe soit à la faucille, soit mieux à la faux qui expédie la besogne infiniment plus vite. Comme la féverole se sépare assez volontiers de sa gousse, quand on emploie la faux, il importe de ne s'y prendre que par un temps un peu humide ou bien le matin et le soir, durant que la terre exhale sa fraîcheur. Quand la tige noircit, que la cosse est en partie sèche, que la graine a acquis une couleur jaune brunâtre et une fermeté convenable, le moment est opportun. Des personnes, en plus ou moins grand nombre, suivant les faucheurs, ramassent l'andain par brassées et l'étendent sur des liens; au bout de quelques jours, quand les tiges sont complétement mortes et sèches, ainsi que les cosses, on lie la récolte que l'on aurait pu également mettre en *veillottes* avec grand avantage si le temps eût été pluvieux ou incertain.

De même que le sarrasin, malgré les soins que l'on peut y apporter, la féverole, dont la tige conserve toujours plus ou moins d'eau de végétation, se bat le plus souvent immédiatement. Comme sa paille n'est bonne qu'à brûler ou à faire du fumier, on doit tâcher d'y laisser le moins de grain possible.

Le grain de féverole, débarrassé de sa tige, demande à être déposée par couches peu épaisses dans un grenier parfaitement sec et bien aéré; on ne sourait trop recommander de souvent le remuer à la pelle, surtout durant le premier mois qui suit le battage, afin de conjurer la moisissure et toute autre détérioration consécutive.

Pour empêcher les vesces, les lentilles et les pois de verser, on a conseillé de jeter quelques grains de féveroles, qui, ayant meilleur pied et une tige plus ferme, peuvent servir de soutien, dans un certain périmètre, aux plantes circonvoisines, beaucoup plus molles et plus flexibles.

Les vesces, les lentilles, les pois et les féveroles, donnant aux animaux qui en mangent un sang fort riche et très-épais, il importe de mettre beaucoup de circonspection et dans l'abondance des rations et dans le mode d'administration de ces denrées. Le sel, dont on fera très-bien d'assaisonner la mouture de féverole, en excitant les animaux à boire un peu davantage, contribuera à conjurer les apoplexies, les fourbures et toutes les maladies occasionnées souvent par un régime trop riche en principes assimilables. En associant cet aliment de premier ordre et appété par tous les bestiaux à d'autres substances de titre inférieur, on peut utiliser avantageusement et faire consommer des denrées médiocres que les animaux auraient dédaignées ou gaspillées.

2° Une autre plante assez productive en grain et dont on tire, dans certaines contrées, un excellent profit comme aliment pour les volailles d'engrais, c'est le maïs. Comme nourriture verte en culture dérobée, surtout pour les vaches à lait, dont elle augmente à la fois le rendement et la qualité du produit, le maïs ne devrait pas jouir d'une moindre considération, si on voulait se donner la peine de l'étudier un peu. Le seul reproche que peut-être on puisse lui adresser quand on le donne en vert, c'est d'affrioler les bêtes et de leur faire dédaigner les denrées moins délicates qu'on leur livre ensuite.

Le maïs cultivé pour son grain se sème dans le courant d'avril; jusqu'en mai sur trèfle rouge, sur seigle mangé en vert ou sur jachère, on peut en faire encore. Qu'on se propose de le dépenser en vert ou de le récolter en grain, l'ensemencement en lignes est infiniment préférable. Dans le premier cas, on peut le semer plus dru; chaque pied doit avoir au moins vingt-cinq à trente centimètres d'écartement dans le second. Quand un pied est chargé d'épis trop nombreux et quand on veut en tirer grain, c'est un excellent usage que de retrancher les plus faibles avant qu'il n'aient pris trop de développement. Des jardiniers m'ont dit également se parfaitement trouver, sitôt la fécondation des épis effectuée, d'enlever la fleur terminale de chaque tige, laquelle par là ne prend que plus de force.

Cette plante, cultivée pour fourrage vert, se sème à toute époque et jusqu'au commencement de septembre. Six à huit semaines lui suffisent, moyennant un peu de pluie et du fumier, pour acquérir un développement assez considérable. Quand la terre est bien propre, un bon labour d'ensemencement est suffisant.

Le maïs coupé vert épuise assez peu le sol; récolté en grain, il l'épuise moins que le blé, sans doute à cause de l'écartement plus considérable de ses tiges et de son moins long entretien de végétation.

CHAPITRE LXVIII.

LA POMME DE TERRE.

SOMMAIRE.

La pomme de terre a rendu d'immenses et incontestables services. — Elle vient partout presque malgré les plus fâcheuses circonstances. — Maladie de la pomme de terre. — Quelques causes présumables de ce fléau. — Les pommes de terre crues donnent du lait, cuites elles engraissent. — Chaudière à cuire les pommes de terre. — Diverses espèces de pommes de terre.— A chaque espèce son sol de prédilection. — Ensemencement des pommes de terre à la houe, à la charrue. — Division des trop grosses pommes de terre de semence. — Les pommes de terre se reproduisent également par graine. — Hersage des jeunes pommes de terre. — Buttage. — Signes de maturité des pommes de terre. — Récolte. — Emmagasinement des pommes de terre. — Fosses ou silos profonds. — Silos en superficie. — Quelques pratiques, recettes et moyens tendant à conjurer la maladie des pommes de terre.

La pomme de terre est d'une ressource assurément plus que précieuse, tan pour la nourriture de l'homme que pour celle de tous les bestiaux. On ne peut s'empêcher de reconnaître et d'avouer que depuis son importation en France par Parmentier, vers 1780, la population humaine chez nous s'est considérablement accrue; que, d'un autre côté, dans les contrées où on la fait entrer pour une certaine partie dans leur alimentation, les animaux sont également devenus plus grands, plus beaux et, en même temps, que leur nombre s'est également augmenté d'une manière très-notable. Véritable racine d'abondance en année malheureuse, la pomme de terre est *un vrai pain tout fait que le pauvre n'a plus qu'à cuire.*

La pomme de terre s'accommode très-volontiers de toute espèce de terrain ; les diverses circonstances fâcheuses qui assez souvent portent préjudice aux autres récoltes, nuisent rarement à son heureuse végétation et à la qualité de ses produits toujours abondants. Il est vraiment à regretter que sa culture, devenue universelle, ne s'opère point sur une plus grande échelle dans la plupart des cantons de France. Malheureusement, en outre, depuis déjà des années, un fléau d'autant plus terrible que jusqu'ici il a été impossible de lui opposer aucun remède efficace, non-seulement est venu décourager nos laboureurs qui ne faisaient guère que commencer à entrevoir les immenses avantages de ce précieux tubercule, mais encore a jeté une trop juste perspective d'épouvante parmi la classe pauvre qui n'a pas encore oublié 1816 ni 1846.

Le retour trop fréquent de la pomme de terre sur un même champ, la semence mal conservée en lieu inconvenable et ayant déjà germé deux ou trois fois avant d'être plantée, la négligence routinière des cultivateurs qui parfois changent leurs semences de céréales, mais qui plantent toujours des pommes de terre *de leur crû sur le même terrain et même souvent plusieurs années de suite,* telles sont peut-être, du moins en partie, quelques-unes des causes du mal.

La pomme de terre est originaire de l'Amérique du Nord; ce ne fut que nombreuses années après la découverte du Nouveau-Monde que son importation eut lieu chez nous; malgré son acclimatation facile, elle ne laissa pas que d'avoir fortement à lutter contre une répugnance qui fut d'autant plus longue et opiniâtre, qu'elle avait racine dans le préjugé.

Ce légume se convient partout; dans les sables bien fumés, il prospère et donne des produits d'une qualité plus supérieure; en terre franche bien préparée, pour peu que l'année ne soit point par trop malencontreuse, on obtient souvent douze à quatorze pour un. Si dans les sols argileux, les glaises, le rendement est moindre et la qualité inférieure, cette culture y offre néanmoins encore d'immenses avantages quand elle est bien conduite. Si les pommes de terre venues en terres argileuses sont moins délicates, elles n'en sont pas moins très-bonnes pour la nourriture du bétail, ainsi que pour son engraissement; bœufs, moutons, porcs, volailles, lapins, voire même jusqu'aux chevaux, tous en sont aussi avides qu'elles leur sont profitables, surtout après cuisson.

Outre que la pomme de terre ameublit les terres compactes, encore elle purge des mauvaises herbes qui ont tendance à y venir végéter tous les sols quels qu'ils soient, et par l'ombrage qu'elle leur porte et par les façons répétées que nécessite sa culture. On a prétendu prouver, et même par des faits, que la grande humidité du sol ainsi que les années pluvieuses en favorisant l'altération de leur fécule, contribuaient positivement au développement de la maladie des pommes de terre.

Le fumier dans lequel il a pu entrer en plus ou moins grande quantité des fanes de pommes de terre malades, ne doit point être employé à l'engrais des champs qu'on destine à cette semblable récolte. Un reproche fondé que l'on ne peut s'empêcher de faire à la pomme de terre, c'est d'épuiser considérablement le sol. Les blés sur pommes de terre, généralement sont notablement inférieurs à ceux sur trèfle ou toute autre denrée, même avec fumure supérieure. Que la pomme de terre ait été faite sur chaume, sur trèfle rouge, sur vesce dépensée en vert ou sur toute autre denrée, il serait préférable de lui faire succéder une avoine d'hiver ou de printemps plutôt qu'un blé.

Il est reconnu que les pommes de terre crues donnent plus de lait, et que cuites elles poussent plus à la viande et à la graisse. Les pommes de terre crues ne sauraient former la nourriture exclusive des vaches ni d'aucune espèce d'animaux; elles contiennent dans leur pelure un principe âcre, qui infailliblement ne tarderait point à occasionner des indispositions manifestes, sinon des maladies graves. C'est pour cette même raison que le jus des pommes de terre cuites à grande eau est lui-même capable de déterminer des accidents fort sérieux ; il importe donc de le jeter avec soin et de ne point y laisser séjourner les tubercules après leur cuisson.

Les pommes de terre cuites pouvant très-facilement se conserver plusieurs jours et demeurer aussi savoureuses pour les bestiaux, il est un moyen à la fois simple, facile et économique d'en cuire une bonne quantité à la fois : une chaudière montée sur fourneau et de la capacité de quinze à vingt litres, puis un tonneau ouvert supérieurement et dont le fond inférieur est percé de trous assez nombreux, tel est tout l'appareil. La chaudière étant remplie d'eau, on la couvre du tonneau, dont on lutte le pourtour de la base avec quelques poignées d'argile pour éviter la fuite de la vapeur; ce tonneau à son tour, étant rempli de pommes de terre jusqu'au haut, on le recouvre soit de son légèrement mouillé et fortement tassé, soit de gros chiffons, ou mieux tout simplement d'une sorte de chapiteau en natte épaisse et grossière, puis on allume le feu. Au bout d'une heure, au plus d'une heure et demie d'un feu alimenté avec de mauvaises broussailles ou tout autre combustible de la plus chétive valeur, la cuisson est effectuée; une seule précaution, c'est de bien prendre garde que l'eau ne vienne à manquer dans la chaudière.

Les pommes de terre cuites de cette manière sont infiniment meilleures et donnent des résultats également meilleurs et considérablement plus prompts que celles cuites à grande eau. L'opération de la cuisson terminée, tout chargé de son contenu, le tonneau, muni de ses oreillons en fer ou en corde, s'enlève de dessus la chaudière à l'aide d'un petit treuil à moulinet et d'une corde, puis, vide ou plein, il peut se placer en un coin quelconque, sous un hangar ou tout autre lieu, jusqu'à nouveau besoin. Quant à la chaudière, devenue libre, on peut très-volontiers l'utiliser pour lessive, pour bains, pour cuissons de grains, etc., etc.

Les pommes de terre cuites se donnent rarement seules, si ce n'est aux porcs et aux volailles ; pour le gros bétail, le plus souvent on les associe à de la menue paille, à de la paille hachée, à du foin haché, les unes et les autres de ces substances isolées ou mélangées, mais toujours ayant trempé préalablement au moins une ou deux heures dans une certaine quantité d'eau. Données seules, les pommes de terre cuites empâteraient la bouche des animaux et les dégoûteraient.

On distingue plusieurs espèces de pommes de terre; c'est peut-être à tort que pour les bestiaux on s'attache principalement à la culture de celles qui rendent le plus en volume, sans tenir compte de leur richesse nutritive infiniment moindre. Choisir les espèces les plus en rapport avec la nature de la terre dont on peut disposer, et parmi ces espèces s'adonner à celles qui produisent davantage et à la fois sont plus féculeuses, assurément serait bien plus sage.

Malgré que la pomme de terre vienne à peu près partout, il est cependant des sols qui conviennent plus ou moins à sa végétation. En terre argileuse, sans ameublissement, sans amendement bien suivi et combiné, elle ne produit que médiocrement, mûrit plus ou moins mal complétement et toujours sa qualité est inférieure. Eu égard à l'ameublissement qu'elle y produit cependant tant par elle-même que par les diverses façons qu'elle a nécessitées, le blé qui lui succède se fait toujours sur un seul labour qui est suffisant.

On peut ensemencer en pommes de terre les champs qui sortent d'escourgeon, de trèfle rouge, de vesce d'hiver mangée de bonne heure, et même de seigle, comme on le fait communément aux environs de Paris. C'est une méthode doublement vicieuse que de planter d'abord les pommes de terre, et ensuite de couvrir le sol de fumier, une grande partie des sucs de ce dernier se trouvant ainsi nécessairement volatisée par le soleil et l'autre n'arrivant jamais que partiellement au pied des tiges où doit se développer le tubercule. D'un autre côté, si on enfouit sous le même labour la semence et le fumier, les produits peuvent, dit-on, contracter mauvais goût. Autant que possible, pour obvier à ces inconvénients, dès le commencement, ou tout au moins dans le courant de l'hiver, on ferait donc bien mieux de donner aux champs que l'on destine à cette culture, d'abord un bon et profond labour, puis à quelque temps de là, une bonne fumure, puis peu après un ou deux labours plus superficiels, puis enfin, les temps doux arrivés, le labour d'enfouissement.

La pomme de terre cultivée en grand se plante à la charrue ; en terre froide, on l'enfouit moins profondément que dans le sable, où il n'est pas mauvais de la déposer à sept ou huit centimètres de profondeur. Chaque tubercule, en outre, ne doit pas être à moins de vingt à vingt-cinq centimètres de ses voisins. Un seul suffit à chaque place, surtout quand il est d'un certain volume et pourvu de plusieurs yeux. Il importe de ne le point déposer au beau milieu de la raie, si on ne veut l'exposer à être écrasé sous les pieds des bêtes attelées à la charrue ; en les implantant dans le flanc du petit versant, à droite du sillon ouvert, ils seront tout aussi bien couverts et en même temps hors de toute offense.

Sans inconvénient, on peut diviser les pommes de terre trop volumineuses ; les tiges trop multipliées jaillissant d'yeux trop nombreux devant un jour s'affamer mutuellement, les pommes de terre, par suite, n'en seraient que plus petites, en moindre quantité et même de qualité moindre. Il est préférable d'employer, comme semence, des pommes de terres entières et de moyenne grosseur, la séve et les sucs de celles qui ont été divisées se perdant en notable partie. On doit se garder d'employer des pommes de terres divisées pour plantation d'automne, sous peine de s'exposer à complète non réussite.

La pomme de terre ne se reproduit pas seulement par tubercules, mais encore par la graine que contiennent les fruits ou baies qui succèdent à ses fleurs. Les produits obtenus de cette espèce d'ensemencement sont infiniment plus petits et ne peuvent servir tout au plus que comme semence pour l'année suivante ; en outre, la graine retirée des baies ne réussit à peu près bien que sur couches usées, ou tout ou moins en sol parfaitement meuble, tout a fait gras et spécialement préparé.

Dans ces temps derniers, on avait pensé que par ce procédé on aurait le bonheur de régénérer les pommes de terre, devenant d'année en année plus sujettes à la maladie ; malheureusement, contre cette attente, il n'en a rien été. Aurait-on été plus heureux en plantant les tubercules issus de graine, en terre vierge de toute culture de pomme de terre, par exemple sur des défriches de bois et après une ou deux avoines ?

Quand un temps doux et frais succède immédiatement à

la plantation des pommes de terre, immédiatement elles entrent en végétation. Sitôt que les tiges commencent à poindre, enfin, sitôt *qu'elles marquent*, ainsi qu'on le dit vulgairement, c'est une bien bonne pratique, à deux ou trois reprises, que de passer une bonne herse à la surface du champ ; par là on redonne à la terre de l'ameublissement; en outre, les jeunes fanes, que l'instrument offense ou même brise en plus ou moins grand nombre, drageonnent promptement et sont bientôt remplacées par de plus fortes et plus nombreuses.

Depuis la première pousse jusqu'à la récolte des pommes de terre, des façons raisonnablement répétées sont des garants infaillibles d'un abondant rendement. Dans les jardins en petite culture, la houe à main est l'instrument généralement usité; dans les grandes exploitations, on se sert de la houe à cheval, espèce d'araire à deux versants. Si les bras ne faisaient pas trop défaut, on gagnerait amplement ses frais en faisant parachever à la main le travail toujours plus ou moins incomplet du buttoir. On a avancé que si les pommes de terre *hautement buttées* poussaient vigoureusement en tiges, elles rendaient positivement moins en tubercules, surtout dans les sols riches. Un bon binage pur et simple de plus est préférable à l'opération plus longue et plus coûteuse du battage.

Assurément les pommes de terre façonnées à la main donnent un rendement supérieur aux autres; mais le manque de bras, mais les frais de main-d'œuvre, mais l'époque d'autres travaux de première importance, sont autant de raisons trop péremptoires qui ne permettent aucune objection.

Quand leurs baies deviennent ternes, molles, flasques et se rident; quand les tiges, ayant passé du vert au jaune ou au brun, commencent à se dessécher et à noircir ainsi que leurs feuilles, les pommes de terre sont mûres. Celles plantées à la bêche s'arrachent à la bêche, de même celles faites à la charrue se récoltent à la charrue; dans ce dernier cas, c'est une sage précaution que de mettre à part tous les tubercules plus ou moins offensés par le soc ou les pieds des chevaux; de moins bonne garde, pouvant plus facilement pourrir et par suite faire gâter les autres, ils doivent être dépensés les premiers.

Un temps sec et chaud, autant que possible, est préférable à tout autre pour l'arrachage des pommes de terre; si cette opération au moyen de la charrue a quelques inconvénients, en échange elle offre des avantages très-incontestables; en quelques jours de temps convenable, on peut, par ce procédé, récolter plusieurs hectares de pommes de terre avec six fois moins de monde; en outre, c'est un labour de fait pour l'ensemencement, ou au moins la préparation à l'ensemencement du blé prochain.

Il importe de rentrer la récolte parfaitement sèche et exempte de terre. Quel que soit leur bon état au moment du rentrage, les pommes de terre une fois amoncelées dans le bâtiment où on les a emmagasinées, toujours finissent par s'échauffer plus ou moins. Arrive la fin de janvier et souvent plus tôt, si elles sont renfermées dans un lieu un tant soit peu chaud et humide, elles entrent en germination, ce qui toujours est au détriment de leurs éléments nutritifs, dont la qualité s'altère en même temps que la quantité. En effet, la fécule de pommes de terre germées se trouvant nécessairement amoindrie et altérée, d'une part elles doivent être moins bonnes, d'autre part elles peuvent fort bien être plus sujettes à la maladie si on les plante. Les égermer est une opération longue et coûteuse; si, d'un autre côté, on les abandonne à elles-mêmes, elles se détériorent de plus en plus et même elles peuvent devenir d'un usage dangereux pour les bestiaux.

Un bon moyen de sécher les pommes de terre autant que possible et de les débarrasser complétement de toutes parcelles de boue, c'est de les amonceler en forts tas sur le champ même au moment de leur récolte, de les couvrir d'une bonne et épaisse couche de paille, puis de fanes et de les laisser ainsi quatre ou cinq jours; la chaleur qui se développe les sèche et les rend aussi propres que si on les eût lavées et ensuite passées au four. J'ai vu en avril des pommes de terre ainsi traitées et ensuite mises en silos bien conditionnés, avoir l'aspect de tubercules sortant de terre, tant elles étaient fraîches, nettes, fermes et sans la moindre trace du plus petit germe. Un autre avantage de cette pratique, c'est d'éviter la peine, le temps et les frais de lavage avant la cuisson.

Soustraire les pommes de terre au contact de l'air et les maintenir dans un milieu toujours d'égale température et à la fois sans humidité, telles sont les conditions qu'il importe de chercher à obtenir pour les conserver en aussi bon état et aussi longtemps que possible.

1° Creuser en terrain sec et élevé une fosse de dimension proportionnelle à la quantité de tubercules à loger, en tapisser les bords ainsi que le fond avec une bonne épaisseur de paille ou de roseau, entre chaque couche de pommes de terre dont l'épaisseur ne doit pas excéder 40 à 50 centimètres, intercaler une couche de menue paille de colza bien sèche, également épaisse de 8 à 10 centimètres, et ainsi de suite alternativement jusqu'à plénitude complète de la fosse que l'on finit par combler et couvrir de paille, de terre bien foulée et enfin de gazon, telle est la première méthode;

2° La seconde, dont les résultats sont meilleurs et l'exécution plus simple et plus économique encore, est basée sur le même principe; mais, en outre, elle permet accès quotidien beaucoup plus facile à la provision : avec des pieux inférieurement fichés en terre et supérieurement liés et réunis les uns aux autres au moyen de harts et de perches, on établit à la superficie du sol une sorte de compartiment de la capacité jugée convenable; après en avoir formé les parois avec de la petite bourrée, puis de la paille ou du roseau simplement dressés, et en avoir également muni le fond d'une bonne couche des mêmes matières, on y dépose les pommes de terre par couches pareillement de quarante à cinquante centimètres que l'on sépare aussi les unes des autres par autant de couches alternatives de paille ou même de paille de colza ou de feuilles d'arbres bien sèches; ce silo superficiel une fois plein de pommes de terre bien propres et bien sèches, on le couvre d'une bonne couche de paille longue, puis d'une forte épaisseur de terre, puis de gazon; on épaissit également avec de la terre et du gazon collé sur plat sa circonférence extérieure, afin d'en mettre lecontenu plus sûrement à l'abri de l'humidité et surtout de la gelée.

En résumé, en fosse la pomme de terre est plus sujette à s'échauffer et à germer; de plus, l'accès y est plus difficile ainsi que la sortie des rations de tubercules qu'il faut hisser à force et à bras; en outre, l'homme, qui chaque jour est obligé d'y descendre, écrase avec ses pieds ou en meurtrit une certaine quantité qui, s'il n'a soin de les ramasser chaque fois, ne tardent point à pourrir et à altérer tous ceux qui les avoisinent. En silos superficiels, un seul homme, sans peine et sans rien endommager, fait triple besogne en deux fois moins de temps; d'un autre côté, sans chaleur aucune, sans la moindre humidité, la récolte se conserve aussi parfaite que possible et aussi saine qu'aux premiers jours de la récolte.

Pour conjurer la maladie des pommes de terre, vrai fléau qui, depuis des années, a excité à la fois l'attention et l'alarme, on a essayé et conseillé successivement nombre de moyens; mais malheureusement le mal jusqu'ici s'est joué de l'infaillibilité des remèdes multiples proposés. En 1859, considérant l'analogie des symptômes et des ravages occasionnés par l'oïdium sur la vigne et ceux de *la maladie* sur la pomme de terre, à l'insu des propriétaires, je me suis avisé de soufrer ici quelques pieds entre autres, là quelques rayons tout entiers, et j'ai vu mes essais suivis des plus parfaits succès partout; j'engage donc les vrais cultivateurs à faire de leur côté, et plus en grand, des expérimentations que je souhaite devoir être aussi heureuses que l'ont été mes modestes essais.

Envisageant que la pomme de terre est un tubercule étranger, on a encore conseillé de la régénérer par des importations de semences prises en Amérique; assurément, en plantant en *terre vierge de culture de pommes de terre* des *tubercules arrivant* du Nouveau-Monde, on doit opérer à toutes chances certaines de réussite.

De notre côté, pour chercher à faire disparaître cette sorte de peste végétale, nous avons, quelques cultivateurs et moi, essayé d'un moyen dont nous nous sommes depuis des années parfaitement trouvés : 1° nous procurer des graines de baies ; 2° les semer sur couches usées et mélangées d'un peu de terre; 3° planter les petits tubercules obtenus *immédiatement* après leur récolte, c'est-à-dire à la mi-octobre, sous d'épais billons couverts de fumier long et abondant à l'approche des gelées; 4° au printemps, convertir ces billons en sillons au moyen d'un bon coup de houe à cheval, et ainsi donner aux jeunes pousses naissantes accès à l'air et à la lumière; 5° conserver avec soin minutieux et scrupuleux à l'abri de toutes causes de détérioration les tubercules déjà assez volumineux ainsi obtenus; 6° enfin, au mois d'avril suivant, planter notre petite récolte en terre neuve de culture de pomme de terre, tel fut notre secret de réussite.

Par devers moi, en particulier, j'ai encore essayé un moyen beaucoup plus simple, et qui n'a pas laissé non plus que de me donner satisfaisant résultat. Dans un champ, le moins malade que j'aie pu trouver, au moment de l'arrachage, j'ai choisi mes sujets de semence; au 20 octobre, je les ai mis en terre sous forts billons d'un tour, et, le froid arrivé, je les ai couverts de fumier long, ainsi que des tubercules *provenus de graine;* au printemps, j'ai refendu mes billons; puis binage, buttage, enfin, tout à l'ordinaire. Environ un huitième de mes pommes de terre périrent durant l'hiver. Je n'eus pas ombre de maladie parmi le produit des autres. Le cultivateur qui avait eu la complaisante générosité de me donner ma semence m'a déclaré qu'il avait perdu également un huitième de sa récolte, parmi laquelle j'avais pris mes tubercules de plantation, d'où j'inférai que chez moi avaient péri ceux-là seuls qui se trouvaient plus ou moins entachés de maladie au moment de l'enfouissement de la semence; enfin, que la plantation automnale était un bon moyen.

Marquer d'un petit jalon les tiges qui ont fleuri et porté graine, en recueillir et conserver en lieu convenable les tubercules pour semence, tel est encore un moyen bien rationnel de conjurer la maladie, les pommes de terre dont la végétation a été aussi complète étant aussi saines que possible.

Tant pour augmenter le rendement de la récolte que pour conjurer la maladie, un agronome allemand a conseillé, sitôt que l'extrémité terminale des tiges est bien formée et développée, de les couper à l'ongle, de manière à conjurer l'apparition des fleurs, et par là à reporter toute la force végétative de fructification vers la racine proprement dite. A la tige de pomme de terre qui tend à produire fruit par son extrémité supérieure et fruit par ses racines, qu'on enlève ses organes floraux, le rendement par les racines devra infailliblement en être plus abondant. D'un autre côté, s'il est vrai que les pommes de terre faibles et péniblement venues soient plus exposées que les autres à la maladie, par la castration des tiges on devra conjurer le fléau ou tout au moins affaiblir ses tendances.

Quand, malgré tout pourtant, on a le malheur d'avoir sa récolte infestée, le mieux est de se hâter de la faire consommer au plus vite.

CHAPITRE LXIX.

LES BETTERAVES.

SOMMAIRE.

La betterave à tous titres se recommande aux bons cultivateurs. — Reproches inconsidérément adressés à la betterave. — La betterave vient partout où il y a engrais et fraîcheur modérée. —Effets des divers engrais sur la qualité de la betterave à sucre. — Différentes espèces de betteraves. — Epoque d'ensemencement des betteraves champêtres, labours préparatoires.— Ensemencement en rayon, à la volée. — Sarclage. — Binage des betteraves. — Efanage. — Récolte et emmagasinage. — Administration de betteraves aux bestiaux divers.

La betterave réunit trop d'avantages pour n'être point admise aujourd'hui comme culture essentielle dans toute bonne exploitation. Tout à fait du goût de tous les bestiaux, riche en principes sains et nourrissants, venant presque partout, douée de la propriété d'ameublir les sols compacts, de purger les diverses terres des différentes plantes nuisibles qui ont plus ou moins de tendance à vouloir y croître, pouvant facilement se conserver jusqu'au delà de l'hiver et s'adapter à tous les assolements, assurément cette plante mérite plus d'attention que jusqu'ici généralement on ne lui en a accordé. Si elle exige certains frais de main-d'œuvre, bien certainement elle en rembourse le prix avec usure par la richesse et l'abondance de ses produits.

On a reproché à la betterave *d'être froide*, c'est-à-dire d'occasionner des maladies lentes des poumons et des intestins ; si on l'administrait plus sagement aux bestiaux, si on en mélangeait les rations crues à une certaine quantité de menue paille de blé, ou de fourrage haché, qui en absorberaient l'eau surabondante tout en devenant plus appétissants eux-mêmes; si on amoindrissait la séve excessive de cette racine par une cuisson plus ou moins complète; si, entourant de soins mieux entendus une provision aussi précieuse, on conjurait pendant l'hiver sa pousse intempestive qui a lieu aux dépens de sa salubrité et du meilleur de sa substance; si, connaissant mieux le moyen de la faire durer longtemps avec toutes ses qualités, on cessait de se hâter d'en faire le régime presque exclusif du bétail pendant tout le temps qu'elle dure; enfin si, au moment de l'administrer, on assaisonnait chaque ration d'une certaine dose de sel, bientôt les plus acharnés détracteurs de cette racine se rangeraient parmi ses partisans les plus fervents.

Ainsi que la pomme de terre et la plupart des végétaux charnus, les betteraves cuites engraissent les vaches; celles que l'on nourrit en plus ou moins grande partie aux betteraves crues demeurent maigres, mais elles fondent en lait, surtout quand par leur nature propre elles sont très-aptes à cette production.

La betterave se plaît parfaitement partout où le blé se plaît lui-même; en terre franche, dans les bons sables bien amendés et fumés, dans les alluvions qui ont été plus ou moins longtemps submergés durant l'hiver, elles donnent prodigieusement; en Champagne, dans certains marais desséchés, j'ai vu d'admirables récoltes de betteraves sur des terres tourbeuses.

Si cette plante aime une fraîcheur modérée, si sa végétation est incertaine dans les fonds par trop humides, en sols arides, à moins que l'été ne soit pluvieux *à excès*, elle se déplaît, languit, vient mal, avorte enfin.

On a cru observer que les terres fumées à l'automne, avec des récoltes enfouies vertes, donnaient des betteraves d'une qualité supérieure pour la fabrication du sucre, et que celles au fumier de cour, donné à la terre au moment de l'ensemencement, produisaient un sirop de mauvais goût.

On distingue plusieurs espèces de betteraves : la betterave longue, la globe ou ronde, la rouge, la jaune, etc. ; enfin, quelle que soit la forme, ainsi que la couleur, on les a divisées en deux classes : 1° la betterave champêtre; 2° la betterave cultivée ou de jardin ; la première, beaucoup plus grosse, la seconde infiniment plus sucrée. Les betteraves rondes viennent parfaitement dans les terrains sans trop de fond, mais bien gras ; les longues rendent considérablement en sol profond, surtout si le sous-sol en a été ameubli à la charrue fouilleuse. Un fait vraiment bizarre et inexplicable relativement à la couleur des betteraves, c'est que la nuance de telle ou telle espèce et même de tel ou tel sujet ne se reproduit pas invariablement dans les racines qui en proviennent; ainsi, avec de la graine produite par une betterave rouge, très-souvent on obtient des betteraves ou jaunes ou blanches parmi d'autres rouges, venant les unes et les autres de graines récoltées sur la même tige, dans un même champ et sur un même sillon; mais si la couleur peut changer, la forme de ces racines demeure invariable.

C'est ordinairement vers la dernière quinzaine d'avril, le plus tard au commencement de mai que se sèment les betteraves. Un temps doux et légèrement humide, une terre un peu fraîche et profondément ameublie, sont autant de garanties d'une bonne récolte. Cette culture s'effectue le plus ordinairement à trois labours : le premier, plus plofond que tous les autres se pratique à la fin de l'automne; le second, par les beaux jours d'hiver, et enfin le labour d'ensemencement beaucoup plus superficiel que les précédents ; deux ou trois labours de plus quelques jours avant l'ensemencement seraient loin de nuire, surtout en terre forte.

Lors de l'avant-dernier labour, j'ai vu ameublir le sous-sol avec la charrue fouilleuse et obtenir de cette pratique, du reste fort rationnelle, les plus merveilleux avantages. Le poids moyen des racines obtenues sur un bon sol ainsi préparé et bien fumé préalablement, était 6 à 7 kilogrammes, plusieurs en pesaient 12 et même 15.

On ne saurait être trop minutieux dans le choix de la graine que l'on veut employer; elle doit être sèche, lourde et sans la moindre odeur étrangère. La graine provenant des betteraves de bonne espèce et récoltée en terrain médiocre, si elle est elle-même de bonne qualité toutefois, assurément donne d'abondants produits en bon sol, si on l'entoure de soins intelligents. Généralement, peut-être, on ne tient pas assez à connaître la provenance de la graine que l'on emploie. C'est un bien bon usage que celui qui consiste à trier dans sa récolte ou chez des voisins un certain nombre de betteraves de bonne sorte voulue, à les conserver avec tout soin pour en faire des porte-graine et, le printemps arrivé, à les replanter en terre bien préparée; par là, on est sûr de la semence et comme qualité et comme essence.

La betterave se sème en rayon ou à la volée; malheureusement sa culture en rayon est la moins usitée; pourtant, les façons de plantes en rayon, outre que ces dernières fournissent un meilleur rendement, sont plus faciles, plus promptes et par conséquent moins coûteuses. L'ensemencement en rayon peut s'effectuer à la main tout simplement ou au moyen des divers semoirs spéciaux; dans le premier cas, une femme suivant le laboureur dépose une à une et à huit ou dix centimètres de distance, au milieu de l'espèce de sillon formé par la crête des deux dernières raies, les graines qu'elle porte soit dans un petit sac, ou dans un vase; c'est une bonne méthode de ne charger que de deux sillons l'un. Plus les racines sont espacées, mieux elles profitent, plus elles deviennent grosses et moins la terre est épuisée, tout en produisant autant.

Que l'ensemencement en rayon ait été effectué à la main ou au semoir spécial, sitôt l'opération terminée, on donne au champ un léger coup de herse purement et simplement quand la terre est forte et un peu fraîche ; on y fait passer en plus le rouleau à une ou plusieurs reprises si le sol est très-meuble, léger ou sec. En fortes terres franches et dans les champs plus ou moins argileux et frais, c'est un moyen très-recommandable que de disposer sa terre par gros billons isolés au sommet desquels on dépose la graine qui, ainsi, ne pourrit jamais par excès d'humidité, et d'un autre côté en trouve toujours suffisamment. Ces billons ne doivent pas être trop étroits, car la terre, en se minant latéralement, laisserait les racines à nu ou trop dégarnies.

L'ensemencement à la volée, aussi répandu *qu'il devrait être rare en bon terrain*, consiste à projeter sur la terre fraîchement labourée la quantité de semence jugée suffisante et à l'enfouir simplement à la herse; quelquefois aussi, en cas d'excessive légèreté du sol ou de grand sec, on pratique immédiatement un roulage plus ou moins répété. A plus d'un titre, ce mode d'ensemencement est très-blâmable : d'abord une certaine quantité de graine, demeurant plus ou moins à découvert à la superficie du champ, ou bien est mangée par les divers animaux, ou ne lève pas, ou germe avec souffrance; en second lieu, si habile et si habitué que soit le semeur, jamais la graine n'est répandue en parfaite uniformité ; de plus, ce procédé nécessite toujours une quantité de semence plus considérable; mais de tous les inconvénients de l'ensemencement à la volée, le plus grand, sans contredit, c'est la difficulté des diverses façons que demande la betterave, et notamment la rebutante lenteur du premier sarclage. Dans le champ rayonné, l'œil du manœuvre le moins habitué devine à l'avance et du premier coup le point où doit se trouver la petite plante ; dans celui à la volée, au contraire, on est obligé de chercher tour à tour chaque petit sujet et souvent encore ne le découvre-t-on qu'après l'avoir détruit ou considérablement endommagé ; dans le premier cas, une fois la jeune plante dégagée des herbes nuisibles les plus voisines, la houe peut hardiment jouer tout au tour ; dans le second, toujours la même difficulté, toujours la même attention fatigante, toujours de nouveaux dangers pour les sujets voisins, toujours la même lenteur de besogne ; en outre, il est avéré par l'observation qu'un hectare de betteraves au rayon produit notablement plus en poids qu'une égale superficie en pareille terre et à la volée ; que le blé qui succède vient également beaucoup meilleur, ce qui, du reste, est facile à expliquer par l'épuisement moindre du terrain moins généralement employé.

L'ensemencement à la volée n'a véritablement sa raison d'être que dans les terrains semi-légers, c'est-à-dire douteux, ou en d'autres termes dans lesquels on craint plus ou moins vraisemblablement l'âpreté du sec ; dans cette circonstance, les plants plus nombreux par leur rapprochement s'abritent mutuellement ainsi que leur sol contre l'ardeur du soleil.

Quelques jours après l'ensemencement, si le sec devenait trop intense, il serait bon de repasser une seconde fois le rouleau sur les terres très-meubles, dans le but toujours d'en conjurer la dessiccation plus grande et trop profonde.

Sitôt que les jeunes betteraves marquent, c'est-à-dire commencent à être apparentes, on ne saurait trop se hâter de leur donner un premier sarclage et, si elles ont de la compacité à excès, d'ameublir la terre autour de chaque petit sujet. Dans les champs ensemencés à la volée, quand deux ou plusieurs pieds se trouvent groupés ou très-rapprochés, il importe de les dépresser, et, afin qu'ils ne se nuisent point par leur contact, on fera très-bien d'imprimer une direction divergente à ceux qu'on ne jugera point à propos de détruire.

Que l'ensemencement ait eu lieu à la volée ou au rayon, s'il existe des clairières, des lacunes, en un mot des espaces dépourvus, il n'importe pas moins de les garnir, soit par du plant de semis ou par des sujets de dépressement. Quand on arrache des jeunes betteraves pour les repiquer, il faut autant que possible éviter d'en rompre la racine principale; elles reprennent aussi bien, il est vrai, mais tout leur corps se garnit d'un chevelu qui les rend terreuses lors de l'arrachage et fort difficiles à bien nettoyer.

Si la betterave ne se butte pas, elle ne laisse pas, d'un autre côté, que d'exiger au moins deux binages. Dans les localités où la main-d'œuvre est chère et difficile à avoir, on se trouverait bien d'effectuer un semis de bonne heure en terre bien orientée et bien préparée d'avance, puis, dans le courant de mai, par un temps frais ou légèrement pluvieux, d'opérer la transplantation des jeunes betteraves tout simplement en les couchant sur le versant des raies à la manière du colza replanté à la charrue; un homme qui suivrait les deux ou trois femmes nécessaires au placement des sujets, rectifierait la disposition de ceux dont l'état pourrait laisser à désirer; telle est une méthode que quelquefois j'ai vu suivre. De notables et nombreux avantages s'ensuivent généralement : 1° possibilité de donner à la terre destinée à cette récolte autant de fumures et de façon qu'on veut; 2° économie totale des frais ruineux de premier sarclage; 3° clairières nulles; 4° nécessité d'un seul, rarement de deux légers ratissages ultérieurs; 5° tendance nulle des betteraves à monter; 6° racines plus sucrées et presque aussi productives en quantité et en poids, tels sont du moins les résultats que durant plusieurs années j'ai constamment obtenus chez un cultivateur qui a bien voulu contrôler mes idées au contact de l'expérience, et qui depuis ne s'est point départi de cette pratique; les sujets de semis s'élèvent en lignes et s'arrachent à la fourche.

Arrive la fin de septembre, il est d'observation qu'en enlevant le tiers inférieur de ses feuilles on active le développement de cette racine. Tout à fait du goût des vaches, cette première petite dépouille arrive à point pour succéder aux provisions vertes qui, à cette époque, commencent déjà à s'épuiser. Au moment de l'éfanage, si on aperçoit quelques betteraves manifestant tendance à monter, d'un coup d'ongle du pouce on neutralise cette précocité intempestive en détruisant le centre du collet ou base de la tige naissante; quand cette poussure est ainsi bien enlevée, la cicatrisation ne tarde pas à s'effectuer.

Vers les derniers jours d'octobre, beaucoup de cultivateurs prennent l'habitude de dégarnir complétement tout le collet de leurs betteraves qu'ils laissent ainsi toutes nues au moins une quinzaine de jours avant d'en opérer la récolte; ils prétendent par là compléter la maturation de leurs produits et les rendre plus fermes et de meilleure garde; un fait certain, c'est que les racines dont la tête est parfaitement cicatrisée ne se flétrissent ni ne se ramollissent pas aussi volontiers dans le tas, et que quand ce dernier a été bien édifié, c'est-à-dire quand ni l'air ni l'humidité n'y ont eu accès, il se développe moins de feuilles sur les betteraves ainsi traitées que sur celles étêtées au couteau lors de l'arrachage; mais, par-dessus tout, elles sont moins sujettes à pourrir.

C'est ordinairement vers le commencement de novembre que se récoltent les betteraves. Quand on a la chance d'avoir un temps sec et du soleil, la récolte se conserve beaucoup mieux et infiniment plus longtemps que quand on est obligé d'arracher par un temps humide ou pluvieux. Amonceler en forts tas sur le champ même qui les a produits, pommes de terre, betteraves, carottes, navets, en un mot les divers tubercules et racines, les laisser ainsi quatre ou cinq jours avec la précaution de les couvrir d'une bonne couche de paille ou de diverses herbes, tel est un moyen simple, sûr et peu coûteux de mettre sa récolte en parfait état et de s'éviter l'embarras et les frais du lavage au moment de l'administration.

De même que pour la pomme de terre et les diverses racines, pour conserver les betteraves avec toutes leurs qualités, l'important est de conjurer leur tendance à pousser en magasin. En cave, il s'en exhale promptement une chaleur humide qui les met en action végétative et épuise leurs sucs en pure perte ; elles pourriraient promptement les planchers des greniers si on s'avisait de les y emmagasiner ; d'un autre côté, il serait quelquefois, en hiver rigoureux, fort difficile de les soustraire aux atteintes de la gelée et surtout de la vermine.

Etablir dehors des silos superficiels en place convenable, sèche et bien exposée, c'est sans contredit le meilleur et le plus sûr moyen d'entretenir les betteraves dans leur plus grand état d'intégrité possible. Les silos de betteraves s'édifient encore plus simplement que ceux de pommes de terre ; la place une fois tracée, on en bat fortement le sol, puis on la recouvre d'un lit de broussailles, puis de grosse paille de colza et par-dessus d'un peu de paille plus douce de blé ou de seigle ; on choisit ensuite les racines les plus longues, les plus grosses, les mieux faites, et on les superpose avec symétrie de façon à former une sorte d'encaissement semblable à un mur en pierre sèche tout autour du tracé du silo ; au fur et à mesure on comble le milieu en y projetant des racines à la pelle ou au panier ; la première couche ainsi établie et montée à la hauteur de vingt à trente centimètres, on la couvre de menue paille de colza ou de feuilles sèches, puis on en recommence une nouvelle et ainsi jusqu'à édification complète du silo, qu'on termine par deux pentes latérales en forme de toiture. Un silo bien établi, pour être et demeurer solide, ne doit pas avoir moins de 1 mètre 80 à 2 mètres de largeur; sa hauteur ne doit pas excéder 2 mètres; quant à sa longueur, elle est sans limite.

Comme pour les silos de pommes de terre, dresser de la longue paille autour du tas, recouvrir de terre sèche battue au fur et à mesure et de gazon l'herbe en dehors, tel est le moyen simple, facile et peu coûteux de conserver parfaitement saines et aussi longtemps que l'on veut les betteraves et autres racines destinées à l'alimentation du bétail. En ménageant au sommet de la couverture des jours ou cheminées pour l'élimination de la vapeur qui, dans le commencement surtout, se développe et tend à se dégager, on conjure tout échauffement; on édifie ces cheminées avec simplement une forte gerbe de grosse paille ou mieux de roseau que l'on étête en cône, et par les tubes tronqués de laquelle l'évaporation s'effectue. Une bourrée de broussailles serait également très-bonne en cas de grande pluie ou de gelée intense; avec une fourchée de fumier chaud et modérément consommé, on bouche cette cheminée. Si l'hiver était d'une rigueur extraordinaire, en recouvrant tout le silo d'une légère couche de fumier de bergerie, on le mettrait à l'abri de toute injure atmosphérique.

On devra soigneusement interdire l'approche des silos aux vaches et aux porcs surtout, qui ne manqueraient pas les unes d'en dégrader, les autres d'en détruire le revêtement. Autant qu'on le pourra, les silos iront du nord au midi, et toujours on les entamera par cette dernière extrémité pour que, en hiver, avec quelques simples bottes de paille, on puisse tenir plus facilement à l'abri des atteintes de la gelée les racines plus ou moins découvertes. C'est également une bonne pratique que d'établir tout autour des silos un petit fossé de ceinture allant décharger ses eaux vers un point plus déclive et plus ou moins éloigné. Le sol des silos doit faire saillie au moins de 20 à 30 centimètres sur le niveau du sol ambiant, et le pourtour à environ 2 mètres de distance, avoir un rempart de pieux et de lisses, sinon même une haie.

Les betteraves se donnent aux animaux soit cuites, soit crues; comme toutes les racines, dans le premier cas, elles poussent plus à la graisse; dans le second, elles donnent plus de lait. On cuit les betteraves de la même manière et avec le même appareil que les pommes de terre. Pour qu'elles empâtent moins leur bouche, et, par suite, ne dégoûtent point les animaux, on les associe avec de la paille ou du foin hachés, ou mieux avec un mélange de l'un et de l'autre, le tout assaisonné d'un peu de sel. Cette espèce de pâtée, donnée chaude, est excellente pour les vaches à lait principalement.

Les betteraves données toutes crues pendant les grands froids occasionnent aux animaux des frissons qui ne laissent pas que de les incommoder et même souvent de leur nuire. Les vaches à lait, soumises à pareil régime, perdent beaucoup de leur rendement habituel.

Quand on les donne crues, il est indispensable de préalablement les couper. Il existe différents coupe-racines très-expéditifs et aujourd'hui fort peu coûteux. Chez de certains petits ménagers, j'en ai rencontré souvent un aussi simple que de prompte action. C'est une sorte de couperet disposé en S, muni à son centre d'un manche perpendiculaire que l'on fait agir à coups répétés sur une quantité plus ou moins considérable de racines placées dans un baquet dont on vide le contenu quand il est suffisamment divisé, ou bien que l'on remplace par un autre rempli de racines entières. Au moyen d'une perche disposée en ressort de tourneur et pourvue d'une corde fixée au manche du couperet, l'opération marche avec grande célérité et sans fatigue pour l'ouvrier.

CHAPITRE LXX.

LA CAROTTE.

SOMMAIRE.

La carotte est plus sucrée que toutes les autres racines. — Elle est plus du goût de tous les bestiaux. — Diverses espèces de carottes. — Toutes rendent infiniment plus quand le sous-sol a été ameubli. — Culture de la carotte en rayons et à la volée sur billons. — Ensemencement et sarclage de la carotte. — Efanage, récolte de cette racine. — La carotte jaune est préférable à la blanche. — Administration des carottes aux bestiaux.

En poids, si la carotte produit moins que la betterave, on ne saurait, d'un autre côté, s'empêcher de reconnaître qu'elle la surpasse considérablement en finesse et en qualité. La carotte communique au lait qu'elle augmente et qu'elle rend sucré un arome dont se ressentent tous ses produits. La chair des animaux nourris aux carottes est également plus délicate et plus savoureuse. Cette racine restaure promptement les bêtes épuisées par des fatigues excessives et par les maladies. Qu'elle soit cuite ou crue, la carotte est avidement recherchée par tous les bestiaux.

Cette plante s'accommode des mêmes terres que la betterave et ne les épuise pas plus. Elle ne craint que trois choses : le sec excessif, les pluies excessives pendant les trois à quatre premières semaines qui suivent son ensemencement, ensuite les mauvaises herbes qui, après l'avoir garantie des ardeurs du soleil durant sa végétation première, finiraient bientôt par l'étouffer, ou tout au moins l'étioler et la rabougrir, si on ne se hâtait de l'en débarrasser quand ses premières feuilles sont développées. Un vétérinaire, aussi savant que sage observateur, Gilbert, a dit qu'il ne fallait donner aux carottes leur premier sarclage que quand elles avaient acquis assez de force pour supporter l'action de l'atmosphère et se passer de l'abri protecteur des plantes étrangères.

On distingue plusieurs espèces de carottes : la rouge longue ou carotte de Flandre, la rouge demi-longue, la toute blanche et la blanche à collet vert. La carotte de Flandre vient parfaitement en terre franche, profonde et convenablement fumée ; la rouge demi-longue demande moins de profondeur de sol ; la blanche et surtout la blanche à collet vert, ne se déplaît point en argile bien fumée, bien amendée et par-dessus tout bien ameublie.

Quelle qu'en soit l'espèce, toutes les carottes donnent infiniment plus quand le sous-sol a été défoncé à la charrue fouilleuse, soit immédiatement avant leur ensemencement, soit lors des labours préparatoires. Par expérimentation, j'ai ensemencé en bonne terre, bien préparée du reste, mais sans avoir été défoncée, environ un are en graine de carotte de Flandre, et en graine de carotte rouge demi-longue une superficie égale du même champ ; *mais, en plus, défoncé à la charrue fouilleuse :* les racines obtenues sur cette dernière portion, quoique d'espèce à moindre développement, équilibrèrent, si même elles ne dépassèrent point, le poids des flamandes ; la longueur était peu différente chez les unes et les autres ; les demi-longues étaient plus grosses, seulement elles avaient considérablement plus de chevelu.

De même que la betterave, la carotte semée en rayon vient mieux, rend davantage et coûte moins à façonner ; en sol un peu léger, il y a avantage à semer les carottes à terre plate ; mais, pour peu que l'argile domine et qu'il y ait quelque humidité, on a toutes chances de réussite en déposant la graine sur billons. Les carottes à la volée ne viennent jamais aussi grosses. En sol tirant plus ou moins sur le sable, les carottes, de même que les betteraves, viennent peut-être mieux à la volée qu'au rayon ;

semées et poussant plus drues, elles s'abritent mutuellement contre la sécheresse et la chaleur.

C'est ordinairement en mai que se sèment les carottes ; l'important est qu'elles aient acquis un premier développement bien marqué avant l'arrivée des grandes chaleurs.

Les diverses façons des carottes, pour deux raisons principales, doivent se faire par un temps bien sec : d'abord l'herbe étrangère repousse moins volontiers et moins vite, ce qui permet aux jeunes racines de prendre le dessus à leur tour ; ensuite, quand on sarcle par la pluie ou l'humidité, les pieds des sarcleurs ne laissent pas que de faire certain dégât, surtout dans les champs ensemencés à la volée.

Les carottes s'arrachent et se conservent comme les betteraves ; peut-être ont-elles un peu moins de tendance à pousser en tas et sont-elles moins sensibles à la gelée. Si les bestiaux recherchent assez les fanes de carotte, on ne saurait néanmoins impunément dégarnir tout à fait le collet de ces racines. Une fois dépouillée de toutes ses feuilles, la carotte cesse de croître, ce qui n'a pas autant lieu dans la betterave. Quand l'été est sec et que l'on a semé de bonne heure, beaucoup de carottes, au commencement de l'automne, se mettent à monter ; au lieu de les étêter, ce qui ne conjure pas le durcissement de la racine, il est bien plus sage de les arracher immédiatement.

Si les différentes carottes rouges fournissent beaucoup moins que les blanches, on ne peut, d'un autre côté, s'empêcher de reconnaître qu'elles sont plus nourrissantes et moins aqueuses, et que même elles se gardent mieux. Les carottes blanches font aux chevaux un poil long, gros, épais et mat ; elles leur grossissent le ventre, elles leur donnent un air mou et les rendent vidards ; avec la carotte rouge, au contraire, ces animaux sont gais, vifs et énergiques, même avec moitié moindre ration de grain, tant il est vrai de dire qu'il importe moins d'emplir le ventre que de bien nourrir : *rien donc pour le volume, tout pour la qualité !* Avec les carottes blanches, on augmente le rendement des vaches à lait, avec les jaunes on active l'engraissement des bêtes destinées à la boucherie. Quels que soient les animaux auxquels on les destine, les carottes crues doivent être hachées plus ou moins fin. Avec un peu de son et de sel, les carottes crues sont excellentes pour les brebis nourrices. Un peu de carottes jaunes hachées bien menu et données également avec assaisonnement de bonne mouture et de sel, sont excellentes pour les jeunes agneaux et en général pour toute espèce de jeunes élèves.

CHAPITRE LXXI.

LES NAVETS.

SOMMAIRE.

Avantage des cultures multiples. — Mérite des navets. — Du puceron. — Moyen de le conjurer. — Diverses espèces de navets. — Culture du navet en lignes, à la volée. — Les navets sont de moindre garde que les autres racines. — Fanes des navets, leur utilisation, leur inconvénient.

Les mêmes plantes formant exclusivement le régime quotidien des bestiaux pendant toute une saison, leur appétit ne tarderait point à se blaser, et, de leur côté, les animaux finiraient par gaspiller leur ration malgré sa qualité même supérieure, de plus ils profiteraient moins sous tous rapports; également aussi, les terres, souvent chargées des mêmes cultures, finiraient par donner des produits moins abondants : à tous titres, il importe donc au cultivateur de varier ses récoltes.

Moins froids, aussi productifs, aussi nourrissants et d'une conservation presque aussi durable que les betteraves, les navets moins qu'aucune autre racine sont délicats sur le choix et sur la nature du sol. Ils réussissent dans les terres les plus rebelles à toute autre production. Les brouillards, les petites gelées, si nuisibles aux autres végétaux en général, semblent au contraire favoriser la pousse des navets; ces racines, en outre, passent pour épuiser fort peu la terre. On dit que le lait des vaches nourries aux navets exhale un certain goût particulier peu agréable.

Le navet pousse continuellement, même pendant l'hiver; à peine si les grands froids arrêtent et entravent sa végétation. Eu égard à cette précieuse propriété, on peut le semer fort tard : ainsi sur trèfle rouge, sur pommes de terre précoces, vesces, pois gris, chaumes de seigle ou de blé, on peut obtenir une abondante récolte que l'on va puiser au champ au fur et à mesure des besoins, usage fort commun dans les pays à sol sec et sablonneux. Les sols glaiseux et argileux ne conviennent point aussi bien à la culture du navet.

Le principal ennemi du navet à son premier âge, celui que cette plante et le cultivateur redoutent le plus, c'est le puceron. La suie, la chaux répandue sur le nouvel ensemencement avec réitération tous les huit ou dix jours au plus, jusqu'à ce que les jeunes sujets aient acquis certaine force et aient poussé leurs deuxièmes feuilles, tel est le plus sûr moyen de conjurer ce fléau redoutable. J'ai obtenu un parfait résultat sous ce rapport, en faisant arroser avec de l'eau de gaz, environ huit jours avant son ensemencement, une terre que l'on destinait à la culture du navet : deux mille quatre cents litres à l'hectare est l'unité de dose de cet ingrédient.

On distingue deux espèces de navets : le navet cultivé ou sec et le navet champêtre ou à vaches. Ce dernier, le seul que j'aie principalement étudié, compte différentes variétés : 1° le turneps dont les Anglais et les Allemands font le plus grand cas et à bien juste titre; 2° le navet de Suède, qui a la forme globuleuse; inférieurement il est garni d'un chevelu de racines touffues qui le rendent assez difficile à bien nettoyer; 3° la rave, qui ressemble assez à un petit pain de sucre renversé; elle est douée d'une qualité supérieure; elle se conserve également beaucoup mieux et plus longtemps que toutes les autres espèces; elle a le collet violet; il en est encore nombre d'autres espèces. Le navet à racine longue se plaît et prospère en sol profond, celui à forme globuleuse réussit mieux en terre plus superficielle avec engrais suffisant.

De même que la betterave, de même que la carotte, le navet cultivé en lignes coûte moins et produit notablement plus. Cependant, en terre sèche, dans les sables, l'ensemencement à la volée et *même un peu dru*, eu égard à l'époque à laquelle on les fait, pour certaines espèces surtout, ne laisse pas que de mériter considération.

Si la betterave n'a pas de développement limité, c'est-à-dire si elle devient d'autant plus grosse que les sujets sont plus espacés et le terrain meilleur, on n'en saurait dire tout à fait autant du navet, dont le volume semble plus déterminé; on peut donc, pour cette raison, semer les navets un peu plus drus, au rayon comme à la volée.

Quand on prévoit la nécessité d'y recourir de très-bonne heure, on peut semer les navets sitôt les gelées passées. J'ai observé que les navets semés depuis la fin de mars jusqu'au commencement de mai étaient moins exposés aux attaques des pucerons. Les navets destinés à faire partie des provisions d'hiver ne se sèment qu'après la moisson, sur éteules, avec un simple labour. Sarclage, récolte, administration aux animaux, sous tous rapports ce sont les mêmes règles à suivre que pour les betteraves et les carottes. Comme le navet, à proprement parler, n'a point d'époque de maturité, comme il végète et profite toujours, comme enfin il est plus tendre et de moins durable garde que toutes les autres racines, on fera bien de le dépenser le premier et d'autant plus volontiers encore que, quelques précautions et quelques soins que l'on prenne, on ne saurait en neutraliser la végétation, même en silo le plus hermétiquement établi.

De toutes les racines, le navet est peut-être celle qu'il y a le moins d'avantage à donner cuite, attendu qu'elle fond considérablement et qu'elle offre le moins d'inconvénients à être mangée crue et à discrétion.

Quoiqu'assez purgatives, si on en juge par la diarrhée qu'elles leur donnent, les feuilles de navets néanmoins conviennent beaucoup aux vaches et leur font produire considérablement de lait. Pour conjurer le lâchement de corps que les fanes des diverses racines, quelles qu'elles soient, occasionnent aux bêtes, c'est une louable pratique assurément que de les mélanger d'un peu de foin commun ou de bonne paille fraîche d'orge, de blé ou d'avoine, ainsi qu'on le fait au printemps avec les herbes précoces que la disette de fourrage met dans la nécessité d'attaquer de bonne heure.

CHAPITRE LXXII.

LES CHOUX.

SOMMAIRE.

Avantage du régime vert prolongé. — Les choux vont à l'égal des racines sous tous rapports. — Diverses espèces de choux. — Culture des choux. — Leur récolte. — Leurs produits. — Les choux épuisent peu la terre

Dans une bonne ferme bien exploitée, il y a toujours possibilité autant qu'avantage de faire peu de tout, ce qui met à même de varier le régime du bétail; d'un autre côté, si une denrée vient à manquer, on a les autres pour ressource; enfin, le régime vert, même jusque dans la mauvaise saison, étant le plus propre à entretenir la santé et l'embonpoint de tous les bestiaux et à augmenter le rendement de certains, on ne saurait donc trop s'ingénier à en prolonger la durée.

Si les racines cuites engraissent au détriment de la quantité du lait, si à l'état cru elles fournissent au cultivateur le moyen de ne pas soumettre ses bestiaux exclusivement au sec durant l'hiver entier, les choux aussi, en augmentant la quantité du lait, donnent tous les mêmes avantages que les racines et peut-être même à un degré supérieur. Ces plantes fournissent un aliment aussi sain qu'abondant; sauf le cheval, qui ne paraît pas autant s'en soucier, tous les autres animaux en sont excessivement avides.

Moyennant du fumier, les choux peuvent très-volontiers venir en seconde et même quelquefois en troisième récolte dans une même année, sur une même terre et sans grands frais de culture. En Poitou, en Vendée, en Alsace, on voit dans les plaines des forêts de choux d'une végétation prodigieuse en plein hiver.

On distingue plusieurs espèces de choux : 1° le choux cavalier ou grand chou sur les hautes et nombreuses tiges duquel de nouvelles feuilles viennent sans cesse succéder à celles que journellement on enlève; il est dur au froid et ne demande pas de soins bien minutieux; c'est le plus productif de tous; 2° le chou de Poitou ou chou branchu, qui est moins élevé et produit moins; 3° les choux frisés, tant verts que rouges, sont de tous les plus durs au froid; ils ne s'élèvent guère qu'à la hauteur de vingt à trente centimètres; mais, en revanche, ils deviennent fort larges; 4° le chou-rave, qui est assez creux et spongieux; 5° enfin, le chou-navet, qui est considérablement plus pesant. Ces deux dernières espèces s'appellent ainsi à cause du développement de leurs racines grosses, charnues, tendres et fort riches en sucs nourriciers. En terre pauvre et maigre, il y a grand avantage à cultiver les choux, attendu qu'ils ne les ruinent point comme feraient les pommes de terre de moindre rendement. Toutes les diverses espèces de choux non-seulement résistent aux froids les plus intenses, mais encore, en bonne exposition, ils végètent avec vigueur, quand toutes les autres plantes sont engourdies; les choux ne craignent que la neige et le soleil agissant simultanément.

Les choux à racines charnues se plaisent dans les terres franches, meubles, profondes et riches; les autres se contentent d'une épaisseur végétale plus superficielle. Quelle qu'en soit l'espèce, en fond riche tous les choux rendent prodigieusement.

La culture du chou est des plus simples : sitôt le temps doux revenu, on fait son semis; puis le plant arrivé à une force suffisante, on le repique à la cheville ou simplement à la charrue, soit sur récolte verte de printemps, soit sur pommes de terre hâtives, soit sur chaumes de seigle, de blé, d'orge ou d'avoine. On peut planter des choux dès la fin du printemps si on a du terrain libre; à cet effet, on doit avoir du plant de l'automne précédent. Il est bon d'avoir des choux de différents âges, comme de différentes espèces. Les choux replantés de bonne heure sont assez sujets à monter. Suivant qu'ils sont d'espèce à prendre plus ou moins de développement, on doit les espacer plus ou moins.

Quand, au moment de la transplantation, le temps est sec et que la terre contient peu de fraîcheur, arroser chaque pied avec environ un litre de purin ou d'engrais liquide quelconque est une pratique un peu coûteuse il est vrai, mais infiniment louable, que la beauté, la bonne venue et la réussite assurée de la récolte paient grandement. Les choux ainsi arrosés, une et même deux fois si on le peut, profitent tellement, comparativement aux autres, qu'on n'oserait les supposer ni de même â e, ni de même sorte, ni provenus en même terrain, tant ils sont d'aspect dissemblables. Une ou deux façons à la houe à cheval pendant les huit ou dix semaines qui suivent le repiquage, tels sont les seuls soins qu'ils exigent.

Sitôt qu'ils ont pris un certain développement, on peut commencer à en faire manger, si on en a besoin. Quelle qu'en soit l'espèce, on se donne bien de garde d'attaquer le corps des sujets. On doit choisir parmi les feuilles toutes celles qui ont acquis leur grandeur et ne point enlever celles qui ne sont point encore arrivées. Quel qu'en soit l'état, on ne devra également jamais les enlever toutes à la fois; si par là on ne faisait point mourir le pied, du moins on entraverait singulièrement sa végétation, car les feuilles remplissent un rôle bien important chez ces plantes comme chez tous les autres végétaux.

Quand reviennent les beaux jours et que les choux se disposent à monter, ou bien on les arrache et on les fait manger si on est à court de provisions ou si on a besoin du terrain qu'ils occupaient; ou bien on les laisse venir à graine qu'on vend séparément ou qu'on mêle à celle de colza; la graine de chou est fort riche en huile.

En résumé, les choux vivent notablement plus aux dépens de l'atmosphère que les autres légumes de grande culture, et partant beaucoup moins aux dépens du sol; les choux fournissent une alimentation substantielle aux bœufs de travail, aux vaches laitières ainsi qu'aux élèves. Enfin, ces plantes épuisent peu la terre, si on en juge par les magnifiques récoltes de blé qui leur succèdent; en outre, ils viennent partout et sans frais considérables.

CHAPITRE LXXIII.

LE COLZA ET LA RABETTE.

SOMMAIRE.

Tout le monde a méprisé le colza. — Tout le monde aujourd'hui veut du colza et le met en toute terre.— A la vérité, le colza produit. — Le colza est peut-être un usurier attrayant. — Semis du colza. — Semis en lignes. — Ses avantages. — Colza sans transplantation. — Le colza craint moins le froid que la neige et le soleil simultanément. — Excepté en terre pauvre, le colza se plaît partout. — Préparation de la terre destinée à porter du colza. — Transplantation du colza à la cheville, à la charrue. — Mode particulier de transplantation du colza à la charrue. — Avantages de la transplantation avec écartement. — Marcottage du colza. — Colza long de jambe. — Ses inconvénients. — Buttage du colza. — Signes de maturité. — Battage du colza. — Battage particulier du colza. — Ses avantages. — La menue paille de colza est excellente pour les bestiaux. — C'est à tort qu'on brûle la grosse paille de colza. — Cultures consécutives du colza. — De la rabette.

1° Le colza est une plante dont la culture d'abord n'a trouvé que des méfiants et des indifférents parmi les laboureurs et qui, aujourd'hui peut-être, eu égard à l'abus qu'ils commencent à en faire, est à la veille ou de les exposer à de notables mécomptes, ou d'être plus ou moins méprisée ou abandonnée par eux. Dans les terres argileuses fortes, on met du colza ; dans les sables, du colza ; en terre franche, du colza ; en vallées, en marais, du colza ; en côte, du colza; enfin, partout, partout et sans réflexion, toujours et encore du colza; le petit propriétaire et le gros fermier, ceux qui ont beaucoup d'engrais et ceux qui n'en ont guère, tout le monde fait du colza. Outre la surabondance de ce produit, dont le prix infailliblement finira par baisser, un jour, qui n'est pas loin peut-être, viendra, où beaucoup ayant réduit leurs terres, auront toutes peines à les remonter. Il est avéré, par l'expérience, que le colza altère prodigieusement le sol, surtout quand il y reparaît à intervalles rapprochés.

Assurément cette culture, on ne saurait le nier, jusqu'ici a été fort productive au point de vue pécuniaire ; mais, d'un autre côté, quel engrais rend-elle ? Les laboureurs, réfléchissant bien, ne feraient-ils pas mieux de modérer leur enthousiasme pour cette denrée et de moins perdre de vue les racines, les plantes fouragères et les bestiaux, qui *tous les jours enrichissent à la fois et leur bourse et leurs champs*. Végétation précoce, débouché certain, frais assez peu considérables, réalisation positive et prompte en même temps qu'honnête, tels sont, je le sais bien, des arguments sérieux qui militent en faveur du colza ; reste donc à décider si les profits qu'il donne *ne sont point un prêt attrayant à usure ruineuse.*

Dans une terre bien fumée, bien ameublie, en un mot bien préparée et d'une superficie proportionnelle aux plantations que l'on a intention d'établir, sitôt la récolte, on effectue son semis. Le plant est d'autant plus beau, d'autant plus fort et vigoureux qu'il est moins dru. Un jeune cultivateur de ma circonscription, dernièrement, sur mon avis, s'est décidé à adopter un système particulier pour ses semis de colza ; sa terre, préalablement disposée par une bonne fumure en fumier à paille de colza et deux labours à fond de sol, il a opéré de la manière suivante : derrière la charrue d'ensemencement, une femme marchait, déposant à la main, *grain à grain*, *de huit à huit centimètres sur toutes raies*, la semence minutieusement triée ; à l'extrémité droite de l'essieu de la charrue était adaptée une petite herse de jardinier fort légère, puis un petit rouleau, sorte de simple billot de bois de dix à douze centimètres de diamètre, et disposé de manière à se faire traîner en travers ; ces deux instruments, que l'on faisait alternativement fonctionner tous les deux tours chacun, enfouissaient suffisamment et parfaitement la graine. Quand le jeune colza fut bien développé et qu'il eut acquis dix à douze centimètres de hauteur, on lui donna un binage à la houe à main, opération facile, prompte et assez peu coûteuse, comme dans toute culture en lignes; sa beauté ainsi que sa supériorité jusqu'au moment de la récolte, d'un rendement manifestement supérieur, payèrent grandement ces premiers frais : plant très-fort, bien étoffé, bien colleté, trapu, court de pied, à forme de chou, très-facile à arracher et encore plus à replanter, tels furent entre autres les avantages de notre système de semis.

Un autre avantage du semis en lignes et à pieds distancés, c'est que la terre, moins épuisée, peut ensuite donner du blé ou du colza meilleurs que ne saurait faire celle ayant porté semis à la volée.

Une ou deux fois j'ai vu du colza semé en lignes à demeure fin septembre et grain à grain sur troisième raie et capable de rivaliser en rendement avec du colza de semis transplanté à l'ordinaire; un simple binage fort léger à la houe à main sitôt le premier développement, puis un coup de houe à cheval au printemps, tels en ont été tous les soins; la tige, à la vérité, était un peu grêle, mais néanmoins elle était droite, ferme, et les siliques ou cosses sans graines avortées; néanmoins, les colzas transplantés sont et seront toujours les meilleurs.

Le jeune colza a quelque ressemblance avec le jeune chou par sa couleur et sa configuration; seulement les feuilles sont pourvues de poils assez nombreux et pareils aux poils des feuilles de navets. Très-dur à la gelée, le colza ne redoute le froid que pendant le moment de sa floraison; une dèmi-couche de neige simultanément avec les rayons déjà forts de soleil à la fin de l'hiver, peuvent également lui nuire.

Toutes les terres riches, fortes et meubles à la fois,

fussent-elles un peu fraîches, quand elles sont bien exposées, conviennent parfaitement à cette plante; dans les argiles mal égouttées et inclinées au nord, le colza est assez sujet à geler en fleur; son grain, moins lourd et moins abondant, n'y mûrit qu'incomplétement aussi; en terre légère et maigre, dans les sables quels qu'ils soient, jamais on ne devrait introduire de colza.

La belle graine de colza est brillante, grosse, ronde et d'un noir clair; plus elle est mûre, plus elle est sèche, plus elle a de poids, plus elle est riche en huile.

On distingue deux espèces de colza : l'espèce d'automne et l'espèce de printemps; l'espèce d'automne est la plus commune et même la seule généralement cultivée. Dès le commencement d'octobre on se met à transplanter le colza sur chaumes de blé, de seigle, d'orge ou d'avoine. Un léger pelurage quelques jours après l'enlèvement de la céréale, puis un profond labour au bout de douze ou quinze jours, seraient un excellent prélude au labour de transplantation. L'ameublissement du sous-sol par la charrue fouilleuse est pour le colza, comme pour toutes les autres plantes, une source de force, de vigueur, comme de solidité; il rend chaque pied et chaque tige remarquables durant toute leur végétation et surtout lors de la récolte, par l'abondance supérieure et le poids plus considérable du grain obtenu.

On transplante le colza de deux manières : ou bien à la cheville ou simplement à la charrue. On a observé que le colza à la cheville vaut mieux, se tient plus droit et rend davantage que celui à la charrue; par ce dernier procédé assurément beaucoup plus expéditif, si les personnes qui distribuent les pieds dans les raies le faisaient plus méthodiquement et avec plus de soin, si les plants, mieux gouvernés en semis, étaient moins longs de jambe, le rendement de la récolte par ce second système ne serait pas sensiblement inférieur.

Comparativement, j'ai fait transplanter sur deux parties d'un terrain absolument pareil sous tous rapports, du colza *de semis à la volée* et du colza *de semis en lignes*, *le premier à la cheville par cinq hommes et le second à la charrue suivie seulement par deux femmes* qui déposaient les jeunes sujets sur le versant de chaque troisième raie ; dans cette seconde expérience, marchant derrière les planteuses, j'appuyais fortement le pied sur la racine de chaque plant, de manière à convertir son *inclinaison* en *verticalité* presque complète ; prenant moins forte sa raie d'enfouissement et faisant marcher son attelage plus vite, le charretier lançait de la terre jusqu'au collet des pieds ainsi parfaitement chaussés; de cette façon, j'ai économisé, tout bien compté, deux tiers de main-d'œuvre; de plus, avec du plant *de semis à la volée*, bien inférieur au plant *de semis en lignes*, j'ai obtenu une récolte plus belle et par-dessus tout meilleure; ensuite, avec *du plant de semis en lignes* et cette même méthode, j'ai, dans la troisième portion de mon champ, récolté du colza modèle et fixant toutes les attentions. Pour donner aux planteuses plus de temps et pour économiser les bras, quand la pièce est grande on se trouve parfaitement de labourer deux sillons à la fois, c'est-à-dire qu'après qu'on a ouvert la raie de plantation dans l'un, on va faire fonctionner la charrue dans l'autre, et ainsi alternativement.

Que la transplantation s'effectue à la main armée d'un piquet, ou bien à la charrue, d'abord on doit laisser entre chaque plant un écartement de cinquante à soixante centimètres *en toutes directions ;* des pieds trop rapprochés se nuisent mutuellement et, tout en donnant moins, épuisent davantage le sol; on ne saurait s'empêcher d'avouer pourtant que les pieds trop éloignés vers la fin de leur végétation sont plus exposés à être couchés par le vent.

Quand on a fait son semis trop dru, toujours le plant acquiert une tige très-longue; alors, non-seulement il n'y a point de danger, mais même il est fort avantageux de rogner les pieds à longueur convenable; si le colza ainsi traité semble un peu languir pendant les premières semaines de sa transplantation, il n'en reprend pas moins vigoureusement avant l'hiver, et sa végétation n'en est pas moins active et franche quand arrive le printemps. Sur un sillon de colza avec sujets *en toute longueur* et comparativement sur un autre avec sujets *fauchés*, le rendement a décidé que le fauchage du semis était préférable; pourtant il faut avouer qu'environ un quarantième des pieds fauchés n'a pas repris.

Le colza dont le pied long serpente sur terre est très-sujet à pourrir, à se tordre, et sa moelle à être mangée par les corbeaux durant l'hiver; d'un autre côté, il profite moins, et de sa tige maigre surgissent continuellement des espèces de redons qui affament sans profit les tiges principales; il fleurit irrégulièrement, et son grain fort mêlé est toujours de qualité médiocre; en outre, on l'offense, on l'endommage infailliblement, souvent même on en détruit nombre de pieds pendant les binages qu'on essaie de lui donner; de plus, toujours il verse et ses tiges s'enchevêtrent, ce qui en rend la récolte difficile et occasionne la perte d'une bonne partie du meilleur grain. Enfin, quel que soit le mode employé, donner au champ de colza un bon coup de rouleau sitôt la transplantation, est une méthode qui active et assure sa reprise; en tassant la terre autour de sa racine, en même temps on en conjure la verse quand il est grand.

Que le colza ait été transplanté à la main ou à la charrue, ou qu'il ait été semé à demeure en lignes, avant l'hiver et vers la fin de mars, on le butte à la houe à cheval. Cette opération, aussi recommandable qu'elle est simple et expéditive, tout en donnant du soutien à chaque pied qu'elle rechausse, détruit les mauvaises herbes qui toujours tendent à venir végéter entre les lignes et épuisent le sol.

Le colza généralement atteint sa maturité vers la fin de juin; à la mi-juillet, le plus souvent, on n'en voit plus dans les champs. Quand les tiges dépouillées de leurs feuilles sont devenues plus ou moins jaunes, que les siliques ou cosses d'un vert feuille morte commencent à faire entendre un cliquetis particulier, il est temps de se mettre à le couper. La graine de quelques rameaux et même de certaines tiges principales fût-elle encore incomplétement mûre, il ne faut point l'attendre, elle achèvera de se perfectionner après la coupe; du reste, c'est une minorité de considération insignifiante à laquelle il serait déraisonnable de sacrifier une bonne partie du maître grain.

Le colza plus habituellement se coupe à la faucille; en l'arrachant comme j'ai vu faire en certains sols légers, on a deux inconvénients notables : d'abord par la secousse que l'on imprime aux tiges, on en fait tomber une certaine quantité de grain; d'un autre côté, la racine entraînant toujours plus ou moins de terre, lors du battage on salit la graine à laquelle ni le van ni le tarare ne rendent jamais ni sa netteté ni son coup d'œil.

Comme le colza ne se coupe jamais entièrement mûr, toujours on le laisse quelque temps sur terre avant de le battre; cette opération s'effectue dans le champ même sur de grossières et vastes toiles; tandis que des hommes armés de fléaux frappent à coups redoublés sur les premières quantités de tiges qu'on leur a apportées, d'autres, des femmes, des enfants, ramassent, chargent et apportent à bras ou sur des brancards munis de draps toute la récolte qui, tour à tour, si le temps est beau et bien sec, ne tarde pas à être expédiée.

En laissant quelque temps le colza dans sa menue paille en couches modérément épaisses dans un grenier bien aéré, on le met dans les meilleures conditions du plus complet perfectionnement. Par le vanage au tarare, on éprouve considérablement moins de perte qu'au van à bras, puis la marchandise acquiert une plus vive netteté et on va plus vite.

Une méthode que depuis des années je travaille à introduire, que quelques cultivateurs suivent déjà, que la grande majorité comprend mais se conténte d'approuver, consiste : 1° à couper le colza un peu plus mûr que d'habitude; 2° à employer des enfants de second âge à ramasser derrière les faucilleurs chaque poignée et à les apporter immédiatement avec précaution à des femmes qui les secouent vigoureusement et leur font subir un premier battage au moyen d'une forte baguette sur un brancard muni de toile. Le colza ainsi secoué est déposé ensuite par tas ou même par meulons terminés en pointe et recouverts d'une grosse gerbe de tiges longues posées en chapeau sur le sommet; le battage complet s'achève à loisir et quand le temps est tout à fait opportun.

Les frais de cette opération préalable sont très-grandement couverts et même avec beau bénéfice : 1° par la conservation de tout le plus beau du grain qui, avec la méthode ordinaire se trouve en bonne partie perdu; 2° par le perfectionnement du grain de seconde maturité qui au lieu de demeurer rouge, ridé et sans valeur, prend de la couleur, du nourri et du poids; 3° enfin, tous comptes faits, outre la satisfaction que goûte l'homme de cœur d'avoir donné leur vie à gagner à d'honnêtes malheureux, on trouve encore notable bénéfice avec cette méthode.

Sachant sa richesse alimentaire, je n'ai jamais pu m'empêcher d'éprouver et de manifester la contrariété la plus vive en voyant brûler en pure perte à plein champ la menue paille de colza. Avec un tiers de foin et un tiers de bonne paille hachés, puis un tiers de menue paille de colza, le tout trempé ensemble pendant quelques heures avant d'être administré, on a pour les bœufs et les vaches une nourriture aussi saine que restaurante, surtout avec assaisonnement de moutures ou de racines et d'un peu de sel; on peut utiliser avantageusement encore la plus mauvaise pour l'édification des silos de racines.

C'est également à tort qu'on brûle la grosse paille de colza; autant les cosses ou siliques sont nourrissantes pour les bestiaux, autant ses tiges sont riches en principes fertilisants pour les terres. Comme première couche de litière sous les animaux, et si on en possède beaucoup, en stratifier les passages bas et humides des cours, les fonds où les purins et autres immondices liquides viennent se perdre, serait un moyen d'en tirer un parti quintuplement supérieur. Le fumier qui a cette paille pour base, ameublit et à la fois enrichit les sols compacts, tels que les argiles et les glaises. On le dit également infiniment supérieur à tous les autres pour les terres destinées à la culture du colza.

Assez généralement, on fait reparaître immédiatement un blé sur la terre qui vient de donner un colza. Je connais un cultivateur qui a l'habitude d'ensemencer ses terres sortant de colza, d'abord en vesces d'été, pour être dépensées en vert, puis en avoine d'hiver ou de printemps, avec concomitance de trèfle; puis enfin, en troisième année seulement, apparaît le blé, dont le poids et l'abondance infaillibles, envers et contre tout, sont un constant témoignage de la supériorité de sa pratique; il traite de la même manière ses terres sortant de semis.

2° Ainsi que le colza, la rabette est une plante oléagineuse. On en distingue également deux espèces : celle d'hiver et celle de printemps ou de mai; la première est infiniment plus productive. Par ses feuilles, par sa racine charnue, quelquefois très-forte en bonne terre, la rabette ressemble assez au navet dégénéré. La rabette ne se transplante point comme le colza; le plus souvent on la sème parmi l'orge, l'avoine et même le blé ou le seigle, dans le courant d'avril. Abritée par la céréale qui lui conserve de la fraîcheur, la jeune plante ne laisse pas que de se développer assez vite, garantie qu'elle est contre la trop grande ardeur du soleil. A la fin de l'été, seule maîtresse du terrain, elle prend très-promptement un développement et une force suffisante pour supporter la rigueur de l'hiver.

Dès les premiers temps doux, son collet tout à coup se dessine, sa tige devient saillante et promptement cette plante a fait de parcourir toutes ses périodes de végétation. Afin de lui ménager une petite part de soleil et d'air durant ses premiers mois d'existence, il est bon de ne point semer trop fort la céréale au pied de laquelle on a résolu de la faire venir.

Si la rabette est moins productive que le colza, tout avec elle n'est pas moins profit, puisqu'elle ne réclame aucun soin particulier.

La récolte et le battage de cette plante obtenue en culture dérobée se pratiquent comme la récolte et le battage du colza ; sa paille et sa menue paille ont les même propriétés.

Bien que la rabette donne honnête produit là où le colza ne viendrait pas ou que très-mal, ce n'en est pas moins une plante très-épuisante qu'il faut bien se garder de rappeler trop souvent sur un même sol, sous peine de s'exposer à le fatiguer, sinon même à le ruiner.

CHAPITRE LXXIV.

LA LUZERNE.

SOMMAIRE.

Autant et peut-être même plus que les racines, les prairies artificielles ont contribué à l'augmentation et au perfectionnement du bétail. — Supériorité de la luzerne sur les autres plantes artificielles. — Excepté en terre trop humide, trop maigre et trop sèche, la luzerne prospère partout. — Loi d'alternance appliquée à la culture de la luzerne. — Ensemencement de la luzerne avec et sans concomitance de céréales. — Avantages et inconvénients de ces deux méthodes.—Préparation de la terre destinée à la luzerne. — Ensemencement de printemps. — Id. d'automne. — De la luzerne lupuline, sa culture, ses avantages. — Accidents qu'elle peut occasionner. — Avantages de semer un peu plus dru la luzerne commune. — Gouverne des jeunes luzernières. — Soins à donner aux luzernes pour qu'elles durent longtemps et produisent davantage. — Engrais fertilisants pour les luzernes. — De la teigne. — Moyens d'y remédier. — Fauchage, fanage et conservation de la luzerne dans les meilleures conditions possibles. — Troisième coupe de luzerne. — Danger de la faire dépenser sur place.

Sans racines, sans plantes fourragères qui nous mettent à même de grandir, d'améliorer et de multiplier nos diverses races d'animaux domestiques, la culture exclusive des céréales, non-seulement ne produirait point en proportion de nos besoins actuels, mais encore les meilleures terres ne tarderaient point à être ruinées ; bénis soient donc mille fois ceux qui ont travaillé à répandre la culture des plantes artificielles dont l'appréciation bientôt aura penétré jusqu'au fond des contrées les plus arriérées, au point de vue du progrès agricole !!!

Les principales plantes cultivées comme prairies artificielles sont : la luzerne, le trèfle et le sainfoin. Dans les sols qui lui conviennent, la luzerne est sans contredit la plus productive de toutes, la meilleure comme fourrage vert, la plus facile à assaisonner et à conserver comme provision sèche. Si la luzerne fanée les engraisse peut-être un peu moins que le trèfle, on ne saurait nier, néanmoins, qu'elle rend les animaux de travail plus vigoureux, et surtout qu'elle leur tient le corps plus ferme. Olivier de Serres, le créateur de la véritable agriculture en France, appelait la luzerne *la merveille du ménage des champs*.

Cette plante peut venir partout, mais elle dure et produit d'autant plus que les terres sont plus profondes, plus substantielles et plus riches; dans les argiles froides, compactes, mal égouttées, mal amendées, en mauvaise exposition, la luzerne vient mal, gèle volontiers, donne peu et bientôt périt pour faire place le plus souvent à des plantes de la pire qualité. Dans les sables trop légers, trop arides, d'abord une bonne partie de la graine manque, et de celle qui parvient à lever, il ne sort qu'un plant maigre, chétif et ne tardant point à être dominé par le chiendent qui mine le sol, ainsi que par une espèce de brome ou herbe à épis barbus, on ne peut plus pernicieux pour la bouche des chevaux condamnés à en faire usage.

Mais dans les bonnes terres franches bien profondes, dans les sables gras également profonds, sur les argiles légèrement sableuses et bien marnées, la luzerne prospère à souhait, sa durée est indéfinie et ses produits inépuisables. Pour la luzerne comme pour toutes les autres plantes, règle générale, *elles ne doivent reparaître sur un même terrain qu'au bout d'un temps d'interruption au moins égal à celui qu'elles y ont déjà passé;* c'est ainsi qu'on ne devra remettre de la luzerne qu'après vingt ans, là où cette plante aura existé pendant dix. L'un des plus grands vices de notre agriculture française, c'est que les productions des terres ne sont pas assez variées et que les mêmes végétaux reparaissent trop fréquemment sur un même sol; de là, moindre abondance des récoltes et qualité bien inférieure. Que si l'exploitation le permettant, sans toutefois pour cela laisser les terres en jachères, le blé n'y reparaissait qu'en rotation triennale ou quadriennale, au lieu d'y revenir tous les deux ans, au bout d'un bail assurément on en obtiendrait tout autant et, en plus, une grande quantité de racines, de fourrages divers, et partant on pourrait entretenir une ou deux fois plus de bestiaux, source puissante à la fois et d'engrais et d'argent.

Tant que la luzerne se conserve bien garnie, bien forte et bien rigoureuse, sans inconvénient on peut la laisser; mais sitôt que des herbes étrangères l'envahissent et menacent de la dominer, enfin que le plant commence à se dédire, sans différer on doit le labourer immédiatement. C'est ordinairement après les travaux d'automne et surtout durant les belles journées d'hiver qu'on se livre à ce travail. Quelle que soit la nature des terrains, le plus souvent on se trouve bien de faire succéder une avoine à la luzerne.

La luzerne doit-elle être semée seule, vaut-il mieux l'associer à certaines céréales telles que de l'orge, de l'avoine ou du blé de printemps? La jeune luzerne craint la gelée et ne redoute guère moins la sécheresse. Le blé d'avril, l'orge, l'avoine, quand ces plantes ne sont point semées trop dru, garantissent le plant naissant des petits accès de froid qui peuvent encore survenir; durant les hâles et les grandes chaleurs, ces céréales en herbe lui conservent la dose d'humidité nécesssaire à sa végétation; en outre, leurs feuillets et leurs tiges droites, tout en laissant arriver à plomb sur la jeune luzerne une certaine quantité d'air, de lumière et de chaleur, sont douées en outre de l'heureuse propriété de conjurer l'apparition des herbes traçantes qui souvent surgissent à la saison et nuisent au premier développement du jeune semis sans accompagnement.

Associée à une céréale de printemps semée en lignes superficielles, c'est-à-dire sans sillon ni tassement, la jeune luzerne, qui reçoit air de toutes parts, vient aussi bien qu'en champ libre. Inutile d'observer que son ensemencement à elle doit être effectué à la volée, ainsi que précédé et suivi d'un vigoureux coup de herse dans le but d'abord de niveler et d'ameublir la superficie du sol, et en même temps afin d'enfouir légèrement sa graine.

Le sarrasin à tiers de semence, si j'en crois quelques

expériences, est peut-être de tous les grains celui dont la jeune luzerne aime le mieux la concomitance. Des cultivateurs prétendent que la luzerne devient mieux fournie et dure plus longtemps quand on la sème seule; assurément, si on était assuré d'un temps à la fois frais et chaud, sans sécheresse brûlante, si on n'avait pas à craindre l'invasion des plantes étrangères, indubitablement il serait préférable de semer la luzerne seule; en résumé, chaque méthode ayant ses avantages et ses inconvénients, c'est à la sagacité du cultivateur de consulter son climat et son terrain, comme aussi d'invoquer son expérience.

Quel que soit le mode adopté, la terre destinée à recevoir la graine de luzerne devra être préparée par une bonne fumure, par de très-nombreux labours, et, si on le peut, par un profond coup de charrue fouilleuse pour rendre son sous-sol plus perméable aux racines de la jeune plante; deux ou trois bons roulages pendant les deux ou trois premières semaines qui suivront l'ensemencement feraient également beaucoup de bien, si la température devenait sèche et chaude.

Dans le midi de la France, on sème volontiers la luzerne en automne; un fait avéré par l'expérience, c'est que la luzerne d'automne semée seule ou associée, quand le froid ne l'endommage point trop, que l'hiver enfin n'est point trop rigoureux, vaut mieux que celle de printemps et peut déjà donner une honnête coupe à la fin de l'été suivant.

On distingue trois variétés de luzerne : 1° la luzerne commune; 2° la luzerne faucille, ainsi appelée à cause de la forme de sa gousse contournée en croissant; cette espèce est fort peu connue et encore moins cultivée; 3° enfin la luzerne lupuline, plus généralement connue sous le nom de minette; cette dernière espèce est bisannuelle et toujours se laboure immédiatement après qu'elle a été coupée ou pâturée. Cette plante, qui pousse plus touffue que haute, néanmoins ne laisse pas que de donner abondamment quand le printemps n'est point trop sec; soit qu'on la fauche, soit qu'on la fasse manger sur place, le plus communément la minette se dépense en vert. Convertie en fourrage sec, elle accommode beaucoup les moutons et les vaches; son amertume assez prononcée semble répugner davantage aux chevaux. Est-ce aux sucs propres de sa tige ou à une vertu particulière à sa graine qu'il faut l'attribuer? Souvent j'ai observé des maladies aiguës du foie et même le vertige abdominal, ou *vertigo*, chez des chevaux nourris exclusivement à la minette sèche. La minette se sème à la volée, soit dans le seigle à l'automne, soit au printemps dans n'importe quelle céréale.

Quand, eu égard à l'expérience que l'on a de sa localité, ou pour toute autre raison particulière, on redoute des retours de gelée et que, dans le but de lui procurer un abri, on a résolu d'associer une demi-semence d'orge à la jeune luzerne ordinaire, on peut, sans inconvénient, semer d'abord la céréale, et, deux ou trois semaines après, la luzerne sous un léger coup de herse, et ensuite de rouleau si le temps est hâleux; de cette façon, on conjure immanquablement l'influence fâcheuse des rigueurs atmosphériques désormais sans récidive possible; d'un autre côté, la herse et le rouleau qui ne nuisent point, tant s'en faut, à la céréale d'association déjà en pleine végétation, recouvrent la graine de luzerne d'une couche suffisante de mie de terre pour que sa germination puisse avoir franchement lieu; en outre, l'orge, l'avoine, comme le blé de printemps dont le feuillet et la tige sont déjà prononcés, fournissent un ombrage salutaire à la luzerne plus jeune et désormais ainsi à l'abri de toute influence nuisible.

La graine pouvant se trouver plus ou moins bonne, les jeunes plantes elles-mêmes étant exposées à plus ou moins de risques fâcheux; d'un autre côté, les tiges devenant d'autant plus fines qu'elles sont plus drues, et par suite ces dernières donnant un fourrage d'autant meilleur qu'elles sont plus nombreuses et moins grosses, il y a tout avantage à forcer un peu la semence. La luzerne jamais ne se sème et ne doit se semer qu'à la volée. Le laboureur ne la projette point à la poignée comme il fait du blé, de l'orge ou de l'avoine, mais bien par pincées à trois doigts. Si la culture en rayons convient parfaitement aux céréales, aux racines, au colza, on ne saurait, et avec raison, soumettre la luzerne, ni le trèfle, ni aucune autre plante fourragère à pareille méthode, dont l'un des principaux inconvénients serait de produire un fourrage trop gros, très-dur en même temps que moins délicat et moins abondant.

A l'automne, si on ne les trouve point assez fortes pour être fauchées, on peut faire paître les jeunes luzernes impunément; seulement on doit avoir la précaution, en cas de temps humides, d'en interdire l'accès au gros bétail, qui infailliblement y occasionnerait de grands dégâts avec ses pieds; on se gardera également bien de les laisser rogner à rez terre par les vaches et surtout par les moutons, qui pourraient faire périr une certaine quantité de plant en en attaquant le cœur.

De même que les prairies naturelles, les prairies artificielles ne reçoivent pas, beaucoup s'en faut, tous les soins qu'elles demandent et qui en augmenteraient le rendement tout en en prolongeant la durée. Une fois établies, si ce n'est qu'on les plâtre une ou deux fois par an, il semble qu'elles doivent se passer de toute autre assistance. Cependant que de luzernes envahies par la mousse auraient encore donné durables et abondantes récoltes si une ou deux fois, tant lors des sécheresses de l'hiver que pendant les hâles des premiers beaux jours du printemps, on eût dépouillé leur surface par des hersages vigoureux et ranimé leur langueur au moyen d'un peu d'engrais substantiels, dont l'action aurait encore été augmentée par la décomposition fertilisante des végétaux parasites détruits; en outre, du collet découvert de la racine de luzerne, il est reconnu qu'il surgit des jets plus nombreux, auxquels un bon plâtrage infailliblement imprime une activité de végétation neuve et vivace. Pourtant, il ne faut point exagérer la dose d'engrais dans les luzernes, pas plus que dans les sainfoins, pas plus que dans les prairies artificielles qui doivent durer plus ou moins d'années, sous peine de les voir bientôt envahies par diverses graminées parasites, souvent de mauvaises sortes, qui ne tardent point à venir étouffer la plante artificielle et à en prendre la place; bien mieux vaut amplement fumer à toute profondeur la terre qu'on veut mettre en luzerne ou sainfoin, et ensuite simplement entretenir la végétation de l'herbe adoptée, par des hersages et des engrais stimulants.

Faucher de bonne heure les luzernes que, malgré les soins qu'on a pu y apporter, les herbes étrangères ont infestées, c'est travailler à les en purger tout en donnant de la qualité à la récolte. On dit qu'un bon moyen pour détruire l'herbe des luzernières, c'est d'y mettre les moutons très-souvent durant les fortes gelées.

Les immondices de villes, les cendres diverses, la suie, les vases des mares, devenues friables par leur exposition à l'air durant l'hiver, le purin répandu en arrosage, les eaux grasses des lavages de laine, l'eau de gaz étendue de trois à quatre fois son volume d'eau, tels sont d'excellents engrais pour les prairies artificielles et notamment pour les luzernes. Un fort hersage avant ces différents engrais et immédiatement après un bon coup de rouleau, non-seulement ne nuiraient pas, mais même seraient des auxiliaires on ne peut plus à propos et puissants.

Le trèfle d'hiver et surtout la luzerne sont sujets à une certaine maladie particulière et qui, si on n'y portait prompt remède, quand elle se manifeste, ne tarderait point à envahir tout entier le champ où elle fait invasion et à infecter jusqu'à la graine qu'on aurait l'imprudence de vouloir tirer de quelques têtes parvenues à bien; cette maladie, c'est la teigne ou cuscute. On a conseillé, entre autres, trois moyens principaux pour la détruire : 1° couvrir et au delà la superficie infestée avec de la paille ou des broussailles bien sèches et y mettre le feu par un temps également sec, puis fouir la place et y semer soit du raigrass, soit du trèfle ou de la luzerne, ou bien de la bourgogne, que l'on arrose deux ou trois fois de purin après leur levée pour en activer la végétation ; 2° si la teigne ne fait que de débuter faiblement, on peut parfaitement arriver à la détruire en fauchant simplement le point malade à rez terre, en enlevant avec soin jusqu'aux moindres parcelles malades et en noyant toute la surface attaquée avec force purin très-chargé et concentré; 3° dans ces temps derniers, on a assuré s'être parfaitement trouvé d'une forte dissolution de sulfate de fer au lieu de purin. Il y a vingt ans, j'ai, avec plein succès, employé dans une luzernière que j'exploitais et que la cuscute avait envahie, un kilo de sulfate de fer, un kilo de chaux par deux seaux de purin et un seau d'urine humaine putréfiée, le tout en simple arrosage.

Quelle que soit du reste la vertu de ces divers moyens, il n'importe pas moins par-dessus tout, quand on a besoin de graine, qu'elle soit exempte de tout genre de teigne.

Le vrai moment de faucher la luzerne, c'est l'époque de sa floraison ; plus tôt, elle fondrait trop et, quoique plus appétissante, elle nourrirait moins ; plus tard, elle donnerait un fourrage trop dur; d'un autre côté, les coupes suivantes, sous tous rapports, infailliblement en éprouveraient des conséquences fâcheuses et qui plus en seraient moins abondantes et moins délicates.

En résumé, attaquer la luzerne quand la plupart de ses boutons sont épanouis, choisir un temps bien sec, un vent *sûrement orienté*, raser aussi près de terre que possible, effleurer le collet de la racine si on peut, ce qui excite le drageonnement, épandre immédiatement les andains sur une large surface, s'ils sont par trop épais, abandonner à eux-mêmes ceux que le soleil peut pénétrer, retourner avec précaution les uns et les autres le lendemain du fauchage, afin d'exposer à leur tour les tiges de dessous au contact des rayons solaires; quand le temps est positivement bien sûr, réunir deux ou trois andains en un seul vers la fin du second jour pour en soustraire la masse à l'action de la rosée; si le temps est incertain, au contraire, former de plus ou moins nombreux petits tas ou moyettes de quatre à six bottes chaque, les démonter le lendemain si la pluie n'est plus à redouter, les retourner simplement sans dessus dessous si le beau temps est douteux, leur donner un petit coup de fourche pour les aveulir si on a moins à craindre, enfin convertir par un temps sec autant que possible la récolte en meulons plus ou moins considérables au sein desquels le fanage s'achève, le foin jette son feu et se perfectionne, avoir soin, comme on le dit vulgairement, d'enfermer le soleil dans les tas, c'est-à-dire les édifier avant le déclin du jour et avant que la rosée ne monte, tels sont les procédés et principes de fanage les plus généralement usités par les cultivateurs intelligents.

Quand le temps est incertain ou se met tout à fait au mauvais, et que les andains sont encore peu avancés en fanage, on a imaginé, dans le pays de Caux, de convertir la récolte en moyettes d'environ une demi-botte. Ces veillottes s'établissent comme celles de céréales; au moyen d'une petite torsade, on en lie le sommet et on les laisse ainsi debout jusqu'à moment plus favorable. Le beau temps enfin arrivé, ou bien on renverse les moyettes sans les délier, ou bien on les délie et on les étend. De cette façon, infailliblement on obtient de la denrée de première couleur, de premier goût, de première qualité, enfin du fourrage ne le cédant en rien à celui qui n'a aucunement reçu d'eau. A ceux qui allégueront le temps et les frais de semblable opération, par contre on peut alléguer le temps plus considérable et les manipulations incessantes à la fourche qui, à plus grands frais, en temps mauvais ne donnent en outre, le plus souvent, que de la denrée insipide, avariée et souvent d'un usage dangereux.

Quel que soit le procédé employé pour le fanage de diverses denrées fourragères, comme il importe de les laisser durant huit ou douze jours en meulons avant de les rentrer ou de les monter en grandes meules au plein air, défaire chaque meulon au bout de cinq à six jours d'édification, immédiatement, par un beau soleil, les remonter, en ayant soin que la denrée qui était en pied se trouve au sommet, tel serait un moyen facile, simple et peu coûteux d'avoir des foins parfaitement secs, et de conjurer toute avarie ainsi que toute perte.

Le fanage, ou mieux la dessiccation de la récolte étant complète, reste à la mettre dans les meilleures conditions possibles de conservation parfaite et durable. En Normandie, le plus souvent, à peine a-t-elle passé quatre ou cinq jours en meulons, qu'on se hâte de la botteler et de la rentrer; mais la plupart des tiges, bien que sèches en apparence, ne laissent pas que de contenir encore et en abondance de l'eau de végétation; bientôt alors elles entrent en fermentation et se couvrent de moisissures et de poudre non moins nuisible que désagréable aux bestiaux. Sont bien mieux avisés ceux-là qui, au lieu de botteler immédiatement après le fanage, convertissent sans le lier tout leur produit en meules coniques de plusieurs milliers de bottes ou bien en espèces de longs silos de 12 à 15 mètres de longueur et de hauteur. Ces meules et silos s'établissent soit dans le champ même, soit dans le voisinage des habitations. De la paille fourragée ou de la paille de colza, des broussailles, du bois, des pierres ou même une maçonnerie spéciale et à demeure, en font la base. Les pieds de meules en maçonnerie, hauts de 1 mètre à 1 mètre 50 centimètres, doivent être plus étroits par en bas que par en haut, et le pourtour hérissé d'éclats tranchants de cailloux, de vieux clous, de tessons de pots, de fragments de verre, etc., etc., ce qui en interdit tout abord possible aux rats, musaraignes, souris, mulots et autres bêtes nuisibles; les meules de gerbes avec pareil soc, les meules de pois, de vesces et autres grains, seraient également à l'abri de tout dégâts de la part de ces ennemis attitrés. Sitôt l'achèvement des meules ou silos, on les couvre avec une toiture économique, dont un peu de paille grossière et quelques journées d'hommes font tous les frais.

Aux environs de Paris et dans certains cantons de la Brie j'ai eu occasion d'observer des meules de gerbes, de luzerne, de trèfle, etc., couvertes avec de longs paillassons tissés à trois rangs de ficelle et appliqués circulairement en imbrication; on m'a assuré que ces nattes fabriquées à la mécanique et d'un fort modique prix, quand on les soigne un peu, pouvaient durer cinq ou six ans au moins.

Dans certains cantons de Champagne, durant les belles gelées ou par les secs moments d'hiver, quand les greniers et les granges sont redevenus libres, on procède au bottelage de la manière suivante : voisins, amis, famille, tout le monde, à charge de représailles prochaines, s'y mettant, en un ou deux jours, qui ordinairement finissent par un joyeux et cordial gala, tout se rentre comme par enchantement, et les diverses denrées peuvent, durant des années, rivaliser de qualité avec celles sortant du champ, desquelles il est fort difficile de les distinguer.

Quand pour cause d'inconstance, d'inclémence ou d'incertitude du temps, ou par défaut de place, on est obligé d'ajourner cette opération, et que d'un autre côté néanmoins on a urgent besoin d'attaquer sa provision en meule ou silo, au moyen d'un grand coutelas denté en faucille, à forme et à dimension d'un long sabre coupant par le dos, promptement et avec facilité on peut trancher la quantité de fourrage actuellement nécessaire et sans qu'il puisse s'ensuivre le moindre endommagement pour le reste dont, par ce moyen, on peut ajourner le bottelage.

Ainsi qu'on le fait sur les navires, pourquoi dans les petites et dans les grandes exploitations surtout, les cultivateurs ne prennent-ils point l'habitude de paqueter le fourrage par quantités de deux ou trois cents kilogrammes, en ayant la précaution d'en saupoudrer les diverses couches avec du sel ? Au moyen d'une simple presse à grosses vis et de deux ou trois bonnes harts d'osier par balle, quatre hommes dans un jour avec moins de peine, de cette façon emballeraient plus de denrée que dix botteleurs. Economie de place, facilité d'emmagasinement, conservation meilleure, appréciation très-précise, administration plus facile des produits, tels seraient, entre autres encore, les avantages de semblable méthode.

A moins que l'automne ne soit sec et chaud, on se contente des deux premières coupes de luzerne ; rarement on fane le deuxième regain ; le plus souvent on le fait manger sur place par les vaches d'abord et ensuite par les moutons. S'il était fort et abondant, il y aurait plus d'avantage à le couper ration à ration et de le faire consommer à l'étable ; par là, on éviterait tout gaspillage et on conjurerait tout accident. Que de bêtes chaque automne périssent de météorisation dans les regains de la luzerne et les jeunes trèfles un peu forts livrés inconsidérément en dépaissance ! Donner au bétail un peu de manger sec avant sa sortie des étables, ne lui permettre accès aux luzernes et aux trèfles qu'après la chute de la rosée et par un temps sans pluie, telles sont deux précautions sages dont on se félicite. Attacher, comme on fait dans le pays de Caux, chaque bête à un piquet muni d'une forte corde goudronnée et longue d'environ trois mètres, toutes les deux heures ou plus ou moins, suivant l'abondance du regain, changer les animaux de place, est un usage qui conjure à la fois et le gaspillage et tout accident fâcheux. Quand, malgré tout, des bêtes viennent à être prises du gonflement et que le mal marche avec rapidité, sans temporiser davantage et sans invoquer d'autres remèdes, le plus sûr est de s'armer d'un trois quarts et de l'enfoncer hardiment au beau milieu du flanc gauche de l'animal en danger ; c'est une excellente chose que d'avoir plusieurs canules pour une même tige, ce qui met à même de porter facilement secours à plusieurs bêtes si besoin est. Quand la canule vient à s'obstruer par des matières alimentaires, il importe de rétablir la circulation du gaz au moyen d'une petite baguette; pourvue d'un pavillon à deux trous, l'un à droite et l'autre à gauche, la canule peut facilement être maintenue en place à l'aide de deux cordons, le premier long de 28 à 30 centimètres seulement, le second suffisamment long pour faire le tour du ventre de la bête et pouvoir venir s'attacher à l'autre par un nœud solide; généralement les suites de la météorisation sont fort simples, quand la ponction est pratiquée à temps. On peut retirer la canule au bout de six ou huit heures, surtout quand, malgré l'opération, on a administré quelques breuvages à l'ammoniaque ou à l'eau salée.

CHAPITRE LXXV.

LES TRÈFLES.

SOMMAIRE.

Inconvénients de l'uniformité de régime des bestiaux. — Avantages du trèfle commun pour les terres et le bétail, ses inconvénients. — Ensemencement du trèfle commun. — Fauchage, fanage et bottelage du trèfle commun. — Vices de la méthode normande. — Avantages du trèfle et de la luzerne hachés. — Avantages du trèfle rouge. — De la calipotte et de l'altise, moyen de les conjurer. — Danger du trèfle rouge vert pour les moutons. — Avantages du trèfle blanc, ses inconvénients. — Avantages du trèfle hybride; il n'expose point les bestiaux à la météorisation autant que les autres espèces.

Non-seulement les prairies artificielles, loin de le ruiner, restaurent en enrichissent le sol; non-seulement elles permettent l'élevage et l'entretien d'un plus grand nombre de bestiaux mieux établis et plus beaux, mais encore elles mettent le cultivateur à même d'en varier le régime, ce qui, au point de vue de l'hygiène, n'est pas un avantage de légère considération; si on en croit les physiologistes, une alimentation uniforme, à la longue, devient une cause positive d'abâtardissement et même de détérioration profonde de l'économie. Les chevaux dont la nourriture est variée, sont moins sujets à la morve et autres grandes maladies avec tendances épizootiques.

On distingue trois espèces principales de trèfle : le trèfle commun, le trèfle incarnat, encore connu sous le nom de trèfle rouge, trèfle anglais, et enfin le trèfle blanc. Le trèfle fraise et le trèfle du Roussillon jusqu'ici, que je sache, n'ont jamais pris place dans aucun cadre de culture sérieuse.

A toutes les qualités de la luzerne, le trèfle commun joint

encore celle d'exiger un sol moins profond, une terre moins égouttée, moins amendée. Doué de l'heureuse propriété de l'ameublir, il végète également assez volontiers sur l'argile, qu'il enrichit; c'est pourquoi sa culture aujourd'hui est aussi répandue que presque on peut le souhaiter. Cette plante, dix fois précieuse, améliore également d'une manière non moins sensible les terres un peu légères auxquelles elle rend plus qu'elle n'en reçoit; en sol franc, où elle prospère le mieux, elle laisse une telle dose d'engrais, que la végétation des récoltes qui lui succèdent s'en ressent notoirement durant plusieurs années.

Non-seulement le trèfle ameublit les glaises et donne du corps aux sables qui le produisent, en même temps qu'il leur procure de l'engrais, mais encore il les purge des mauvaises herbes qui avaient quelque tendance à vouloir y surgir.

Un bon trèfle commun produit peut-être quelque chose de moins qu'une bonne luzerne, mais comme qualité de fourrage, il ne lui cède rien quand il est bien récolté; d'une mâche beaucoup plus douce, il convient tout mieux aux jeunes et aux vieux chevaux qui en perdent infiniment moins. Le trèfle généralement ne dure qu'un an, il ne donne que deux coupes et quelquefois un regain que le plus ordinairement on fait paître avant de retourner le sol pour y mettre du blé d'hiver; d'une nature très-vivace, il pourrait durer davantage; néanmoins, à la seconde année, toujours il est d'infiniment moins considérable rendement.

Le reproche le plus fondé qu'on puisse faire au trèfle, c'est qu'il est assez difficile à bien faner. Plus que la luzerne et autant que le sainfoin, il exige un temps beau par excellence pour être accommodé; la moindre pluie le fait noircir et en altère la qualité; mais quand le moment est favorable, en deux jours et demi, au plus trois jours, on peut le convertir en fourrage parfait à monter en meulons.

Le trèfle commun ne doit revenir que tous les quatre ou cinq ans sur un même terrain, pour bien faire. Pour le faire pâturer, on ne saurait nier qu'il est certaines précautions à prendre, et peut-être encore plus sérieusement que pour la luzerne; mais après les premières gelées blanches, le trèfle commun, ainsi que la luzerne, peuvent impunément être livrés en libre parcours au bétail.

Eu égard à la propriété qu'a le trèfle d'ameublir les terres compactes, un seul labour suffit pour l'ensemencement de la céréale qui doit lui succéder; néanmoins, en sol très-argileux, très-glaiseux, c'est une louable opération que de pelurer légèrement la surface du champ par un temps bien sec, vers la mi-septembre. Par là, le collet du trèfle, qui a eu le temps de mourir et de se dessécher avant le labour d'ensemencement, contribue à l'ameublissement de la terre. La herse Bataille, qui expédie promptement cette besogne, serait ici de la plus heureuse application.

Le trèfle se sème au printemps, soit parmi les blés ou les seigles, ou en même temps que l'orge et l'avoine; comme de toutes les plantes c'est celle qui craint le moins l'ombrage, et que la concomitance d'autres plantes ne lui nuisent aucunement, jamais on ne le sème seul. Un seul et simple hersage suffit pour l'enfouissement de sa graine, qui ne tarde point à lever pour peu que le temps ou la terre aient de la fraîcheur. A cause de ses racines beaucoup plus faibles, à cause de la consistance précoce de ses tiges, le jeune trèfle, encore moins que la jeune luzerne, ne doit point être livré en pâturage de trop bonne heure au gros bétail; de leur côté, si les moutons ne l'arrachent pas aussi volontiers, ils ne laissent pas non plus pourtant que d'en faire périr nombre de pieds, dont ils détruisent le collet en le pinçant de trop près.

Le trèfle commun, dont chaque feuille d'un vert glauque est marquée à sa base d'une sorte d'écusson à nuance plus pâle et dont la fleur d'un rouge lavé est disposée en tête houppeuse, le plus ordinairement donne deux coupes à faner ; quand elle est abondante, il est préférable de faire manger la troisième à l'étable plutôt que sur place. Le trèfle fauché est beaucoup moins météorisant; d'un autre côté, on conjure le gaspillage. La troisième coupe ne se fane guère, à moins qu'elle ne soit très-forte, que le temps magnifique n'y engage et que l'on ne craigne d'être à court de provisions d'hiver.

Ainsi que la luzerne, le trèfle se coupe quand sa fleur est bien formée et est en complet épanouissement; en attaquant un peu plus tôt celui qui verse ou qui menace de verser, on regagne sur la seconde fauche ce que l'on perd sur la première dont en outre, par là, on a conjuré l'altération. Pour la récolte du trèfle, son fanage, son ensemencement, son bottelage, mêmes précautions, mêmes principes que pour la luzerne, avec cette différence pourtant que le trèfle, étant encore plus aqueux, demande un peu plus de temps et de manipulations pour son parfait assaisonnement. Trèfles, luzernes, bourgognes, en un mot, tous les fourrages à feuilles abondantes et peu adhérentes, demandent à n'être point trop brutalement manipulés; les feuilles étant très-riches en principes nutritifs, il importe de chercher à les conserver autant que possible.

Si les premières coupes de trèfle, bottelées et rentrées immédiatement après quelques jours de fanage, ont de la tendance à poudrer, les regains traités sans plus de soin ni de réflexion, non-seulement se chargent de moisissure aussi, mais encore leurs tiges et leurs feuilles affectent bientôt une couleur café brûlé et un goût amer, âcre très-prononcé; avec plus de séjour en meulon et l'attention de convertir ces derniers en fortes meules à plein air, la denrée, à tout jamais d'un goût franc, de couleur et d'odeur pures, désormais serait de garde indéfinie comme de qualité irréprochable. Quand l'époque des secondes coupes est pluvieuse et qu'on a la crainte de ne les pouvoir convertir en fourrage de bonne qualité, il est prudent, en même temps qu'avantageux, de les faire dépenser en vert à la place des mangers de premier fanage; le service des chevaux et des bœufs de travail ne souffre nullement de semblable régime.

Si le trèfle et la luzerne bien récoltés favorisent notablement l'embonpoint des divers bestiaux quand on les leur donne au râtelier, assurément leur heureux effet serait encore bien plus sensiblement marqué, si on hachait ces fourrages et si, après les avoir fait tremper quelques heures préalablement, on les leur servait assaisonnés d'un peu de mouture quelconque, de racines cuites ou crues et d'une petite dose de sel; d'un autre côté, on éviterait notable perte et gaspillage considérable.

2° Le trèfle rouge ou anglais diffère du trèfle ordinaire par la forme et la couleur de ses feuilles mollement velues, plus petites et d'un vert plus tendre, ainsi que par sa fleur en épi allongé et par sa tige plus creuse et également un peu velue comme sa feuille.

Excepté dans les glaises et les argiles froides sans amendement, le trèfle rouge vient partout; dans les sables un peu riches, pour peu qu'il ne fasse pas trop sec au printemps, il donne des produits abondants et surtout d'une qualité remarquable. En terre franche, sa première végétation étant prodigieusement active, il est bon de le semer un peu plus tard, et même de le faire paître avant l'hiver, sans quoi il gélerait assez volontiers. Par le prompt et sain embonpoint qu'il détermine chez les divers bestiaux qu'on soumet à son usage, et par la vigueur qu'il leur communique, le trèfle incarnat mérite la plus grande attention.

Si cette plante, la plus précoce de toutes les herbes fourragères, épuise peut-être un peu la terre, en revanche, elle la nettoie parfaitement; en outre, par sa précocité, par l'abondance de son rendement, elle met le cultivateur à même d'entretenir en hiver un certain nombre d'animaux de plus, et par conséquent de rendre au champ qui l'a produite, bien au delà de ce qu'elle a pu perdre. Eu égard à la rapidité avec laquelle elle parcourt ses phases de végétation, en bon fond, on peut lui faire succéder une récolte de sarrasin, de pommes de terre ou de navets, puis, avec un peu de fumier, y semer à l'automne un seigle ou un blé, ou de l'avoine d'hiver.

Le trèfle incarnat se sème à la fin d'août ou au commencement de septembre, sur chacune des céréales et avec un seul labour; la graine s'enfouit à la herse; quand la terre est un peu légère et qu'il fait sec, un coup de rouleau est on ne peut plus à propos. C'est une bonne pratique et assez généralement suivie, que d'associer au trèfle rouge une petite portion de vesce d'hiver qui rend ce fourrage plus délicat.

Le jeune trèfle rouge, ainsi que les navets, est exposé aux ravages de deux ennemis terribles en certaines années, je veux dire la puce de terre ou altise, et une certaine espèce de petite limace grise de la grosseur d'une plume à écrire : l'altise, qui fait plus de dégât par le sec, circule jour et nuit; quant à la petite limace, vulgairement appelée *calipotte* dans certains cantons de la Normandie, c'est principalement par les nuits un peu humides qu'elle sort de la terre au sein de laquelle dans le jour elle se repaire à 4 ou 5 centimètres de profondeur. Arroser avec de l'eau de gaz étendue de fort purin et dans la proportion de 2 à 3,000 litres à l'hectare, la terre qu'on se propose d'ensemencer en trèfle rouge, ou bien semer à sa surface après l'ensemencement de la graine, un mélange de suie et de chaux, tels sont deux moyens souverainement héroïques comme préservatifs de ces petits fléaux.

On distingue plusieurs espèces de trèfle incarnat : outre le trèfle rouge d'automne précoce et le trèfle d'automne tardif, il en est encore une troisième sorte que l'on sème au printemps pour faire manger à l'automne suivant; eu égard à son époque d'ensemencement, sans doute il est moins sujet aux attaques du puceron et de la limace.

Le trèfle rouge se fait plus volontiers consommer en vert; on peut venir à cette provision sitôt que ses fleurs marquent et en continuer l'usage jusqu'à ce que les bestiaux, la trouvant trop dure, commencent à la gaspiller. Le trèfle rouge ne donne qu'une coupe.

On ne saurait être trop circonspect dans l'administration du trèfle anglais durant les trois ou quatre premiers jours, enfin tant que les animaux n'ont pas complétement rendu tous leurs excréments de fourrage sec, attendu qu'ils pourraient se boucher ou se donner des indigestions.

On ne convertit guère en foin que ce que les bestiaux n'ont pu dépenser à l'état vert. Le trèfle incarnat fané ne laisse pas que d'avoir son prix, surtout quand il a cru sur sable et qu'on l'a fauché au moment où sa graine, suffisamment développée, adhérait encore assez à l'épi pour ne se point perdre durant les manipulations du fanage. A cause de l'eau de végétation que, malgré tout le soin qu'on peut y mettre, il conserve toujours en assez grande quantité et à cause de sa tendance à absorber l'humidité atmosphérique, il est sage et rationnel de faire consommer cette denrée avant toute autre provision d'hiver.

Le trèfle rouge se sème seul; néanmoins c'est une bonne habitude que de lui associer un peu de blé ou d'avoine d'hiver pour lui fournir du soutien au moment de sa floraison; les tiges de céréales, en outre, donnent du lien tout prêt. A cause de l'eau de végétation dont ses feuilles et ses tiges sont saturées surabondamment, si on en faisait le régime exclusif des moutons pendant toute une saison, ce fourrage vert pourrait déterminer la pourriture, au moins chez ceux qui y auraient quelque prédisposition; un fait que j'ai constaté, c'est qu'il donne le gros ventre aux lapins qui en font un usage quelque peu prolongé et qu'il rend leur chair molle et fade.

3° Il est encore une troisième espèce de trèfle qui, bien que de moindre importance que les précédentes, n'en a pourtant pas moins son mérite aussi : c'est le trèfle blanc. Cette plante n'est pas douée d'une force de végétation luxuriante, mais elle pousse continuellement et elle est susceptible de convertir en pâturages très-nourrissants des terrains du plus bas titre, qu'en même temps elle améliore d'une façon notoire. Le trèfle blanc vient partout; il est vraiment regrettable que, jusqu'ici, on lui ait donné aussi peu d'attention : il fait périr les mauvaises herbes, il conserve à la terre sa fraîcheur et ses sucs dont même il augmente la dose. Pourtant, malgré tous ces avantages, il faut avouer que, comme la luzerne, comme le trèfle commun et peut-être encore à un plus haut degré, le trèfle blanc a la fâcheuse propriété de déterminer la météorisation chez les vaches et chez les moutons qu'on laisserait le brouter à discrétion.

Le trèfle blanc vient rarement assez haut pour être fauché et converti en fourrage sec, mais en échange il pousse partout et peut être pâturé jusqu'à la fin de l'automne par les bestiaux derrière lesquels il semble qu'on le voit repousser. Sans fumier en bonne terre, avec une légère fumure en sol ordinaire, moyennant un seul labour précédé d'un simple pelurage, sur trèfle blanc on peut espérer une bonne récolte de blé; en mauvaise terre, pour peu qu'il ait pris, on ne risque rien de lui faire succéder un seigle ou une avoine; on a même toutes chances de bon résultat également.

4° Une quatrième espèce de trèfle qui donne moins que le trèfle d'hiver, moins que le trèfle incarnat et considérablement plus que le trèfle blanc, *c'est le trèfle hybride*. Sa fleur, d'une couleur rose lavé, tire plus sur le blanc que sur le rouge, beaucoup de têtes mêmes sont presque totalement blanches. Le trèfle hybride vient partout; si sa dépaissance n'est point aussi inoffensive qu'on semble le croire, pourtant il est infiniment moins sujet que le trèfle commun et le trèfle blanc à déterminer le gonflement chez les vaches et surtout chez les moutons. D'un fanage très-facile, il fournit un foin assez abondant et de la première qualité. Son ensemencement, qui s'effectue à la même époque que les autres trèfles, n'exige ni soins ni conditions plus particulières ; de même que la luzerne, tous les trèfles se sèment à la volée parmi les seigles, les blés, les orges ou les avoines.

CHAPITRE LXXVI.

LE SAINFOIN.

SOMMAIRE.

Le sainfoin fait la richesse des pays pauvres. — En vert comme en sec, il est du goût de tous les bestiaux. — Ensemencement du sainfoin. — Reproches mal fondés adressés au sainfoin par certains cultivateurs champenois. — Epoque de fauchaison du sainfoin. — Le sainfoin fauché craint l'eau et donne un fourrage dangereusement poudreux quand il a été mouillé ou mal fané.

Si la luzerne, si les différents trèfles, si les pois et les racines ont contribué à l'amélioration de l'agriculture et des bestiaux dans les contrées à sol riche, dans les pays pauvres et montagneux, le sainfoin, de son côté, n'a pas laissé non plus que d'amener une heureuse révolution. Pourtant il ne faut point s'imaginer que si cette plante se plaît dans les montagnes, elle ne demande exclusivement qu'un terrain maigre et en pente ; une bonne terre franche, un sol riche et même plat sans excès de fraîcheur, pourvu qu'il soit bien orienté, lui conviennent parfaitement aussi, souvent même le sainfoin y donne des produits presque aussi abondants que le trèfle et la luzerne ; mais en terre argileuse, compacte, froide enfin, il ne se plaît pas du tout; si par hasard il y lève, si d'abord il semble y prospérer quelque peu, dès la fin du premier automne il languit, et à peine de rares plants épars survivent à l'hiver et rappellent un ensemencement.

Le sainfoin, avec ses racines pivotantes, légèrement fibreuses à leur collet et longues de vingt à trente centimètres, épuise peu les couches superficielles du terrain, que même il nettoie tout en en conservant la séve et les engrais. Le sainfoin bien récolté et conservé est, sans aucun contredit, le fourrage le plus appétissant, le plus nourrissant, le plus sain, en un mot le meilleur pour tous les animaux domestiques. Peut-être cette plante est-elle un peu impressionnable au froid, surtout durant son premier hiver; essentiellement vivace, pour peu qu'on le soigne en hersages et en terrassements, le sainfoin peut durer cinq à six ans en sol convenable et donner à chaque été une copieuse récolte à la faux, puis un excellent et assez abondant regain de pâture pour le gros bétail durant l'automne et plus tard pour les moutons qui ne s'y météorisent jamais; malgré cet heureux avantage, il est prudent pourtant de n'y lâcher le menu bétail que durant le fort de l'hiver, lorsque sa végétation est totalement suspendue : pinçant les herbes de très-près, la brebis attaque volontiers le collet de cette plante qui pousse sans cesse, l'altère considérablement et même peut la détruire tout à fait.

Ainsi que toutes les herbes formant la base des prairies artificielles, le sainfoin se sème associé à une céréale quelconque. Dans les plaines crayeuses de la Champagne, on le sème avec le seigle en automne ou avec l'avoine et l'orge en mars et avril. Dans les provinces du midi de la France, très-volontiers on sème le sainfoin au printemps et seul après plusieurs labours préparatoires.

On a reproché au sainfoin d'empoisonner les arbres au

pied desquels on n'avait pas soin de le détruire dans un périmètre assez étendu; on a cité des chênes et des noyers vigoureux détruits en assez peu de temps sous la funeste influence de son voisinage. A dessein, j'ai semé du sainfoin sous des pommiers, sous des abricotiers, sous des frênes et des ormes, et je n'ai jamais observé ni langueur, ni dépérissement, ni mort sur aucun de mes arbres d'expérience.

D'un autre côté, j'ai entendu des cultivateurs champenois dire que leurs blés sur sainfoin étaient moins forts, de moindre poids, enfin moins bons que ceux sur trèfle; au lieu de rompre les sainfoins à la fin de leur première année de récolte, comme ils le font, s'ils les laissaient trois ou quatre ans; sur leurs sainfoins désertés plus vieux, s'ils semaient de l'avoine suivie d'un trèfle, d'une minette, d'un trèfle blanc ou hybride et que le blé ne reparût qu'après l'une ou l'autre de ces plantes, il est probable que le rendement en serait meilleur sous tous rapports : le sainfoin d'un an, dont la racine encore peu développée n'a pas eu le temps d'en pénétrer les couches profondes, épuise la superficie du sol qui, en outre, en pareille circonstance, ne reçoit qu'à peine le tiers ou le quart des détritus fertilisants fournis annuellement par le collet de chaque pied; le jeune sainfoin, d'une autre part, absorbe une notable quantité de silice à la couche superficielle de la terre, ce que ne fait plus le plant de plus d'âge dont les racines longues vont puiser plus avant cet élément qui a le temps de se reconstituer, et que retrouvera le blé auquel il est également indispensable; telle est du moins l'explication à l'aide de laquelle j'ai travaillé à réhabiliter le sainfoin dans l'esprit des Champenois découragés de sa culture.

On distingue deux espèces de sainfoin, le sainfoin ordinaire et le sainfoin à deux coupes; il est probable qu'en bonne terre, avec le temps, ces deux variétés ne tarderaient pas à se confondre et leurs caractères à s'identifier.

On ne saurait préciser d'époque fixe pour la fauchaison du sainfoin : quand ses fleurs sont bien formées, quand ses beaux épis coniques sont bien épanouis, le moment est convenable. Un bon soleil, un temps sûr, un vent bien placé ne méritent pas moins de considération. Autant le sainfoin est bon quand il est bien récolté, autant son usage est pernicieux quand on l'a laissé avarier; plus qu'aucune autre plante fourragère, il devient poudreux, ses tiges creuses, ses fibres poreuses tombent en moisissure pour peu qu'il ait essuyé d'humidité et n'ait pas été rentré parfaitement sec.

On a encore reproché au sainfoin de n'être pas de très-bonne garde; au lieu de le botteler au bout de deux ou trois jours de fanage et de l'emmagasiner dans des appartements peu convenables, mal clos, à murs humides ou frais, si on le montait en bonnes et fortes meules en plein champ et bien couvertes, assurément il tendrait moins à se détériorer. En résumé, pour la récolte et la conservation du sainfoin, mêmes règles que pour la récolte des autres prairies artificielles.

Le plus généralement aujourd'hui, quand une luzerne a sept ou huit ans, elle commence à se dédire; il est temps de songer à rompre le sainfoin quand il arrive à quatre ans.

Un reproche assez mérité et même très-fondé qu'on fait aux prairies artificielles, c'est d'avoir souvent des tiges trop développées, trop grosses, ce qui donne lieu à gaspillage et à perte, quand les animaux ne sont pas très-affamés, ou à des indigestions s'ils sont mal dentés et s'ils mangent avidement leur ration. C'est principalement à la luzerne et surtout au sainfoin que s'adresse ce blâme. En semant plus dru, on obtient des tiges moins volumineuses et moins hautes, mais dont le nombre plus considérable ramène à une égale quantité de fourrage plus fin, plus délicat et d'un poids équivalant. C'est pour le même motif que l'on doit se garder de cultiver aucune plante fourragère en rayon.

Plus que les autres essences d'herbes formant la base des prairies artificielles et sans doute à cause de l'infériorité des terres qu'on lui consacre, le sainfoin souvent manque par veines plus ou moins étendues et quelquefois même dès la première année; malgré que l'une ne donne que fort peu et que l'autre ne monte jamais bien haut, deux plantes qui ne demandent qu'à venir partout et qui sont tout à fait propres à combler les lacunes sont : la pimprenelle et le trèfle blanc. Très-vivaces, d'une végétation fort prompte, riche en sucs nutritifs, conjurant l'apparition des herbes nuisibles dans les clairières, si elles ne fournissent pas beaucoup à l'andain, elles préparent du moins un pâturage sain et du goût de tous les bestiaux. Le trèfle hybride pourrait encore, avec avantage, venir combler les vides, surtout en terre substantielle et profonde.

CHAPITRE LXXVII.

LE LUPIN JAUNE.

LA SPERGULE. — LA CHICORÉE SAUVAGE.

SOMMAIRE.

Eloge du lupin jaune. — Le lupin jaune vient bien en très-mauvaise terre. — Il est du goût de tous les bestiaux, en vert, en sec, en grain. — La spergule se plaît dans les terrains frais et ombragés. — En vert comme en sec, elle est recherchée avidement par les vaches. — La chicorée sauvage nourrit admirablement les vaches et les brebis. — Elle conjure bien des maladies, elle végète sans cesse, elle épuise peu la terre, elle vient partout et sans grands frais de culture.

1° Bien que dans ma préface j'aie avancé que je n'étais ni plagiaire, ni compilateur, je ne puis m'empêcher néanmoins de transcrire littéralement ici un article de M. Victor Borie touchant le lupin jaune :

« Un grand agriculteur disait : Si j'avais à décider entre « les services qu'a rendus la pomme de terre et ceux qu'on « peut attendre du lupin, je serais fort embarrassé. En « Prusse, la culture du lupin a produit presque une révo- « lution agricole ; elle a porté l'abondance et la joie là où « régnait la misère et la douleur. Grâce à cette modeste et « généreuse plante, les mauvaises terres sont devenues « bonnes, les déserts se sont peuplés et les malheureux « propriétaires de plaines arides et sablonneuses qui se « croyaient abandonnés des hommes et de Dieu, ont été « forcés de reconnaître que notre plus redoutable ennemi « dans ce monde, *c'est l'ignorance.*

« Un proverbe allemand dit : Travaille pour le boucher « et tu auras le boulanger à ta porte ; nous, nous disons : « Qui a du foin a du pain.

« Les agriculteurs allemands ont cherché à faire pous- « ser du foin sur leurs sables stériles et ils y ont réussi ; « ils ont travaillé pour le boucher et, selon le proverbe de « leur pays, le boulanger est venu frapper à leur porte « avec un sac d'écus dans chaque main ; or, c'est le lupin « jaune qui a accompli ce prodige ; on cultive sérieuse- « ment le lupin en Prusse depuis 1852 seulement. Des sur- « faces immenses y donnent aujourd'hui de superbes ré- « coltes de fourrage et de seigle. Les lupins ont produit « d'excellents fourrages ; les fourrages ont nourri des « bestiaux ; les bestiaux ont donné à leur tour du fumier ; « le fumier a fait pousser du blé, et voilà comment les « lupins ont révolutionné la production agricole de la « Prusse.

« Les sols sablonneux conviennent parfaitement aux lu- « pins ; quelle que soit la pauvreté du terrain, ils peuvent y « vivre et ils y vivent en grands seigneurs, ne se refusant « rien pour végéter luxurieusement. Des racines vigou-

« reuses et indiscrètes vont chercher jusqu'à plus d'un « mètre de profondeur, dans les entrailles du sol, les sucs « épars qui s'y sont infiltrés. Les feuilles qui conservent « leur fraîcheur jusqu'à la maturité de la plante, puisent « dans l'atmosphère le supplément de nourrriture que de- « mande le développement accompli du grain, tandis que « chez les végétaux habitués aux sols riches en sucs, la « tige est desséchée lorsque la graine commence à mûrir.

« Il faut aux habitants de la Hollande une quantité de « viande et de liqueurs fortes qui tueraient un Espagnol; « il en est des plantes comme des hommes : les unes exi- « gent une terre riche et fertile, une nourriture abon- « dante et substantielle; les autres, sobres et vigoureuses, « vivent de peu et produisent beaucoup.

« Le lupin vient partout, en bonne comme en mauvaise « terre; mais ce sont, par-dessus tout, les sables qui lui « vont; les terrains dont le sol ne vaut rien et le sous-sol « rien du tout lui conviennent à merveille.

« En Prusse on laboure profondément sans se préoccu- « per si on ramène à la surface un sous-sol stérile, puis « on répand la graine de lupin à la fin de juin si on veut « enfouir en vert ou à la fin d'avril si on veut récolter de « la graine ou du fourrage. La semence ne veut pas être « enterrée, on la couvre tout simplement par un ou deux « légers coups de herse. Si on donne un labour au champ « lorsque les lupins sont dans toute leur force, c'est ce « qu'on appelle enfouir en vert, on obtient ensuite un bon « seigle, car c'est là un excellent engrais. Quand les lu- « pins sont secs, les moutons mangent tout : paille, « grain et gousses. On donne quatre à cinq litres de « ce grain concassé mêlé à la ration d'avoine d'un cheval « par jour; pour les vaches, trois à quatre litres du « même grain trempé ou broyé seulement. »

Tout ce qui précède sent un peu l'enthousiasme de savant écrivain, peut-être; néanmoins la plante si chaudement prônée par M. Borie, assurément a du mérite. Je l'ai cultivée de mes propres mains et elle m'a largement payé de mes peines; seulement, je ne puis m'empêcher de dire que mes bestiaux ont un peu hésité à s'y mettre d'abord, quand je leur en ai présenté en vert. Je crois même pouvoir et devoir ajouter que sur un terrain maigre, tout à fait sans fond, pauvre enfin, sa végétation serait douteuse ou tout au moins chétive. Comme fourrage sec je suis difficilement parvenu à la bien conditionner, sa maturité s'étant fait attendre fort tard; néanmoins sa paille hachée, trempée à l'avance et assaisonnée d'une quantité proportionnelle de son grain moulu, a été par tous dévorée avec avidité. En résumé, le lupin jaune est une bonne plante qu'il serait sage de chercher à introduire dans les cantons crayeux et à sols légers tels qu'en Champagne.

Il y a deux mille ans, les Romains connaissaient le lupin; comme nourriture pour le bétail et comme engrais pour les terres, Virgile le cite en tout nom et en toutes lettres dans ses Géorgiques, vrai cours d'hygiène, d'éducation et de multiplication de divers animaux domestiques, en même temps que de la plus saine économie rurale et de la plus ravissante poésie.

2° Les lieux ombragés, les terrains frais, sans toutefois être trop humides, conviennent à la spergule; cette plante, un peu tendre à la gelée, vient mal en terrain maigre et sans profondeur. L'humidité est si nécessaire à sa végétation, a dit le savant vétérinaire Gilbert, qu'on doit la proscrire de tous les terrains où elle n'en rencontrerait pas suffisamment. En Flandre, en Hollande on la cultive avec grand avantage; c'est un excellent fourrage vert qui donne aux vaches un lait aussi abondant que de premier bon goût, et fort riche en beurre. La spergule est une plante fort commune dans les bois où elle croît spontanément. Le printemps est la véritable saison pour semer cette plante. La spergule se dépense plus volontiers en vert, néanmoins on peut la convertir en fourrage sec de très-bonne qualité que les vaches et les moutons dévorent avec avidité.

3° Une autre plante qui croît partout, qui produit des coupes abondantes et sans cesse renaissantes, une plante dont les effets sont, non-seulement de les nourrir, mais encore d'entretenir, de corroborer leur santé et de concourir puissamment au rétablissement des bœufs et des moutons souffrants, c'est la chicorée sauvage. Douée d'une force de végétation que les grandes gelées seules peuvent à peine ralentir quelque peu, durant toute la belle saison, elle donne au moins quatre à cinq coupes du plus excellent fourrage vert; en outre, les vaches et les brebis auxquelles elle semble principalement convenir pour leur tempérament un peu lymphatique, peuvent, sans lui porter aucun préjudice, la paître après qu'elle a été coupée toute la belle saison, dès la fin de l'automne jusque fort avant dans l'hiver. Une moyenne couche de fumier bien consommé vers le mois de décembre, un léger hersage au moment des hâles de mars, un peu de terrasse après, tels sont les seuls soins que réclame sa culture. La chicorée sauvage épuise peu la superficie de la terre végétale, attendu qu'elle vit principalement aux dépens des couches plus profondes du sol par ses longues racines et aux dépens de l'air par ses feuilles très-absorbantes. Un autre avantage de cette plante, c'est de purger le sol de toutes mauvaises herbes et de lui maintenir sa fraîcheur et ses autres éléments de fertilité.

Sur sables, sur argiles, sur glaises, en terre franche, sur pentes, en plaines, sur crêtes ardues, la chicorée sauvage vient partout; semée en lignes, elle prospère mieux et produit plus qu'à la volée. On doit préparer la terre qu'on lui destine par un peu de fumier et des labours profonds. Ameublir le sous-sol à la charrue fouilleuse serait assurer sa réussite, comme celle de toutes les plantes à racines pivotantes du reste. Si la chicorée sauvage ne craint point les sous-sols frais, néanmoins elle redoute beaucoup l'eau; aussi importe-t-il de ne la cultiver qu'en champ bien égoutté et à l'abri des inondations.

La chicorée sauvage n'est bonne que comme fourrage vert. Les vaches, les moutons, les porcs, les lapins, les volailles, tous les animaux domestiques herbivores et autres enfin sont excessivement avides de ses feuilles, qui donnent à leur chair une fermeté et à la fois une sapidité remarquables. Un champ de chicorée sauvage peut durer deux ans, surtout quand elle est semée en lignes et qu'à chaque printemps on prend la peine de lui donner un coup de houe à cheval et un léger terrassement, puis quelque engrais.

J'ai observé que les lapins qui, de temps en temps, font usage de cette plante, n'ont jamais le gros ventre; les moutons qui en mangent sont eux-mêmes moins sujets à la pourriture et au sang de rate. Je sais des petits fermiers bien avisés qui ont toujours une certaine superficie de terrain en chicorée et où chaque mois, durant un jour ou deux, les vaches et les moutons paissent durant plusieurs heures.

CHAPITRE LXXVIII.

L'AJONC.

SOMMAIRE.

Nombreux et immenses avantages de l'ajonc. — L'ajonc vient partout et améliore les plus mauvais sols. — Culture de l'ajonc en lignes. — Semis de l'ajonc. — Repiquage. — Récolte et préparation de l'ajonc destiné aux bestiaux. — On ne doit commencer à attaquer l'ajonc qu'à deux ans.

Cet arbrisseau rameux est également connu encore sous les noms de jonc marin et genet épineux ou piquant. Il est fort commun en Bretagne, en Vendée et dans beaucoup de contrées de la Normandie, surtout vers l'ouest de cette province. La première fois que le savant naturaliste Linné vit cette plante, on dit que, frappé d'une pieuse admiration, il adressa une prière de reconnaissance au grand auteur de la nature, de ce qu'il lui avait plu de faire croître dans son pays une plante source de tant de richesses. Comme clôture, comme soutènement des terres le long des talus, comme matière combustible, le jonc marin mérite une grande considération; mais c'est principalement comme matière alimentaire pour le bétail que je veux le faire envisager ici.

Les glaises, les argiles, les terres franches, les sables frais, pierreux comme ceux à sous-sol argileux, en un mot, tous les terrains bons, médiocres comme mauvais et dont on ne saurait tirer d'autre parti, pour peu qu'ils contiennent de fraîcheur, tous plaisent à cette plante, aussi peu difficile que peu délicate. Dans les très-bons fonds, l'ajonc ne vient pas aussi merveilleusement qu'on croirait devoir l'espérer; dans les sables trop secs et trop arides, sa végétation d'abord languit et ne commence à prendre un certain aspect qu'au fur et à mesure que ses tiges, en se développant petit à petit, lui donnent du couvert et parviennent enfin à abriter le sol brûlé que pénètrent ses racines vivaces. Cultiver en lignes le jonc marin sur terres arides, recouvrir la surface du champ avec des laîches, des mauvaises pailles ou des feuilles, tel est le moyen simple et certain de le faire venir partout et quand même.

La culture de l'ajonc n'entraîne que les frais d'un peu de préparation du sol et ceux d'ensemencement; le chiendent étant son ennemi d'enfance et le plus redoutable, on doit en purger la terre par un ou deux labours préalables. L'ajonc se sème de février en avril; l'ensemencement en lignes permettant au besoin un ou plusieurs coups de houe pendant la première pousse du jeune plant, assurément est tout préférable à l'ensemencement à la volée. Un excellent moyen de cultiver le jonc marin, et, quel que soit le terrain, d'arriver infailliblement à bien, c'est d'élever son plant en bonne terre tout à fait spécialement préparée, et au printemps suivant de le repiquer à la cheville ou à la charrue comme on fait du colza; la précocité et l'abondance de la récolte indemnisent largement de ces petits sacrifices préalables.

Une fois bien garni, le champ d'ajonc désormais n'exigeant aucun frais, aucun soin spécial, n'offre plus qu'à prendre. Outre les terrains dont la culture de l'ajonc doublerait et au delà la fertilité première, que de bordures, que de surfaces vagues, que de talus en éboulement on pourrait fixer et utiliser à grand avantage en y faisant venir une plante aussi rustique, aussi productive et d'une aussi précieuse ressource! En Angleterre, le jonc marin se coupe tous les ans; son rendement moyen est de onze mille kilogrammes par quarante ares. L'ajonc d'un an de pousse se coupe au moyen d'un croissant bien tranchant. Ce fourrage est d'autant plus du goût des bestiaux, qu'il est plus frais récolté; il importe donc de n'en couper que strictement la quantité nécessaire pour le besoin actuel. Dans le Boccage, en Bretagne, en Basse-Normandie, partout enfin où on le donne aux animaux, on le pile, on le dompte soit avec des maillets à main ou sous la roue d'un pressoir à cidre, puis avec une serpe on le hache sur un billot de bois pour le servir immédiatement aux bêtes qui en sont aussi avides que de la meilleure mouture et du plus délicat fourrage. On le donne ou seul, ou mélangé à du son ou de la paille hachée.

Quant l'ajonc a été semé ou replanté en rayons, c'est une très-bonne habitude que de laisser une ligne entre deux pour la coupe d'après; l'été suivant, les lignes réservées, par l'élévation de leurs tiges, garantissent du soleil trop ardent et de la sécheresse la nouvelle pousse des lignes récoltées. Sitôt coupé et surtout sitôt broyé et haché, l'ajonc doit être consommé; si on attendait, il prendrait mauvais goût, et on s'exposerait à du gaspillage. Un cheval de moyenne taille qui ne recevrait pas d'autre nourriture, peut en manger 20 kilog. par vingt-quatre heures. Il est prudent de n'en point faire le régime exclusif d'aucune espèce d'animal, attendu qu'il est très-nourrissant et exposerait à des apoplexies.

En surchargeant le poids du levier qui dans les hache-paille actuels sert à faire rapprocher les deux cylindres attirant les substances à couper et les soumettent aux couteaux dont est armé le volant de ces machines ingénieuses, on a sans plus de frais un parfait *broyeur hache-ajonc*. Deux hommes, en moins de deux heures, peuvent hacher la ration quotidienne de six chevaux.

Par ses débris, l'ajonc enrichit prodigieusement les couches superficielles de la terre; passé sa première année, il ne la met plus aucunement à contribution; de plus, il la garantit contre l'ardeur du soleil. D'un autre côté, il dessèche et ameublit les sols argileux, il donne du corps, des sucs et de la fraîcheur aux sables. Après qu'elle a porté de l'ajonc, une terre, même pauvre antérieurement, devient propre à toute espèce de culture pour plusieurs années et sans grand engrais.

La première coupe de l'ajonc ne se fait qu'à deux ans; arrive le mois de mars, ce fourrage cesse de plaire aux bestiaux jusqu'à l'approche de l'hiver. L'ajonc coupé tous les ans ou tous les deux ans, dure plus longtemps que celui que l'on ne coupe jamais, ou que tous les quatre ou cinq ans.

CHAPITRE LXXIX.

LES PRAIRIES NATURELLES.

SOMMAIRE.

Marais. — Prairies basses. — Hautes prairies. — Culture du roseau de marais, ses avantages. — Transformation des marais. — Sources de fertilité des prairies basses. — Direction des prairies. — Submergement tardif des prairies basses, irrigation. — Irrigation possible des prairies supérieures au niveau des courants d'eau. — Administration des prairies hautes. — Hersages, terrassages, semailles de graines appropriées. — L'eau de gaz à dose modérée. — Principales herbes nuisibles aux prairies. — Fauchage, fanage, emmeulage, bottelage. — En France, nous donnons trop de foin à nos chevaux et pas assez d'avoine.

On donne le nom de prairies naturelles ou prairies proprement dites, à des terrains particuliers où croissent, dans un certain pêle-mêle et spontanément, c'est-à-dire d'elles-mêmes, différentes espèces d'herbes qu'à diverses époques de l'année on fauche et que l'on convertit en foin pour la nourriture des divers bestiaux.

Les prairies naturelles ou prés se distinguent en prairies marécageuses, prairies basses et hautes prairies : 1° les prairies marécageuses ou marais sont des terrains herbeux où l'eau séjourne durant à peu près toute l'année à un niveau plus ou moins considérable ; les plantes qu'ils produisent le plus souvent sont assez abondantes, mais ne fournissent qu'un fourrage grossier, peu nourrissant et souvent susceptible d'occasionner des maladies plus ou moins graves; diverses affections intestinales, les poux, la gale souvent n'ont pas d'autre cause.

De toutes les herbes qui se rencontrent très-communément dans les marais, une seule mérite considération : c'est le roseau. Il est vraiment bien regrettable qu'on ne s'adonne pas plus à favoriser sa végétation dans les fondrières qu'il n'est pas possible, ou mieux que l'on n'a pas encore eu le temps de dessécher. Le roseau est précoce, il peut donner au moins deux coupes par an, il est tout à fait du goût de la vache et du mouton; les chevaux eux-mêmes en sont fort gourmands. Quand elles en mangent à certaine quantité, les vaches fondent en lait de la meilleure qualité; outre qu'il les nourrit parfaitement et les engraisse d'une manière remarquable, le roseau donne à tous les animaux une vigueur inaccoutumée. Plus on le coupe, plus il drageonne, plus il végète, plus il produit, plus il prend le dessus des laîches et autres mauvaises plantes qui même bientôt finissent par être dominées et lui céder le terrain.

En les canalisant, en les égouttant, en les écobuant, diverses compagnies, tout en donnant le bon exemple, ont plus que décuplé leur capital d'association avec des marécages primitivement malsains, dangereux ou tout au moins improductifs; c'est ainsi que j'ai vu, en de certains cantons du département de l'Aube, d'immenses vasières converties en riches plaines couvertes d'avoines magnifiques et de colzas de la plus belle venue.

2° On appelle prairies basses celles, qui étant plus ou moins au niveau d'un fleuve, d'une rivière ou d'un simple courant d'eau, sont plus ou moins exposées à être submergées à époques plus ou moins incertaines; leur sol est toujours notablement frais; eu égard au limon qu'y laissent leurs eaux en y débordant, elles sont toujours fort productives, et le foin qu'elles donnent est lui-même d'assez bonne qualité quand l'inondation n'a pas eu lieu trop tard.

Quand après la première pousse des herbes, c'est-à-dire vers la mi-mai ou un peu plus tard, survient un submergement, le foin des prairies basses demeure volontiers vasé, si dès le premier temps sec on n'a pas la précaution de promener, à plusieurs reprises et en différents sens, une bonne et lourde herse à leur surface; après semblable opération survienne une forte pluie, le mal est en grande partie réparé. Mais si les eaux se répandent dans le courant de juin, mieux vaut, sitôt leur retrait, faucher immédiatement l'herbe et la convertir en fumier, plutôt que de s'obstiner à vouloir en faire du foin; ce serait une source infaillible de maladies les plus graves, sinon de mortalités. L'abondance du regain suivant, pour peu qu'il survienne d'eau, indemnise grandement du sage sacrifice qu'on a eu la prudence de faire.

A la faveur de leur niveau, plus ou moins égal à celui des courants voisins, beaucoup de prairies basses, par le moyen de sangsues ou rigoles pratiquées en divers sens et de petites vannes, peuvent être irriguées à volonté et triplées de produits. C'est ainsi que les prairies basses arrosées par la Risle, dans le département de l'Eure, et diverses autres en Normandie à ma connaissance, après avoir donné deux abondantes coupes et un fort regain fané, servent encore de pâture à des bœufs et des vaches qui s'y engraissent ou à des poulains qui y prennent un développement remarquable. On appelle encore ces prairies là prairies baignantes.

En de certaines autres localités, où le niveau de la prairie est supérieur à celui des cours d'eau, au moyen de roues à hélices, l'eau monte et vient se décharger dans des bassins plus ou moins nombreux qui, par des rigolets, la distribuent à travers les divers points du pré. Si ces prairies demi-basses produisent un peu moins, leurs herbes plus fines donnent un foin plus délicat et de meilleur qualité, en un mot un foin vineux.

3° Les prairies hautes, ou hauts prés, généralement produisent beaucoup moins que les autres, mais le foin qu'on en tire est de beaucoup supérieur; spiritueux, aromatique, il porte demi-avoine, dit-on.

Si, comme prairie, les marais ne méritent aucun soin, si les prés bas pour produire autant que possible n'ont besoin que de quelques hersages durant l'hiver, afin d'en détruire la mousse et de cultiver le pied des plantes, plus de quelques irrigations au moment du départ des herbes, les prairies hautes, de leur côté, finiraient promptement par se dédire, se détériorer et même par s'épuiser, si on les abandonnait complétement à elles-mêmes.

Etudier la nature de leur sol, examiner l'essence des principales plantes qui s'y plaisent le mieux et y viennent plus volontiers, s'en procurer de la graine, l'y répandre moitié au commencement de l'automne, moitié dès les premiers beaux jours, y promener alternativement la herse d'abord, puis le rouleau, y projeter un peu d'engrais très-snbstantiel et bien décomposé, enfin, si on le peut, arroser avec du purin ou quelque engrais liquide, tels sont les soins peu coûteux de frais proprement dits et de temps que rembourse au quintuple une prairie ainsi traitée.

Les eaux qui ont servi au lavage du gaz, l'urine étentue d'eau, les bains de cuves à dégraisser les laines, la suie répandue en poudre ou délayée dans beaucoup d'eau, les déchets poudreux des drapiers, les balayures d'ateliers des maréchaux ferrants, la boue de ville, etc., etc., non-seulement sont des engrais qui raniment les prairies, mais encore la plupart en éloignent les mans, la veraille, les taupes et même les sauterelles, telle est du moins la propriété de l'eau de gaz et de la suie délayée, l'une et l'autre répandue en hiver à la surface des prés. L'eau de gaz, en outre, brûle la mousse jusqu'entre les filaments des plantes dont les racines, loin d'en être incommodées, n'en végètent que plus vigoureusement, arrivent les doux jours et les pluies. Pourtant si ce dernier engrais à haute dose ne nuit point, si même il active la pousse des herbes, il importe de ne l'employer qu'avec certaine circonspection; à dose très-élevée, il donne une herbe molle, cotonneuse, sans tiges, sans goût et ne produisant enfin qu'un très-mauvais fourrage semblable à de la bourre.

Quand, malgré tous les soins, une prairie vient à ne plus produire assez abondamment, la rompre, l'ensemencer quelques années en avoine, colza, trèfle ou autres cultures appropriées à la nature de son sol, défoncer ce dernier, attaquer profondément le sous-sol à la charrue fouilleuse, si rien ne s'y oppose, telle est une méthode dont j'ai vu des cultivateurs se bien trouver.

Le réveil-matin ou euphorbe, la patience, le colchique, l'oignon des prés, la renoncule ou bouton d'or, la scabieuse, etc., sont autant de plantes ou mauvaises par elles-mêmes, ou par leur présence nuisibles aux bonnes herbes et qu'il importe de s'évertuer à faire disparaître. Dans une ferme aux environs d'Elbeuf, j'ai vu, il y a quelques années, des vaches mourir pour avoir mangé au printemps des boutons d'or comme nourriture presque exclusive pendant trois jours : au moyen d'eau de graine de lin miellée et un peu acidulée avec du vinaigre, que je fis administrer à la dose de douze ou quinze litres par jour et par bête, je suis parvenu à en sauver la majorité; dans une autre exploitation, des génisses qui avaient mangé des feuilles de colchique au mois d'avril, ont péri toutes, malgré tous mes remèdes; à l'ouverture, j'ai trouvé toutes les traces de la plus violente inflammation intestinale avec terminaison par gangrène.

Dans une prairie où le pissenlit, la pâquerette, la renoncule bulbeuse, le seneçon jacobé et autres plantes médiocres ou mauvaises en même temps que très-précoces, nuisaient habituellement à la végétation des plantes meilleures, mais plus tardives, je me suis parfaitement trouvé de mettre, jusqu'au commencement d'avril, les moutons, qui, d'une part, les ont en grande partie directement détruites, et, d'autre part, ont ralenti la pousse du reste dont très-peu de sujets arrivèrent à franche floraison. En deux ou trois ans de semblable procédé, je compte parvenir à leur complète destruction dans ma prairie.

La récolte des prairies naturelles repose encore sur les mêmes principes et les mêmes règles que la récolte des prairies artificielles : faucher l'herbe quand elle a acquis tout son développement et que sa graine est formée, choisir un temps assuré, bien combiner son nombre de faucheurs avec son nombre de faneurs, diviser immédiatement les andains trop épais, abandonner à eux-mêmes ceux plus faibles, retourner précautionneusement les uns et les autres quand la dessiccation des couches supérieures est à peu près achevée, à l'aide de fourches et de râteaux, le soir, si le temps est bien certain, réunir trois ou quatre andains en un seul, si, au contraire, on a à craindre, les convertir en petites meules, au sein desquelles l'herbe plus ou moins fanée s'échauffe, se cuit sans perdre aucun de ses sucs, et devient apte à être convertie en foin de première qualité en quelques heures de soleil consécutif, le lendemain, les démonter si le temps est rassuré; la dessiccation de l'herbe une fois parfaite, édifier des meulons de trente à soixante bottes, à base plus étroite, à ventre plus saillant et pointus par le sommet; bien faits, bien solides, en un mot établis de manière à donner au foin, désormais à l'abri des injures atmosphériques, le temps d'exhaler ce qui peut lui rester d'eau de végétation, ces meulons en favorisent la fermentation et la dessiccation, en un mot le perfectionnement, tel est en deux mots l'art du fanage. Quand le temps est tout à fait malencontreux, que le soleil plus ou moins ardent ne se montre que par intervalles, on parvient encore à faire du foin : 1° en n'attaquant ses prairies que par fractions; 2° en en manipulant l'herbe activement; 3° en la convertissant en tas plus ou moins forts que l'on démonte avec prudence aux apparitions du beau temps et qu'on se hâte de réédifier aux approches des ondées, ainsi que chaque soir. Si de cette façon on augmente ses frais de récolte, du moins a-t-on l'avantage d'obtenir de la denrée convenable et saine.

Convertir tous les meulons d'une prairie de certaine contenance en une forte meule de plusieurs milliers de bottes, est assurément une méthode préférable à la méthode normande, qui consiste à botteler et à rentrer immédiatement toute la récolte après quelques jours de fanage. Le foin non-seulement se détériore moins, mais même il acquiert de la qualité en meule bien établie et couverte; en outre, d'une part on a immense économie de bâtiments; d'un autre côté, le bottelage renvoyé à la morte-saison, se peut faire à moins de frais; en troisième lieu enfin, on a les moments précieux de juin et de juillet pour se livrer à d'autres soins plus urgents. Une couverture fort légère, sorte de chemise en grosses et longues herbes ou toutes vertes ou moitié fanées, suffit pour mettre une meule bien faite à l'abri de toute avarie durant des années entières. La base ou pied des meules consiste soit dans un soc en maçonnerie, soit en broussailles, paille, etc., etc.

Si en France nous mangeons trop de pain et pas assez de viande, nos chevaux de leur côté dépensent trop de foin et pas assez d'avoine. Qu'ils seraient bien mieux avisés ceux-là qui vendraient une certaine quantité de leur fourrage et en convertiraient le prix en une quantité de grain de prix proportionnel! Combien leurs chevaux seraient plus beaux, je ne puis m'empêcher de le répéter! combien ils seraient plus vigoureux et doués d'un meilleur tempérament! combien ils seraient plus aptes à des travaux plus sérieux! combien ils tomberaient moins volontiers poussifs et dureraient plus longtemps! Si on calculait, si on faisait un peu moins de blé, un peu moins de seigle et un peu plus d'avoine, tout en ne vendant point de fourrage et ayant quelques vaches ou quelques moutons de plus pour le consommer, on arriverait au même chiffre de profit, si même on ne le dépassait : *les chevaux ne sont pas dans le fenil, mais bien dans le grenier.*

CHAPITRE LXXX.

LA FEUILLÉE.

SOMMAIRE.

Pour les moutons, la feuillée vaut le meilleur foin quand elle est bien faite. — Elle est du goût de tous les bestiaux. — Arbres qui donnent la meilleure feuillée. — Conservation de la feuillée. — Quelques inconvénients de la feuillée.

Une ressource que beaucoup de cultivateurs négligent, que quelques-uns méprisent et qu'un plus grand nombre ignore, c'est la feuillée. On donne ce nom aux rameaux plus ou moins menus de divers arbres que l'on tond lors de l'entier développement des feuilles, et que l'on réserve pour l'hiver, après les avoir bien séchés au soleil, à la manière du fourrage. La bonne feuillée bien faite nourrit à l'égal du meilleur foin de pré à poids pareil. C'est vers la fin de juillet que se prépare cette provision qui ne coûte que peu de frais et de soins, et tous les ans se renouvelle sans autre dépense que sa récolte. On doit choisir pour faire la feuillée, comme pour la fenaison des prairies, un beau soleil bien franc et un temps certain et sec. La feuillée redoute l'eau ; quand on a la chance qu'elle n'en reçoive pas, elle exhale une odeur fort agréable et qui affriande singulièrement le bétail ; sa couleur est d'un vert foncé ; mais elle devient plus ou moins jaune quand elle a eu de la pluie.

Les moutons, auxquels cette denrée est de préférence consacrée, non-seulement en mangent la feuille, mais encore ils dévorent toute la partie la plus tendre de la tige et toute l'écorce qui revêt cette dernière ; on ne retrouve guère dans les râteliers que quelques débris de baguettes blanches à moitié rongées.

Les arbres qui fournissent la feuillée n'étant qu'en partie dépouillés, ne paraissent aucunement souffrir de la soustraction qu'on leur a faite. L'orme, le frêne, l'érable, l'acacia, les divers peupliers, les saules donnent la meilleure feuillée ; seulement on a recommandé de ne donner qu'avec circonspection la ramée de saule aux brebis pleines; on dit que celle de peuplier donnée trop longtemps et trop exclusivement, pourrait occasionner la jaunisse.

Que de terrains vagues, inutilisés, marécageux, perdus enfin, dont on pourrait tirer heureux parti en y plantant diverses essences de boutures qui ne tarderaient point à devenir d'un grand produit en feuillée! Que de propriétés, surtout que de prairies on pourrait enclore par des talus d'un mètre ou plus de haut et sur lesquels on planterait des haies d'acacia, de saule, de frêne, d'orme, de charmille ou autre essence dont on étêterait chaque plant et que l'on pourrait tondre avec grand avantage tous les deux ou trois étés. Combien ainsi on contre-balancerait, et au-delà, les frais d'édification et le tort occasionné par le sacrifice du terrain ainsi que par l'ombrage et les racines. En Angleterre, où la propriété est infiniment moins morcelée que chez nous, tous les divers terrains sont enclos de haies qui enferment les troupeaux et leur donnent de l'abri; j'ignore si on utilise l'émondage de ces clôtures pour la nourriture des moutons; dans tous les cas, j'en adresse le conseil aux Anglais en remercîment des nombreux et bons enseignements qu'ils nous donnent.

Une fois sèche, la feuillée demande à être mise à couvert aussi soigneusement que possible, dans le but d'aromatiser la paille et de la rendre plus appétissante; des cultivateurs bien avisés forment des meules avec des couches entremêlées de ces denrées. Les foins qui ont reçu un peu d'eau ou qu'on a été dans la nécessité de faucher trop mûrs, ne laissent également pas que de se bien trouver d'un semblable contact.

Si les moutons nourris à la feuillée, d'abord semblent boire un peu plus, leur santé n'en est aucunement dérangée, leur tempérament n'en éprouve aucun effet fâcheux, leur chair même acquiert une fermeté ainsi qu'une sapidité supérieures ; du reste, leur soif ne tarde pas à se régler.

CHAPITRE LXXXI.

LES CONCASSEURS ET LES HACHE-PAILLE.

SOMMAIRE.

Un bon concasseur et un bon hache-paille sont indispensables dans une exploitation. — Malheureusement ces instruments sont trop chers et encore trop imparfaits. — Concasseur à meules perpendiculaires. — Hache-paille actuel. — Modification simple à y apporter. — Aiguisage des couteaux. — Avantages des cylindres d'appel. — Hache-paille à main. — Hache-paille à main avec auget d'engrenage. — Modes d'administration des hachis. — Hachis sec. — Hachis trempé. — Hachis fermenté. — Mélanges de divers hachis. — Avantages incontestables des fourrages hachés. — Le hachis ne doit représenter que les trois cinquièmes de l'ordinaire des chevaux, le reste doit être administré en nature. — Râtelier pour empêcher que les animaux ne gaspillent et ne perdent point leur ration hachée.

1° Un concasseur est une machine qui indispensablement aujourd'hui devrait faire partie du mobilier de toute bonne exploitation agricole, mais malheureusement la cherté de tout ce que les mécaniciens ont produit jusqu'à ce moment est trop élevé ; d'un prix plus modeste et d'une plus durable inaltérabilité, infailliblement cet instrument tenterait et déciderait peut-être le petit cultivateur, toujours plus que circonspect dans ses dépenses et surtout pour ce qui est nouveau. Non-seulement tous les divers concasseurs coûtent fort cher, mais encore ils sont tous fort lourds à mouvoir à bras ; en troisième lieu, ils n'expédient pas considérablement vite la besogne et s'émoussent très-promptement.

Il y a des années existait dans mon voisinage un citoyen aussi ingénieux que pauvre et dont je dirais le nom si sa famille ne l'eût laissé mourir à l'hôpital. Ce brave homme avait imaginé un système de moulin qui, à volonté, faisait de la farine ou concassait plus ou moins grossièrement toute espèce de graine ; ce moulin exigeait beaucoup moins de force qu'un simple concasseur à bras. Sa meule fixe, en véritable pierre meulière, était disposée perpendiculairement ; elle représentait environ un tiers de cercle et était concave ; sa meule folle, montée sur un axe, à volonté munie d'une manivelle ou d'un tambour, circulait dans la concavité de la première dont on l'approchait ou on l'éloignait à gré, au moyen d'une vis d'appel. Sous mes yeux un homme de force ordinaire a concassé parfaitement un hectolitre et demi d'orge en moins d'une heure et demie et sans s'excéder; un petit poney que je lui avais prêté pour expérimenter, a écrasé deux hectolitres et demi de la même denrée en moins de deux heures, et parfaitement bien.

2° De tous les hache-paille, ceux dont le volant est armé de couteaux arrivant sur la colonne de fourrage, attirée par deux cylindres cannelés, et dont l'inférieur est commandé par un levier muni d'un poids à son extrémité libre, incontestablement est d'un tout préférable système. Avec cette machine aussi simple qu'ingénieuse, deux hommes, en quatre heures, peuvent hacher, tant en paille qu'en foin, de quoi pourvoir à trois rations quotidiennes de vingt têtes de bétail.

Moyennant deux légères modifications fort simples apportées à cet instrument, on peut conjurer les moindres bavures et considérablement amoindrir la somme de force à déployer : obliquer l'auge d'engrenement de manière à lui faire décrire un angle un peu plus obtus avec le corps principal de la machine ; 2° rétrécir quelque peu la lumière ou orifice qui livre passage à la denrée attirée par les cylindres cannelés, tels sont les deux changements aussi essentiels que faciles à effectuer pour améliorer infiniment une machine que sa vulgarisation ne tardera point sans doute à rendre moins chère.

Au lieu d'aiguiser avec une pierre à faux ou toute autre semblable les couteaux dont le volant est armé, il est préférable d'employer une lime demi-fine qui acère en dentant légèrement, et qui donne aux lames un tranchant plus mordant et plus durable.

Le cylindre d'appel dont l'un est soumis à l'action d'un levier à poids variable ont deux grands avantages sur les cylindres fixes : 1° la colonne de foin ou de paille, toujours également pressée malgré son volume plus ou moins considérable et se présentant toujours avec une égale fermeté, est coupée plus net et sans bavures aucunes ; 2° les tuyaux et les nœuds de la paille se trouvant plus ou moins écrasés entre ces mêmes cylindres, perdent cette dureté qui agace la dent des chevaux et portent ces derniers à recracher la bouchée dans laquelle ces nœuds se trouvent, ainsi qu'ils feraient pour un éclat de pierre ou bien pour une tête de clou.

Chez quelques petits cultivateurs j'ai de place à autre rencontré le hache-paille à main ; bien que ses trois lames ne laissent pas que d'aller assez vite et bien qu'elles puissent suffire à la consommation journalière des deux ou trois chevaux d'une modeste exploitation, on ne saurait néanmoins s'empêcher d'adresser aussi à cet instrument, qui sent encore son primitif, quelques reproches assez justement motivés : 1° ou bien on peut se blesser la main qui présente les poignées aux lames, si on n'y apporte la plus grande attention; 2° ou bien le travail marche lentement et avec beaucoup plus de fatigue; 3° quelque soin qu'on y prenne, toujours de longs bouts, de longs fétus, des bavures enfin échappent et tombent parmi les hachis, ce qui porte les animaux à gaspiller et à perdre de leur ration. Au moyen d'un simple auget, en tout exactement semblable à celui des hache-paille mécaniques, on obvie à tous les inconvénients; un homme et un jeune enfant avec le hache-paille ordinaire, munis d'un auget d'engrenement, font presque autant de travail qu'avec le hache-paille nouveau système; par exemple, pourtant, la paille et ses nœuds ne sont nullement écrasés.

Doit-on donner le hachis tout sec, ou simplement humecté, ou bien imbibé avec fermentation plus ou moins avancée? 1° La paille hachée donnée sèche fût-elle mélangée des deux tiers de foin également haché et le tout fût-il assaisonné de mouture, de son, d'avoine concassée ou aplatie ou de tout autre ingrédient appétissant même à haute dose, semble peu du goût des chevaux et même des autres bestiaux qui gaspillent et perdent une bonne partie de leur ration qu'avec le nez ils jettent hors de leur mangeoire; de plus, les animaux soumis à semblable régime dépérissent, deviennent mous la plupart et par-dessus tout se vident sans cesse; ce qu'on peut expliquer par l'insalivation insuffisante des bols alimentaires; en effet, ces bols arrivant trop secs dans l'estomac des chevaux, y fermentent mal et l'irritent plus ou moins, ainsi que tout le reste du système digestif qu'ils fatiguent sans le mettre en fonction réelle; de là les mauvaises digestions, et par suite la faiblesse, la maigreur et les diarrhées incessantes qui à juste titre ont fait renoncer aux fourrages hachés, ainsi qu'à l'avoine concassée, aplatie ou moulue qu'on y associait.

2° Au hachis de paille pur ou mélangé de foin également haché, quand il a été légèrement humecté au moment de l'administration, s'agglutinent les diverses moutures; ainsi préparée, leur ration plaît infiniment plus aux bêtes qui la mangent avec plaisir, n'en perdant point du tout et se vident moins qu'avec le système de rations entièrement séchées.

3° Il y a quarante ans, ma famille n'était que très-strictement au niveau d'une certaine aisance; mon père, à juste titre donc, et pour bonnes raisons, visait à l'économie; aussi le hache-paille à main qu'il avait vu fonctionner en Espagne, en Hanovre et dans toute l'Allemagne, jouait-il un grand rôle chez nous! On hachait, s'il m'en souvient bien, moitié *seigle simplement secoué* et moitié foin commun; le soir, on faisait tremper la ration du lendemain matin, le matin celle de midi, et à midi celle pour le soir; une heure avant l'administration du repas, on décantait l'eau en excès, que l'on conservait avec soin pour humecter les rations suivantes, avec, bien entendu, restitution d'une nouvelle quantité de liquide; quelque peu de son, de la mouture de criblure et d'avoine, puis une petite poignée de sel par bête, tel était l'assaisonnement de ce que *nous appelions provende*, et qui, avec neuf ou dix livres de foin au râtelier et *un tout petit peu d'avoine en nature*, constituait le régime annuellement quotidien de nos bêtes. Aussi vaillantes que le plus souvent de médiocre prix, nos juments non-seulement étaient toujours en honnête condition, mais encore elles étonnaient par leur aptitude toujours soutenue à un travail excessif et sans relâche. Toujours sous bon poil, toujours fermes de boyau, jamais malades, en un mot, continuellement prêtes à tout, jamais elles n'arrêtaient que par suite d'accidents fortuits. L'usage routinier, j'avoue, que nous faisions du sel était de la plus sage rationnalité; outre son action bienfaisante particulière sur le sang, dont il augmente certains éléments salutaires, le sel excite et même quadruple la sécrétion de la salive qui est si indispensable pour que la digestion soit tout à fait profitable, et qui, eu égard à la promptitude avec laquelle le repas de hachis est pris, n'arriverait point en quantité suffisante pour humecter semblable ration que l'on donnerait plus ou moins sèche.

Quand le hachis est fortement humecté, même un peu fermenté, et qu'on l'a laissé égoutter avant de l'assaisonner et de le servir aux bestiaux, les parcelles de fourrage se saturent en quelque sorte d'une nouvelle eau de végétation qui en dissout les sucs et facilite la désagrégation de leurs éléments; d'un autre côté, les bêtes boivent peu, se maintiennent en état de vigueur et ont le corps tout aussi ferme qu'avec le régime purement ordinaire, surtout si elles reçoivent une fraction de leur dépense habituelle en nature, soit le cinquième ou le sixième. Inutile de recommander la propreté la plus minutieuse des baquets et des auges.

Si bien assaisonnée que soit la provende, si avides qu'en deviennent les animaux, ces derniers, soit pour rejeter les quelques longues pailles qui, malgré toute l'attention même la plus minutieuse, peuvent rester mêlées au hachis, soit pour chercher la mouture plus appétissante, avec le bout de leur nez jettent hors de la mangeoire une plus ou moins grande partie de leur ration, qui se trouve ainsi perdue. Pour obvier à semblable inconvénient, j'ai fait recouvrir d'une grille, sorte de râtelier en bois de chêne à barreaux espacés de seize à dix-huit centimètres, l'auge de mes chevaux, je l'avoue, dans le principe se souciant assez peu du régime haché. Cette grille articulée à charnière, à volonté se relève contre le mur de face et s'y maintient au moyen d'un tourniquet pendant l'administration de la ration, ainsi que pendant le lavage de leur crèche; quand la provende est servie, on la tient solidement rabattue à l'aide de deux crochets mobiles qui viennent se fixer à la planche de face, simplement en se rendant chacun dans l'œil d'un fort piton correspondant. De cette façon, les animaux *mangent ou laissent*, mais jamais ne perdent rien.

En France, les gens aisés et les pauvres, ceux qui ont quelque savoir aussi bien que les ignorants, tout le monde généralement administre aussi mal que possible les bêtes de travail et notamment les chevaux; les dispose-t-on à un service, à un voyage inaccoutumés, dès le matin du jour choisi, on les bourre, on les *gave*, on les *enfalle*, qu'on me passe le mot; jusqu'au moment de partir, on leur donne, on leur pousse de la nourriture la plus friande : du son, de l'avoine, des pois, etc., etc.; enfin, on les bride la bouche pleine et le ventre ballonné. De là, nombre d'inconvénients majeurs : respiration difficile, digestion pénible, troublée ou même arrêtée, mouvements lents et gênés, diarrhée, fourbure et autres accidents. « L'orge du matin, disent les Arabes, est pour les chemins, mais celle de la veille et des jours précédents excite le cœur et fortifie les jarrets des chevaux. »

FIN DE LA DEUXIÈME PARTIE.

TROISIÈME PARTIE.

COMPTABILITÉ.

> « Omnia in ordine fiant. »
> Que tout soit fait avec ordre.
> (Maxime de l'Ecriture-Sainte.)

AVANT-PROPOS.

COMPTABILITÉ. — Ce titre me remet en mémoire une petite allocution que j'adressais à des cultivateurs-propriétaires, à des fermiers et à des laboureurs réunis en comice, à Elbeuf, en 1856.

« Messieurs, disais-je, une assemblée agricole, au sein « de cette cité essentiellement industrielle, naturellement « suscite l'idée d'un parallèle entre l'industrie et l'agri- « culture.

> *Fortunatus et ille deos qui novit agrestes !*
> Le laboureur aussi peut faire sa fortune.

« Oui, messieurs, l'agriculture est la plus pure source « des meilleurs biens ! en même temps qu'elle enrichit « ceux qui s'y livrent avec science, avec discernement, « avec zèle, sagesse et calcul, encore elle grandit l'âme « et l'ennoblit par le spectacle quotidien de l'admirable « puissance de Dieu dans tout ce qui vit et végète !

« Fermiers soucieux de vos intérêts, modestes labou- « reurs pleins de courage et d'amour du travail, ni vous

« non plus, agronomes de bon titre, *s'il s'en trouve ici* « *quelques-uns*, ne jalousez point nos puissants indus- « triels, dont ce matin je vous voyais contempler avec « stupéfaction les établissements immenses, et dont peut- « être on a pu vous dire le chiffre presque fabuleux d'af- « faires annuelles! Ne les jalousez point! non! Faites « mieux, messieurs, imitez-les! Pendant que nous « sommes ensemble, que je vous dise leur secret pour « arriver à illustrer leur pays, que je vous enseigne leur « recette pour parvenir à une fortune plus ou moins « prompte, plus ou moins grande et presque toujours « certaine; ce secret, je m'imagine, ils ne m'en voudront « point si je vous le livre; or, le voici :

Comptabilité, ordre, travail.'

« Que telle soit donc aussi désormais votre devise! ô vous « qui nous faites de la viande, du blé et toutes espèces « de denrées indispensables, en même temps que vous « fournissez à l'industrie la plus utile partie de ses ma- « tières premières; fabricants d'un autre ordre, d'un « ordre bien plus méritant, un moment venez avec moi « dans nos usines, dans nos ateliers, dans nos magasins! « voyez comme on ouvrage avec réflexion et économie! « comme on calcule les choses, les éléments, le temps, « le travail, le rendement! Comme on sait établir avec « stricte précision les comptes de revient!

« Au nom de vos intérêts, dès aujourd'hui prenez donc « la résolution et l'habitude de compter aussi! Avec l'ha- « bileté de nos manufacturiers, étudiez également vos « diverses industries! A dater de ce jour, que chez vous « chaque plante, chaque culture, chaque système appli- « qué à votre exploitation, que chaque bête de travail et « de rente ait son compte ouvert, ainsi que chez nos fa- « bricants chaque matière, chaque nuance, chaque genre « de tissu a sa colonne de *doit* et d'*avoir*.

« Cessez, cessez enfin *de pousser machinalement l'an-*
« *née au bout!* Dieu vous a donné l'intelligence comme
« aux autres, pourquoi vous obstiner à ne point vouloir
« vous en servir?

« En augmentant vos bénéfices à force d'expériences
« prudentes et bien méditées, en leur offrant la perspec-
« tive d'un honnête salaire de tous les jours, fixez *dans*
« *vos campagnes, où il y a toujours et tant à faire*, fixez ces
« essaims d'ouvriers tout prêts *à vous quitter* pour se di-
« riger vers *nos villes*, où leurs bras sont exposés au
« chômage, leur âme à la démoralisation, et où leur vie
« s'abrége.

« Plus que n'a jamais fait aucun gouvernement, le gou-
« vernement de Napoléon III vous tient en égards tout par-
« ticuliers, vous entoure d'une sollicitude tout spéciale:
« eh bien! témoignez-lui en votre reconnaissance en don-
« nant travail lucratif aux classes laborieuses, produits
« plus abondants au pays et en convertissant votre posi-
« tion, plus ou moins aisée, en honnête opulence!

« Vive l'agriculture!
« Vivent les agriculteurs!
« Vive Napoléon III! »

De tous les laboureurs, de tous les fermiers, de tous les cultivateurs, comme de tous les propriétaires plus ou moins considérables que depuis près de trente ans je fréquente tous les jours, je ne saurais en citer *un seul* opérant avec calcul et sachant le prix de revient *même approximatif* de ses grains, non plus que de ses bestiaux, ni d'aucune des denrées qu'il produit! Pourtant, combien il importe au cultivateur comme à tout industriel de connaître sa position, c'est-à-dire de savoir ce qui lui coûte et ce qui lui produit, ce qu'il doit étendre, restreindre ou supprimer! Or, la comptabilité seule peut le conduire à cet état de choses. Que de pauvres seraient aisés! Que de gens devenus riches seraient encore parvenus plus haut! Surtout, que de puissantes fortunes ne se seraient point écroulées si on eût compté!!!

En résumé, il n'y a pas de bonne pratique agricole sans une bonne situation économique, a dit un sage écrivain de nos jours : l'une est l'effet, l'autre est la cause.

TABLEAU D'EXPLOITATION D'UNE FERME DE 25 HECTARES A 100 FR. L'UN (2,500).

ASSOLEMENT.

Cultures essentielles. Essences.	Hect.	Cultures accessoires et dérobées. Essences.	Hect.	Prairies artificielles. Essences.	Hect.	Prairies naturelles. Essences.	Hect.
		Carottes.	1				
		Betteraves.	1				
Blé.	6	Choux.	1				
		Pois gris.	1				
		Colza.	2	Luzerne.	3		
		Trèfle rouge.	1				
Avoine.	3	Féveroles.	1				
		Pois gris.	1				3
Seigle.	2	Sarrasin.	1	Trèfle.	3		
		Navets.	1				
Orge.	1	Pommes de terre.	1/2				
		Vesce d'hiver.	1/2				
		Lupins jaunes.	1/2	Sainfoin.	1		
		Vesce d'été.	1/2				
Jachère.	3	Maïs.	1/2				
		Moutarde blanche	1/2				
		Jachère morte.	1				

Ce tableau n'est qu'un spécimen qui, assurément, est loin d'être applicable partout.

FRAIS GÉNÉRAUX.	DOIT.		AVOIR.	
PERSONNEL A GAGES.	fr.	c.	fr.	c.
N° 1.				
BIRET (Antoine), de Léry (Eure). Entré à mon service le 1er janvier 1856, aux gages de 300 fr., en qualité de charretier et au besoin de faucheur.			300	»
Le 5 mars, remis à lui-même devant son père.	50	»		
Le 15 avril, remis à sa mère	70	»		
Le 24 juin, remis à son père.	100	»		
Le 20 août, remis à son frère Louis.	60	»		
Le 31 décembre, remis à lui-même pour solde.	20	»		
Total.	300	»	300	»
Le 31 décembre, en récompense de son bon service	35	»		
Nourriture à 1 fr. 10 c. par jour (365 jours).	401	50		
(Homme zélé, dévoué, intelligent, fort ouvrier.)				
N° 2.				
JARRY (Pierre), de Bernon (Aube). Entré à mon service le 2 février 1854, aux gages de 200 fr., et actuellement aux gages de 250 fr., en qualité de bouvier.			250	»
Le 10 février, remis à lui-même pour envoyer à sa mère.	95	»		
Le 30 avril, remis à lui-même pour payer des vêtements	40	»		
Le 5 août, remis à son père qui était venu le voir.	80	»		
Le 31 décembre, remis à lui-même pour solde.	35	»		
Total.	250	»	250	»

FRAIS GÉNÉRAUX.	DOIT.		AVOIR.	
PERSONNEL A GAGES.	fr.	c.	fr.	c.
N° 2 (suite).				
Le 31 décembre, en récompense de son bon service	25	»		
Nourriture à 1 fr. 10 c. par jour (365 jours).	401	50		
(Actif, plein de zèle, intelligent, doux, honnête.)				
N° 3.				
Véron (Louis), de Marbeuf (Eure). Entré à mon service le 31 décembre dernier, aux gages de 200 fr., en qualité d'homme de cour			200	»
Le 15 mars, remis à lui-même	37	»		
Le 5 mai, pour aller dans son pays	30	»		
Le 24 juin, sur sa demande, payé à son acquit au cabaretier Vinot	80	»		
Le 2 décembre, remis à lui-même	40	»		
Le 31 décembre, remis à lui-même pour solde	13	»		
Total	200	»	200	»
Le 31 décembre, remercié et parti immédiatement.				
Nourriture à 1 fr. 10 c. par jour (365 jours).	401	50		
(Têtu, grossier, lent, maladroit, ivrogne, improbe.)				

L'homme de cour, l'homme à toutes mains est dans une ferme de la plus grande importance, quand il est capable, intelligent et actif. Que d'objets traînent, se détériorent et se perdent ! Que de choses sont en souffrance, nuisent et même souvent sont des causes d'accidents, en un mot combien de pertes conjure un cabanier laborieux qui a du goût et l'esprit d'ordre !

FRAIS GÉNÉRAUX.	DOIT.		AVOIR.	
PERSONNEL A GAGES.	fr.	c.	fr.	c.
N° 4.				
LEBRET (Louise), du Gros-Theil (Eure). Entrée à mon service le 10 mars 1850, aux gages de 150 fr., et actuellement aux gages de 200 fr., comme fille de basse-cour.			200	»
Le 1er mars, remis à elle-même pour sa mère malade.	90	»		
Le 20 id., remis à son frère.	10	»		
Le 1er juin, remis à elle-même.	10	»		
Le 5 août, remis à sa mère qui était venue la voir	45	»		
Le 31 décembre, remis à elle-même pour solde.	45	»		
Total.	200	»	200	»
Le 31 décembre, en récompense de son bon et dévoué service.	25	»		
Nourriture à 1 fr. 10 c. par jour (365 jours).	401	50		
(Fille laborieuse, propre, polie, intelligente, dévouée.)				
N° 5.				
RENAUD (Firmin), d'Origny-le-Sec (Aube). Entré à mon service le 20 décembre 1849, aux gages de 60 fr., plus l'entretien, et actuellement aux gages de 120 fr., comme aide de cour.			120	»
Le 1er février, remis à lui-même pour son père.	60	»		
Le 5 avril, remis à sa mère en sa présence.	20	»		
Le 10 juin, remis à lui-même pour divers vêtements.	20	»		
Le 31 décembre, remis à lui-même pour solde.	20	»		
Total.	120	»	120	»

FRAIS GÉNÉRAUX.	DOIT.		AVOIR.	
PERSONNEL A GAGES.	fr.	c.	fr.	c.
N° 5 (suite).				
Le 31 décembre, comme encouragement et récompense.	15	»		
Nourriture à 1 fr. 10 c. par jour (365 jours).	401	50		
(Bon petit sujet, adroit, bon caractère, plein de volonté à tout.)				
N° 6.				
LEFÈVRE (Louis), de Villadin (Aube). Entré à mon service en 1849, comme aide de cour, aux gages de 120 fr., et actuellement aux gages de 300 fr., comme berger			300	»
Le 10 mars, remis à lui-même	50	»		
Le 24 juin, remis à lui-même.	50	»		
Le 31 décembre, remis à lui-même pour solde.	200	»		
Total.	300	»	300	»
Le 31 décembre, en récompense de son zèle et de son habileté	50	»		
Nourriture à 1 fr. 10 c. par jour (365 jours).	401	50		
(Doux, intelligent, actif, adroit, poli et dévoué.)				

FRAIS GÉNÉRAUX.	DOIT.		AVOIR.	
HOMMES DE JOURNÉE.	fr.	c.	fr.	c.
N° 7.				
Ledoux (André), de Bosc-Roger (Eure), travaille chez moi depuis 1851 en qualité de journalier, au prix de 2 fr. l'hiver (1er octobre au 1er mars) et 3 fr. l'été (1er mars au 1er octobre), plus la nourriture (1).				
Janvier, 1, 16, 25.			6	»
Février, 1, 9, 17, 22.			8	»
Avril, 1, 7, 9, 10, 20, 22			18	»
Mai, 1, 20.			6	»
Juin, 6, 9, 11, 22			12	»
Juillet, 2, 6, 7, 9, 10.			15	»
Août, 5, 7, 9, 10, 14			15	»
Septembre, 9, 12, 20			9	»
Octobre, 1, 7, 15, 20.			8	»
Novembre, 17, 24, 26.			6	»
Décembre, 1, 5, 7, 8, 9, 11, 12, 15, 20			18	»
Total.			121	»
Le 20 avril, remis à lui-même.	26	»		
Le 15 août, remis à son fils aîné.	54	»		
Le 31 décembre, remis à lui-même pour solde.	41	»		
Total.	121	»		
Le 31 décembre, comme gratification pour son bon travail.	15	»		
Nourriture à 1 fr. 10 c. par jour (48 jours).	52	80		
(Honnête, actif, franchement dévoué.)				

(1) Peut-être on trouvera exagéré le taux du salaire des ouvriers à la journée ; cependant, tout augmentant et l'industriel de son côté payant plus cher sa main-d'œuvre, *sauf à augmenter le prix de ses denrées*, le cultivateur pareillement ne peut, s'il veut en avoir, tenir ses manœuvres au même prix qu'il y a vingt et même dix ans.

FRAIS GÉNÉRAUX.	DOIT.		AVOIR.	
HOMMES DE JOURNÉE.	fr.	c.	fr.	c.
N° 8.				
LEROY (Placide), de Sézaune (Marne), travaille chez moi depuis 1850 en qualité de journalier, au prix de 2 fr. l'hiver (1er octobre au 1er mars) et 3 fr. l'été (1er mars au 1er octobre), plus la nourriture.				
Janvier, 9, 11, 19.			6	»
Février, 2, 5, 7, 19, 20.			10	»
Mai, 7, 8, 9, 17, 22.			15	»
Juin, 2, 3, 4, 5, 6, 7, 8, 9, 20.			27	»
Août, 1, 2, 3, 4, 5, 6, 7, 8, 9, 12.			30	»
Octobre, 3, 7, 9, 11, 16, 20, 22.			14	»
Décembre, 1, 2, 7, 8, 11, 14, 16, 17, 20. . . .			18	»
Total.			120	»
Le 1er mai, remis à lui-même.	60	»		
Le 2 octobre, remis à lui-même.	30	»		
Le 31 décembre, remis à lui-même pour solde.	30	»		
Total.	120	»		
Le 31 décembre, comme gratification pour son bon travail.	25	»		
Nourriture à 1 fr. 10 c. par jour (48 jours).	52	80		
(Plein de volonté, dévoué, probe, toujours prêt à tout.)				
N° 9.				
LEBON (Jacques), de Brienne (Aube), travaille chez moi depuis 1850 comme journalier, au prix de 2 fr. l'hiver (1er octobre au 1er mars) et 3 fr. l'été (1er mars au 1er octobre), plus la nourriture.				
Janvier, 4, 5, 6, 7, 8, 9, 10, 11.			16	»
A reporter. . . .			16	»

FRAIS GÉNÉRAUX.	DOIT.		AVOIR.	
HOMMES DE JOURNÉE.	fr.	c.	fr.	c.
N° 9 (suite).				
Report. . . .			16	»
février, 12, 13, 15, 16, 17, 19.			12	»
Mai, 1, 3, 5, 7, 9, 10, 12, 15, 16.			27	»
Août, 2, 3, 5, 7, 8, 9, 11, 15, 18, 22.			30	»
Septembre, 3, 5, 9, 14, 15, 17, 22, 25, 27. .			27	»
Novembre, 15, 18.			4	»
Décembre, 22.			2	»
Total.			120	»
Le 15 juin, remis à lui-même.	40	»		
Le 17 août, remis à sa femme.	50	»		
Le 31 décembre, remis à lui-même pour solde.	30	»		
Total.	120	»		
Le 31 décembre, comme récompense de son bon travail.	25	»		
Nourriture à 1 fr. 10 c. (44 jours).	48	40		
(Fort ouvrier, intelligent, probe, dévoué, poli.)				
FAUCHEURS.				
N° 10.				
PASCAL (Ambroise), des Damps (Eure), fauche pour moi depuis 1840; prix convenu pour toute ma fauchaison, sans nourriture (avec Leroux), 200 fr.			200	»
Le 1er juillet, remis à lui-même.	100	»		
Le 15 septembre, remis à sa femme. . . .	70	»		
Le 31 décemb., remis à lui-même pour solde.	30	»		
Total.	200	»	200	»
Le 31 décembre, à titre de gratification pour son bon travail.	20	»		
(Homme accompli sous tous rapports.)				

FRAIS GÉNÉRAUX.	DOIT.		AVOIR.	
FAUCHEURS.	fr.	c.	fr.	c.
No 11.				
Leroux (Théodore), de Léry (Eure), travaille pour moi depuis 1842 en qualité de faucheur; prix convenu pour toute ma fauchaison (avec Pascal), sans nourriture, 200 fr.			200	»
Le 1er août, remis à lui-même.	100	»		
Le 6 septembre, remis à sa femme.	60	»		
Le 31 décembre, remis à lui-même.	40	»		
Total.	200	»	200	»
Le 31 décembre, comme gratification pour son bon travail. . . . . (Parfait sujet, ouvrier d'élite.)	20	»		

INSTRUMENTS ARATOIRES.

Voitures, instruments de labourage dont détail ci-dessous, fournis et réparés par M. Pierre Fouchet, charron-mécanicien, résidant au Neubourg (Eure), moyennant 390 fr., payables annuellement en deux termes (Saint-Jean et Noël). A l'expiration de notre abonnement, qui est de dix-huit ans (durée de mon bail), tout ledit matériel, tel qu'il sera, appartiendra à M. Fouchet.

Le tout livré neuf et bien conditionné:

- Deux charrues ordinaires.
- Une charrue fouilleuse (système simplifié).
- Une charrue à défricher (système simplifié).
- Une herse Bataille.
- Une herse en bois.
- Une herse en fer.
- Un rouleau en hêtre.
- Une houe à cheval.
- Un tombereau.
- Une grande charrette.
- Une petite charrette.
- Une petite carriole.

et entretenu en bon état de service. — 390 f.

TABLEAU DE RÉPARTITION DES FRAIS GÉNÉRAUX.	fr.	c.
Chevaux	240	»
Bœufs de travail	110	»
Vaches à lait	471	»
Vaches élèves	145	»
Vaches d'engrais à l'auge	34	»
Veaux d'engrais	8	»
Troupeau	680	»
Porcs de reproduction	100	»
Porcs d'engrais	20	»
Poules de reproduction	15	»
Poulets élèves	89	»
Canards, Oies, Dindes (producteurs et élèves)	130	»
Blé	660	»
Seigles ordinaires	125	»
Avoine	162	»
Orge	165	»
Seigle multicaule	25	»
Sarrasin	75	»
Féveroles	125	»
Choux à vaches	76	»
Colza	388	»
Pois gris (bisaille)	140	»
Vesces	85	»
Carottes à bestiaux	63	»
Betteraves	76	»
Navets	49	»
Pommes de terre	76	»
Trèfle d'hiver	226	»
Luzerne	226	»
Sainfoin	75	»
Trèfle rouge	40	»
Prairies naturelles	200	»
Frais imprévus	240	»
Fermage	2,500	»
Total	7,839	»

CHEVAUX.	DOIT.		AVOIR.	
N° 1.	fr.	c.	fr.	c.
Hercule, cheval boulonnais, entier, âgé de quatre ans, acheté le 31 décembre dernier, moyennant 600 fr., payés comptant au nommé Augustin Blaise, marchand de chevaux à Iville (Eure).				
Au maréchal, par abonnement.	16	»		
Au bourrelier, id.	12	»		
Au vétérinaire, un voyage le 2 mai.	5	»		
Au pharmacien, un opiat.	3	»		
1. — NOURRITURE, PAR JOUR, DU 1er JANVIER AU 1er FÉVRIER (30 JOURS).				
Foin, 1 botte à 40 c. (30 bottes).	12	»		
Paille, 1 botte à 15 c. (30 bottes).	4	50		
Avoine, 5 litres, à 8 fr. l'hectolitre (150 litres).	12	»		
Carottes, 10 litres, à 2 fr. 50 c. l'hectolitre (3 hectolitres).	7	50		
Produit. — Travail, 30 journées à 1 fr. 50 c.			45	»
— Fumier, 10 c.			3	»
2. — NOURRITURE, PAR JOUR, DU 1er FÉVRIER AU 1er MAI (90 JOURS).				
Foin, 1 botte 1/2, à 40 c. (135 bottes). . . .	54	»		
Paille, 1 botte à 15 c. (90 bottes).	13	50		
Avoine, 10 litres, à 8 fr. l'hectolitre (9 hectolitres).	72	»		
Carottes, 10 litres, à 2 fr. 50 c. l'hectolitre (9 hectolitres).	22	50		
Produit. — Travail, 90 jours à 2 fr. 50 l'un.			225	»
— Fumier, 10 c.			9	»
3. — NOURRITURE, PAR JOUR, DU 1er MAI AU 1er JUIN (30 JOURS).				
Foin, 1 botte à 40 c. (30 bottes).	12	»		
Paille, 1 botte à 15 c. (30 bottes).	4	50		
A reporter. . . .	250	50	282	»

CHEVAUX.	DOIT.		AVOIR.	
N° 1 (suite).	fr.	c.	fr.	c.
Report. . . .	250	50	282	»
Avoine, 5 litres, à 8 fr. l'hectolitre (150 litres).	12	»		
Paille hachée, foin haché, son pour 40 c. .	12	»		
Produit. — Travail, 30 jours à 1 fr. 50 c. .			45	»
— Fumier, 10 c.			3	»
4. — **NOURRITURE, PAR JOUR, DU 1er JUIN AU 1er SEPTEMBRE** (90 **JOURS**).				
Avoine, 5 litres, à 8 fr. l'hectolitre (450 litres).	36	»		
Paille, 1 botte à 15 c. (90 bottes).	13	50		
Fourrage vert, de diverses essences, pour 1 fr.	90	»		
Produit. — Travail, 90 jours à 1 fr. 50 c. .			135	»
— Fumier, 10 c.			9	»
5. — **NOURRITURE, PAR JOUR, DU 1er SEPTEMBRE AU 1er DÉCEMBRE** (90 **JOURS**).				
Foin, 1 botte 1/2, à 40 c. (190 bottes). . . .	58	»		
Paille, 1 botte à 15 c. (60 bottes).	12	»		
Avoine, 10 litres, à 8 fr. l'hectolitre (600 litres).	64	»		
Paille hachée, foin haché, mouture ou son pour 40 c.	36	»		
Produit. — Travail, 60 jours à 2 fr. 50 c. .			225	»
— Fumier, 10 c.			9	»
6. — **NOURRITURE, PAR JOUR, DU 1er DÉCEMBRE AU 1er JANVIER** (30 **JOURS**).				
Foin, 1 botte à 40 c. (30 bottes).	12	»		
Paille, 1 botte à 15 c. (30 bottes).	4	50		
Avoine, 5 litres, à 8 fr. l'hectol. (150 litres)	12	»		
Carottes, 10 litres, à 2 fr. 50 c. l'hectolitre (300 litres).	7	50		
A reporter. . . .	620	»	708	»

CHEVAUX.	DOIT.		AVOIR.	
N° 1 (suite).	fr.	c.	fr.	c.
Report. . . .	620	»	708	»
Intérêt de capital.	30	»		
Part de frais généraux.	60	»		
Produit. — Travail, 30 jours à 1 fr. 50 c. .			45	»
— Fumier, 10 c.			3	»
— Plus-value.			150	»
	710	»	906	»
BALANCE. { 906 fr. / 710 fr.				
Profit. . . 196 fr.				
De cette façon, le cultivateur peut, en quelque sorte, à temps perdu, disposer à l'avance et grandement ébaucher ses comptes qu'il parachève ensuite au fur et à mesure de son loisir ou de son besoin.				
N° 2.				
PLUTON, cheval percheron, âgé de trois ans, acheté le 1er mai dernier, moyennant 450 fr., payés comptant à M. Robert Missent, marchand de chevaux à Lieurey (Eure).				
Au maréchal, par abonnement	16	»		
Au bourrelier, id	12	»		
Au vétérinaire, 2 consultations (1er, 6 juin).	4	»		
Au pharmacien, onguent mercuriel et vésicatoire, ãã 60 grammes.	1	50		
Nourriture, même détail qu'au n° 1. . . .	584	»		
Intérêt de capital.	22	50		
Part de frais généraux.	60	»		
Travail, même détail qu'au n° 1.			720	»
Fumier, id. id. id.			30	»
A reporter. . . .	700	»	750	»

CHEVAUX.	DOIT.		AVOIR.	
N° 2 (suite).	fr.	c.	fr.	c.
Report. . . .	700	»	750	»
Plus-value.			170	»
	700	»	920	»
BALANCE. { 920 fr. / 700 fr. — Profit. . . 220 fr.				
N° 3.				
SANSONNET, cheval entier, breton, âgé de cinq ans, acheté le 14 septembre dernier, moyennant 450 fr. payés comptant au nommé Pierre Jourdain, cultivateur à Couches (Eure).				
Au maréchal, par abonnement.	16	»		
Au bourrelier, par abonnement.	12	»		
Au vétérinaire, 3 voyages (1, 5, 7 octobre), à 5 fr. l'un.	15	»		
Au pharmacien, un opiat.	3	50		
— 50 grammes onguent vésicatoire.	»	50		
Nourriture, même détail qu'au n° 1.	584	»		
Intérêt de capital.	22	50		
Part de frais généraux.	60	»		
Travail, même détail qu'au n° 1.			720	»
Fumier, id. id. id.			30	»
Plus-value.			80	»
	713	50	830	»
BALANCE. { 830 fr. / 713 fr. — Profit. . . 117 fr.				

CHEVAUX.	DOIT.		AVOIR.	
N° 4.	fr.	c.	fr.	c.
Mouton, cheval Saint-Lô, entier, âgé de sept ans, acheté le 25 décembre dernier, moyennant 475 fr. payés comptant au nommé Charles Masselin, de Bosc-Roger (Eure).				
Au maréchal, par abonnement.	16	»		
Au bourrelier, id.	12	»		
Au vétérinaire, une consultation le 7 juin.	2	»		
Au pharmacien, 10 grammes acide arsénieux, 30 grammes digitale.	1	»		
Nourriture, même détail qu'au n° 1.	584	»		
Intérêt de capital.	23	75		
Part de frais généraux.	60	»		
Moins-value.	25	»		
Travail, même détail qu'au n° 1.			720	»
Fumier, id. id. id.			30	»
	723	75	750	»
Balance. { 750 fr. » c. / 723 fr. 75 c.				
Profit. . . 27 fr. 25 c.				
BOEUFS DE TRAVAIL.				
N° 5.				
Brunot, bœuf cotentin, âgé de quatre ans, acheté le 15 septembre dernier, à Lisieux, moyennant 280 fr. payés comptant au nommé Leclerc, marchand de bestiaux à Bernay (Eure).				
Le 6 janvier, payé au cordier une longe en chanvre.	»	50		
Le 7 juin, payé au cordier une longe en chanvre.	»	50		
A reporter. . . .	1	»		

BOEUFS DE TRAVAIL.	DOIT.		AVOIR.	
No 5 (suite).	fr.	c.	fr.	c.
Report. . . .	1	»		
Le 1er juillet, une courroie à joug.	2	»		
Les 2 et 5 novembre, au vétérinaire, deux consultations.	4	»		
1. — NOURRITURE, PAR JOUR, DU 1er JANVIER AU 1er FÉVRIER (30 JOURS).				
Foin, 2e qualité, 1 botte à 30 c. (30 bottes).	9	»		
Paille de blé, 1 botte à 15 c. (30 bottes). . .	4	50		
Paille d'orge ou d'avoine, 1 botte à 10 c. (30 bottes).	3	»		
Betteraves, 10 litres, à 2 fr. l'hectolitre (3 hectolitres).	6	»		
Carottes, 10 litres, à 2 fr. 50 c. l'hectolitre (3 hectolitres).	7	50		
Foin haché, paille hachée, mouture pour 40 c.	12	»		
Produit. — Travail, 30 jours à 1 fr. 25 c. .			37	50
Fumier, 15 c.			4	50
2. — NOURRITURE, PAR JOUR, DU 1er FÉVRIER AU 1er MAI (90 JOURS).				
Foin, 1re qualité, 1 botte 1/2 à 40 c. (135 bottes).	54	»		
Paille de blé, 1 botte 1/2 à 15 c. (135 bottes).	20	25		
Betteraves, 10 litres, à 2 fr. l'hectolitre (9 hectolitres).	18	»		
Carottes, 10 litres, à 2 fr. 50 c. l'hectolitre (9 hectolitres).	22	50		
Foin haché, paille hachée, mouture pour 45 c.	40	50		
Produit. — Travail, 90 jours à 2 fr. 25 c. .			202	50
Fumier, 15 c.			13	50
3. — NOURRITURE, PAR JOUR, DU 1er MAI AU 1er JUIN (30 JOURS).				
Foin, 2e qualité, 1 botte à 30 c. (30 bottes).	9	»		
A reporter. . . .	213	25	258	»

BOEUFS DE TRAVAIL.	DOIT.		AVOIR.	
N° 5 (suite).	fr.	c.	fr.	c.
Report. . . .	213	25	258	»
Paille de blé, 1 botte à 15 c. (30 bottes). . .	4	50		
Paille d'orge ou d'avoine, 1 botte à 10 c. (30 bottes).	3	»		
Seigle vert, pour 25 c.	7	50		
Foin haché, paille hachée, mouture, pour 40 c..	12	»		
Produit, — Travail, 30 jours à 1 fr. 50 c. .			45	»
Fumier, 15 c.			4	50
4. — **NOURRITURE, PAR JOUR, DU 1er JUIN AU 1er SEPTEMBRE** (90 **JOURS.**)				
Vert à l'étable et au pâturage, pour 1 fr. 25 c.	112	50		
Paille, 1 botte à 15 c.	13	50		
Produit. — Travail, 90 jours à 1 fr. 50 c. .			135	»
Fumier, 15 c.			13	50
5. — **NOURRITURE, PAR JOUR, DU 1er SEPTEMBRE AU 1er DÉCEMBRE** (90 **JOURS**).				
Foin, 1re qualité, 1 botte à 40 c. (90 bottes).	36	»		
Paille, 1 botte à 15 c. (90 bottes).	13	50		
Herbe de diverses essences, pour 25 c. . . .	22	50		
Foin haché, paille hachée, avoine moulue, pour 50 c.	45	»		
Produit. — Travail, 90 jours à 2 fr.			180	»
Fumier, 15 c.			13	50
6. — **NOURRITURE, PAR JOUR, DU 1er DÉCEMBRE AU 1er JANVIER** (30 **JOURS**).				
Foin, 2e qualité, 1 botte à 30 c. (30 bottes)..	9	»		
Paille de blé, 1 botte à 15 c. (30 bottes). . .	4	50		
Paille d'orge ou avoine, 1 botte à 10 c. (30 bottes).	3	»		
Betteraves, 10 litres, à 2 fr. l'hectolitre (3 hectolitres).	6	»		
A reporter. . . .	505	75	649	50

BOEUFS DE TRAVAIL.	DOIT.		AVOIR.	
N° 5 (suite).	fr.	c.	fr.	c.
Report. . . .	505	75	649	50
Carottes, 10 litres, à 2 fr. 50 l'hectolitre (3 hectolitres).	7	50		
Foin haché, paille hachée, mouture, pour 40 c.	12	»		
Produit. — Travail, 30 jours à 1 fr. 50 c. .			45	»
Fumier, 15 c.			4	50
Intérêt de capital.	14	»		
Part de frais généraux.	25	»		
Plus-value.			70	»
	564	25	769	50
BALANCE. { 769 fr. 52 c. / 564 fr. 25 c.				
Profit. . . 205 fr. 27 c.				
N° 6.				
BARRÉ, bœuf cotentin, âgé de quatre ans, acheté à Lisieux, moyennant 200 fr. payés comptant au nommé Louis Grangé, cultivateur à Saint-Julien (Orne).				
Le 4 février, au cordier, 2 longes.	1	»		
Le 7 mars, 1 licol en cuir et une courroie à joug.	4	»		
Le 9 mai, au pharmacien, 60 grammes d'ammoniaque.	1	»		
Nourriture, même détail qu'au n° 5.	518	25		
Intérêt de capital.	10	»		
Part de frais généraux.	25	»		
Travail, même détail qu'au n° 5.			645	»
Fumier, id. id.			54	»
Plus-value.			40	»
	559	25	739	»
BALANCE. { 739 fr. » c. / 559 fr. 25 c.				
Profit. . . 180 fr. 75 c.				

BOEUFS DE TRAVAIL.	DOIT.	AVOIR.
N° 7.	fr. c.	fr. c.
Bringé, bœuf cholet, âgé de deux ans, acheté à Cholet, moyennant 200 fr. payés comptant, le 1er novembre dernier, au nommé L. Couture, marchand de bestiaux à Niort (Deux-Sèvres); garantie spéciale écrite pour mal à l'œil gauche, et une remise de 50 fr. en cas de non guérison.		
Le 20 juin, au cordier, une longe.	» 50	
Le 25 juin, au bourrelier, une courroie à joug.	2 »	
Le 7 août, au bourrelier, un licol d'occasion.	1 50	
Nourriture, même détail qu'au n° 5. . . .	518 25	
Intérêt de capital.	10 »	
Part de frais généraux.	25 »	
Travail, même détail qu'au n° 5.		645 »
Fumier.		54 »
Plus-value.		40 »
	557 25	739 »
Balance. { 739 fr. » c. / 557 fr. 25 c. }		
Profit. . . 181 fr. 75 c.		
N° 8.		
Marjolin, bœuf cholet, âgé de deux ans et demi, acheté à Cholet, moyennant 225 fr. payés comptant, le 1er octobre dernier, au sieur Louis Couture, marchand de bestiaux à Niort (Deux-Sèvres).		
Le 1er mars, au cordier, une longe.	» 50	
Le 17 août, au bourrelier, une courroie à joug.	2 »	
A reporter. . . .	2 50	

BOEUFS DE TRAVAIL.	DOIT.	AVOIR.
N° 8 (suite).	fr. c.	fr. c.
Report. . . .	2 50	
Le 4 septembre, au vétérinaire, un voyage	5 »	
Le 5 septembre, au pharmacien, 100 grammes liniment camphré ammoniacal. . .	1 50	
Nourriture, même détail qu'au n° 5. . . .	518 25	
Intérêt de capital.	11 25	
Part de frais généraux.	25 »	
Travail, même détail qu'au n° 5.		645 »
Fumier id. id.		54 »
Plus-value.		50 »
	563 50	749 »

Balance. { 749 fr. » c. / 563 fr. 50 c.

Profit. . . 185 fr. 50 c.

VACHES A LAIT.	DOIT.	AVOIR.
N° 9.		
Babet, vache cotentine, âgée de trois ans et demi, née et élevée sur l'exploitation, estimée à 350 fr., vêlée le 20 décembre dernier.		
Le 5 janvier, au cordier, une longe. . . .	» 50	
Le 7 janvier, au vétérinaire, un voyage. . .	5 »	
— Id. au pharmacien, sulfate de soude, 200 grammes.	1 »	
1. — Nourriture, par jour, du 1er janvier au 1er avril (90 jours).		
Foin, 1 botte, 2e qualité, à 30 c. (90 bottes).	27 »	
Paille d'avoine, 1 botte à 10 c. (90 bottes).	9 »	
A reporter. . . .	42 50	

VACHES A LAIT.	DOIT.		AVOIR.	
N° 9 (suite).	fr.	c.	fr.	c.
Report. . . .	42	50		
Navets, 20 litres, à 2 fr. l'hectolitre (18 hectolitres).	36	»		
Betteraves, 10 litres, à 2 fr. l'hectolitre (9 hectolitres).	18	»		
Son ou moutures diverses pour 30 c. . . .	27	»		
Siliques de colza pour 5 c.	4	50		
Produit.— Lait, 15 litres (1,350 litres à 15 c.)			202	50
— Fumier, 15 c.			13	50
2. — NOURRITURE, PAR JOUR, DU 1er AVRIL AU 1er JUIN (60 JOURS).				
Foin, 1 botte, 2e qualité, à 30 c. (60 bottes).	18	»		
Paille d'orge, 1 botte à 10 c. (60 bottes). . .	6	»		
Betteraves (pendant avril seulement), 10 litres, à 2 fr. l'hectolitre (3 hectolitres). .	6	»		
Seigle et minette (pendant mai seulement), 50 c.	15	»		
Siliques de colza pour 5 c.	3	»		
Son ou moutures diverses, 30 c.	9	»		
Produit. — Lait, 10 litres (600 litres à 15 c.)			90	»
— Fumier, 15 c.			9	»
3. — NOURRITURE, PAR JOUR, DU 1er JUIN AU 1er JUILLET (30 JOURS).				
Herbes diverses et pâturage pour 1 fr.	30	»		
Son ou moutures diverses pour 25 c.	7	50		
Paille, 1 botte à 10 c. (30 bottes).	3	»		
Produit. — Lait, 8 litres (240 litres à 15 c.)			36	»
— Fumier, 15 c.			4	50
4.—NOURRITURE, PAR JOUR, DU 1er JUILLET AU 1er SEPTEMBRE (60 JOURS).				
Herbes diverses et pâturage pour 75 c. . .	45	»		
Son ou moutures diverses pour 25 c. . . .	15	»		
Paille, 1 botte à 10 c. (60 bottes).	6	»		
A reporter. . . .	291	50	355	50

VACHES A LAIT.	DOIT.		AVOIR.	
N° 9 (suite).	fr.	c.	fr.	c.
Report. . . .	291	50	355	50
Produit. — Lait, 6 litres (360 litres à 15 c.)			54	»
— Fumier, 15 c.			9	»
5. — NOURRITURE, PAR JOUR, DU 1er SEPTEMBRE AU 1er NOVEMBRE (60 JOURS).				
Pâturage libre et herbes diverses pour 25 c.	30	»		
Paille, 1 botte à 10 c.	6	»		
Produit. — (Avancée de veau, sans lait.) .			»	»
— Fumier, 15 c.			9	»
6. — NOURRITURE, PAR JOUR, DU 1er NOVEMBRE AU 1er JANVIER (60 JOURS).				
Foin, 1 botte, 2e qualité, à 30 c. (60 bottes).	18	»		
Paille d'avoine, 1 botte à 10 c. (60 bottes). .	6	»		
Navets, 20 litres, à 2 fr. l'hectolitre (12 hectolitres).	24	»		
Betteraves, 10 litres, à 2 fr. l'hectolitre (6 hectolitres).	12	»		
Son ou moutures diverses pour 30 c. . . .	18	»		
Siliques de colza pour 5 c.	3	»		
Produit. — Veau vendu à 6 jours.			15	»
— Lait (50 jours) 17 litres à 15 c. (850 litres).			127	50
Fumier à 15 c.			9	»
Intérêt de capital.	17	50		
Part de frais généraux.	94	20		
Plus-value.			70	»
	520	20	649	»
BALANCE. { 649 fr. » c. / 520 fr. 20 c.				
Profit. . . 128 fr. 80 c.				

VACHES A LAIT.	DOIT.		AVOIR.	
N° 10.	fr.	c.	fr.	c.
Moisie, vache augeronne, âgée de quatre ans, achetée le 5 octobre dernier, moyennant 275 fr. payés comptant au nommé Chrétien, marchand à la Barre-en-Ouche (Eure). A terme.				
Le 7 avril, une longe.	»	50		
Le 8 mai, une bricole.	3	50		
Nourriture, même détail qu'au n° 9. . . .	402	»		
Intérêt de capital.	13	75		
Part de frais généraux.	94	20		
Lait du 5 janvier au 5 avril, 19 litres par jour (1,615 litres).			248	25
Lait du 5 avril au 5 juillet, 12 litres par jour (1,080 litres à 15 c.).			158	40
Lait du 5 juillet au 5 octobre, 8 litres (720 litres à 15 c.).			96	»
Veau vendu comme élève.			25	»
Fumier, 15 c. par jour, par an (360 jours).			54	»
Plus-value.			40	»
	513	95	631	65
Balance. { 631 fr. 65 c. / 513 fr. 95 c.				
Profit. . . 117 fr. 70 c.				
N° 11.				
La Biche, vache augeronne flamande, âgée de trois ans, élevée sur l'exploitation, estimée 380 fr., devant vêler le 1er avril en premier vêlage.				
Le 9 mai, au cordier, 1 longe.	»	50		
Le 11, id. 1 bricole.	3	50		
Nourriture, même détail qu'au n° 9.	402	»		
Intérêt de capital.	19	»		
A reporter. . . .	425	»		

VACHES A LAIT.	DOIT.		AVOIR.	
N° 11 (suite).	fr.	c.	fr.	c.
Report. . . .	425	»		
Part de frais généraux.	94	20		
Lait du 5 avril au 5 août, 14 litres à 15 c. (1,680 litres).			252	»
Lait du 5 août au 5 novembre, 8 litres à 15 c. (720 litres).			108	»
Veau vendu comme élève de premier ordre.			40	»
Fumier, 15 c. par jour.			54	»
Plus-value.			80	»
BALANCE. { 534 fr. » c. / 519 fr. 20 c.	519	20	534	»
Profit. . . 14 fr. 80 c.				
N° 12.				
Cerf-Volant, vache cotentine flamande, âgée de six ans, achetée le 9 mars dernier au Neubourg, moyennant 300 fr. payés comptant au nommé Simon, marchand à Brionne (Eure). Vêlée le 25 décembre dernier.				
Le 10 mars, au cordier, une longe.	»	50		
Le 5 mai, au bourrelier, un licol en cuir blanc.	2	»		
Nourriture, même détail qu'au n° 9.	402	»		
Intérêt de capital.	15	»		
Part de frais généraux.	94	20		
Lait du 5 janvier au 5 avril, 20 litres (1,800 litres à 15 c.).			270	»
Lait du 5 avril au 5 août, 15 litres (1,800 litres à 15 c.).			270	»
Lait du 5 août au 5 novembre, 8 litres (720 litres à 15 c.).			108	»
A reporter. . . .	513	70	648	»

VACHES A LAIT.	DOIT.		AVOIR.	
N° 12 (suite).	fr.	c.	fr.	c.
Report. . . .	513	70	648	»
Veau femelle vendu comme élève de premier titre.			80	»
Fumier, 15 c. par jour.			54	»
Valeur égale sans variante.				
	513	70	782	»
BALANCE. { 782 fr. » c. / 513 fr. 70 c.				
Profit. . . 268 fr. 30 c.				
Outre le bénéfice à balance, on doit encore envisager comme tel le chiffre de nourriture, tous les éléments qu'il représente provenant sans nullement plus de frais des ressources de l'exploitation.				
N° 13.				
JAVOTTE, vache augeronne, âgée de sept ans, achetée le 15 décembre dernier, moyennant 250 fr. payés comptant au nommé Pernuis, marchand à Glos-sur-Risle (Eure). Pleine de huit mois.				
Janvier, 2, 5, 7, 8, 10, au vétérinaire, 5 voyages.	25	»		
Janvier, 2, 5, 7, 8, 10, au pharmacien, drogues diverses.	12	»		
Morte le 11 au matin.	250	»		
Empoisonnée par le lief vert qu'elle a brouté dans une haie en quantité assez notable parmi d'autres branchailles et ronces dont elle était très-gourmande.				
Peau.			18	»
A reporter. . . .	287	»	18	»

VACHES A LAIT.	DOIT.		AVOIR.	
N° 13 (suite).	fr.	c.	fr.	c.
Report. . . .	287	»	18	»
Balance. { 287 fr. / 18 fr.				
Perte. . . 269 fr.				
Si les cultivateurs savaient mieux choisir leurs élèves et acheter leurs bêtes de profit, sûrement ils auraient un grand tiers de profit en plus.				

VACHERIE ÉLÈVES.				
N° 14.				
Finette, génisse augeronne, âgée de huit mois, achetée le 1er mai dernier, moyennant 70 fr. payés comptant au nommé Chéron, marchand de vaches au Marais-du-Houlbec (sa mère, 5,500 litres de lait en premier vêlage; son père, fils de Néron). Valeur actuelle, 120 fr.				
Le 27 janvier, au cordier, une longe.	»	50		
Le 2 février, id. un licol doublé de chaînettes.	1	»		
Le 1er mai, au vétérinaire, une consultation.	2	»		
1. — **NOURRITURE, PAR JOUR, DU 1er JANVIER AU 1er MAI** (120 JOURS).				
Foin, 1/2 botte à 40 c. (60 bottes).	24	»		
Paille, 1 botte à 15 c. (120 bottes).	18	»		
A reporter. . . .	45	50		

VACHERIE ÉLÈVES.	DOIT.		AVOIR.	
N° 14 (suite).	fr.	c.	fr.	c.
Report. . . .	45	50		
Navets, 5 litres, à 2 fr. l'hectolitre (6 hectolitres).	12	»		
Son ou moutures diverses pour 20 c. . . .	24	»		
Produit. — Fumier, 10 c.			12	»
2. — **NOURRITURE, PAR JOUR, DU 1er MAI AU 1er DÉCEMBRE** (210 JOURS).				
Herbes diverses, pâturage, 45 c.	94	50		
Produit. — Fumier, 10 c.			21	»
3. — **NOURRITURE, PAR JOUR, DU 1er DÉCEMBRE AU 1er JANVIER** (30 JOURS).				
Foin, 1/2 botte à 40 c. (15 bottes).	6	»		
Paille, 1 botte à 15 c. (30 bottes).	4	50		
Produit. — Fumier, 10 c.			3	»
Plus-value			90	»
Intérêt de capital.	3	50		
Part de frais généraux.	24	16		
	214	16	126	»
BALANCE. { 214 fr. 16 c. / 126 fr. » c.				
Perte. . . 88 fr. 16 c.				
N° 15.				
SAPHO, génisse cotentine, âgée de sept mois, achetée au Neubourg le 20 mai, moyennant 60 fr. payés comptant au sieur Duvallet, marchand de vaches à Conches. (Sa mère donne 6,000 litres de lait; son père fils de Sapho.) Valeur actuelle, 120 fr.				
Nourriture, même détail qu'au n° 14. . . .	183	»		
A reporter. . . .	183	»		

VACHERIE ÉLÈVES.	DOIT.		AVOIR.	
N° 15 (suite).	fr.	c.	fr.	c.
Report. . . .	183	»		
Intérêt de capital.	3	»		
Part de frais généraux.	24	16		
Plus-value.			100	»
Fumier.			36	»
BALANCE. { 210 fr. 16 c. / 136 fr. » c.	210	16	136	»
Perte. . . 74 fr. 16 c.				
N° 16.				
BRUTUS, taurillon cotentin durham, 3/4 sang, âgé de six mois, acheté 120 fr. à deux mois à la vente du Pin. Son père, 1er prix grand concours universel 1856. Valeur actuelle, 200 fr.				
Nourriture, même détail qu'au n° 14. . . .	183	»		
Intérêt de capital.	6	»		
Part de frais généraux.	24	16		
Plus-value.			100	»
Fumier.			36	»
BALANCE. { 213 fr. 16 c. / 136 fr. » c.	213	16	136	»
Perte. . . 77 fr. 16 c.				
N° 17.				
MANETTE, génisse hollandaise, achetée à Orbec le 5 juin dernier, moyennant 80 fr. payés comptant. Son père, de 1er titre, au point de vue du poids, et sa mère au point de vue du lait. Valeur actuelle, 170 fr.				

VACHERIE ÉLÈVES.	DOIT.		AVOIR	
N° 17 (suite).	fr.	c.	fr.	c.
Nourriture, même détail qu'au n° 14. . . .	183	»		
Intérêt de capital.	4	»		
Part de frais généraux.	24	16		
Plus-value.			90	»
Fumier.			36	»
	211	16	126	»
BALANCE. { 211 fr. 16 c. / 126 fr. » c.				
Perte. . . 85 fr. 16 c.				
N° 18.				
L'ÉVEILLÉE, génisse flamande cotentine, âgée de cinq mois, achetée à Rouen le 20 juillet, moyennant 70 fr. Sa mère, 5,800 litres de lait ; son aïeule paternelle, 7,000 litres. Valeur actuelle, 180 fr.				
Nourriture, même détail qu'au n° 14. . . .	183	»		
Intérêt de capital.	3	50		
Plus-value.			125	»
Fumier.			36	»
Part de frais généraux.	24	16		
	210	66	161	»
BALANCE. { 210 fr. 66 c. / 161 fr. » c.				
Perte. . . 49 fr. 66 c.				
N° 19.				
TARQUIN, taurillon cotentin, âgé de huit mois, acheté le 28 décembre dernier, moyennant 200 fr. payés comptant à Jorrey de la Rivière-Thibouville. Son				

VACHERIE ÉLÈVES.	DOIT.	AVOIR.
N° 19 (suite).	fr. c.	fr. c.
père, Charlot, du haras du Pin; sa mère, 1er prix au concours régional de Rouen, 6,000 litres de lait.		
Nourriture, même détail qu'au n° 14. . . .	183 »	
Intérêt de capital.	10 »	
Plus-value.		180 »
Fumier..		36 »
Part de frais généraux.	24 16	
BALANCE. { 217 fr. 16 c. / 216 fr. » c. }	217 16	216 »
Perte. . . 1 fr. 16 c.		

Si ces élèves de prime-abord semblent constituer en perte, quand on réfléchit, on ne tarde pas à voir que, outre la perspective d'une riche plus-value de tout prochain avenir, la vente qu'on leur fait de leur nourriture est presque tout bénéfice, puisqu'elle ne nécessite aucun déboursé et qu'elle est prise sur l'exploitation, sans augmentation de frais.

VACHE EN POUTURE.

N° 20.

	DOIT.	AVOIR.
JEANNE, vache augeronne, âgée de six ans, six mois de vêlage, deux mois de castration, poids brut, 400 kilog. à 1 fr. .		
Premier mois.		
Luzerne, 30 bottes, à 30 c.	9 »	
Paille, 30 bottes, à 15 c.	4 50	
Betteraves hachées, 3 hectolitres, à 2 fr. . .	6 »	
A reporter. . . .	19 50	

VACHE EN POUTURE.	DOIT.		AVOIR.	
N° 20 (suite).	fr.	c.	fr.	c.
Report. . . .	19	50		
Son, sel, siliques de colza, fourrage haché, pour.	10	80		
Tourteau de lin, 30 kilog.	7	20		
Part de frais généraux.	11	33		
Lait, 300 litres, à 15 c.			45	»
Fumier, 15 c. par jour.			4	50
Poids acquis, 35 kilog., 1 fr. 40 c.			49	»
Deuxième mois.				
Luzerne et trèfle (de chaque 1/2 botte), 30 bottes, à 30 c.	9	»		
Paille de froment, 30 bottes, à 15 c.	4	50		
Carottes jaunes, 15 hectolitres, à 2 fr. 50 c.	37	50		
Moutures diverses et silique de colza pour.	12	»		
Tourteau, 45 kilog., à 24 c. le kilog.	10	80		
Part de frais généraux.	11	33		
Lait, 240 litres, à 15 c..			36	»
Fumier, 15 c. par jour.			4	50
Poids acquis, 45 kilog., à 1 fr. 40 c.			63	»
Troisième mois.				
Foin haché, 15 bottes, à 30 c.	4	50		
Luzerne en nature, 30 bottes, à 30 c.	9	»		
Carottes jaunes, 7 hectolitres, à 2 fr. 50 c.	17	50		
Moutures diverses assaisonnant le foin haché pour	12	»		
Tourteau de lin, 50 kilog., à 24 c. le kilog.	12	»		
Lin concassé, orge concassée, pour.	16			
Part de frais généraux.	11	34		
Lait, 180 litres à 15 c.			27	»
Intérêt de capital pour trois mois.	3	33		
Fumier.			4	50
Poids acquis, 50 kilog., à 1 fr. 40 c..			70	»
BALANCE. { 303 fr. 50 c. / 219 fr. 63 c.	219	63	303	50
Profit. . . 83 fr. 87 c.				

VEAUX D'ENGRAIS.	DOIT.		AVOIR.	
N° 21.	fr.	c.	fr.	c.
Charlot, veau mâle cotentin durham, âgé de huit jours, châtré en naissant par arrachement simple; valeur actuelle 20 fr., au lait de sa mère, *buvant au baquet*, quatre rations par jour; poids actuel, 45 kilog.				
Premier mois.				
Par jour, 8 litres de lait à 15 c. (240 litres.).	36	»		
Poids acquis, 30 kilog., à 1 fr. 40 c.			42	»
Deuxième mois.				
Par jour, 10 litres de lait à 15 c. (300 litres).	45	»		
Poids acquis, 40 kilog., à 1 fr. 40 c.			56	»
Troisième mois.				
Par jour, 9 litres de lait à 15 c. (270 litres) .	40	50		
Poids acquis, 40 kilog., à 1 fr. 40 c..			56	»
Durant toute l'opération, fécule de féveroles pour.	8	»		
Part de frais généraux pour les trois mois.	8	»		
Fumier, 3 c. par jour (90 jours).			2	70
Balance. { 156 fr. 70 c. / 137 fr. 50 c.	137	50	156	70
Profit. . . 19 fr. 20 c.				
Plus le lait vendu 15 c. sans perte et sans frais de déplacement.				

BERGERIE.	DOIT.		AVOIR.	
N° 22.	fr.	c.	fr.	c.
Premier lot. — 100 brebis race rambouillet, âgées de quatre ans, pleines de 4 mois 1/2 par un bélier dishley. Valeur actuelle, 90 fr. la paire, payés le 20 novembre dernier.				
1. — Régime d'hiver (150 jours).				
Feuillée, 800 bottes à 15 c.	120	»		
Foin, 1,500 bottes à 30 c.	450	»		
Paille, 1,500 bottes à 15 c. (de froment). . .	225	»		
Paille, 1,000 bottes à 10 c. (d'avoine). . . .	100	»		
Betteraves hachées, 150 hectolitres à 2 fr.	300	»		
Carottes jaunes hachées, 100 hectolitres à 2 fr. 50 c.	250	»		
Siliques de colza, 1,200 hectolitres à 10 c. .	120	»		
2. — Régime d'été (150 jours).				
Herbes diverses, pâturage libre.	120	»		
3. — Régime d'automne (60 jours).				
Le même que l'hiver.	626	»		
Intérêt de capital.	225	»		
Perte d'une bête.	45	»		
Part de frais généraux.	272	»		
Fumier.			730	»
Laine, 250 kil. à 2 fr. 50 c. (en suint). . . .			625	»
Agneaux, 96 à 18 fr. l'un.			1,728	»
Valeur du lot sans baisse ni plus-value. .			»	»
	2.853	»	3,083	»

Balance. { 3,083 fr. / 2,853 fr.

Profit. . . 230 fr.

BERGERIE.	DOIT.		AVOIR.	
N° 23.	fr.	c.	fr.	c.
Deuxième lot. — 50 métisses mérinos cauchoises, âgées de trois ans, pleines par un rambouillet, payées 60 fr. la paire le 5 décembre dernier.				
RÉGIME.				
Mêmes denrés, mêmes quantités proportionnelles qu'au n° 22.	782	50		
Intérêt de capital.	150	»		
Part de frais généraux.	136	»		
Fumier.			365	»
Laine, 150 kilog. à 4 fr.			600	»
Agneaux, 48 à 17 fr. l'un.			816	»
Plus-value.			100	»
Balance. { 1,881 fr. » c. / 1,068 fr. 50 c. }	1,068	50	1,881	»
Profit. . . 812 fr. 50 c.				
N° 24.				
Troisième lot. — 50 antenaises métisses mérinos cauchoises achetées le 10 novembre dernier moyennant 40 fr. la paire				
1. — RÉGIME D'HIVER (150 JOURS).				
Feuillée, 450 bottes à 15 c.	67	50		
Foin, 500 bottes à 30 c.	150	»		
Paille de blé, 600 bottes à 15 c.	90	»		
Paille d'avoine, 600 bottes à 10 c.	60	»		
Carottes blanches, 100 hectolitres à 2 fr. .	200	»		
Siliques de colza, 200 hectolitres à 10 c. . .	20	»		
2. — RÉGIME D'ÉTÉ (150 JOURS).				
Herbes diverses, pâturage libre.	60	»		
A reporter. . . .	647	50		

BERGERIE.	DOIT.		AVOIR.	
N° 24 (suite).	fr.	c.	fr.	c.
Report. . . .	647	50		
3. — RÉGIME D'AUTOMNE (60 JOURS).				
Le même que l'hiver.	234	60		
Perte, une bête.	20	»		
Intérêt de capital.	50	»		
Part de frais généraux.	136	»		
Fumier.			365	»
Laine, 49 toisons de 171 kilog. 500 grammes à 2 fr. 50 le kilog.			428	75
Plus-value.			350	»
BALANCE. { 1,143 fr. 75 c. / 1,088 fr. 10 c. }	1,088	10	1,143	75
Profit. . . 55 fr. 65 c.				
N° 25.				
QUATRIÈME LOT. — 50 agneaux mâles châtrés, métis mérinos cauchois, achetés 32 fr. la paire le 11 novembre dernier.				
1. — RÉGIME D'HIVER (150 JOURS).				
Feuillée, 450 bottes à 15 c.	67	50		
Foin, 500 bottes à 30 c.	150	»		
Paille de blé, 600 bottes à 15 c.	90	»		
Avoine, 8 hectolitres à 8 fr.	64	»		
Carottes jaunes, 30 hectolitres à 2 fr. 50 c.	75	»		
Siliques de colza, 100 hectolitres à 10 c. . .	10	»		
2. — RÉGIME D'ÉTÉ (150 JOURS).				
Herbes diverses, pâturage libre.	60	»		
3. — RÉGIME D'AUTOMNE (60 JOURS).				
Le même que l'hiver.	182	40		
Perte, une bête.	16	»		
A reporter.	714	90		

BERGERIE.	DOIT.		AVOIR.	
N° 25 (suite).	fr.	c.	fr.	c.
Report. . . .	714	90		
Intérêt de capital.	80	»		
Part de frais généraux.	136	»		
Fumier.			365	»
Laine, 49 toisons de 86 kilog. à 4 fr. 50 c.			387	»
Plus-value.			410	»
	930	90	1,162	»

BALANCE. { 1,162 fr. » c. / 930 fr. 90 c.

Profit. . . 231 fr. 10 c.

PORCHERIE ÉLÈVES.

N° 26.

	DOIT.		AVOIR.	
RAVAGE, truie augeronne, âgée de seize mois, payée 80 fr. le 17 décembre dernier, à M. Fermanel, marchand à Iville (Eure).				
1. — RÉGIME PENDANT 214 JOURS (NON SUITÉE).				
Son ou mouture, 428 kilog. à 10 c.	42	80		
Pommes de terre, 428 litres à 3 c.	12	84		
Détritus divers, herbe, etc., 5 c. par jour.	10	70		
2. — RÉGIME PENDANT 152 JOURS (SUITÉE).				
Recoupe, 456 kilog. à 15 c.	68	40		
Orge moulue, 300 kilog (premier blanc tiré) à 15 c.	45	»		
Pommes de terre de basse qualité, 3 hectolitres à 3 fr.	9	»		
Pâture, herbes diverses, détritus divers, etc.	4	»		
Part de frais généraux.	33	33		
A reporter. . . .	226	07		

PORCHERIE ÉLÈVES.	DOIT.		AVOIR.	
N° 26 (suite).	fr.	c.	fr.	c.
Report. . . .	226	07		
Intérêt de capital.	4	»		
Fumier.			18	»
Petit (2 portées de 18 petits à 18 fr. l'un).			324	»
Plus-value.			10	»
BALANCE. { 352 fr. » c. / 230 fr. 07 c.	230	07	352	»
Profit. . . 121 fr. 93 c.				
N° 27.				
DOUCETTE, truie newleycester augeronne, âgée de 20 mois, payée 90 fr. le 16 novembre dernier.				
1. — RÉGIME PENDANT 214 JOURS (NON SUITÉE).				
Son et mouture, 350 kilog. à 10 c.	35	»		
Pommes de terre, 3 hectolitres à 3 fr. . .	9	»		
Détritus divers, herbe, etc., etc., par jour 5 c.	10	70		
2. — RÉGIME PENDANT 152 JOURS (SUITÉE).				
Recoupe, 350 kilog. à 15 c.	52	50		
Orge moulue, 250 kilog. (premier blanc tiré) à 15 c.	37	50		
Pommes de terre de basse qualité, 3 hectolitres à 3 fr.	9	»		
Part de frais généraux.	33	33		
Intérêt de capital.	4	50		
Fumier			18	»
Petits, 2 portées de 18 petits à 19 fr. l'un. .			342	»
Plus-value.			15	»
BALANCE. { 375 fr. » c. / 191 fr. 53 c.	191	53	375	»
Profit. . . 183 fr. 47 c.				

PORCHERIE ÉLÈVES.	DOIT.		AVOIR.	
N° 28.	fr.	c.	fr.	c.
Bouboule, newleycester-tonkine, âgée de dix-sept mois, payée 95 fr. le 5 décembre dernier, à M. Buddicom, de Rouen.				
1. — **RÉGIME PENDANT 214 JOURS (NON SUITÉE).**				
Son ou mouture, 200 kilog. à 10 c.	20	»		
Pommes de terre, 2 hectolitres à 3 fr. . . .	6	»		
Détritus divers, herbe, etc., etc., par jour 5 c.	10	70		
2. — **RÉGIME PENDANT 152 JOURS (SUITÉE).**				
Recoupe, 200 kilog. à 15 c.	30	»		
Orge moulue, 200 kilog. (premier blanc tiré) à 15.	30	»		
Herbes diverses, pâturage, détritus divers, par jour 5 c.	7	60		
Part de frais généraux.	33	33		
Intérêt de capital.	4	75		
Petits, 2 portées de 16, à 20 fr. l'un.			320	»
Fumier.			18	»
Plus-value			20	»
	142	38	358	»
Balance. { 358 fr. » c. / 142 fr. 38 c.				
Profit. . . 215 fr. 62 c.				

PORCHERIE ENGRAIS.

N° 29.

Tartufe, newleycester-augeron, âgé de sept mois, mâle châtré; valeur actuelle, 60 fr.; poids brut, 40 kilog. . . . .

PORCHERIE ENGRAIS.	DOIT.		AVOIR.	
N° 29 (suite).	fr.	c.	fr.	c.
Premier mois.				
Carottes jaunes crues, 150 litres à 2 fr. 50 c. l'hectolitre.	3	75		
Pommes de terre cuites, 2 hectolitres à 2 fr. 50 c. l'hectolitre.	5	»		
Petit son ou mouture, 70 kilog. à 10 c.	7	»		
Détritus divers en liberté, 5 c. par jour.	1	50		
Part de frais généraux (4 bêtes par an).	1	33		
Poids acquis, 30 kilog. à 1 fr. 20 c.			36	»
Fumier, 3 c. par jour.			»	90
Deuxième mois.				
Carottes jaunes crues, 150 litres à 2 fr. 50 c. l'hectolitre.	3	75		
Pommes de terre cuites, 2 hectolitres 1/2 à 2 fr. 50 c.	6	25		
Mouture d'orge (premier blanc tiré), 60 kilog. à 15 c.	9	»		
Mouture de sarrasin (premier blanc tiré) 60 kilog. à 15 c.	9	»		
Part de frais généraux.	1	33		
Poids acquis, 39 kilog. à 1 fr. 20 c.			46	80
Fumier, 3 c. par jour.			»	90
Troisième mois.				
Pommes de terre cuites, 2 hectolitres 1/2 à 2 fr. 50 c.	6	25		
Mouture d'orge, avec blanc, 60 kil. à 20 c.	12	»		
Mouture de sarrasin, avec blanc, 50 kilog. à 20 c.	10	»		
Part de frais généraux.	1	33		
Poids acquis, 25 kilog. à 1 fr. 20 c.			30	»
Fumier, 3 c. par jour.			»	90
	77	49	115	50
BALANCE. { 115 fr. 50 c. / 77 fr. 49 c.				
Profit. . . 38 fr. 01 c.				

BASSE-COUR.	DOIT.		AVOIR.	
N° 30.	fr.	c.	fr.	c.
15 POULES CRÈVECOEUR ET 1 COQ MÊME RACE, âgés de sept mois, payés 48 fr. à M. Langlois, marchand à Elbeuf.				
NOURRITURE PENDANT 9 MOIS (270 JOURS).				
Orge, 432 litres à 12 c. le litre.	51	84		
Avoine, 432 litres à 8 c. le litre.	34	56		
Criblure, 864 litres à 5 c. le litre.	43	20		
Une bête étranglée par les martres.	3	»		
Part de frais généraux.	5	»		
Intérêt de capital.	2	40		
Produit. — Fumier, 1 hectolitre 1/2 à 6 fr.			9	»
— Œufs (2,700) à 6 c.			162	»
	140	»	171	»
BALANCE. { 171 fr. / 140 fr.				
Profit. . . 31 fr.				
N° 31.				
15 POULES HOUDAN ET 1 COQ MÊME RACE, âgés de sept mois, achetés moyennant 64 fr. payés comptant à M. Gancel, d'Elbeuf.				
NOURRITURE PENDANT 9 MOIS (270 JOURS).				
Orge, 400 litres à 12 c.	48	»		
Avoine, 400 litres à 8 c.	32	»		
Criblure, 800 litres à 5 c.	40	»		
Une bête disparue.	4	»		
Part de frais généraux.	5	»		
Intérêt de capital.	3	20		
A reporter. . . .	132	20		

BASSE-COUR.	DOIT.		AVOIR.	
No 31 (suite).	fr.	c.	fr.	c.
Report. . . .	132	20		
Produit. — Fumier, 1 hectolitre 1/2 à 6 fr.			9	»
— Œufs (2,900) à 6 c.			174	»
	132	20	183	»
BALANCE. { 183 fr. » c. / 132 fr. 20 c.				
Profit. . . 50 fr. 80 c.				
No 32.				
15 POULES ESPÈCE COMMUNE ET 1 COQ ID. (A CRÊTE CHARNUE), payés à divers 24 fr., âgés de sept mois environ.				
Orge, 216 litres à 12 c.	25	92		
Avoine, 216 litres à 8 c.	17	28		
Criblure, 600 litres à 5 c.	30	»		
Part de frais généraux.	5	»		
Intérêt de capital.	1	20		
Produit. — Fumier, 1 hectolitre 1/2 à 6 fr.			9	»
— OEufs (3,500) à 6 c.			210	»
	79	40	219	»
BALANCE. { 219 fr. » c. / 79 fr. 40 c.				
Profit. . . 139 fr. 60 c.				
N. B. — Les poules proprement et chaudement logées pondent un quart plus que celles qui n'ont pas toutes leurs commodités, le fait est prouvé.				

BASSE-COUR.	DOIT.		AVOIR.	
POULETS ÉLÈVES.	fr.	c.	fr.	c.
(CRÈVECŒUR-HOUDAN.)				
N° 33.				
RÉGIME EXCLUSIF AU GRAIN.				
120 OEUFS mis en incubation (à 6 c.). . . .	7	20		
64 œufs durs, pour nourriture des poussins pendant 8 jours.	3	84		
8 kilog. de pain bis à 20 c. le kilog., pendant 8 jours.	1	60		
12 litres de cidre, pour trempées, à 10 c., pendant 8 jours.	1	20		
Chènevis, 600 litres à 20 c., pendant 120 jours	120	»		
Sarrasin, 600 litres à 10 c., pendant 120 jours.	60	»		
Criblure de blé, 600 litres à 5 c., pendant 120 jours.	30	»		
Mouture de bas blé, 1,000 litres à 10 c., pendant 120 jours.	100	»		
Part de frais généraux.	29	66		
50 poussins, vendus à raison de 3 fr. 60 c. .			180	»
50 id. id. . . . . . 3 fr. 70 c. .			185	»
Fumier, 1/2 hectolitre à 6 fr.			3	»
	353	50	368	»
BALANCE. { 368 fr. » c. / 353 fr. 50 c.				
Profit. . . 14 fr. 50 c.				
N° 34.				
RÉGIME ANIMAL.				
120 OEUFS mis en incubation (à 6 c.). . .	7	20		
64 œufs durs, pour nourriture des poussins pendant 8 jours.	3	84		
A reporter. . . .	11	04		

BASSE-COUR. POULETS ÉLÈVES. (CRÈVECŒUR-HOUDAN.) N° 34 (suite).	DOIT.		AVOIR.	
	fr.	c.	fr.	c.
Report. . . .	11	04		
8 kilog. de pain bis à 20 c. le kilog., pendant 8 jours.	1	60		
12 litres de cidre, pour trempées, à 10 c., pendant 8 jours..	1	20		
Criblures, 800 litres à 5 c., pendant 8 jours.	40	»		
4 chevaux pour verminières, à 10 fr. l'un, prix net.	40	»		
80 litres de mouture, pour pâtées, à 10 c. pendant 8 jours.	8	»		
Part de frais généraux.	29	66		
50 poussins, vendus 3 fr. 70 c.			185	»
50 poussins, vendus 3 fr. 90 c.			195	»
	131	50	380	»
BALANCE. { 380 fr. » c. / 131 fr. 50 c.				
Profit. . . 248 fr. 50 c.				
N° 34 bis. RÉGIME MIXTE.				
120 OEUFS mis en incubation (à 6 c.).	7	20		
64 œufs durs, pour nourriture des poussins, pendant 8 jours.	3	84		
8 kilog. de pain bis à 20 c. le kilog., pendant 8 jours.	1	60		
12 litres de cidre, pour trempées, à 10 c., pendant 8 jours.	1	20		
Chènevis, 240 litres à 20 c. (par jour 2 litres).	48	»		
A reporter. . . .	61	84		

BASSE-COUR.	DOIT.		AVOIR.	
POULETS ÉLÈVES. (CRÈVECŒUR-HOUDAN.) N° 34 bis (suite).	fr.	c.	fr.	c.
Report. . . .	61	84		
Sarrasin, 600 litres à 10 c. (par jour 5 litres).	60	»		
Criblure, 720 litres à 5 c. (par jour 6 litres).	36	»		
2 chevaux pour verminières, à 10 fr. l'un, prix net.	20	»		
80 litres de mouture à 10 c. (pour les 8 derniers jours).	8	»		
Part de frais généraux.	29	66		
50 poussins, vendus 3 fr. 75 c.			187	50
50 poussins, vendus 3 fr. 90 c.			195	»
BALANCE. { 382 fr. 50 c. / 215 fr. 50 c.	215	50	382	50
Profit. . . 167 fr. » c.				
CANARDS. (REPRODUCTEURS ET ÉLÈVES.) N° 35. REPRODUCTEURS.				
4 CANES GROSSES COMMUNES ET 1 CANARD id., âgés de dix mois, payés 25 fr.				
Orge, 120 litres à 12 c.	14	40		
Avoine, 120 litres à 8 c.	9	60		
Criblure, 200 litres à 5 c.	10	»		
Œufs, 160 à 15 c. (40 par cane).			24	»
Plumes, pour.			»	80
Intérêt de capital.	1	25		
A reporter. . . .	35	25	24	80

BASSE-COUR.	DOIT.		AVOIR.	
CANARDS.	fr.	c.	fr.	c.
(REPRODUCTEURS ET ÉLÈVES.)				
N° 35 (suite).				
Report. . . .	35	25	24	80
ÉLÈVES.				
70 OEUFS mis en incubation, à 15 c.	10	50		
Pain, 8 kilog. à 20 c. (pendant 8 jours). . .	1	60		
Orge moulue, 96 litres à 12 c.	11	52		
Chicorée sauvage, laitue et autres herbes, pour.	3	»		
Petit son, 300 litres à 4 c.	12	»		
Sarrasin moulu, 100 litres à 10 c.	10	»		
Part de frais généraux.	43	33		
32 canetons, vendus à raison de 3 fr.			96	»
34 canetons, vendus à raison de 3 fr. 50 c. .			119	»
Fumier, 1/2 hectolitre à 6 fr. l'hectolitre. .			3	»
	127	20	242	80

BALANCE. { 242 fr. 80 c.
127 fr. 20 c.

Profit. . . 125 fr. 60 c.

OIES.

(REPRODUCTEURS ET ÉLÈVES.)

N° 36.				
REPRODUCTEURS.				
4 FEMELLES GROSSES COMMUNES ET 1 MALE, âgés de dix mois, payés 30 fr. à M. Sauvage, de Moulineaux.				
Orge, 220 litres à 12 c.	26	40		
Avoine, 220 litres à 8 c.	17	60		
Criblure moulue, 400 litres à 5 c.	20	»		
A reporter. . . .	64	»		

BASSE-COUR.

OIES.

(REPRODUCTEURS ET ÉLÈVES.)

N° 36 (suite).

	DOIT.		AVOIR.	
	fr.	c.	fr.	c.
Report. . . .	64	»		
Plumes (50 c. par bête).			2	50
Œufs, 150 à 20 c.			30	»
Intérêt de capital.	1	50		
ÉLÈVES.				
96 œufs mis en incubation, à 20 c.	19	20		
Pain, 10 kilog. à 20 c.	2	50		
Orge moulue, 120 litres à 12 c.	14	40		
Criblure moulue, 150 litres à 5 c.	7	50		
Petit son, 400 litres à 4 c.	16	»		
Herbes hachées, diverses, pour.	10	»		
Plantes aromatiques, gland concassé, genièvre, pour.	2	»		
Part de frais généraux.	43	33		
Plumes, 50 c. par élève (90).			45	»
Fumier, 3 hectolitres à 6 fr.			18	»
40 sujets vendus à raison de 5 fr. l'un. . . .			200	»
40 sujets, id. id. 6 fr. (engraissés).			240	»
	179	93	535	50

BALANCE. { 535 fr. 50 c.
179 fr. 93 c.

Profit. . . 355 fr. 57 c.

DINDES.

(REPRODUCTEURS ET ÉLÈVES.)

N° 37.

REPRODUCTEURS.

4 FEMELLES ET 1 MALE GROSSE ESPÈCE NOIRE, âgés de 20 mois, payés à divers 35 fr.

BASSE-COUR. DINDES. (REPRODUCTEURS ET ÉLÈVES.) N° 37 (suite).	DOIT.		AVOIR.	
	fr.	c.	fr.	c.
Orge, 220 litres à 12 c.	26	40		
Avoine, 220 litres à 8 c.	17	60		
Criblure moulue, 400 litres à 5 c.	20	»		
160 œufs à 20 c.			32	»
Intérêt de capital.	1	75		
ÉLÈVES.				
80 œufs mis en incubation, à 20 c.	16	»		
80 œufs de poules, cuits durs, pour premier régime.	4	80		
Pain, 10 kilog. à 20 c., pour premier régime.	2	»		
Cidre, 40 litres à 10 c., pour premier régime.	4	»		
Orge moulue, 120 litres à 12 c.	14	40		
Criblure moulue, 100 litres à 5 c.	5	»		
Petit son, 400 litres à 4 c. le litre.	16	»		
Herbes hachées, diverses, pour.	10	»		
Plantes aromatiques, gland concassé, genièvre, pour.	2	»		
Part de frais généraux.	43	33		
Fumier, 3 hectolitres à 6 fr.			18	»
30 sujets vendus à raison de 6 fr. 50 c. l'un.			195	»
44 sujets vendus à raison de 8 fr. l'un.			352	»
	183	28	597	»

BALANCE. { 597 fr. » c. / 183 fr. 28 c.

Profit. . . 413 fr. 72 c.

Canard, oies, comme dindes, peuvent être produits à bien meilleur marché, quand on les envoie au marais ou aux champs par troupeaux.

BLÉS. (SYSTÈMES COMPARÉS.) N° 38.	DOIT.		AVOIR.	
	fr.	c.	fr.	c.
Blé rouge commun, 1 hectare, au Coq, semé *à la volée* (sur pois et vesce).				
2 hectolitres 1/2 de semence à 25 fr. l'hectolitre.	62	50		
Intérêt du capital de la semence.	3	12		
Fumier, 12 voitures à 10 fr. l'une	120	»		
Part de fermage.	100	»		
Part de frais généraux.	115	»		
30 hectolitres de rendement, vendus 22 fr. l'hectolitre.			660	»
400 bottes de paille à 15 fr.			60	»
Blé rouge commun, 1 hectare, au Coq, semé *au rayon*, avec tassement (sur pois et vesce).				
1/2 hectolitre de semence.	12	50		
Intérêt du capital de semence.	»	62		
Fumier, 12 voitures à 10 fr. l'une.	120	»		
Part de fermage.	100	»		
Part de frais généraux.	115	»		
34 hectolitres de rendement, vendus 24 fr. l'hectolitre.			816	»
350 bottes de paille à 15 fr.			52	50
Blé Victoria, 1 hectare, aux Dunes, semé *à la volée* (sur trèfle rouge, pois et pommes de terre).				
2 hectolitres 1/2 de semence à 27 fr. l'hectolitre.	67	50		
Intérêt du capital de semence.	3	37		
Fumier, 12 voitures à 10 fr. l'une.	120	»		
Part de fermage.	100	»		
Part de frais généraux.	115	»		
31 hectolitres de rendement, vendus 23 fr. l'hectolitre.			713	»
380 bottes de paille, à 15 fr.			57	»
A reporter.	1,154	61	2,358	50

BLÉS. (SYSTÈMES COMPARÉS.) N° 38 (suite).	DOIT.		AVOIR.	
	fr.	c.	fr.	c.
Report. . . .	1,154	61	2,358	50
Blé Victoria, 1 hectare, aux Dunes, semé *au rayon*, avec tassement (sur trèfle rouge, pois et pommes de terre).				
1/2 hectolitre de semence à 27 fr. l'hectolitre.	13	50		
Intérêt du capital de la semence.	»	67		
Fumier, 12 voitures à 10 fr. l'une.	120	»		
Part de fermage.	100	»		
Part de frais généraux.	115	»		
34 hectolitres de rendement, vendus 25 fr. l'hectolitre.			850	»
350 bottes de paille, à 15 fr.			52	50
Blé de Berg, 1 hectare, aux Rues, semé *à la volée* (sur trèfle d'hiver et vesce).				
2 hectolitres 1/2 de semence à 26 fr. l'hectolitre.	65	»		
Intérêt du capital de la semence.	3	25		
Fumier, 8 voitures à 10 fr. l'une.	80	»		
Part de fermage.	100	»		
Part de frais généraux.	115	»		
23 hectolitres de rendement, vendus 23 fr..			529	»
400 bottes de paille à 15 fr.			60	»
Blé de Berg, 1 hectare, aux Rues, semé *au rayon*, avec tassement (sur trèfle d'hiver et vesce).				
1/2 hectolitre de semence à 26 fr. l'hectolitre.	13	»		
Intérêt du capital de semence..	»	65		
Fumier, 8 voitures à 10 fr. l'une.	80	»		
Part de fermage.	100	»		
Part de frais généraux.	115	»		
25 hectolitres de rendement, vendus 25 fr.			625	»
A reporter. . . .	2,175	68	4,475	»

BLÉS. (SYSTÈMES COMPARÉS.) N° 38 (suite).	DOIT.		AVOIR.	
	fr.	c.	fr.	c.
Report. . . .	2,175	68	4,475	»
350 bottes de paille à 15 fr.			52	50
	2,175	68	4,527	50

BALANCE. { 4,527 fr. 50 c. / 2,175 fr. 68 c.

Profit. . . 2,351 fr. 82 c.

S'il était possible que tous les cultivateurs voulussent s'entendre, c'est-à-dire se décider à établir leurs comptes de revient, il en découlerait un avantage immense pour eux-mêmes, pour les propriétaires du foncier, et aussi pour les consommateurs, désormais à l'abri *de l'agio commercial*, qui, *tout seul*, fait la hausse comme la baisse *à son gré et profit*.

Que les cultivateurs calculent donc enfin aussi, et que, maîtres de leurs denrées, dont il leur est facile de connaître le prix net, qu'ils les vendent d'après une balance sagement établie. L'industriel vend ses produits d'après ses frais de manutention et ses prix de matières premières; que les cultivateurs, industriels de premier ordre, en agissent pareillement, puisqu'ils le peuvent! Alliant leur intérêt avec la probité et l'humanité, qu'ils fassent eux-mêmes une échelle mobile! que les bonnes ou mauvaises années en soient la base, avec pourtant l'approbation de l'autorité, et tout le monde y trouvera avantage.

SEIGLES.	DOIT.		AVOIR.	
N° 39.	fr.	c.	fr.	c.
Seigle commun, 1/2 hectare, Voie-aux-Vaches, semé *a la volée* sur trèfle rouge. Contre-part du champ ci-dessous.				
1 hectolitre de semence.	13	»		
Intérêt du capital de semence.	»	65		
Fumier, 3 voitures à 10 fr. l'une.	30	»		
Part de fermage.	50	»		
Part de frais généraux.	62	50		
10 hectolitres de rendement, vendus à raison de 12 fr.			120	»
Paille, 200 bottes à 30 fr.			60	»
Seigle commun, 1/2 hectare, Voie-aux-Vaches, semé *au rayon* sur trèfle rouge. Contre-part du champ ci-dessus.				
15 litres de semence à 13 fr. l'hectolitre. . .	1	95		
Intérêt du capital de semence.	»	10		
Fumier, 3 voitures à 10 fr. l'une.	30	»		
Part de fermage.	50	»		
Part de frais généraux.	62	50		
11 hectolitres de rendement vendus à raison de 14 fr.			154	»
Paille, 200 bottes à 32 fr.			64	»
Seigle multicaule, 1 hectare, aux Dunes, semé *à la volée.*				
2 hectolitres de semence à 18 fr. l'hectolitre.	36	»		
Intérêt du capital de semence	1	80		
Fumier, 6 voitures à 10 fr. l'une.	60	»		
Part de fermage.	100	»		
Part de frais généraux.	25	»		
Rendement en fourrage vert.			100	»
Rendement en grain, 15 hectolitres à 18 fr. l'un.			270	»
A reporter.	523	50	768	»

SEIGLES.	DOIT.		AVOIR.	
N° 39 (suite).	fr.	c.	fr.	c.
Report. . . .	523	50	768	»
Paille, 350 bottes à 30 fr.			75	»
	523	50	843	»
BALANCE. { 843 fr. » c. / 523 fr. 50 c.				
Profit. . . 319 fr. 50 c.				
AVOINES.				
N° 40.				
AVOINE D'HIVER, 1/2 hectare, Champ-aux-Biches, semée *à la volée* sur colza.				
1 hectolitre 1/2 de semence à 9 fr. l'hectolitre.	13	50		
Intérêt du capital de semence.	»	68		
Part de fermage.	50	»		
Part de frais généraux.	27	»		
34 hectolitres de rendement, à 8 fr. l'hectolitre.			272	»
250 bottes de paille à 10 c.			25	»
AVOINE D'HIVER, 1/2 hectare, Champ-aux-Biches, semée *au rayon* sur colza.				
3 décalitres de semence à 9 fr. l'hectolitre.	2	70		
Intérêt du capital de semence.	»	14		
Part de fermage.	50	»		
Part de frais généraux.	27	»		
39 hectolitres de rendement, à 9 fr.			351	»
250 bottes de paille à 10 c.			25	»
AVOINE DE PRINTEMPS, 1 hectare, aux Grèves, semée *à la volée* sur sainfoin usé.				
A reporter. . . .	171	02	673	»

AVOINES.	DOIT.		AVOIR.	
N° 40 (suite).	fr.	c.	fr.	c.
Report. . . .	171	02	673	»
1 hectolitre de semence, à 9 fr.	9	»		
Intérêt du capital de semence.	»	45		
Part de fermage.	100	»		
Part de frais généraux.	54	»		
60 hectolitres de rendement, à 8 fr.			480	»
500 bottes de paille, à 10 c.			50	»
AVOINE DE PRINTEMPS, 1 hectare, aux Grèves, semée *au rayon* sur sainfoin usé.				
2 décalitres de semence, à 9 fr. l'hectolitre	»	90		
Intérêt du capital de semence.	»	05		
Part de fermage.	100	»		
Part de frais généraux.	54	»		
65 hectolitres de rendement à 9 fr.			585	»
500 bottes de paille, à 10 c.			50	»
	489	42	1,838	»
BALANCE. { 1,838 fr. » c. / 489 fr. 42 c.				
Profit. . . 1,349 fr. 58 c.				

ORGE.

N° 41.	DOIT.		AVOIR.	
ORGE COMMUNE, 1/2 hectare, à la Double-Chasse, semée *à la volée* sur vesce mangée en vert à l'automne.				
1 hectolitre de semence à 16 fr.	16	»		
Intérêt du capital de semence.	»	80		
Part de fermage.	50	»		
Part de frais généraux.	82	50		
15 hectolitres de rendement à 15 fr.			225	»
250 bottes de paille à 10 c.			25	»
A reporter. . . .	149	30	250	»

ORGE. N° 41 (suite).	DOIT.		AVOIR.	
	fr.	c.	fr.	c.
Report. . . .	149	30	250	»
Orge commune, 1/2 hectare, à la Double-Chasse, au rayon, sur vesce mangée en vert à l'automne, *en lignes.*				
2 décalitres de semence à 16 fr. l'hectolitre.	1	60		
Intérêt du capital de semence.	»	08		
Part de fermage.	50	»		
Part de frais généraux.	82	50		
18 hectolitres de rendement à 15 fr.			270	»
250 bottes de paille à 10 c.			25	»
Balance. { 545 fr. » c. / 283 fr. 48 c.	283	48	545	»
Profit. . . 261 fr. 52 c.				

SARRASIN. N° 42.	DOIT.		AVOIR.	
Sarrasin ordinaire, 1/2 hectare, aux Courlis, semé *à la volée* sur trèfle rouge (terre légère).				
1 hectolitre de semence à 16 fr.	16	»		
Intérêt du capital de semence.	»	80		
Part de fermage.	50	»		
Part de frais généraux.	37	50		
9 hectolitres de rendement à 14 fr.			126	»
Paille pour litière.			3	»
Sarrasin ordinaire, 1/2 hectare, aux Courlis, semé *au rayon* sur trèfle rouge (terre légère).				
25 litres de semence à 16 fr. l'hectolitre . .	4	»		
Intérêt du capital de semence.	»	20		
A reporter. . . .	108	50	129	»

SARRASIN.	DOIT.		AVOIR.	
Nº 42 (suite).	fr.	c.	fr.	c.
Report. . . .	108	50	129	»
Part de fermage.	50	»		
Part de frais généraux.	37	50		
6 hectolitres de rendement à 12 fr. (pauvre qualité).			72	»
Paille pour litière.			2	»
	196	»	203	»

BALANCE. { 203 fr. / 196 fr.

Profit. . . 7 fr.

Sarrasin, comme toute autre denrée, quand on sème en lignes, un point important est que la terre ait une dose suffisante de fraîcheur ; pour peu qu'elle redoute le sec, l'ensemencement à la volée est préférable, attendu que les tiges plus dures mettent le sol à l'abri du hâle et des ardeurs solaires.

COLZA.

Nº 43.

	DOIT.	
1. — COLZA, 1 hectare, champ de la Dîme, sur blé d'hiver, semis *à la volée*, repiquage à la charrue avec 20 centimètres d'écartement, buttage à la houe à cheval fin novembre, deuxième buttage fin mars, coupe le 2 juillet, battu le 12.		
Graine pour semis, 4 litres à 30 c. le litre.	1	20
Part de fermage.	100	»
Fumier, 4 voitures à 10 fr. l'une.	40	»
A reporter. . . .	141	20

COLZA.	DOIT.		AVOIR.	
No 43 (suite).	fr.	c.	fr.	c.
Report. . . .	141	20		
Part de frais généraux.	194	»		
17 hectolitres de rendement à 25 fr. l'hectolitre.			425	»
Paille, pour.			30	»
Siliques, pour.			8	»
2. — Colza, 1 hectare, champ de la Dîme, sur blé d'hiver, semis *en lignes*, chaque graine à 8 centimètres d'écartement, repiquage à la charrue à 60 centimètres d'écartement, foulage au pied sur la racine de chaque sujet ; premier buttage fin novembre, deuxième buttage fin mars, récolté à complète maturité, secouage immédiat par des femmes et des enfants, emmeulement puis battage complet au bout de quinze jours.				
Graine pour semence, 1 litre à 30 c. . . .	»	50		
Part de fermage.	100	»		
Fumier, 4 voitures à 10 fr. l'une.	40	»		
Part de frais généraux.	194	»		
Frais supplémentaires.	28	»		
Rendement, 23 hectolitres à 28 fr.			644	»
Paille, pour.			30	»
Siliques, pour			8	»
	697	70	1,145	»

Balance. { 1,145 fr. » c.
697 fr. 70 c.

Profit. . . 447 fr. 30 c.

POIS GRIS.	DOIT.		AVOIR.	
N° 44.	fr.	c.	fr.	c.
1. — POIS GRIS PRÉCOCES, 1 hectare, aux Rues, sur orge, semés *à la volée.*				
2 hectolitres 1/2 de semence à 25 fr. l'hectolitre.	62	50		
Intérêt du capital de semence.	3	05		
Part de fermage.	100	»		
Part de frais généraux.	70	»		
Fumier, 5 voitures à 10 fr.	50	»		
22 hectolitres de rendement à 24 fr. l'hectolitre.			528	»
Paille, 400 bottes à 10 fr.			40	»
2. — POIS GRIS PRÉCOCES, 1 hectare, aux Rues, sur orge, semés *en lignes.*				
1/2 hectolitre de semence	12	50		
Intérêt du capital de semence.	»	65		
Part de fermage	100	»		
Part de frais généraux.	70	»		
Fumier, 5 voitures à 10 fr. l'une.	50	»		
26 hectolitres de rendement à 25 fr. l'hectolitre.			650	»
Paille, 400 bottes à 10 fr.			40	»
	518	70	1,258	»

BALANCE. { 1,258 fr. » c.
518 fr. 70 c.

Profit. . . 739 fr. 30 c.

VESCES D'HIVER.

N° 45.

VESCES D'HIVER, 1/2 hectare, à la Croix, sur chaumes de blé, ensemencement *à la volée.*

VESCES D'HIVER.	DOIT.		AVOIR.	
N° 45 (suite).	fr.	c.	fr.	c.
63 litres de semence à 30 fr. l'hectolitre. .	18	90		
Intérêt du capital de semence.	»	95		
Part de fermage.	50	»		
Part de frais généraux.	42	50		
8 hectolitres de rendement à 28 fr.			224	»
Paille, 250 bottes à 10 fr.			25	»
Vesces d'hiver, 1/2 hectare, à la Croix, sur chaumes de blé, ensemencement *au rayon.*				
21 litres de semence à 30 fr. l'hectolitre. .	6	30		
Intérêt du capital de semence.	»	30		
Part de fermage	50	»		
Part de frais généraux.	42	50		
10 hectolitres de rendement à 29 fr.			290	»
Paille, 250 bottes à 10 fr.			25	»
	211	45	564	»

Balance. { 564 fr. » c.
211 fr. 45 c.

Profit. . . 352 fr. 55 c.

FÉVEROLES.

N° 46.

	DOIT.		AVOIR.	
Féveroles, petites brunes, 50 ares, Voie-des-Romains, sur avoine, semées *à la volée.*				
75 litres de semence à 30 fr. l'hectolitre. .	22	50		
Intérêt du capital de la semence.	1	12		
Part de fermage.	50	»		
Part de frais généraux.	62	50		
Fumier, 3 voitures à 10 fr. l'une	30	»		
A reporter. . . .	166	12		

FÉVEROLES.	DOIT.		AVOIR.	
N° 46 (suite).	fr.	c.	fr.	c.
Report. . . .	166	12		
10 hectolitres de rendement à 28 fr.			280	»
Paille, 200 bottes à 4 fr., pour litière. . . .			8	»
Féveroles, petites brunes, 50 ares, Voie-des-Romains, sur avoine, semées *en lignes*.				
25 litres de semence à 30 fr. l'hectolitre. .	7	50		
Intérêt du capital de la semence.	»	37		
Part de fermage.	50	»		
Part de frais généraux.	62	50		
Fumier, 3 voitures à 10 fr. l'une.	30	»		
12 hectolitres à 30 fr. l'hectolitre.			360	»
Paille, 200 bottes à 4 fr., pour litière. . . .			8	»
	316	49	656	»

Balance. { 656 fr. » c.
316 fr. 49 c.

Profit. . . 339 fr. 51 c.

CHOUX A VACHES.	DOIT.		AVOIR.	
N° 47.				
Choux, 1 hectare, aux Dunes, sur chaumes de seigle, repiqués à la charrue, à 1 mètre de distance.				
Graine, semence, pour.	1	50		
Part de fermage (1).	100	»		
Part de frais généraux.	76	»		
A reporter. . . .	177	50		

(1) A la rigueur et même en bonne réalité on devrait ne point compter cet article, ou mieux on devrait partager le fermage du champ moitié pour le seigle antérieur et moitié pour les choux. Même observation pour le sarrasin et les navets, ainsi que les pommes de terre,

CHOUX A VACHES.	DOIT.		AVOIR.	
N° 47 (suite).	fr.	c.	fr.	c.
Report. . . .	177	50		
Fumier, 8 voitures à 10 fr. l'une.	80	»		
Rendement équivalant à 1,000 bottes de foin à 40 c.			400	»
BALANCE. { 400 fr. » c. / 257 fr. 50 c.	257	50	400	»
Profit. . . 142 fr. 50 c.				

BETTERAVES.

N° 48.

	DOIT.		AVOIR.	
BETTERAVES DE SILÉSIE, 1/2 hectare, Champ-aux-Biches, sur chaumes de blé, *à la volée.*				
2 kilog. de semence à 2 fr. le kilog.	4	»		
Intérêt du capital de la graine.	»	20		
Part de fermage	50	»		
Part de frais généraux.	38	»		
Fumier, 6 voitures à 10 fr. l'une.	60	»		
150 hectolitres de rendement à 2 fr. l'hectolitre			300	»
BETTERAVES DE SILÉSIE, 1/2 hectare, Champ-aux-Biches, sur chaumes de blé, *en rayons.*				
1/2 kilog. de semence à 2 fr. le kilog. . . .	1	»		
Intérêt du capital de la graine.	»	05		
Part de fermage.	50	»		
Part de frais généraux.	38	»		
Fumier, 6 voitures à 10 fr. l'une.	60	»		
190 hectolitres de rendement à 2 fr. l'hectolitre.			380	»
BALANCE. { 680 fr. » c. / 301 fr. 25 c.	301	25	680	»
Profit. . . 378 fr. 75 c.				

POMMES DE TERRE.	DOIT.		AVOIR.	
N° 49.	fr.	c.	fr.	c.
Pommes de terre jaunes rondes, 50 ares, au Coq, sur chaumes de seigle, plantées au printemps à la charrue.				
2 hectolitres de semence.	12	»		
Intérêt du capital de la semence.	»	60		
Part de fermage.	50	»		
Part de frais généraux.	76	»		
Fumier, 4 voitures à 10 fr. l'une.	40	»		
70 hectolitres de rendement à 5 fr. l'hectolitre			350	»
	178	60	350	»
Balance. { 350 fr. » c. / 178 fr. 60 c.				
Profit. . . 171 fr. 40 c.				
CAROTTES.				
N° 50.				
Carottes jaunes demi-longues, 1/2 hectare, Champ-aux-Lièvres, sur avoine d'hiver, *à la volée*.				
2 kilog. de semence, à 3 fr. le kilog.	6	»		
Intérêt du capital de la graine.	»	30		
Part de fermage.	50	»		
Part de frais généraux.	31	50		
Fumier, 6 voitures à 10 fr. l'une	60	»		
200 hectolitres de rendement à 2 fr. 50 c. l'hectolitre			500	»
Carottes jaunes demi-longues, 1/2 hectare, Champ-aux-Lièvres, sur avoine d'hiver, *en lignes*.				
500 grammes de semence	1	50		
A reporter. . . .	149	30	500	»

CAROTTES.	DOIT.		AVOIR.	
N° 50 (suite).	fr.	c.	fr.	c.
Report. . . .	149	30	500	»
Intérêt du capital de la graine.	»	08		
Part de fermage.	50	»		
Part de frais généraux.	31	50		
Fumier, 6 voitures à 10 fr. l'une.	60	»		
250 hectolitres de rendement à 2 fr. 50 c. l'hectolitre			625	»
	290	88	1,125	»
BALANCE. { 1,125 fr. » c. / 290 fr. 88 c.				
Profit. . . 834 fr. 12 c.				
NAVETS.				
N° 51.				
NAVETS A COLLET VIOLET, 1/2 hectare, à la Double-Chasse, sur vesce mangée en vert, *à la volée.*				
1,500 grammes de semence à 3 fr. le kilog.	4	50		
Intérêt du capital de la semence.	»	23		
Part de fermage	50	»		
Part de frais généraux.	24	50		
Fumier, 5 voitures à 10 fr. l'une.	50	»		
300 hectolitres de rendement à 2 fr. l'hectolitre.			600	»
NAVETS A COLLET VIOLET, 1/2 hectare, à la Double-Chasse, sur vesce mangée en vert, *en lignes.*				
500 grammes de semence à 3 fr. le kilog. .	1	50		
Intérêt du capital de la semence.	»	08		
Part de fermage.	50	»		
Part de frais généraux.	24	50		
A reporter. . . .	205	31	600	»

NAVETS.	DOIT.		AVOIR.	
No 51 (suite).	fr.	c.	fr.	c.
Report. . . .	205	31	600	»
Fumier, 5 voitures à 10 fr. l'une.	50	»		
350 hectolitres de rendement à 2 fr. l'hectolitre.			700	»
	255	31	1,300	»

BALANCE. { 1,300 fr. » c.
255 fr. 31 c.

Profit. . . 1,044 fr. 69 c.

TRÈFLE.	DOIT.		AVOIR.	
No 52.				
TRÈFLE D'HIVER, 3 hectares, Voie-des-Romains, sous blé d'hiver.				
24 kilog. de semence, à 1 fr. 30 c. le kilog.	31	20		
Intérêt du capital de la semence.	1	51		
Part de fermage.	300	»		
Part de frais généraux.	226	»		
Plâtre, 450 kilog. payés.	18	»		
Rendement, en 2 coupes, 3,600 bottes de 5 kilog. à 30 c.			1,080	»
	576	71	1,080	»

BALANCE. { 1,080 fr. » c.
576 fr. 71 c.

Profit. . . 503 fr. 29 c.

LUZERNE.	DOIT.		AVOIR.	
N° 53.	fr.	c.	fr.	c.
Luzerne, 3 hectares, à la Croix, un an d'ensemencement.				
Part de fermage.	300	»		
Part de frais généraux.	226	»		
Engrais phosphaté, 50 hectolitres à 2 fr. 50 c.	125	»		
Rendement, en 2 coupes, 4,500 bottes de 5 kilog. à 30 c.			1,350	»
	651	»	1,350	»
Balance. { 1,350 fr. / 651 fr.				
Profit. . . 699 fr.				
SAINFOIN.				
N° 54.				
Sainfoin, 1 hectare, au Vieux-Gué, sous 1/3 de semence d'orge.				
Orge de semence, 1 hectolitre.	20	»		
Semence de sainfoin, 40 kilog. à 80 c. . . .	32	»		
Intérêt du capital de semence.	1	60		
Part de fermage.	100	»		
Part de frais généraux.	75	»		
Plâtre, 225 kilog.	9	»		
Rendement en orge, 9 hectolitres, à 19 fr. .			171	»
Rendement en foin, 800 bottes de 5 kilog. à 40 c.			320	»
	237	60	491	»
Balance. { 491 fr. » c. / 237 fr. 60 c.				
Profit. . . 253 fr. 40 c.				

PRAIRIES NATURELLES.	DOIT.		AVOIR.	
N° 55.	fr.	c.	fr.	c.
1 HECTARE, Gué-aux-Cerfs, livré aux moutons tout l'hiver, puis hersé vigoureusement.				
Trèfle violet, agrostis, vulpin des prés, melitot de Sibérie, ââ 5 kilog.	10	»		
Intérêt du capital des graines.	»	10		
29 mars, poudrette, 12 hectolitres à 2 fr. .	24	»		
(Fort hersage, puis roulage consécutifs.)				
Part de fermage.	100	»		
Part de frais généraux.	66	66		
Rendement, 1,300 bottes de 50 kilog., à 40 c.			520	»
	200	76	520	»
BALANCE. { 520 fr. » c. / 200 fr. 76 c.				
Profit. . . 319 fr. 24 c.				
1 HECTARE, pré de la Corneille, livré aux moutons jusqu'au 15 mars.				
Vulpin des prés et agrostis, 6 kilog., à 2 fr.	12	»		
Intérêt du capital des graines.	»	60		
Marne très-concassée, 80 hectolitres, à 50 c.	40	»		
Intérêt du capital de la marne.	2	»		
(Hersage, roulages trois fois répétés.)				
Part de fermage.	100	»		
Part de frais généraux.	66	66		
Rendement, 1,400 bottes, de 5 kilog., à 40 c.			560	»
	221	26	560	»
BALANCE. { 560 fr. » c. / 221 fr. 26 c.				
Profit. . . 338 fr. 74 c.				

PRAIRIES NATURELLES.	DOIT.		AVOIR.	
N° 55 (suite).	fr.	c.	fr.	c.
1 HECTARE, Vieille-Seine.				
Vulpin, agrostis, trèfle violet, raigrass, 10 kilog., à 2 fr.	20	»		
Intérêt du capital des graines.	1	»		
Marne très-concassée, 80 hectolitres, à 50 c.	40	»		
Intérêt du capital de la marne.	2	»		
(Hersage, roulages trois fois répétés.)				
14 hectolitres de poudrette, à 2 fr.	28	»		
Part de fermage.	100	»		
Part de frais généraux.	66	66		
Rendement, 800 bottes de deuxième qualité, à 30 c.			240	»
	257	66	240	»

BALANCE. { 257 fr. 66 c.
240 fr. » c.

Perte. . . 17 fr. 66 c.

Prairie définitivement usée, à rompre immédiatement et à mettre pendant plusieurs années en avoine, trèfle, minette et blé, avec forte fumure, puis à reconstituer en prairie.

QUATRIÈME PARTIE.

CALENDRIER AGRICOLE.

« . . . . quo sidere terram
« vertere. . . . .
« conveniat; quæ cura boum, qui cultus habendo
« Sit pecori. »

VIRGILE.

Observe le moment de labourer ta terre,
Soigne tes bœufs et songe à ton futur troupeau.

F...

JANVIER.

Disposer et ouvrir ses livres de comptabilité pour l'année qui commence, assurer son personnel, contrôler l'effectif de son bétail, sa valeur et son état. Assainir, aérer, clore tous les habitacles. Amoindrir aux chevaux leur ration d'avoine et de fourrage, y suppléer par des carottes hachées et assaisonnées d'un peu de sel, de son ou de mouture de sarrasin ou d'avoine; pourtant ne pas les priver totalement de ce dernier grain en nature. Leur donner en abondance de la paille de blé à fourrager; relier au fur et à mesure pour litières d'été, toute celle qu'ils ne salissent point trop, les tenir en haleine par des charrois de fumier, des transports de terrassements, par des labours, des hersages de prairies. Si la température n'est point trop dure et le temps trop mauvais, sortir les vaches quelques heures dans les prairies diverses et les vergers. Avoir soin qu'aucun bétail ne boive de l'eau glacée. Proportionner les rations à l'état d'embonpoint, de plénitude ou de rendement. Promener le menu troupeau sur les luzernes, les sainfoins, dans les prairies sèches. Fournir aux porcs d'abondantes litières, les tenir constamment enfermés, éviter qu'ils ne boivent trop froid, ce qui les exposerait aux angines, aux maladies de poitrine, aux dissenteries, etc., etc. Bien concentrer les fumiers, les arroser de purin, en modérer la fermentation. Transporter sur les terres destinées aux ensemencements de printemps, ceux qui sont assez faits et menacent de moisir; aérer les bergeries pendant l'absence du bétail, égoutter les terres, rafraîchir les saignées, déblayer les drains, rouvrir le boit-tout de drainage perpendiculaire. Continuer à faire paître les prairies artificielles par les moutons, les terrasser. Donner des feuilles de choux à toutes les bêtes de rente et aux bœufs de travail, afin de leur tenir le corps libre et le poil frais. Achever de labourer les chaumes bataillés en septembre, surveiller les silos, fouir et fumer le pied des arbres fruitiers. Utiliser les hommes et les chevaux au battage des divers grains, quand le temps est trop mauvais pour travailler dehors. Restaurer les clôtures et les haies, réparer les chemins d'accès, observer si les oiseaux ni aucunes bêtes ne causent du dégât aux champs ensemencés, niveler les bas fonds. Marner, écobuer, ramasser les feuilles de tous arbres, les mauvaises herbes, former des composts, défricher les vieilles prairies, les landes, les luzernes et sainfoins usés, ainsi que les bois. Transporter les composts sur les herbes et prairies diverses. Epierrer les champs. Si le temps est sec, si on a de la place à couvert, botteler les meules de foin et les rentrer. Inspecter et mettre en état et en ordre tous les outils et instruments de labourage. Curer les fossés de clôture et d'égouttement. Ouvrir les trous pour la plantation prochaine des divers arbres. Gratter le tronc et les principales branches des arbres fruitiers pour en détruire la mousse et la vermine qui s'y repaire; les badigeonner avec un lait de chaux et d'eau de gaz, si on peut s'en procurer.

FÉVRIER.

Amoindrir aux chevaux et aux bœufs leur ration de racines, y suppléer par du bon foin et un surcroît d'avoine, afin de les préparer aux travaux qui approchent. Soutenir par un bon régime les brebis nourrices. Commencer à donner un peu de grain aux agneaux pendant l'absence des mères. Curer les poulaillers, les badigeonner à l'eau de chaux, les fumigationner, les aérer pendant les beaux moments de la journée. Soigner les fumiers, transporter sur les terres ceux qui sont prêts. Vider les bergeries, continuer à surveiller les champs emblasés, terminer les terrassements des prairies, les arroser d'eau de gaz ou de purin de fumier, y répandre de la suie, les herser. Continuer la récolte et l'usage des choux à bétail. Alterner aux moutons les rations de foin, de pailles diverses et défeuillées. Songer à se procurer ou à préparer les semences d'avoine, de pois, d'orge, de féveroles, etc., etc. Plus diligemment que jamais, surveiller les provisions de racines et de tubercules, les retenir si besoin est, en détruire les poussures qui altèrent leur qualité et peuvent quelquefois en rendre l'usage dangereux. Curer les mares, les fossés et les sillons d'égouttement. Finir le marnage. Activer le battage des divers grains. Si on présume n'avoir plus de grandes gelées à craindre, commencer à dégarnir les arbres fruitiers de leur excès de bois. S'occuper de la destruction des animaux nuisibles, taupes, mulots, fouines, renards, loups, etc., etc.; donner les deuxièmes labours d'hiver, achever les défrichements, réparer les rigoles des prés arrosables, terminer les plantations d'arbres fruitiers et autres, s'il ne gèle plus. Continuer à fabriquer des composts si on a des matières. Tondre les haies, émonder les arbres. Cesser l'usage de l'ajonc qui devient amer et dont, pour cette raison, les bestiaux commencent à ne plus vouloir.

MARS.

Mettre les chevaux et les bœufs de travail à leur plus forte ration de toute l'année. Pendant l'absence des mères aux champs, outre une certaine ration de grain, donner aux jeunes agneaux un peu de foin doux. Augmenter la nourriture des volailles afin d'en précocifier la ponte et les couvées. Faire incuber des œufs de canes, poules et oies. Porter sur les terres les derniers fumiers d'hiver. Finir de herser toutes les prairies, tant naturelles qu'artificielles, à la herse de fer. Répandre sur les prés des graines analogues au terrain qui les constituent, puis nouveau hersage et roulage immédiat pour les mettre en bonnes conditions de végétation. Achever la récolte des feuilles de choux, et au fur et à mesure de l'épuisement des troncs, écraser et hacher ces derniers pour les faire consommer aux vaches et aux bœufs. Semer les pois, l'avoine de printemps, les féveroles, les vesces, si on pense les froids rigoureux définitivement passés, et surtout si la terre est sèche et bien exposée; surveiller minutieusement les silos des racines, déblayer pour la dernière fois les drains et boit-tout de drainage perpendiculaire. Tailler désormais sans crainte toute espèce d'arbres. Commencer à arroser les prairies, puriner les blés, les trèfles, luzernes et sainfoins délicats ou faibles; inspecter les fossés et sillons d'égouttement. Se hâter de terminer les battages, achever de curer les mares, rigolets et fumières, ainsi que leurs fossés de ceinture. A dater de la fin de ce mois, interdire aux bestiaux tout accès aux *prairies*, *artificielles surtout*. Abattre le bois de chauffage et de construction. Castration des agneaux.

AVRIL.

Continuer à donner entière ration aux chevaux et aux bœufs de travail. Proportionner aux vaches leur régime suivant leur état d'embonpoint, de plénitude ou de rendement. Tenir chaudement et bien nourrir les volailles; le sarrasin, la bonne criblure d'avoine et un peu d'orge sont, à cette époque, on ne peut plus de saison. Continuer les incubations. Herser les blés et avoines d'hiver, ainsi que les seigles; préalablement y répandre les graines de trèfle, minette, sainfoin, etc., puis rouler immédiatement. Rouler de nouveau les prairies artificielles et les prés antérieurement hersés. Semer les orges, les luzernes, soit seules, soit associées, les vesces de printemps. Pour la seconde fois butter le colza à la houe à cheval. Commencer, si le temps est doux, à semer les betteraves et carottes; continuer à arroser les prairies irrigables et à planter les pommes de terre. Donner aux prés un dernier hersage pour répandre les taupinières, y semer de la suie, des cendres, du sel de marée; en détruire les plantes nuisibles, telles que patience, colchique, etc. Donner à paître aux bêtes délicates et aux jeunes agneaux les seigles multicaules et ceux ordinaires trop fournis, ainsi que les blés trop forts en herbe. Commencer à échardonner, à énieller. Les juments doivent être en saillie dans ce mois. Sevrer des veaux d'élève. Si le temps est doux et que les abeilles commencent à sortir, leur donner du vin miellé, surtout aux paniers languissants.

MAI.

Les travaux devenant considérablement moins pénibles, amoindrir d'un quart ou d'un tiers la ration d'avoine des chevaux, remplacer une portion de leur fourrage sec par du seigle vert; en donner également aux vaches à lait et aux agneaux ainsi qu'aux brebis et autres bêtes souffrantes ou épuisées. Les vieilles volailles commençant à trouver des vermisseaux, des insectes, des jeunes plantes tendres et même déjà des grenaillles nouvelles, on peut également commencer à diminuer leur régime, surtout si la ponte baisse. Se hâter d'établir des verminières. La chaleur augmentant, il importe de surveiller soigneusement les fumiers, dont le défaut de besoin actuel favorise l'amoncèlement. Désormais les bergeries doivent être vidées au moins tous les vingt ou trente jours, et les plus fortes bêtes triées et mises au parc ; si on a des terres libres et si le temps ne s'y oppose pas, avec avantage on admettra les bêtes inférieures avec les jeunes agneaux. Sarcler et éseigler les blés, les énieller ainsi que les seigles. Se hâter d'échardonner. Visiter les prés, sainfoins, trèfles et luzernes ; en arracher toutes les mauvaises plantes, en répandre les taupinières soit avec le pied ou un râteau. Après la première semaine de mai, le plâtrage des herbes doit être fini. Labourer les seigles chétifs qu'on a mis en dépaissance, y planter des pommes de terre sur fumier très-consommé. Commencer à attaquer les trèfles rouges sitôt que leur fleur marque; donner une ou deux façons aux betteraves et carottes à la houe à main. Butter de la même manière les pommes de terre, après les avoir vigoureusement hersées sitôt l'apparition de leurs premières feuilles. Irriguer les prés ; s'y prendre principalement le soir. Semer les sarrasins pour graine; herser les avoines et orges, les rouler après y avoir répandu préalablement les diverses graines que l'on aura jugé à propos. Vider les habitacles de tous les animaux plus souvent qu'en hiver. Commencer à faire manger sur place ou au râtelier les minettes qui entrent en fleur. Castration des chevaux et béliers réformés ainsi que des taureaux destinés à faire des bœufs de travail.

JUIN.

Les chevaux peuvent se contenter d'une demi-ration d'avoine, car s'il importe d'avoir des animaux en bonne condition, il n'importe pas moins d'éviter un excès d'embonpoint qui les expose et les rend moins aptes au travail. Les bœufs peuvent fort bien ne vivre que d'herbe, à moins de rudes travaux exceptionnels. Sauf que le temps soit trop pluvieux, tout le menu troupeau, même les agneaux, ne se trouvent que bien de coucher au parc; si on n'a pas de terres disponibles, leur faire parquer les fumiers ou les composts. Excepté aux jeunes élèves, on peut, sans inconvénient, amoindrir notablement le régime des volailles. Etablir de nouvelles verminières. Les fenils vides alors doivent être bien balayés et les graines conservées avec soin. Les greniers, les granges également tout à fait vides seront pareillement déblayées avec soin; leurs toitures, planchers et clôtures seront minutieusement restaurés; les grenailles diverses en seront mises de côté et les immondices mélangées aux matières *des composts destinés aux prairies naturelles*. Commencer les premières coupes de trèfle et de luzerne, faucher les minettes non consommées en vert et les hauts prés assez murs, puis les prairies basses et y mettre l'eau sitôt la récolte enlevée. Semer de la vesce pour être consommée en vert à la fin de l'été. Couper les colzas précoces; donner une dernière façon aux betteraves et carottes. Butter les pommes de terre. Emmeuler les premiers foins. N'en botteler et rentrer dans les bâtiments que le nécessaire actuel. Si on est dans la nécessité d'y avoir immédiatement recours, n'en donner aux chevaux *que les deux tiers de leur ration*. Se hâter de semer les derniers sarrasins pour graine. Fumer et labourer immédiatement les terres libres. Tondre les moutons. Permettre aux porcs, au moins une fois par jour, accès aux mares. Recueillir la plume des oies et canes d'un an. Travailler le miel et les abeilles, en un mot s'occuper des ruches.

JUILLET.

Si on leur supprime le vert, continuer à être circonspect dans l'administration du manger nouveau aux chevaux. Demi-ration d'avoine leur suffit. Les vaches faisant davantage de fumier et donnant plus de lait à l'étable, les y tenir autant qu'on pourra le faire; ne lâcher en pâture que les bêtes sèches, les génisses et les jeunes élèves. Suppléer au parcours des moutons par de la vesce, du trèfle rouge tardif, etc., donnés dans des râteliers en plein champ. Tenir leur poulailler très-propre et bien aéré, tel est le seul soin actuel des volailles. Entretenir les vermières exclusivement consacrées aux élèves et aux bêtes qu'on prépare à vendre. Surveiller les fumiers, les arroser de purin, les abriter du soleil, transporter sur les terres libres ceux suffisamment achevés, les enfouir immédiatement, récolter les seigles, avoines d'hiver, trèfles, luzernes, sainfoins, et puis repiquer les choux à vaches sur terrain fortement fumé et un peu frais. Récolter les colzas, les battre, en déposer la graine, durant deux ou trois semaines, dans des greniers vastes et bien aérés avant de la vanner. Commencer à semer des navets. Donner un demi-plâtrage aux trèfles et luzernes en repousse, les puriner si on le peut, commencer à attaquer les blés. Butter les dernières pommes de terre, éclaircir les navets premiers faits. Commencer à faire de la feuillée. Mettre en meules les fourrages sans les botteler. Faire glaner les chaumes aux brebis. Chaponner et poularder les premiers poulets d'élève. Transporter les ruches au voisinage des bois et surtout des sarrasins et autres denrées en fleurs.

AOUT.

Peu à peu remettre les chevaux au maximum de leur ration d'avoine. Donner aux vaches laitières les bettraves, carottes et navets d'éclaircies. Compléter leur régime avec de la vesce, du sarrasin en vert, de la spergule, des lupins, etc. Ne sortir de l'étable que les bêtes sans profit, et ne faire paître sur lieu que ce que l'on ne saurait faucher pour le transporter. Quant au menu troupeau, mêmes soins, même régime qu'en juillet; remettre en commun les agneaux et les mères qui se sont complétement oubliés. Nettoyer les granges, en restaurer les clôtures et couvertures surtout; en pourvoir le sol de broussailles et d'une bonne couche de paille afin de tenir le premier lit de gerbes à l'abri de l'humidité. Rentrer seigles, blés, orges, avoines d'hiver, et aussi secs que possible. Mettre en particulier les quantités de gerbes et espèces de grains destinés à semence. Continuer à faire des feuillées. Batailler les chaumes glanés par les malheureux d'abord, puis par les moutons et les volailles en troupeau. Fumer et labourer immédiatement les terres de prochain ensemencement. Commencer les semis de colza. Semer des navets sur chaume avec un seul labour. Repiquer les choux à vaches. Faire les secondes coupes de prairies artificielles. Continuer à surveiller les fumiers. Curer et aérer les habitacles des divers bestiaux. Récolter vesces, pois, féveroles et ne les rentrer que parfaitement secs. Sevrer les premiers poulains. Préparer les béliers à la lutte en les séparant du troupeau et les soumettant à un régime plus excitant qu'engraissant. Promener les grosses volailles à travers les chaumes. Récolter la mue des oies et canards de tout âge. Choisir les sujets destinés à la reproduction. Commencer l'engrais de ceux destinés au marché. Transporter les ruches aux derniers sarrasins.

SEPTEMBRE.

La mue d'été les affaiblissant et le fort de leur travail étant proche, les chevaux de trait doivent être de nouveau soumis à leur meilleur régime de toute l'année. Les provisions vertes s'épuisant et les herbes d'automne végétant avec activité, lâcher en libre pâture tout le gros bétail. Alors bien surveiller la dépaissance des regains de trèfle et de luzerne. Séparer les agneaux d'avec les bêtes destinées au parc et les rentrer chaque soir. Curer et aérer les poulaillers et colombiers. Mettre en mue l'élite des élèves, nourrir le reste avec abondance en liberté. Conjurer l'inondation des fumières. Réparer et disposer les râteliers et auges des bergeries. Butter les choux à vaches. Battre et préparer les semences. Fumer et labourer les terres de prochain ensemencement. Enfouir les chaumes bataillés en août. Faner les regains de prés irrigués. Pelurer à la charrue ordinaire ou mieux à la herse Bataille les trèfles d'hiver. Finir la plantation des choux à vaches. Récolter les pommes de terre. Luttage des brebis, afin d'avoir un agnelage précoce. Continuer le parcage à moins de trop gros temps. Conduire les porcs et les dindons à la glaudée. Rentrer les abeilles au rucher; sacrifier les paniers faibles et douteux, ou mieux encore les marier et les approvisionner.

OCTOBRE.

Maintenir aux chevaux leur ration complète. Commencer à donner aux vaches un peu de manger sec matin et soir. A moins de temps supportable, cesser le parcage. Commencer à donner aux agneaux une ou deux rations bien substantielles. Forcer le régime des volailles de vente. Porter sur les terres tous les fumiers restants. Vider à fond les bergeries. Repiquer le colza. Donner aux terres à blé leur dernier labour. Efaner betteraves, carottes et navets d'automne. Semer les blés d'hiver. Achever la récolte des pommes de terre; donner un second binage aux choux à vaches. Disposer la place pour les silos de racines en plein air. Marquer les bêtes à engraisser, à réformer ou vendre.

Acheter les bestiaux dont on a besoin pour utiliser ses provisions; vendre ceux que l'on ne saurait nourrir. Enfouir les engrais verts après les avoir livrés en dépaissance aux bestiaux et ensuite roulés. Planter sous d'épais billons les pommes de terre de semis et autres, afin d'avoir une récolte plus précoce et dans le but de chercher à conjurer la maladie. Etablir des silos de racines. Commencer à effeuiller les choux à bestiaux. Donner mélangés à du foin ou de la paille, les regains verts trop aqueux pour être convertis en fourrage sec. Ne sortir les animaux aux pâturages, les brebis surtout, qu'après la chute de la rosée et la dissipation du brouillard. Commencer à châtrer les taureaux destinés à faire des bœufs d'engrais pour les herbes prochaines. Mettre le rucher en disposition d'hiver. Egoutter les terres exposées à l'eau, par des fossés, des sillons profonds, des rigoles, des boit-tout de drainage. Déblayer les drains. Tailler et dégarnir les haies vives, en fouir le pied. Commencer l'usage de l'ajonc.

NOVEMBRE.

Activer la terminaison des travaux d'octobre. Commencer à amoindrir leur ration d'avoine et de fourrage aux chevaux; y suppléer par des racines hachées et saupoudrées de sel et de son. Dépenser d'abord les foins de qualité inférieure. Nourrir à complète ration le troupeau à la bergerie. Commencer l'engraissement du bétâil et se hâter d'achever celui des volailles de vente. Utiliser les journées pluvieuses et humides au battage des divers grains, à l'entretien des granges, greniers, fenils, cours, etc. Ne pas perdre de vue la direction des fumières. Herser, butter à la houe à cheval et, si on le peut, puriner les colzas faibles. Couvrir de fumiers longs les billons de pommes de terre nouvellement plantées. Egoutter toutes les prairies, noter leur état et leurs besoins. Continuer l'effeuillage des choux à vaches. Commencer à donner aux terres bataillées après leur dépouille le premier labour d'hiver. Visiter les drains, les sillons d'égout, les boit-tout de flaques. Commencer à gratter à la serpe le tronc et les principales branches des arbres fruitiers; à en fouir le pied et y déposer de l'engrais. Continuer à réparer les haies et clôtures ainsi que les chemins d'accès. Donner aux basses-cours, écuries, vacheries, porcheries, bergeries et poulaillers cet air de soin et de bonne administration indiquant science, goût et ordre, et en somme produisant plus qu'on ne saurait s'imaginer. Tirer la marne, user les vieux composts, en établir de nouveaux. Trier les brebis pleines, catégoriser le troupeau suivant la force, la santé, l'âge et les vues que l'on a sur tel ou tel nombre de sujets. Ne pas abandonner les terres ensemencées. Poursuivre la destruction des bêtes nuisibles. Commencer les hersages et terrassages des prairies diverses, et le nivelage des terrains inégaux. Inspecter les silos, les mettre à l'abri du bétail et de tous accidents possibles. Surveiller les diverses classes de bestiaux. Se mettre au courant du prix des divers produits agricoles. Faire ses évaluations; vendre. Porter les marnes sur les terres et les composts sur les herbes. Se mettre à défricher les vieilles luzernes et les sainfoins usés. Curer et édifier les fossés de clôture et d'égout. Planter les arbres divers si le temps est encore doux. Fabriquer des composts de feuilles, mauvaises terres, plantes nuisibles, gazon, etc., etc. Bien égoutter les prairies basses avant les gelées, en arracher les joncs et les broussailles. Châtrer les dernières vaches et taureaux destinés à être engraissés aux herbes de printemps. Surveiller l'agnelage des brebis, et pendant quatre à cinq jours entourer individuellement chaque portière et son petit de soins particuliers. Sortir tout le troupeau pendant deux ou trois heures si le temps le permet, ce qui est salutaire aux brebis agnelées et est loin de nuire aux nourrices qui n'en ont que meilleur appétit et plus de lait. Abriter les ruches contre les rafales de bise et les ouragans, les garantir de toute approche des rats, souris, mulots et autres ennemis redoutables; soigneusement en visiter les paillassons et ratisser tout le sol du rucher.

DÉCEMBRE.

Sans augmenter leur ration, entretenir les chevaux et les bœufs de travail en haleine en les employant au transport des fumiers, de la marne, des vieux composts, de terrasses, de vases mûries au soleil durant l'été, et à divers autres charrois de saison. Eviter que les vaches, surtout celles en gestation, ne se gorgent d'eau froide. Entretenir des baquets d'eau au milieu des bergeries. Soutenir les jeunes antenais par un bon régime plus *fortifiant que capable de leur donner de l'embonpoint*. Conduire la fermentation des fumiers, ne pas se relâcher dans la surveillance des terres ensemencées. Livrer au menu troupeau, toute espèce de prairie, surtout les luzernes et les sainfoins dominés par l'herbe, de même les prés hauts. Effeuiller les choux à vaches. Activer les derniers labours d'hiver. Si le temps est favorable, transporter les fumiers suffisamment faits. Répandre la marne. Visiter les drains et les boit-tout de flaque après chaque grande pluie. Curer les fossés et vasières, en voiturer les boues et les disposer par petits tas sur les terres auxquelles on les destine. Si le temps est sec et assuré, botteler et rentrer, dans les granges et greniers, les meules de fourrage, de blé, d'avoine, etc. Presser le battage. Se hâter de faire dépenser la portion de jonc marin désignée pour l'année actuelle. Fouir et terrasser les lignes d'ajoncs nouvellement récoltés. Herser les prés infestés par la mousse; y répandre de la suie, des cendres, de l'eau de gaz, si on est à même de s'en procurer. Surveiller les silos de racines, les garantir de la gelée. Achever le battage des grains. Défricher les landes et les vieilles prairies; enfin, préparer son inventaire, établir ses comptes de revient et régler avec son personnel, avec chaque espèce de bétail, avec chaque culture, chaque rendement, chaque industrie, comme un hôtelier règle avec chacun de ses hôtes au moment de leur départ.

ÉPILOGUE.

Si mon modeste livre trouve quelques lecteurs, je serai content; s'il produit un peu du bien que j'ai osé espérer en le rédigeant, je serai heureux; si on me critique parce que je me suis mêlé d'écrire touchant des matières en dehors de ma profession réelle; en un mot, si on m'objecte que je ne suis ni laboureur, ni fermier, ni cultivateur, ni propriétaire, ni éleveur, ni herbageur, ni comptable, ni agronome, ni enfin absolument rien en tout de ce dont j'ai parlé, pour toute réplique je me contenterai de dire ce que j'ai pris un jour la liberté d'écrire à mon préfet :

« N'entendant personne parler de la nécessité de faire « un rudiment agricole un peu substantiel, ne voyant « personne s'y mettre, j'ai cédé à une inspiration de qua- « rante ans, j'ai déposé tout autre sentiment et je me suis « mis à l'œuvre. »

Si mon manuel sent quelque peu son homme bien et honnêtement intentionné, d'un autre côté, je ne me le dissimule pas, sa rédaction décèle en même temps et beaucoup plus encore son pauvre auteur, souvent tracassé par les accablantes charges d'une lourde famille et continuellement distrait par les exigences, par les soucis incessants d'une profession pénible, embrassée par sincère vocation et exercée avec toute conscience et sollicitude.

A ceux qui, brutalement peut-être, me jetteront à la

face que j'ai écrit plus que je ne saurai en pratiquer, naïvement je répondrais : « Vous avez raison. Au reste, ajouterai-je, ce n'est point pour les savants que j'ai écrit, mais bien pour les simples laboureurs, auxquels personne, jusqu'ici, n'a positivement songé, et qui peut-être me liront avec quelque intérêt et quelque profit. »

Enfin, quoi qu'il advienne, ce serait pour moi une belle satisfaction, si en bonne réalité je pouvais dire avec le poëte de Tibur :

. . . . *Fungor vice cotis acutum,*
Reddere quo ferrum valet, exore ipsa secundi.
HORACE.

Je remplis les fonctions des pierres aiguisantes,
Qui, sans savoir trancher, font les lames tranchantes.
Ch.-L. F.

FIN DE LA QUATRIÈME ET DERNIÈRE PARTIE.

TABLE DES MATIÈRES.

PREMIÈRE PARTIE.

	Pages.
PRÉFACE.	5
Le cheval.	9
L'étalon.	13
Vices héréditaires.	24
La poulinière.	28
La plénitude.	32
La parturition ou mise bas.	35
Soins à donner au poulain qui vient de naître. — Allaitement. Premier régime alimentaire. — Administration des poulinières.	37
Sevrage, éducation morale des poulains.	42
La castration.	51
La ferrure.	56
Age du cheval.	63
Des écuries.	66
L'âne et le baudet.	72
Le mulet.	81
Conseils aux acheteurs de chevaux. — Vices rédhibitoires.	86
La vache.	89
Gestation de la vache.	101
Soins à donner au veau et à la mère. — Choix des divers élèves.	107
De l'engraissement.	117
Age de la vache.	126
Vacheries étables.	127
Vices rédhibitoires de la vache.	129
La brebis.	130

Pages.
Age de reproduction des bêtes à laine. — Accouplement. — mise bas. 138
Soins après la parturition. 145
Du métisage. 149
Régime ordinaire des moutons. 153
Bergeries. — Age. — Vices rédhibitoires des moutons. 159
La chèvre. 162
Le cochon. 166
Assurance contre la mortalité des bestiaux. 178
Le chien. 183
Le chat. 187
Le lapin. 190
La poule. 199
Eclosion artificielle. — Régime des poussins 205
Nourriture des poules. — Poulailler. 208
Le dindon. 215
L'oie. 221
Le canard. 227
Le pigeon. 232
Les abeilles. 236
De la digestion. 251
De la circulation et de la respiration. 264
Fonctions de la peau. 272

DEUXIÈME PARTIE.

Terre végétale. — Sa composition physique. 275
Le sol argileux et son amendement. 279
Le sol sablonneux et son amendement. 287
Le sol crayeux. — Les marais. 295
Le sous-sol et son influence. 298
Rôle ou fonctions du sol. — Ses qualités. 301
Des labours. 305
Des assolements. 308
Les fumiers, leur préparation, leur mode d'action. 311
Des composts. 322
Le parcage. 324
Le plâtrage 327
De la graine. — De la germination. — Nutrition des plantes. 331
Le froment 334
Le seigle. 356
L'orge. 363

Pages.
L'avoine 369
Le sarrasin 377
Les vesces. 381
Les lentilles. 386
Les pois 388
Les fèveroles. — Le maïs 393
La pomme de terre. 399
Les betteraves 412
La carotte 423
Les navets. 426
Les choux 429
Le colza. — La rabette. 433
La luzerne. 442
Les trèfles. 456
Le sainfoin. 464
Le lupin jaune. — La spergule. — La chicorée sauvage. . . . 468
L'ajonc. 473
Prairies naturelles 477
La feuillée 484
Les concasseurs et les hache-paille 486

TROISIÈME PARTIE.

Comptabilité. — Discours préliminaire. 493
Tableau d'assolement. 497
Frais généraux. — Personnel à gages. 498
— Hommes de journée. 502
— Faucheurs. 504
— Instruments aratoires 505
Répartition des frais généraux. 506
Chevaux. 507
Bœufs de travail 511
Vaches à lait 516
Vacherie élèves. 522
Vaches en pouture. 526
Veaux d'engrais 528
Bergerie 529
Porcherie. — Elèves. 533
— Engrais 534
Basse-cour. — Poules. 536
— Poulets élèves 538
— Canards 540

Pages.
Basse-cour. — Canards élèves 541
— Oies 542
— Dindes. 543
Blé. 544
Seigle. 547
Avoine 548
Orge 549
Sarrasin 550
Colza 551
Pois gris 553
Vesces 553
Féveroles. 554
Choux 555
Betteraves. 556
Pommes de terre. 557
Carottes. 557
Navets 558
Trèfles. 559
Luzerne. 560
Sainfoin. 560
Prairies naturelles 561

QUATRIÈME PARTIE.

Calendrier agricole. 563
Epilogue. 576

FIN.

Rouen.— Imp. Ch.-F. LAPIERRE et Cᵉ, rue St-Etienne-des-Tonneliers, 1.

Rouen. — Imp. Ch.-F. Lapierre et Ce, rue Saint-Étienne-des-Tonneliers, 4.

www.ingramcontent.com/pod-product-compliance
Ingram Content Group UK Ltd.
Pitfield, Milton Keynes, MK11 3LW, UK
UKHW020149250726
13967UKWH00002B/954

9 782011 939319